U1021469

高职高专畜牧兽医类专业系列教材

# 动物营养与饲料

主　编　李　军　王利琴
副主编　张玉海　邹仕成

重庆大学出版社

**• 内 容 提 要 •**

本书根据高等职业教育的培养目标和教育部对课程的基本要求进行编写。本书主要内容包括动物营养、饲料原料、营养需要与饲养标准、饲料配方设计、配合饲料生产加工及饲料常规分析6章,书后附有大量的国内外信息资料,方便查阅。本书重点阐述了饲料生产加工中的基础理论和最新应用技术成果,内容丰富合理,实用性和可操作性强。

本书可作为高等职业院校、高等专科院校、成人高等院校等相应层次畜牧兽医类专业的学生教材,也可供畜牧养殖及饲料生产行业的技术人员参考使用。

**图书在版编目(CIP)数据**

动物营养与饲料/李军,王利琴主编.—重庆:重庆大学出版社,2007.3(2021.1重印)
(高职高专畜牧兽医类专业系列教材)
ISBN 978-7-5624-3954-7

Ⅰ.动… Ⅱ.①李…②王… Ⅲ.①动物—营养(生物)—高等学校:技术学校—教材②动物—饲料—高等学校:技术学校—教材 Ⅳ.S816

中国版本图书馆CIP数据核字(2007)第021522号

高职高专畜牧兽医类专业系列教材
**动物营养与饲料**
主 编 李 军 王利琴
副主编 张玉海 邹仕成
责任编辑:张立武 杨正伟 版式设计:张立武
责任校对:刘雯娜 责任印制:赵 晟
*
重庆大学出版社出版发行
出版人:饶帮华
社址:重庆市沙坪坝区大学城西路21号
邮编:401331
电话:(023) 88617190 88617185(中小学)
传真:(023) 88617186 88617166
网址:http://www.cqup.com.cn
邮箱:fxk@cqup.com.cn(营销中心)
全国新华书店经销
POD:重庆新生代彩印技术有限公司
*
开本:787mm×1092mm 1/16 印张:21 字数:511千
2007年3月第1版 2021年1月第7次印刷
ISBN 978-7-5624-3954-7 定价:49.00元

---

本书如有印刷、装订等质量问题,本社负责调换
**版权所有,请勿擅自翻印和用本书**
**制作各类出版物及配套用书,违者必究**

# 编委会名单


**顾　问**　向仲怀

**总主编**　聂　奎

**编　委**　（以姓氏笔画为序）

马乃祥　王三立　文　平　邓华学　毛兴奇

王利琴　丑武江　乐　涛　左福元　刘万平

李　军　李苏新　朱金凤　闫慎飞　刘鹤翔

杨　文　张　平　陈功义　张玉海　扶　庆

严俪峰　陈文武　何德肆　周光荣　欧阳叙向

周翠珍　郝民忠　姜光丽　聂　奎　梁学勇

# 序

高等职业教育是我国近年高等教育发展的重点。随着我国经济建设的快速发展，对技能型人才的需求日益增大。社会主义新农村建设为农业高等职业教育开辟了新的发展阶段。培养新型的高质量的应用型技能人才，也是高等教育的重要任务。

畜牧兽医不仅在农村经济发展中具有重要地位，而且畜禽疾病与人类安全也有密切关系。因此，对新型畜牧兽医人才的培养已迫在眉睫。高等职业教育的目标是培养应用型技能人才。本套教材是根据这一特定目标，坚持理论与实践结合，突出实用性的原则，组织了一批有实践经验的中青年学者编写。我相信，这套教材对推动畜牧兽医高等职业教育的发展，推动我国现代化养殖业的发展将起到很好的作用，特为之序。

中国工程院院士

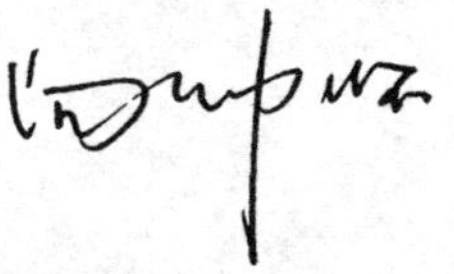

2007 年 1 月于重庆

# 编者序

我国作为一个农业大国，农业、农村和农民问题是关系到改革开放和现代化建设全局的重大问题，因此，党中央提出了建设社会主义新农村的世纪目标。如何增加经济收入，对于农村稳定乃至全国稳定至关重要，而发展畜牧业是最佳的途径之一。目前，我国畜牧业发展迅速，畜牧业产值占农业总产值的32%，从事畜牧业生产的劳动力就达1亿多人，已逐步发展成为最具活力的国家支柱产业之一。然而，在我国广大地区，从事畜牧业生产的专业技术人员严重缺乏，这与我国畜牧兽医职业技术教育的滞后有关。

随着职业教育的发展，特别是在周济部长于2004年四川泸州发表“倡导发展职业教育”的讲话以后，各院校畜牧兽医专业的招生规模不断扩大，截至2006年底已有100多所院校开设了该专业，年招生规模近两万人。然而，在兼顾各地院校办学特色的基础上，明显地反映出了职业技术教育在规范课程设置和专业教材建设中一系列亟待解决的问题。

虽然自2000年以来，国内几家出版社已经相继出版了一些畜牧兽医专业的单本或系列教材，但由于教学大纲不统一，编者视角各异，许多高职院校在畜牧兽医类教材选用中颇感困惑，有些职业院校的老师仍然找不到适合的教材，有的只能选用本科教材，由于理论深奥，艰涩难懂，导致教学效果不甚令人满意，这严重制约了畜牧兽医类高职高专的专业教学发展。

2004年底教育部出台了《普通高等学校高职高专教育指导性专业目录专业简介》，其中明确提出了高职高专层次的教材宜坚持“理论够用为度，突出实用性”的原则，鼓励各大出版社多出有特色的和专业性、实用性较强的教材，以繁荣高职高专层次的教材市场，促进我国职业教育的发展。

2004年以来，重庆大学出版社的编辑同志们，针对畜牧兽医类专业的发展与相关教材市场的现状，咨询专家，进行了多方调研论证，于2006年3月，召集了全国以开设畜牧兽医专业为精品专业的高职院校，邀请众多长期在教学第一线的资深教师和行业专家组成编委会，召开了“高职高专畜牧兽医类专业系列教材”建设研讨会，多方讨论，群策群力，推出了本套高职高专畜牧兽医类专业系列教材。

本系列教材的指导思想是适应我国市场经济、农村经济及产业结构的变化、现代化养殖业的出现以及畜禽饲养方式等引起疾病发生的改变的实践需要，为培养适应我国现代化养殖业发展的新型畜牧兽医专业技术人才。

本系列教材的编写原则是力求新颖、简练，结合相关科研成果和生产实践，注重对学生的启发性教育和培养解决问题的能力，使之能具备相应的理论基础和较强的实践动手能力。在本系列教材的编写过程中，我们特别强调了以下几个方面：

第一，考虑高职高专培养应用型人才的目标，坚持以"理论够用为度，突出实用性"的原则。

第二，遵循市场的认知规律，在广泛征询和了解学生和生产单位的共同需要，吸收众多学者和院校意见的基础之上，组织专家对教学大纲进行了充分的研讨，使系列教材具有较强的系统性和针对性。

第三，考虑高等职业教学计划和课时安排，结合各地高等院校该专业的开设情况和差异性，将基本理论讲解与实例分析相结合，突出实用性，并在每章中安排了导读、学习要点、复习思考题、实训和案例等，编写的难度适宜，结构合理，实用性强。

第四，按主编负责制进行编写、审核，再经过专家审稿、修改，经过一系列较为严格的过程，保证了整套书的严谨和规范。

本套系列教材的出版希望能给开办畜牧兽医类专业的广大高职院校提供尽可能适宜的教学用书，但需要不断地进行修改和逐步完善，使其为我国社会主义建设培养更多更好的有用人才服务。

高职高专畜牧兽医类专业系列教材编委会<br>2006 年 12 月

# 前 言

近年来，我国畜牧养殖业的飞速发展推动了饲料工业跨越式发展，饲料工业正向规模化、区域化、专业化、工厂化、一体化和高效化发生质的变革。到2005年，我国肉、蛋、奶总产量分别达到7 650万吨、2 860万吨、2 845万吨；与此同时，配合饲料总产量也达到7 030万吨，饲料工业产品总产量首次超过1亿吨，跃居世界第二位，实现了历史性的跨越；全年饲料工业总产值达到2 742亿元。行业的发展和经济增长方式已基本实现由粗放型向集约型转变。科技进步和劳动者素质提高急需培养与之相匹配的人才，但具有一定基础理论知识和基本技能的专业人才非常紧缺。因此，目前我国高职高专教育正得以迅猛发展，为了满足新形势下教学的要求，推出更适合教学的教材，由重庆大学出版社组织全国众多教学一线的教师编写此书，该书可供高职高专畜牧兽医类专业学生使用，也可供行业技术人员参阅。

本书力求科学性、先进性、实用性和可操作性的和谐统一。编写过程中，精选教材内容，理论精当，以必需、够用为度，重点突出最新应用技术成果。尽量多用图表，避免了冗长累赘的文字叙述。每章开头都有一段本章导读，以便学生及时掌握本章重要的知识点和能力点；内容上还增加了很多具有思考性、启发性的复习思考题、案例或实训，做到与生产实际紧密结合，便于学生课后自主学习掌握，为今后职业上岗打下坚实基础。另外，此书还配备了光盘，供教师教学参考。

全书由主编王利琴、李军统稿、定稿。其中参与编写的有海南职业技术学院李军；成都农业科技职业学院王利琴、董琪；河北廊坊职业技术学院张玉海；重庆三峡职业学院邹仕成；河南农业职业技术学院李进杰；四川宜宾职业技术学院李德立；四川达州职业技术学院邓希海；湖北襄樊职业技术学院熊江林；新疆农业职业技术学院崔炳灿。另外，在编写过程中，还得到了成都农业科技职业学院畜牧兽医系和海南职业技术学院许多同行的大力支持；同时参阅并引用了相关书籍的图表、图片和动物营养研究进展等大量最新资料，在此一并表示衷心感谢。

本书是动物营养学、饲料学和饲料检测与分析3门学科的结合，并且在理论到实践中发展迅速；由于编者水平有限，时间仓促，书中错误遗漏之处，敬请各院校师生批评指正，以便在修订中不断完善。

编 者

2006年12月

# 目　录

## 第 6 章　饲料的常规检测与分析



## 附　录



## 参考文献

# 绪论

当前，畜牧养殖业已逐渐成为农村经济新的增长点和重要的支柱产业，对促进农业生产、发展农村经济、广大农民致富以及保障食品市场的有效供应，改善人们食物结构和增强人们体质等方面都产生了积极的影响。饲料业上连种植业，下连养殖业和食品业。因此畜牧养殖业的发展在很大程度上又取决于饲料业的发展。动物养殖生产的基本要素主要包括动物遗传育种、饲料与饲养、环境设施、管理及疾病防治等，其中饲料尤其重要。饲料通过动物将其中的营养物质转化为营养价值更高、适口性更好的肉、蛋、奶等动物性食品，或者是转化为利用价值和附加价值更高的动物皮、毛等产品。

饲料是畜牧饲养动物赖以生存和生产的营养物质基础，其成本占到了畜牧养殖生产全部成本的60%～70%。饲料的性质、组成，很大程度上影响着畜禽的生产能力，所以如何选用适宜的饲料原料，借助计算机线性规划技术优化最低成本饲料配方，配制加工生产优质价廉的各种预混合饲料、浓缩饲料、配合饲料和精料补充料等产品，提高饲料转化率，是取得生产效益和经济效益的关键环节之一。同时，如何规范使用饲料原料和饲料添加剂等产品，严格按照国家标准和国际标准生产出安全、量多、质优的动物性食品；如何科学配制饲料，增加吸收利用率，减少畜禽动物排泄物及其代谢气体的排放，又是取得社会效益、生态效益的关键环节之一。因此，合理利用饲料，树立高效生产、安全生产和清洁生产观念是新世纪畜牧生产至关重要的问题，对于正确合理地饲喂畜禽、组织畜禽生产是完全必要的。

饲料工业随着畜牧业和养殖业的发展而从无到有、从小到大、从弱到强地迅速发展起来。在改革开放和市场经济的推动下，已经历了近30年的历史。具体地说，我国饲料工业是从20世纪70年代末80年代初起步，到20世纪90年代进入快速发展时期，目前已步入了成熟稳定发展时期。饲料工业产品总产量也由20世纪80年代的60多万吨，增长到2003年的8 300万吨，产品也由十几个品种发展到数百个品种。2005年，我国肉、蛋、奶总产量分别达到7 650万吨、2 860万吨、2 845万吨。与此同时，配合饲料总产量增长至7 030万吨，饲料工业产品总产量首次超过1亿吨，位居继美国之后的世界第二位，实现了历史性的跨越。全年饲料工业总产值达到2 742亿元，新技术、新产品也不断涌现。饲料工业正以其旺盛的生命力、最活跃的增长方式为我国全面建设小康社会做出了更大的贡献。

饲料工业已经形成门类比较齐全、功能比较完善的产业体系。涉及饲料原料工业、饲料添加剂工业、配合饲料加工工业、饲料机械制造业和饲料科研、教育、标准、检测等体系。其特点和发展趋势有如下几点：饲料需求量将持续增长；绿色、安全饲料生产将成为主流趋势；其本身已经发展成为技术含量很高的行业，需要高素质的人才、高水平的技术和高质量的设备与之匹配；正进一步向规模化、区域化、专业化、工厂化、一体化和高效化发生质的变革。

随着我国加入世界贸易组织和全球经济一体化趋势日渐明显，人口、土地、粮食、环境仍是困扰我国发展的长期问题。我国人口、经济的不断快速增长，对粮食和动物性食品在数量、质量上提出了更高要求，但是我国可利用土地面积逐渐减少，环境恶化和污染日渐加剧。虽然我国饲料工业已取得了历史性的突破，但仍然面临严峻的现实问题：大宗饲料原料的供需矛盾日益突出，虽然玉米播种面积和产量都有所增加，但也低于饲料粮增长速度，蛋白质饲料原料严重匮乏，大豆、鱼粉近70%，合成氨基酸近50%依赖于进口；饲料资源利用还不尽合理；对营养不平衡而造成的营养损失和环境污染重视不够；饲料生产加工工艺水平显得滞后，如对活性成分的破坏和尚未提高饲料利用率等问题；饲料生产加工过程控制不够严格，需进一步积极推行HACCP管理（危害分析与关键点控制）；饲料质量安全不容忽视，添加违禁药品现象时有发生，滥用饲料添加剂，有毒有害物质未能全面有效控制；饲料科技支撑体系还不完善，科研、创新、人才培养有待加强；行业竞争加剧，市场有待规范。所以，使饲料工业稳步、健康发展，还任重而道远。

动物营养与饲料是畜牧兽医类专业的重要课程，是现代畜牧业和饲料工业发展的重要基础理论和后盾，同时也是技术发展非常快速的学科。它的发展与分析化学、动物生物化学、分子生物学、动物生理学、生物统计学、物理学、微生物学、计算机基础、机械设备等相关学科的技术手段密切相关。主要包括动物营养、饲料以及饲料常规检测与分析3方面的内容。

动物营养阐述各种营养物质与动物生命活动和生产活动的密切关系，即阐明动物需要什么样的营养物质及确切的需要量。研究各种营养物质的营养功能、生理作用、营养缺乏对动物产生的危害以及不同动物对不同营养消化吸收特点和需要量，为组织动物生产或饲料生产提供基础理论依据。

饲料科学是阐述饲料的营养价值以及如何选用适宜的饲料满足动物所需要的营养素，目的在于揭示饲料中的营养物质化学组成与动物需要之间的关系。阐明饲料的化学组成、物理性质、营养价值、影响营养价值的因素，如何提高饲料营养价值，如何经济有效地利用饲料，如何根据饲料原料的实际养分含量和动物的营养需要特点进行科学的配方设计；如何将选用的各种原料按照配方比例进行加工，生产出各项指标符合行业标准推荐或自己企业标准的饲料产品等科学内容。是充分合理利用原料配制饲料、进一步开发新饲料资源的有力工具。

饲料常规检测与分析是饲料工业生产中的重要环节，是保证饲料原料和各种饲料产品质量的重要手段。主要目的是采用物理、化学的方法，对饲料原料和产品的物理性状、营养物质化学组成等进行检测与分析，从而客观地评定检测对象，做到采购合格原料、生产合格产品。

动物营养与饲料是一门应用性的学科。在学习过程中，需要理论联系实际，不仅要深刻领会课程内容和基本理论知识，还要掌握实用操作技术和实践技能，并且应该经常查阅相关专业书籍和刊物杂志，用最新知识、技术充实自己，为今后职业上岗打下坚实的基础。

## 复习思考题

1. 动物营养与饲料在畜牧业中有何地位?
2. 我国饲料工业的发展趋势有哪些?
3. 本课程主要阐述哪几方面的内容?

# 第1章 动物营养基础知识

**本章导读**：主要阐述了饲料与动物的化学组成、饲料中的营养物质对动物的营养作用及营养物质缺乏或过量对动物的危害。通过学习，使学生了解动物营养物质和能量缺乏或过多所造成的不良影响；熟悉动物对营养物质的利用特点；掌握蛋白质、碳水化合物、脂肪、矿物质、维生素和水在动物体内的营养作用。

动物为了生存、繁殖后代和生产产品，必须每天从饲料中获取所需要的蛋白质、碳水化合物、脂肪、矿物质、维生素和水等营养物质。这些营养物质被动物采食后经消化、吸收后用于供给能量、合成体组织、繁殖后代、生产产品等。各种营养物质在动物体内的营养作用不尽相同，相互之间不能替代，因此，在动物养殖生产中必须满足动物对各种营养物质的需要，才能充分发挥动物的生产潜力，获得较好的养殖效益。

## 1.1 动植物体的化学组成

动物和植物是自然界中生命属性完全不同的两种事物，但它们有着密切的关系。植物利用大气和土壤中的无机物通过光合作用或固氮作用合成自身所需的营养物质，为动物提供食物；而动物不具备上述功能，其食物直接或间接来源于植物，同时动物也反过来为植物提供有机肥料，它们互为依存、相互促进。了解动、植物体的化学组成及其异同点，是科学配合饲粮、提高饲料报酬、充分发挥动物生产潜力、增加动物产品数量和质量的必然要求。

### 1.1.1 动植物体的化学组成

动、植物体都是由各种化学元素组成复杂的有机或无机化合物，再构成各种组织器官（或产品），进而组成复杂的动、植物体。

**1）动、植物体的化学元素组成**

动、植物体是由60多种化学元素组成。根据它们在动植物体内的含量多少分为常量元素和微量元素两大类。含量大于或等于0.01%的元素，如碳、氢、氧、氮、硫、钾、钠、钙、镁、磷等，称为常量元素；含量小于0.01%的元素，如铁、铜、锌、锰、钴、碘、硒等，称为微量元素。组成动、植物体的化学元素只有少量处于游离状态独立存在,大部分都是组成复杂的有机或无机化合物进而构成动、植物体。

**2)动植物体的化合物组成**

动、植物体是由上述元素组成的有机或无机化合物组成。这些化合物构成多种营养物质,即水分、粗蛋白质、粗脂肪、碳水化合物、矿物质及维生素等6种营养物质。动、植物体的化合物组成如图1.1所示。

- 动、植物体
  - 水分
  - 干物质
    - 矿物质
    - 有机物
      - 粗蛋白质
        - 蛋白质
        - 氨化物
      - 粗脂肪
        - 中性脂肪
        - 游离脂肪酸
        - 蜡质、磷脂、树脂等
      - 碳水化合物
        - 无氮浸出物:淀粉、糖
        - 粗纤维
          - 纤维素
          - 半纤维素
          - 木质素
      - 活性物质:维生素、酶

**图1.1 动、植物体的化合物组成**

(1)水分。各种动、植物都含有水分,并且不同动、植物体的含水量也不同。植物的种类和生长期不同,含水量也不一样,多者可达95%,少者仅5%。动物的年龄不同,水分含量也不一样,年龄越小,含水量越高,成年后含水量减少。饲料的营养价值与含水量的多少有关,饲料含水量多,单位重量中干物质含量较少,其养分含量也相对少,饲料的营养价值就低,而且容易腐败变质,不利于运输和储存。

(2)矿物质。饲料干物质充分燃烧后剩余的物质叫粗灰分,粗灰分中99%以上的成分都是矿物质。在畜禽营养上比较重要的有:钙、磷、钠、钾、氯、镁、铜、铁、钴、碘、锌、硒等。植物性饲料中矿物质的含量与比例存在较大差异,茎叶中较多,籽实及块茎中含量较少。饲料的种类不同,矿物质的含量也不同。如豆科饲料中含钙较多,禾本科饲料含钙少。

(3)粗蛋白质。粗蛋白质是真蛋白质和非蛋白质含氮化合物(又叫氨化物)的总称。不同动、植物粗蛋白质的含量和品质差别较大。就其含量而言,动物和豆类及饼粕类含量较高(30% ~46%),禾本科植物及籽实含量较低(7% ~13%);动物幼龄期低于成年期,植物幼嫩时含量少,成熟时含量多,开花后又逐渐下降;植物的不同部分,不同生长阶段,其蛋白质含量也有差异。就质量而言,动物蛋白质最好,植物中的豆科及饼粕类蛋白质品质较好,其他植物的粗蛋白质品质较差。

植物中的氨化物是一种非蛋白质含氮物,它包括游离的氨基酸、酰胺和硝酸盐等。饲料中的氨化物对反刍动物具有与蛋白质相同的作用。

(4)粗脂肪。饲料中能被有机溶剂(醚、苯等)浸出的物质,称为粗脂肪。它包括真脂肪和类脂(如固醇、磷脂、蜡质等)。不同动、植物的粗脂肪含量存在较大的差异。脂肪是高能量物质，饲料中脂肪含量高，营养价值就高。

(5)碳水化合物。碳水化合物是植物性饲料的主要成分，约占干物质的50% ~80%。它包括无氮浸出物和粗纤维。无氮浸出物包括淀粉、单糖和双糖，是单胃动物的主要能量来源。禾本科籽实和薯类主要含淀粉，少量的单糖和双糖。粗纤维包括纤维素、半纤维素和木质素等，它们主要存在于植物的茎秆和种子的外壳中。饲料中的纤维素和半纤维素，能被单胃动物少量利用，能被反刍动物大量利用。木质素不能被动物利用，因此它不是营养物质。对单胃动物而言，饲料中的粗纤维含量越高，饲料的消化率越低，因而高纤维饲料的营养价值较低。

(6)维生素。维生素是植物性饲料中不同于蛋白质、脂肪和碳水化合物且含量甚微的、种类繁多的有机化合物。维生素在饲料中的含量虽少，但对于催化动物体内的物质代谢是非常重要的。饲料中维生素的种类和含量，因植物性饲料的种类与生长阶段不同而异。幼嫩的青绿饲料含维生素种类多、数量丰富，是廉价的维生素来源。植物枯干后含维生素甚微。

**3)影响植物性饲料化合物组成的因素**

植物性饲料中的营养物质含量受很多因素的影响而不同。

(1)饲料的种类与品种。不同种类的饲料营养物质含量差异较大。如青绿饲料的水分含量高、维生素含量丰富，而豆类饲料蛋白质含量丰富，禾本科籽实饲料则碳水化合物含量较高。同一类饲料，因品种不同，其营养组成也有差异，如黄玉米富含胡萝卜素，而白玉米缺乏。再如现在培育的高赖氨酸玉米籽粒中赖氨酸含量比普通玉米高70%以上。

(2)植物的生长阶段和收获期。饲料在不同的生长阶段，其养分含量不同。随着植物的逐渐成熟，水分、蛋白质、矿物质、胡萝卜素的含量递减，而粗纤维含量递增。因此，在不同时期收获的饲料，其养分含量存在着很大的差异。如黑麦草，在细嫩期粗纤维含量较少，维生素和蛋白质含量丰富，适合于饲喂猪和家禽，开花期后粗纤维含量高，适合于饲喂反刍动物。

(3)植物的部位。饲料作物因部位不同，其养分含量也不同。如甘薯叶含水量高、富含维生素，甘薯块根淀粉含量丰富，而茎则含较多粗纤维。再如苜蓿草的叶中，粗蛋白质的含量占总量的70% ~80%，脂肪、钙的含量比茎秆高2.5倍以上，磷的含量高0.5倍，而粗纤维仅为茎秆的1/3。

(4)土壤。土壤是植物营养的主要来源。肥沃的土壤上，饲料的产量和营养价值都较高。贫瘠的土壤上，饲料的产量和营养价值都较低。土壤化学元素的含量对饲料化学组成也有影响。如有些地区土壤中缺少铜、硒、碘，该地区生产的饲料中，也相应缺乏这些元素，从而容易引起动物相应的地方性矿物质缺乏症。有些地区土壤中，含有过多的硒、氟等元素，该地区生产的饲料中，这些元素含量也高，动物长期食用也容易产生硒、氟中毒症。

(5)施肥。给饲料作物施肥，不仅能提高饲料的产量，还能提高饲料中营养物质的含量。如给饲料作物施氮肥，可提高饲料中的粗蛋白质含量。施用磷、钾肥，可提高饲料粗蛋白质和磷、钾含量。如果是青饲料还能提高维生素的含量。

(6)储存时间。饲料收割后在储存过程中，其养分随储存时间的长短会发生变化。青绿饲料在储存过程中，其水分减少，维生素受到损失；籽实类饲料在储存过程中，较多的维生素因氧化而损失；脂类含量高的饲料，如玉米、米糠、饼粕类饲料，储存时间过长，其中含有的不饱和脂肪酸就会发生酸败而影响饲料的品质，玉米粉碎后，由于破坏了起保护作用的外皮更不宜久储。

(7)加工调制。饲料在加工调制过程中,养分含量也会发生变化。青绿饲料干储时,其维生素的损失几乎达100%,其他养分也有较大的损失。采用青贮时,只有3%～10%的养分损失,基本上保持了青绿饲料的营养特点。青绿饲料通过高温煮熟后,其富含的维生素绝大部分遭到破坏而失去应有的作用。故青绿饲料宜生喂,不宜熟喂。

(8)气候条件。温度、湿度和光照等气候条件,对植物的生长及其养分含量有很大的影响。气温温热、湿度适宜、光照充足,植物生长旺盛,光合作用增强,蛋白质和淀粉含量高,同时维生素含量也高。

了解影响植物性饲料营养成分的因素的目的在于,正确认识饲料的营养价值和查用饲料成分表,做到合理选择饲料。同时采取适当措施,合理搭配饲料,提高饲料的营养价值。

### 1.1.2　动、植物体化学组成的比较

动物体和植物体在化学组成上,既有相同点,又有很多不同之处。相同点是动物体和植物体都是由水分、矿物质、粗蛋白质、粗脂肪、碳水化合物和维生素6种同名营养物质组成。不同之处是同一种营养物质在动物体和植物体内的含量不同、化学成分有差异。

**1)水分**

成年动物体内的水分含量相对稳定,一般为45%～60%;植物体水分含量变异较大,低的籽实饲料仅含水5%,高的水生饲料含水量可达95%。

**2)粗蛋白质**

蛋白质是动物体内的主要成分,动物体的蛋白质含量比较稳定,一般占体重的13%～19%;植物体的粗蛋白质含量变动较大,一般为1%～36%;植物体内除含真蛋白质外,还含有较多的非蛋白氮化合物,即氨化物;而动物体内以真蛋白质为主,仅含少量的游离氨基酸,不含氨化物;动物蛋白质所含各种氨基酸的数量和比例与畜禽所要求相一致,而植物蛋白质所含各种氨基酸的数量和比例与动物需要不符,同时往往缺乏一些如赖氨酸、蛋氨酸等主要氨基酸,从而影响蛋白质的利用。因此,动物蛋白质比植物蛋白质的品质好、营养价值高。

**3)粗脂肪**

植物体的粗脂肪中,除含中性脂肪、脂肪酸外,还含有蜡质、磷脂等;而动物体粗脂肪中不含蜡质、磷脂等。

**4)碳水化合物**

碳水化合物是植物体的主要成分,碳水化合物中包括无氮浸出物和粗纤维;而动物体不含粗纤维,仅含少量葡萄糖和糖原。

**5)矿物质**

动物体的矿物质含量比较稳定,同时钙磷含量较高;而植物体的矿物质含量变异较大。

**6)维生素**

植物体一般都含有维生素,特别是青绿饲料中维生素含量丰富;而动物体不含维生素,仅在肝脏和产品(如蛋黄、乳)中储存有脂溶性维生素。

总之,动物和植物所含营养物质,不仅在含量上存在较大差异,而且在化学成分上也存在较多差异。了解这些差异的目的在于,根据不同动物的生理特点,合理选择不同饲料,做到科

学配合、使用，提高饲料的利用率和动物的生产水平，提高养殖经济效益。

## 1.2 粗蛋白质及营养

蛋白质是一切生命活动的物质基础，在动物的生命活动过程中具有特殊重要的作用。它不仅是动物体的重要组成成分，而且是动物体内非常重要的执行各种生物学功能的活性物质。因此，蛋白质在动物营养中占着重要地位，是其他营养物质不可替代的。

### 1.2.1 蛋白质的营养功能

**1)蛋白质的组成**

(1)组成蛋白质的化学元素。蛋白质主要由碳、氢、氧、氮、硫5种元素组成，少数还含有磷、铁、铜和碘等元素。各主要元素所占比例大致为：碳51.0%～55.0%、氢6.5%～7.3%、氧21.5%～23.5%、氮15.5%～18.0%、硫0.5%～2.0%。

氮元素在各种蛋白质中的含量不完全相同，但平均含氮量为16%。因此，生产中测定饲料中的粗蛋白质含量，一般测定饲料中的含氮量，再乘以6.25，即为饲料的粗蛋白质含量。

(2)氨基酸。氨基酸是构成蛋白质的基本单位。动植物体蛋白质的氨基酸常见的有20多种，不同类型的蛋白质，其氨基酸的含量和比例不同。氨基酸在蛋白质中的组成比例决定着蛋白质营养价值的高低。几种动物产品和饲料氨基酸含量如表1.1所示。

表1.1　几种蛋白质的氨基酸含量(%)

| 氨基酸 \ 蛋白质 | 酪蛋白 | 卵蛋白 | 牛肉 | 鳕鱼粉 | 大豆蛋白 | 蚕豆蛋白 | 小麦蛋白 |
|---|---|---|---|---|---|---|---|
| 丙氨酸 | 3.0 | 6.7 | 5.0 | 7.5 | | | |
| 精氨酸 | 1.1 | 5.7 | 7.2 | 6.7 | 6.5 | 6.0 | 5.0 |
| 天门冬氨酸 | 7.1 | 9.3 | 6.1 | 8.6 | | | |
| 半胱氨酸 | 1.3 | 1.5 | | | | | |
| 胱氨酸 | 0.3 | 0.5 | 1.1 | 1.0 | | | |
| 谷氨酸 | 22.4 | 16.5 | 15.6 | 13.4 | | | |
| 甘氨酸 | 2.7 | 3.0 | 5.1 | 12.5 | | | |
| 组氨酸 | 3.1 | 2.4 | 2.9 | 1.8 | 2.3 | 2.9 | 1.9 |
| 异亮氨酸 | 6.1 | 7.0 | 6.3 | 4.1 | 12.4 | 13.5 | 9.5 |
| 亮氨酸 | 9.2 | 9.2 | 7.7 | 6.7 | | | |
| 赖氨酸 | 8.2 | 6.3 | 8.2 | 6.9 | 6.3 | 6.0 | 2.1 |
| 蛋氨酸 | 2.8 | 5.2 | 2.2 | 2.8 | 1.5 | 0.8 | 1.3 |
| 苯丙氨酸 | 5.0 | 7.7 | 5.0 | 3.4 | 9.4* | 7.0* | 7.5* |

续表

| 氨基酸＼蛋白质 | 酪蛋白/% | 卵蛋白/% | 牛肉/% | 鳕鱼粉/% | 大豆蛋白/% | 蚕豆蛋白/% | 小麦蛋白/% |
|---|---|---|---|---|---|---|---|
| 脯氨酸 | 11.3 | 3.6 | 6.0 | 6.8 | | | |
| 丝氨酸 | 6.3 | 8.1 | 5.5 | 5.6 | 4.2 | 2.6 | 2.9 |
| 苏氨酸 | 4.9 | 4.0 | 5.0 | 4.2 | 1.3 | 0.9 | 1.2 |
| 色氨酸 | 1.2 | 1.2 | 1.1 | 1.0 | | | |
| 酪氨酸 | 6.3 | 3.7 | 4.4 | 2.8 | | | |
| 缬氨酸 | 7.2 | 7.0 | 5.0 | 4.8 | 4.7 | 5.1 | 4.0 |

资料来源：Kirchgessner, M.（1987）p.66 的评定方法。

* 加上酪氨酸。

氨基酸在结构上有L型和D型两种构型。动物对L型和D型氨基酸的利用程度不一样。如蛋氨酸的L型和D型都能被动物利用；赖氨酸的L型能被动物利用，但D型不能被利用。因此，在使用氨基酸添加剂时要引起足够的重视。

**2）饲料蛋白质营养价值的评定及主要指标**

饲料蛋白质营养价值评定的方法较多，现简要介绍几种有代表性的指标。

（1）粗蛋白质（CP）。粗蛋白质是饲料中含氮物质的总称，即饲料中的含氮量乘以6.25。以占饲料或日粮中的百分率表示。这个指标，只表明粗蛋白质含量的多少，不代表蛋白质品质的好坏。一般来说，饲料中粗蛋白质百分比高，其蛋白质营养价值就高，反之则低。这是最基本、最常用的一个指标。

（2）可消化粗蛋白质（DCP）。可消化粗蛋白质是指饲料粗蛋白质中可被动物消化的粗蛋白质，即：

$$可消化粗蛋白质(\%) = 饲料粗蛋白质(\%) \times 消化率(\%)$$

可消化粗蛋白质的含量，以饲料中所含的百分比或每千克饲料所含的克数表示。可消化蛋白质含量的多少与饲料粗蛋白质的消化率的高低有关。它不但表明饲料含粗蛋白质数量的多少，而且在一定程度上也表明饲料蛋白质的品质。

（3）蛋白质生物学价值（BV）。蛋白质的生物学价值是表示饲料蛋白质利用效率的一种形式，它是指消化吸收后的饲料氮（蛋白质）转变为动物体沉积氮（体蛋白质或产品蛋白）的百分率，即沉积氮与消化氮的百分比。

$$蛋白质生物学价值(\%) = \frac{沉积氮}{消化氮} \times 100\% = \frac{食入氮 - (粪氮 + 尿氮)}{食入氮 - 粪氮} \times 100\%$$

以上公式所得的BV值称表观生物学价值。蛋白质的真实生物学价值还应从粪氮中扣除来自内源的代谢氮，从尿氮中扣除非饲料来源的内源氮。

（4）可利用、可消化和有效氨基酸。近20年来有关单胃动物蛋白质质量的研究已从粗蛋白质和可消化粗蛋白发展到可利用氨基酸。

①可消化氨基酸。可消化氨基酸是指食入的饲料蛋白质经消化后被吸收的氨基酸。

②可利用氨基酸。可利用氨基酸是指食入蛋白质中能够被动物消化吸收并可用于蛋白

质合成的氨基酸。在饲料蛋白质、氨基酸质量的评定中主要是指家禽的可消化氨基酸。由于在家禽氨基酸消化率的测定中，因粪尿难分开，计算时扣除了尿中的氨基酸，为使名称与测定方法相吻合，而称可利用氨基酸。

③有效氨基酸。有效氨基酸有时是对可消化、可利用氨基酸的总称，有时却特指用化学方法测定的有效赖氨酸，或者用生物法测定的饲料中的可利用氨基酸。

因此，从实用的角度，可把氨基酸的消化率（可消化氨基酸）和利用率（可利用氨基酸）等同看待；对可消化氨基酸、可利用氨基酸和有效氨基酸也无严格的区分。

**3）蛋白质的营养生理功能**

（1）蛋白质是构成动物体最重要的物质。动物的皮肤、肌肉、神经、结缔组织以及各种内脏器官如心、肝、肺、肾、胃肠及生殖器官等，其主要成分为蛋白质。动物的蹄、角、毛等也是胶质蛋白构成的。各种组织器官通过新陈代谢不断进行更新、增殖以及损伤后的修补，也需要蛋白质。

（2）蛋白质是动物体内体液、酶、激素和抗体的主要成分。体液、酶、激素和抗体是动物体内的功能物质，是动物生命活动所必需的重要物质。动物体液中很多成分，如血液中运输气体的红细胞、具有吞噬能力和免疫能力的白细胞，其主要成分是蛋白质。

动物消化道的各种消化酶（如胃蛋白酶、肠蛋白酶、胰蛋白酶、脂肪酶、淀粉酶等）和促进细胞内生化反应的各种酶（如乳酸脱氢酶、谷丙转氨酶、谷酰胺合成酶等），以及血液中的凝血酶等，它们本身就是具有特殊催化活性的蛋白质。因此，在动物（特别是幼龄动物）饲料中添加酶制剂能提高其对饲料营养物质的消化率。

激素中的含氮激素，如生长素、催产素、催乳素、胰岛素等，它们的主要成分同样是蛋白质。它们在促进动物的生长和发育、保证正常的生产繁殖、控制体内物质代谢和能量代谢等方面起着调节作用。

具有抗病力和免疫作用的抗体，本身也是蛋白质。同时，蛋白质在维持动物体内的渗透压和水分的正常分布方面也起着重要作用。

（3）蛋白质是遗传物质的基础。动物的遗传物质中 DNA（脱氧核糖核酸）与蛋白质相结合成核蛋白存在于染色体上，将本身所蕴藏着的遗传信息，通过复制过程遗传给下一代。

（4）蛋白质也可分解供能。当日粮中供给动物能量的碳水化合物和脂肪不足时，蛋白质可以在体内分解放出能量，供给动物需要。当动物食入蛋白质过剩时，分解后多余的氨基酸经脱氨作用产生酮酸，氧化供能或转化为体脂肪储存起来，以备能量不足时动用。

（5）蛋白质是动物产品的重要组成成分。动物生产的产品肉、蛋、奶、皮、毛等的干物质中主要成分是蛋白质。

**4）氨基酸的营养功能**

氨基酸作为蛋白质的基本结构单位，其主要功能是参与体组织、功能物质和动物产品等蛋白质的合成，不同的氨基酸又有各自的功能，现将几种必需氨基酸的生理功能简述于下：

（1）蛋氨酸。蛋氨酸又叫甲硫氨酸，是动物体代谢中一种极为重要的甲基供体。通过甲基转移，参与肾上腺素、胆碱和肌酸的合成；肝脏脂肪代谢中，参与脂蛋白的合成，将脂肪输出肝外，防止产生脂肪肝，降低胆固醇；蛋氨酸可利用其所带的甲基，对有毒物或药物进行甲基化而起到解毒的作用，保护肝脏，缓解铅、钴、铜和硒中毒；蛋氨酸是含硫氨基酸（胱氨酸和半胱氨酸也是含硫氨基酸），具有促进动物被毛生长的作用。蛋氨酸脱甲基后可转变为胱氨酸和半胱氨酸，但其逆反应不能进行。因此，蛋氨酸能满足总含硫氨基酸的需要，但是蛋氨酸本身的需要量不能由胱氨酸和半胱氨酸满足。

动物缺乏蛋氨酸时，发育不良，体重减轻，肌肉萎缩，禽蛋变轻，被毛变质，肝脏、肾脏机能损伤，易产生脂肪肝，机体免疫功能降低。

动物性蛋白质中含有丰富的蛋氨酸，而植物性蛋白质中含量较少。一般常用人工合成的DL-蛋氨酸给动物补饲。

(2)赖氨酸。赖氨酸具有增强动物食欲，提高机体抗病力，促进生长等作用。赖氨酸是动物生长发育和生产所必需的营养物质，能促进动物的生长；赖氨酸可促进血球和免疫球蛋白的合成，增强动物的抗病能力；在低蛋白日粮中添加赖氨酸及其他限制性氨基酸，可以节约蛋白质资源，降低饲养成本，同时还可以减少对环境的污染；赖氨酸可促进钙、磷的吸收，降低背膘厚度、增加眼肌面积和瘦肉率。

日粮中缺乏赖氨酸，食欲降低，贫血，抗病力下降，体况消瘦，瘦肉率下降，生长减慢或停滞。日粮中赖氨酸水平过高，猪易发生直肠脱垂、采食量降低。

赖氨酸常为第一限制性氨基酸。植物性饲料，除大豆、豆饼富含赖氨酸外，其余饲料含量均低。饲料中添加赖氨酸，多用人工合成L-赖氨酸。

(3)色氨酸。色氨酸可使动物γ-球蛋白含量增加，从而提高动物抗病力；转化为5-羟色胺和烟酸，具有神经冲动的传递功能；色氨酸有降低肝脏脂肪的作用；色氨酸可合成褪黑激素，参与一系列代谢调节活动。是幼龄动物生长发育和成年动物繁殖、泌乳所必需的氨基酸。

动物缺少色氨酸时，食欲降低，体重减轻，生长停滞，引起神经系统的功能障碍。产生贫血、下痢、视力破坏并患皮炎等。种公畜缺乏色氨酸时睾丸萎缩。产蛋母鸡缺乏色氨酸时无精卵多，胚胎发育不正常或中途死亡。

色氨酸在动物蛋白中含量多，玉米中缺少。作为饲料添加剂的L-色氨酸的利用率为100%，DL-色氨酸的生物学有效性对猪相当于L-色氨酸的80%～85%，对鸡相当于L-色氨酸的55%～56%。

(4)苏氨酸。苏氨酸能平衡氨基酸营养、促进蛋白质沉积，促进生长、增重，提高饲料转化，同时还有利于提高猪的瘦肉率；苏氨酸是免疫球蛋白的重要成分，提高动物的免疫功能；它能促进磷脂合成和脂肪酸氧化，具有抗脂肪肝的作用；苏氨酸可明显降低仔猪腹泻率，也能调节动物的采食量。

苏氨酸缺乏时动物采食量下降、生长受阻、饲料利用率下降、发生脂肪肝；缺乏苏氨酸会抑制免疫球蛋白和T，B细胞及其抗体的产生，从而降低动物的抗病力。过量时，也会影响动物的采食量和日增重。

### 1.2.2　单胃动物蛋白质营养与利用

**1)单胃动物对饲料蛋白质的消化利用**

(1)单胃动物对饲料蛋白质的消化。单胃动物包括猪、马属(驴、骡)动物及家禽。以猪为例，猪对蛋白质的消化，主要是在胃和小肠，在各种蛋白分解酶的作用下把饲料蛋白质降解为小肽和氨基酸后被吸收、利用。其消化过程为：猪食入的饲料蛋白质在胃内，少部分在胃酸和胃蛋白酶的作用下被降解为结构简单的蛋白际和蛋白胨。分解的蛋白际和蛋白胨随同未被消化的蛋白质一起进入小肠。在小肠中再在胰蛋白酶、糜蛋白酶、弹性蛋白酶、羧肽酶及氨基肽酶等作用下,最终被分解为寡肽(二肽、三肽)和氨基酸。寡肽和氨基酸被小肠壁吸收进入血液运送到肝脏后被利用。小肠中未被消化吸收的蛋白质和氨化物进入大肠后,少部分被细菌利用合成菌体蛋白,菌体蛋白与未被消化吸收的蛋白质和氨化物一起随粪便排出体外。猪对蛋白质消化代谢过程如图 1.2 所示。

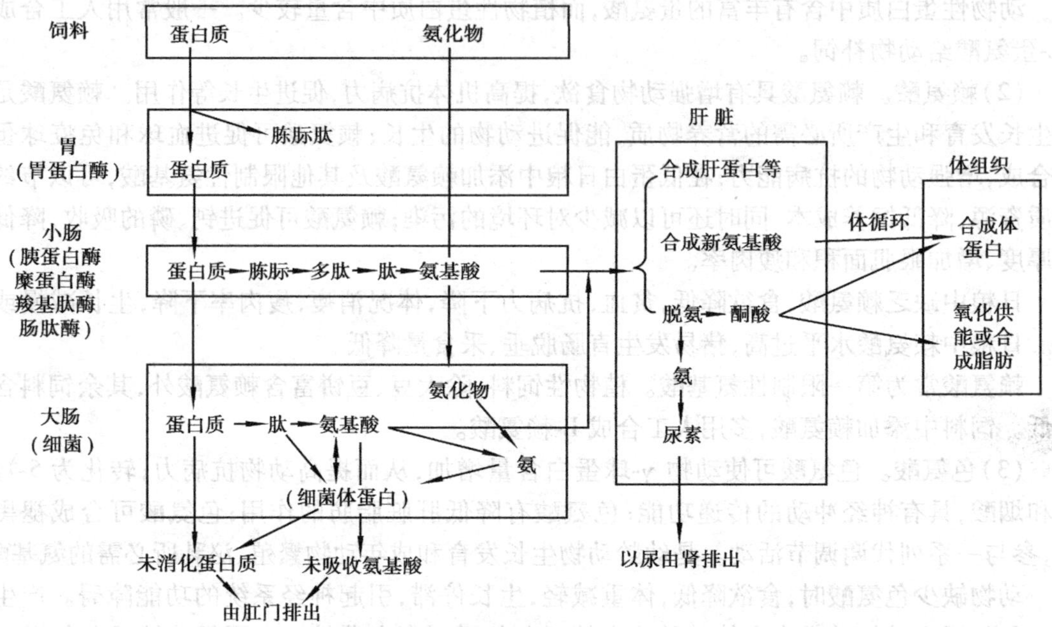


图 1.2 猪对蛋白质消化代谢过程

饲料蛋白质消化分解的氨基酸并非全部被小肠吸收,各种氨基酸的吸收率不尽相同。一般情况下,动物对苯丙氨酸、丝氨酸、谷氨酸、丙氨酸、脯氨酸、甘氨酸的吸收率较其他氨基酸高。小肠对不同构型的同一氨基酸吸收率也不同,通常 L 型氨基酸的吸收率比 D 型氨基酸高。

新生的哺乳动物在出生后 24 ~ 36 h 内可依赖肠黏膜上皮的胞饮作用,直接吸收初乳中的免疫球蛋白,以获取抗体得到免疫力。因此,要让新生幼畜及时吃到初乳,获得足够的抗体。

从图 1.2 可以看出,猪对蛋白质的消化代谢特点是:蛋白质消化、吸收的主要场所是小肠,是在酶的作用下进行的,以氨基酸和寡肽的形式被肠壁吸收,进而被利用。而大肠的细菌虽然可利用少量蛋白质和氨化物合成菌体蛋白,但最终绝大部分还是随粪便排出体外。因此,猪能大量利用饲料中的蛋白质,但不能大量利用氨化物。

家禽消化器官中的腺胃容积小,饲料停留时间短,消化作用不大。而肌胃又是磨碎饲料的器官,因此家禽蛋白质消化吸收的主要场所也是小肠,其特点大致与猪相同。

马属动物和兔等单胃草食动物对蛋白质的消化与猪有一定的差异。除胃和小肠蛋白质的消化吸收过程与猪类似外,它们的盲肠和结肠相当发达,在蛋白质的消化过程中起着重要作用。小肠未被消化吸收的蛋白质和氨化物进入盲肠和结肠,在微生物的作用下合成菌体蛋白被其利用。因此,马属动物和兔等单胃草食动物对饲料中的氨化物的利用能力比猪强,但比反刍动物差。

(2)单胃动物对饲料蛋白质的利用。饲料蛋白质被消化吸收进入肝脏中的氨基酸,一部分合成肝脏蛋白和血浆蛋白,大部分经过肝脏由体循环转送到各个组织细胞中合成组织蛋白质,供机体组织的更新、生长及形成动物产品的需要;氨基酸也可用来合成抗体、酶类、含氮激素以及转化为核苷酸、胆碱等活性物质。没有被利用的氨基酸,在肝脏中脱氨,脱掉的氨基生成氨转变为尿素,由肾脏以尿的形式排出体外。剩余的酮酸部分氧化供能或转化为糖原和脂肪作为能量储备。氨基酸在肝脏中还可通过转氨基作用,合成新的氨基酸。

综上所述,单胃动物对饲料蛋白质的消化主要是蛋白质酶对蛋白质的水解过程。微生物的消化作用极其微弱。单胃动物的蛋白质营养过程就是饲料蛋白质的营养过程,动物所吸收的氨基酸种类和数量在很大程度上取决于饲料蛋白质本身的氨基酸组成和比例。因此,要提高单胃动物饲料蛋白质的利用率,在配制日粮时更应注重氨基酸的种类、数量与比例。

**2)影响单胃动物蛋白质消化吸收的因素**

单胃动物对饲料蛋白质的消化受动物的种类和年龄、饲粮中营养物质的组成、饲料中的抗营养因子、饲料加工储存中的热损害、氨基酸之间的竞争与拮抗作用等因素的影响。

(1)动物种类和年龄。不同种类的动物对同一种饲料蛋白质的消化吸收率不同,这是因为不同种类动物的消化生理特点不同。幼龄动物由于消化道的结构和消化功能尚不完善,对饲料蛋白质的消化率不高。如仔猪胃内盐酸、胃蛋白酶及胰蛋白酶的分泌,2~3月龄时才能达到成年猪的水平。

(2)饲粮的粗纤维水平。纤维物质对饲粮蛋白质的消化、吸收都有阻碍作用,随着纤维水平的增加,蛋白质在消化道中的排空速度也增加,这无疑降低了其被酶作用的时间以及被肠道吸收的几率。

(3)饲粮的蛋白质品质及水平。单胃动物对蛋白质的消化率,与蛋白质的品质有很大的关系。如猪对植物性蛋白质的消化率偏低,对动物性蛋白质的消化率较高。动物蛋白中,对血粉蛋白的消化率低,对鱼粉蛋白的消化率高。饲粮中粗蛋白质水平对蛋白质的消化率也有影响。饲粮中的蛋白质进入消化道后,靠各种蛋白酶消化。如果饲粮中蛋白质水平较低,蛋白酶合成减少,从而影响蛋白质的消化,相反,如饲粮中蛋白质水平过高,超过了动物的消化能力,饲粮蛋白质的消化率就会降低。因此,饲粮蛋白质水平保持在动物需要量的范围内,其消化率较高,低于或高于动物需要量,饲粮蛋白质的消化率都会降低。

(4)蛋白酶抑制因子。豆科籽实及其饼粕中,往往含有多种蛋白酶抑制因子,其中最主要的是胰蛋白酶抑制剂。胰蛋白酶抑制剂能与胰蛋白酶结合而使胰蛋白酶失去活性,从而降低蛋白质的消化率。蛋白酶抑制因子对热敏感,适当的热处理(蒸、煮、炒或膨化)可使这些因子失活。

(5)热损害。对大豆等饲料进行适当的热处理,能消除其中的抗营养因子,也能使蛋白质初步变性,有利于消化吸收。但温度过高或时间过长,则有损蛋白质的营养价值,其原因是发生了美拉德反应。

(6)氨基酸之间的竞争与拮抗作用。氨基酸间的拮抗作用发生在结构相似的氨基酸间,一些结构相似的氨基酸相互竞争或排斥,一种氨基酸干扰另一种氨基酸。如过多的赖氨酸显著降低精氨酸的效能,增加精氨酸的需要量。亮氨酸含量过高时增加对异亮氨酸和缬氨酸的需要量。苏氨酸和色氨酸、异亮氨酸和缬氨酸、异亮氨酸和苯丙氨酸、苯丙氨酸和苏氨酸、丝氨酸和苏氨酸及蛋氨酸和甘氨酸之间也存在拮抗作用,影响对方的消化与吸收。

**3)单胃动物对饲料蛋白质的品质要求**

蛋白质品质优劣是由组成蛋白质氨基酸的数量与比例决定的。

(1)氨基酸的种类。组成饲料蛋白质的氨基酸有20种,根据动物对饲料氨基酸的需求程度分为必需氨基酸、半必需氨基酸、条件性必需氨基酸和非必需氨基酸。

①必需氨基酸。必需氨基酸是指动物自身不能合成或合成的量较少,不能满足动物的需要,必须由饲粮提供的氨基酸。各种动物的必需氨基酸的种类大致相同,但动物种类、生长阶段不同,也存在一定的差异。对于生长猪,必需氨基酸有10种,它们是赖氨酸、色氨酸、苏氨酸、蛋氨酸、组氨酸、亮氨酸、异亮氨酸、苯丙氨酸、精氨酸和缬氨酸。猪成年后,体内组氨酸和精氨酸的合成能力逐渐增强,其需要量相对下降,所以成年猪的必需氨基酸仅为8种。雏鸡的必需氨基酸有13种,除上述10种外,还有甘氨酸、胱氨酸和酪氨酸。在配合动物饲粮时,必须保证动物对必需氨基酸的需求量,才能发挥动物的生产潜能,提高生产效率。

②半必需氨基酸。半必需氨基酸是指在一定条件下能代替或节省部分必需氨基酸的氨基酸。在动物体内,半胱氨酸或胱氨酸可由蛋氨酸转化而来,酪氨酸可由苯丙氨酸转化而来,丝氨酸和甘氨酸可相互转化。动物对胱氨酸(或半胱氨酸)、酪氨酸、丝氨酸的需要可完全由蛋氨酸、苯丙氨酸及甘氨酸满足,但动物对蛋氨酸和苯丙氨酸的特定需要却不能由半胱氨酸或胱氨酸及酪氨酸满足。营养学上就把胱氨酸(或半胱氨酸)、酪氨酸、丝氨酸称作半必需氨基酸。动物日粮中满足了胱氨酸的需要可使其对蛋氨酸需要量降低40%,满足了酪氨酸的需要则可使苯丙氨酸需要量降低30%。

③条件性必需氨基酸。条件性必需氨基酸是指在特定的情况下,必须由饲粮提供的氨基酸。如猪性成熟后及妊娠母猪均能合成足够的精氨酸,可满足需要,但在生长早期,合成的量却不能满足需要,必须从饲粮中提供。在一些重要的疾病中谷氨酰胺可能是一种条件性必需氨基酸,如在饥饿、断奶应激等造成的小肠黏膜受损或谷氨酰胺耗竭的情况下是必需的,因此,它对维持小肠的结构和功能具有重要作用。因此,在上述生理情况下,需对这些氨基酸加以考虑。

④非必需氨基酸。非必需氨基酸是指动物能在体内用含氮物质合成,或者可用其他氨基酸转化代替,不必须由饲料供给的氨基酸,如丙氨酸、天门冬氨酸、瓜氨酸、谷氨酸、丝氨酸和脯氨酸等。

氨基酸的必需与非必需之分是从饲料供应角度来考虑的,但从营养角度来考虑,两者都是动物所必需的营养,它们都是合成体蛋白和产品所必需的氨基酸。

⑤限制性氨基酸。必需氨基酸中某一种或几种低于动物的需要量,而且由于它们的不足限制了动物对其他氨基酸的利用的氨基酸称为限制性氨基酸,其中缺乏最严重的称第一限制性氨基酸,缺乏严重程度第二位的称为第二限制性氨基酸,其余的以此类推,相应为第三、第四……限制性氨基酸。植物性饲料中,对于猪,赖氨酸常为第一限制性氨基酸;对于家禽,蛋氨酸一般为第一限制性氨基酸。

饲料种类不同,所含必需氨基酸的种类和数量有显著差别。由于动物种类和生产目的不同,对必需氨基酸的需要量也有明显差异。因此,同一种饲料对不同动物或不同饲料对同一种动物,限制性氨基酸的种类和顺序不同。谷实类饲料中赖氨酸一般为猪和肉鸡的第一限制性氨基酸,蛋氨酸和赖氨酸分别是家禽和猪的第一限制性氨基酸。目前畜牧业生产中,蛋氨酸和赖氨酸用作饲料添加剂,已成为提高动物(特别是幼龄动物)生产水平的重要技术措施。

(2)理想蛋白与必需氨基酸模式。理想蛋白质是指蛋白质的氨基酸在组成和比例上与动物所需蛋白质的氨基酸的组成和比例一致,包括必需氨基酸之间以及必需氨基酸和非必需氨基酸之间的组成和比例,即供给与需要之间是平衡的。动物对该种蛋白质的利用率理论上讲为100%。

理想蛋白的必需氨基酸模式:近年来对猪、禽的理想蛋白必需氨基酸模式进行了大量研究,并提出了一些模式。理想蛋白必需氨基酸模式通常以赖氨酸作为100,其他氨基酸用相对比例表示。表1.2是美国NRC(1998)对猪氨基酸需要量的建议值。

表1.2　美国NRC(1998)猪各生长阶段理想氨基酸模式

| 体重/kg | 3~5 | 5~10 | 10~20 | 20~50 | 50~80 | 80~120 |
|---|---|---|---|---|---|---|
| 赖氨酸 | 100 | 100 | 100 | 100 | 100 | 100 |
| 精氨酸 | 39 | 40 | 40 | 39 | 36 | 32 |
| 组氨酸 | 32 | 32 | 31 | 32 | 32 | 32 |
| 色氨酸 | 18 | 18 | 18 | 18 | 19 | 18 |
| 异亮氨酸 | 55 | 54 | 55 | 54 | 56 | 55 |
| 亮氨酸 | 100 | 98 | 97 | 95 | 95 | 90 |
| 缬氨酸 | 69 | 68 | 69 | 67 | 69 | 67 |
| 苯丙氨酸+酪氨酸 | 94 | 93 | 92 | 92 | 93 | 92 |
| 酪氨酸 | 60 | 59 | 59 | 58 | 59 | 57 |
| 蛋氨酸+胱氨酸 | 57 | 56 | 57 | 57 | 59 | 58 |
| 蛋氨酸 | 27 | 26 | 26 | 26 | 27 | 27 |
| 苏氨酸 | 65 | 64 | 64 | 64 | 68 | 68 |
| 赖氨酸需要量/% | 1.50 | 1.35 | 1.15 | 0.95 | 0.75 | 0.60 |

注:赖氨酸需要量为日粮中的百分含量。

(3)饲料的氨基酸平衡。氨基酸平衡是指日粮中各种必需氨基酸在数量和比例上同动物特定需要量相符合,即供给与需要之间是平衡的。氨基酸平衡的日粮,蛋白质的利用率才高。但实际生产中,饲料的蛋白质及必需氨基酸含量和比例与动物需要相比,大多不够理想,有的还相差甚远,影响到饲粮蛋白质的质量和利用率。因此,平衡饲粮氨基酸非常重要。平衡日粮氨基酸时,应重点考虑和解决以下几个问题:

①氨基酸缺乏。指一般情况下,动物饲粮中可能有一种或几种必需氨基酸含量不能满足动物的需要。如我国南方常使用菜籽饼粕作为动物的主要蛋白质饲料,日粮中粗蛋白质含量符合饲养标准要求,但个别必需氨基酸(如赖氨酸、蛋氨酸等)仍然不足,不能满足动物的需要,影响动物对日粮中粗蛋白质的利用。日粮中氨基酸的缺乏,不完全等于蛋白质的缺乏。配合动物饲粮时,可采用补加缺乏的必需氨基酸满足动物的需要。

②氨基酸不平衡。指饲粮中各种必需氨基酸之间的比例与动物需要的比例不相适应。一种或几种必需氨基酸数量过多或过少都会导致氨基酸的不平衡。生产中,动物饲粮常以植物性饲料为主,而植物性饲料蛋白质的质量一般都比动物性饲料蛋白质差,必需氨基酸的比

例与动物需要的比例不符。饲粮的氨基酸不平衡一般也同时存在必需氨基酸的缺乏。配合动物饲粮时,可根据理想蛋白质的必需氨基酸模式,采用补加必需氨基酸(如合成赖氨酸、蛋氨酸)和增加饲料品种(特别是动物性蛋白质饲料)来平衡饲粮中的氨基酸,降低饲粮粗蛋白质水平,改善饲粮蛋白质的品质,提高蛋白质的利用率。

③氨基酸过量。指动物饲粮中某一种或几种氨基酸超过动物的需要量。氨基酸过量会引起动物中毒,尤以蛋氨酸具毒性,且不能以补加其他氨基酸加以消除。同时,过量的氨基酸在动物体内降解脱氨,氨在肝脏合成尿素经肾随尿液排出体外。氨和尿素对肝、肾有损害作用。氨基酸过量一般是饲粮中粗蛋白质过量或氨基酸添加过多引起的。在配合动物饲粮时,要控制粗蛋白质的总水平和氨基酸的添加量。

④氨基酸相互间的关系。各种氨基酸在动物营养中存在着相互转化代替、相互拮抗的复杂关系。

氨基酸的转化与替代　指在动物体内蛋氨酸可转化为胱氨酸和半胱氨酸,苯丙氨酸可转化为酪氨酸,但它们是不可逆转的。胱氨酸与半胱氨酸、丝氨酸与甘氨酸之间可以相互转化。因此,动物对胱氨酸和半胱氨酸的需要可由蛋氨酸满足,酪氨酸可由苯丙氨酸满足,甘氨酸可由丝氨酸满足。氨基酸之间相互转化的程度与饲粮中氨基酸的平衡程度密切相关。调整饲粮中氨基酸平衡和供给足够的非必需氨基酸,实际上就是减少必需氨基酸的转化,保证必需氨基酸的有效利用,以达到提高饲粮蛋白质转化效率的目的。因此,动物饲粮中胱氨酸可代替50%的蛋氨酸,酪氨酸可代替50%的苯丙氨酸,丝氨酸可完全代替甘氨酸。

氨基酸的拮抗作用　指某一种氨基酸的过量而影响另一氨基酸的代谢。雏鸡试验表明,赖氨基酸过多时,会干扰肾小管对精氨酸的重吸收,造成精氨酸不足。亮氨酸过量时,会激活肝脏中异亮氨酸氧化酶和缬氨酸氧化酶,致使异亮氨酸和缬氨酸大量氧化分解而不足。因而,赖氨酸、亮氨酸过量会相应增加精氨酸、异亮氨酸和缬氨酸的需要量。为消除赖氨基酸过多造成的不良影响,应向饲粮中添加精氨酸,鸡饲粮中赖氨酸与精氨酸的适宜比例为1:1.2。

氨基酸之间有拮抗作用的还有苏氨酸与色氨酸、蛋氨酸与甘氨酸、苯丙氨酸与缬氨酸、苯丙氨酸与苏氨酸。

(4)氨基酸的互补。氨基酸之间的互补是指在饲粮配合中,利用各种饲料氨基酸含量和比例的不同,通过两种或两种以上饲料的配合,使各种氨基酸相互取长补短,弥补氨基酸的缺陷,使饲粮氨基酸比例达到较理想状态。在生产实践中,这是提高饲粮蛋白质品质和利用率的有效方法。如菜籽饼粕中赖氨酸不足,蛋氨酸含量较高,用作单一蛋白饲料,蛋白质利用率较差。大豆饼粕中富含赖氨酸,而蛋氨酸相对不足。把菜籽饼粕和大豆饼粕按一定比例作为蛋白质饲料,它们中的蛋氨酸和赖氨酸互为补充对方的不足,使其达到平衡,蛋白质的利用率显著提高。饲料种类越多,氨基酸的互补作用就越强,各种氨基酸就越平衡。饲粮蛋白质的利用率就越高。

**4)提高单胃动物饲料蛋白质利用效率的措施**

随着畜牧业的快速发展,蛋白质饲料用量大量增加,而蛋白质饲料资源越来越短缺,特别是动物性蛋白质饲料更为匮乏,致使蛋白质饲料价格昂贵,大幅度增加了养殖成本。因此,采取各种技术措施,合理利用蛋白质饲料资源,提高饲料蛋白质的转化效率,对节约蛋白质饲料、减轻环境污染、降低饲料成本、增加养殖效益具有重大意义。

(1)配合日粮时饲料品种多样化,提高氨基酸的互补作用。饲料的品种及种类不同,蛋白质中所含必需氨基酸的种类、数量也就不同,多种饲料搭配,能起到氨基酸的互补作用,改善饲料中氨基酸的平衡,提高蛋白质的转化效率。单独用玉米和肉骨粉喂猪时,它们的蛋白质生物学价值分别为51%和42%,如果用两份玉米和一份肉骨粉混合饲喂,则混合料的蛋白质生物学价值可提高到61%。

(2)添加人工合成氨基酸。以植物性饲料为主配制的动物饲粮中,往往缺乏一些必需氨基酸,在饲粮中添加所缺乏的必需氨基酸,使氨基酸之间达到平衡,并满足动物的需要。据报道,在猪日粮中添加0.35%赖氨酸、0.16%苏氨酸和0.07%色氨酸可以降低日粮蛋白质4个百分点而不影响生长速度,而氮排出量和能量排出量将分别减少29.3%和4.4%。

(3)日粮中蛋白质与能量的比例要适当。正常情况下被吸收的蛋白质约70%～80%被畜禽用以合成体组织或产品,20%～30%分解供能,当供给能量的碳水化合物和脂肪不足时,必然会加大蛋白质的供能部分,减少合成体蛋白质和畜禽产品的部分,导致蛋白质转化效率降低。同时,猪、鸡有根据饲粮能量浓度确定采食量的特性,如果饲粮蛋白能量比偏低,就会使动物对蛋白质的食入量减少,影响动物的生长和生产;反之,如果饲粮蛋白能量比偏高,动物蛋白质食入量就会过多,造成蛋白质浪费。因此,必须合理确定日粮中蛋白质与能量之间的比例,减少蛋白质的分解供能和浪费,提高其利用率。

(4)控制饲粮中的粗纤维水平。单胃动物饲粮中粗纤维水平过高,会影响到蛋白质及其他营养物质的消化,粗纤维每增加1个百分点,蛋白质消化率降低1～1.5个百分点,因此要严格控制猪、禽饲粮中粗纤维的水平。

(5)掌握好饲料中适宜的蛋白质水平。蛋白质在动物营养中并不是“多多益善”,只有在合理供给时,蛋白质的转化效率才高。如蛋白质供给过多,多余的蛋白质只能分解供能,既造成蛋白质的浪费,又增加了肝肾的负担。因此,在配合单胃动物饲粮时,要参照其饲养标准,掌握好蛋白质的适宜水平。

(6)豆类饲料加热处理。生豆类与生豆饼等饲料中含有胰蛋白酶抑制剂,抑制胰蛋白酶的活性,影响蛋白质的消化。胰蛋白酶抑制剂在60 ℃以上都能破坏它的活性。生产中常用焙炒、蒸煮、常压或高压蒸汽处理的方法处理豆类饲料,但加热时间不宜过长、温度不宜过高,否则会使蛋白质变性,反而降低蛋白质的营养价值。

(7)保证与蛋白质代谢有关的维生素及矿物元素的供应。很多维生素和矿物元素参与动物体内蛋白质的代谢,直接或间接地催化蛋白质的合成。如维生素A具有调节蛋白质代谢,促进幼龄动物生长的作用;维生素B族中的多数以辅酶的形式参与蛋白质的代谢;铁元素不仅是合成血红蛋白和肌红蛋白的原料,还作为体内多种酶的激活剂,参与机体内的物质代谢,催化各种生化反应。铜元素不仅是红细胞和免疫球蛋白的构成成分,还以金属酶的成分,直接参与动物体内蛋白质的代谢。钴是精氨酸酶的激活剂,与蛋白质的代谢有关。因此,在配合饲粮时,要保证上述物质的供给。

### 1.2.3　反刍动物蛋白质营养与利用

**1)反刍动物对饲料蛋白质的消化利用**

反刍动物由于消化道的结构和消化功能与单胃动物不同,对蛋白质的消化与单胃动物也不一样。

(1)反刍动物对蛋白质的消化。反刍动物的消化道比单胃动物多一个功能特殊的瘤胃,蛋白质消化代谢因受瘤胃发酵的影响，与单胃动物明显不同。反刍动物对粗蛋白质的消化代谢过程如图1.3所示。

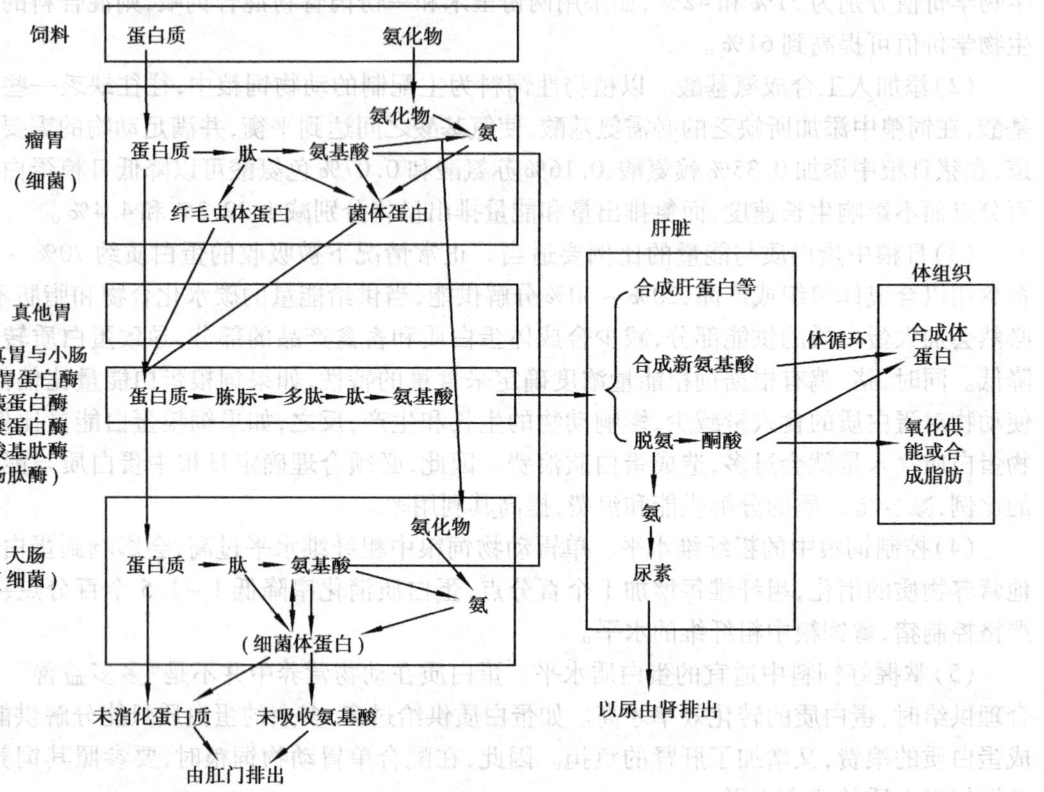


图1.3 反刍动物对粗蛋白质的消化代谢过程

由图1.3可知，反刍动物对饲料蛋白质的消化从瘤胃开始，首先在瘤胃进行微生物消化，再在小肠进行化学消化。

反刍动物的瘤胃容积特别大，约占胃总容积的80%，占消化道容积的70%，其内寄生着大量的细菌和纤毛虫。细菌和纤毛虫能把饲料中的蛋白质和氨化物分解为寡肽、氨基酸和氨，合成菌体蛋白，菌体蛋白进入小肠后被动物利用。反刍动物对粗蛋白质的消化代谢过程为：

饲料蛋白质被采食进入瘤胃后，在瘤胃微生物蛋白质水解酶的作用下，分解为寡肽和氨基酸。寡肽和氨基酸被微生物利用合成菌体蛋白，少部分氨基酸又在细菌脱氨基酶的作用下，降解为挥发性脂肪酸、氨和二氧化碳。饲料中的氨化物也可在细菌脲酶作用下分解为氨和二氧化碳，氨被细菌利用合成细菌蛋白。纤毛原虫不能利用氨态氮，只能利用细菌和饲料含有的氮作为氮源而生长。

在瘤胃被微生物降解的蛋白质称为瘤胃降解蛋白。瘤胃内未被微生物降解，直接进入小肠的饲料蛋白质，通常称为过瘤胃蛋白质，也称为未降解蛋白质。过瘤胃蛋白与瘤胃微生物蛋白一同由瘤胃转至真胃，随后进入小肠进行化学消化。

瘤胃微生物对饲料蛋白质的降解能力很强，饲料粗蛋白质在瘤胃进行较大的改组，60%～80%的粗蛋白质通过微生物降解、合成氨基酸和菌体蛋白质。也就是说，反刍动物所需要的小肠可消化蛋白质来源于瘤胃合成的微生物蛋白和饲料过瘤胃蛋白。

饲料粗蛋白质在瘤胃内降解、合成菌体蛋白，这个过程有利也有弊。有利的一面是，瘤胃细菌可以利用饲料中小肠不能消化吸收的非蛋白含氮化合物合成氨基酸和菌体蛋白后供小肠消化吸收，从而提高了动物对饲料粗蛋白质的利用率；不利的一面是，饲料中的真蛋白质在瘤胃中被微生物降解为氨基酸后，有的氨基酸被分解为氨，不能完全利用，造成蛋白质的损失。因此，生产中应采取技术措施降低蛋白质在瘤胃的降解。

饲料蛋白质在瘤胃内的降解率受其溶解度和瘤胃内滞留时间的影响，溶解度大的蛋白质及在瘤胃内滞留时间较长的蛋白质降解率较高。部分饲料蛋白质的降解率见表1.3。

**表1.3　部分饲料蛋白质的降解率(%)**

| 饲料名称 | 降解率 | 饲料名称 | 降解率 | 饲料名称 | 降解率 |
|---|---|---|---|---|---|
| 酪蛋白 | 90 | 大　麦 | 72~90 | 禾草青贮 | 85 |
| 花生饼 | 63~78 | 白鱼粉 | 50 | 小麦干草 | 73~89 |
| 棉仁饼 | 60~80 | 秘鲁鱼粉 | 30 | 禾草干草 | 50 |
| 葵籽饼 | 75 | 玉米蛋白 | 28~40 | 黑燕麦 | 59~70 |
| 豆　饼 | 39~60 | 苜蓿干草 | 40~60 | 干红豆草 | 37 |
| 玉　米 | 40 | 玉米青贮 | 40 | 红三叶草(青刈) | 66~73 |

据测定，瘤胃微生物蛋白质与动物产品蛋白质的氨基酸组成相似。瘤胃细菌蛋白质生物学价值为85%~88%，瘤胃纤毛原虫蛋白质生物学价值为80%。微生物蛋白的品质次于优质的动物蛋白，与豆饼蛋白相当，而优于大多数的谷物蛋白。瘤胃微生物蛋白质可满足反刍动物蛋白质需要的50%~100%。

从上述消化过程可以看出，反刍动物蛋白质消化代谢的特点是：蛋白质消化的主要场所是瘤胃，靠微生物的降解。其次是在小肠，在酶的作用下进行。因此，反刍动物不仅能大量利用饲料中的蛋白质，而且也能很好地利用饲料中的氨化物。

反刍动物小肠对蛋白质的消化、吸收，以及吸收后的利用过程与单胃动物基本相同。只有小小的差异：饲料中的蛋白质和氨化物在瘤胃中被细菌降解生成的氨，除被合成菌体蛋白外，经瘤胃、真胃和小肠吸收后转送到肝脏合成尿素。尿素大部分经肾脏随尿液排出体外，一部分被运送到唾液腺随唾液返回瘤胃，再次被细菌利用，氨如此循环反复被利用的过程称为“瘤胃氮素循环”。“瘤胃氮素循环”对反刍动物的蛋白质营养具有重要意义，可将含氮物反复利用，转化为菌体蛋白，供动物体利用，从而提高饲料中粗蛋白质的利用率。

(2)反刍动物对饲料蛋白质的利用。反刍动物对被消化的饲料蛋白质的利用与单胃动物基本一致。

**2)影响反刍动物对含氮化合物消化吸收的因素**

影响反刍动物对含氮化合物消化吸收的主要因素是饲粮的组成、降解速率和蛋白质的热损害。

(1)饲粮碳水化合物含量。瘤胃微生物合成氨基酸和蛋白质是通过氨与碳架相结合而实现的,而碳架则主要由饲料中的碳水化合物提供,因此,反刍动物日粮中必须要有一定量的碳水化合物,才能保证瘤胃微生物对饲料中氨的充分利用。

(2)粗蛋白质的降解速率。微生物对饲料蛋白质和氨化物必须先降解为氨基酸或氨后才能利用。饲料蛋白质和氨化物的降解速度取决于被微生物侵袭的表面积大小、物质密度、蛋白质的化学性质,以及其他物质的保护作用等多种因素。蛋白质的溶解度愈高,则降解速度愈快。饲料真蛋白质一般较非蛋白含氮化合物降解慢。例如,尿素的降解率为100%,降解速度很快;酪蛋白质降解率为90%,降解速度稍慢。植物性饲料蛋白质的降解率变化较大,玉米约为40%,少数植物蛋白质可达80%。因此,要使瘤胃微生物很好地利用饲粮氮源,提高反刍动物对饲粮粗蛋白质的利用率,必须对饲粮组成作全面考虑,既要保证真蛋白氮与非蛋白氮的适当比例,也要考虑饲粮总氮含量与可利用碳水化合物的适宜比例。

(3)蛋白质的热损害。反刍动物饲粮蛋白质的热损害与单胃动物饲粮蛋白质的热损害有一定的差异,这与饲粮的组成结构不同有关。反刍动物饲粮蛋白质的热损害是指饲料中蛋白质肽链上的氨基酸残基与碳水化合物中的半纤维素结合生成聚合物的反应,完全不能被宿主或瘤胃微生物消化。

**3)反刍动物对非蛋白氮(NPN)的利用**

非蛋白氮饲料很多,如尿素、硫酸铵、碳酸氢氨、氯化氨、氨水,以及尿素的衍生物如双缩脲、磷酸脲等。但尿素的成本低,使用效果好,所以,尿素作为非蛋白氮饲料添加剂使用最为普遍。

(1)反刍动物利用非蛋白氮的机制。反刍动物对尿素、双缩脲等非蛋白氮化合物(也称氨化物)的利用主要靠瘤胃中的细菌。以尿素为例,其利用机制简述如下:

$$\text{尿素} \xrightarrow{\text{细菌脲酶}} \text{氨} + \text{二氧化碳}$$

$$\text{碳水化合物} \xrightarrow{\text{细菌酶}} \text{酮酸} + \text{挥发性脂肪酸}$$

$$\text{氨} + \text{酮酸} \xrightarrow{\text{细菌酶}} \text{氨基酸} \xrightarrow{\text{细菌酶}} \text{细菌性蛋白质}$$

$$\text{细菌体蛋白质} \xrightarrow{\text{真胃和小肠消化酶}} \text{氨基酸}$$

瘤胃内的细菌利用尿素作为氮源,以可溶性碳水化合物作为碳架和能量的来源,合成细菌体蛋白质。细菌体蛋白质进入小肠后被蛋白酶分解,被动物吸收利用。

(2)反刍动物日粮中使用非蛋白氮的目的。在反刍动物日粮中添加非蛋白氮的目的,一是在日粮蛋白质不足的情况下,补充非蛋白氮,提高采食量和生产性能。如国外报道,在蛋白质不足的日粮中加入1 kg尿素,奶牛可多产奶6~12 kg、肉牛多增重1~3 kg;二是用适量非蛋白氮代替高价格的蛋白质饲料,在不影响生产性能的前提下,降低饲料成本,提高养殖经济效益;三是用于平衡日粮中可降解与过瘤胃蛋白,以充分发挥瘤胃的功能,促进整个日粮的有效利用。

(3)提高尿素利用率的措施。尿素在进入瘤胃后很快被水解成氨,血液中氨的浓度大于0.6~0.9 mg/100 g时即会引起动物中毒,达到2 mg/100 g时动物就会死亡。所以,为使尿素能为反刍动物高效地利用和避免氨中毒,必须采取切实有效的措施。

①控制喂量。由于脲酶的活性很强,致使尿素在瘤胃中分解为氨的速度很快,如加入日粮干物质量1%的尿素只需20多分钟就全部分解完毕。然而细菌利用氨合成菌体蛋白的速

度仅为尿素分解速度的1/4。如果尿素喂量过大，它会被迅速的分解产生大量的氨，而细菌又来不及利用，其中一部分氨被胃壁吸收后随血液输入肝脏形成尿素，由肾排出，造成浪费。更严重的是，如果吸收的氨超过肝脏将其转变为尿素的能力时，氨就会在血液中积蓄，达到一定浓度就会引起氨中毒。因此，要严格控制尿素的喂量。

尿素的喂量约为日粮粗蛋白质量的20%～30%或不超过日粮干物质的1%；成年牛每头每天饲喂60～100 g，成年羊6～12 g。如果日粮中有含非蛋白氮高的饲料，如青贮料，尿素用量可减半。

生后2～3个月内的犊牛和羔羊，严禁饲喂尿素。这是因为犊牛和羔羊的瘤胃尚未发育完全，还不能利用尿素。犊牛和羔羊喂尿素很容易引起氨中毒。

②喂法得当。饲喂尿素时，必须将尿素均匀地搅拌到精粗饲料中混喂，最好先用糖蜜将尿素稀释或用精料拌尿素后再与粗料拌匀，还可将尿素加到青贮原料中青贮后一起饲喂，其做法是：在1 t玉米青贮原料中，均匀地加入4 kg尿素和2 kg硫酸铵。

饲喂尿素时，开始少喂，逐渐加量，使反刍动物有5～7天的适应期。因微生物利用尿素的能力有限，一天的尿素喂量要分几次饲喂；生豆类、生豆饼类、苜蓿草籽、胡枝子种子等含酶多的饲料，不要大量掺在加尿素的谷物饲料中一起饲喂。严禁将尿素单独饲喂或溶于水中饮用。反刍动物在饲喂尿素后，3 h内不能饮水。

③减缓尿素分解速度。在添加尿素时采用一些技术措施，可减缓尿素在瘤胃的分解速度，使细菌有充足的时间利用氨合成菌体蛋白，提高尿素利用率和饲用安全性。

A. 在尿素饲粮中加入脲酶抑制剂。如氢醌、磷酸、乙酰氧肟酸、四硼酸钠、磷酸盐和尿素衍生物（巯基脲、羟基脲）可抑制脲酶的活性，降低尿素的分解速度。据试验，在奶牛日粮中加入脲酶抑制剂，氨的利用率提高了16.7%，合成瘤胃微生物蛋白质增加了25%。

B. 糊化淀粉尿素。糊化淀粉尿素是利用谷物（玉米、高粱等）淀粉与尿素在适合的温度及压力下而生成的淀粉与尿素的均匀混合物。糊化淀粉尿素不但减缓了尿素在瘤胃中的释放速度，同时，淀粉与尿素的均匀混合，使得淀粉和尿素被微生物分解的时期几乎同步，从而提高了反刍动物对尿素氮的代谢率，同时提高了微生物蛋白产量和粗饲料的消化率。糊化淀粉尿素的生产具有工艺简单、原料来源广泛、产品适口性好、价格低廉等优点，在今后的生产过程中将成为重要的蛋白质替代品而应用。

C. 在青贮饲料中添加尿素。可改善青贮饲料的品质，提高饲料蛋白质含量，可避免直接采食过量尿素而产生中毒。在制作青贮时添加青贮原料鲜重的0.5%尿素，对适口性没有影响。添加量应不超过青贮料鲜重的1.7%。

D. 秸秆氨化处理。秸秆通过加入3%～5%的尿素进行氨化处理，能明显提高秸秆的含氮量。不仅能提高反刍动物对秸秆粗纤维的消化率，还能增加秸秆的营养价值。

E. 饲喂尿素衍生物。如磷酸脲、二缩脲、羟甲基尿素、异丁叉二脲等。这些物质的降解速度比尿素慢，饲用效果好、安全性高。

F. 尿素舔块。将糖蜜、尿素和微量元素等压制成块状，平时让牛、羊自由添食，控制了尿素的食入速度，提高了尿素的利用率。在补充尿素的同时，还能补充微量元素或维生素。

④日粮中必须含有适时易消化的碳水化合物。瘤胃微生物在合成菌体蛋白时所需的能量和碳架，主要由碳水化合物提供，而碳水化合物的性质，直接影响对尿素的利用效果。试验证明，在牛羊日粮中单独用粗纤维作能量来源时，尿素利用效率仅为22%，而供给适量的粗纤

维和一定量的淀粉时，尿素利用率提高到60%以上。有人建议，每添加100 g尿素，配1 kg无氮浸出物。

⑤日粮中要有一定比例的蛋白质。尿素是为代替部分饲料蛋白质而使用的，如果日粮蛋白质水平过高（13%以上），就会降低尿素在瘤胃中的转化效率和利用程度。但如果日粮蛋白质水平过低（9%），又会影响微生物的生长和繁殖，同样影响尿素的转化与利用。同时，有些氨基酸，如赖氨酸、蛋氨酸不仅作为成分参与菌体蛋白质的合成，而且还具有调节细菌代谢的作用，从而促进细菌对尿素的利用。一般认为日粮蛋白质水平在10%～12%范围比较适宜。

⑥要保证供给微生物生命活动所必需的矿物质。钴是蛋白质代谢中起重要作用的维生素 $B_{12}$ 的成分。如果日粮中缺乏钴元素，维生素 $B_{12}$ 合成受阻，进而影响细菌体蛋白质的合成，也就是影响了细菌对尿素的利用。硫是合成细菌体蛋白中蛋氨酸、胱氨酸等含硫氨基酸的原料。为提高尿素的利用率，有人建议，在保证硫供应的同时还要注意氮硫比和氮磷比，含尿素日粮的最佳氮硫比为10∶1～14∶1，氮磷比为8∶1。还要保证细菌生命活动所必需的钙、磷、镁、铁、铜、锌、锰及碘等的供给。

4）**过瘤胃蛋白质的保护**

高产反刍动物仅依靠瘤胃菌体蛋白所提供的氨基酸不能满足其需要，过瘤胃蛋白质无疑是一项重要的补充，对于高品质蛋白质饲料进行过瘤胃保护更为必要。

过瘤胃蛋白质的保护技术即经过技术处理将饲料蛋白质保护起来，避免在瘤胃内被发酵降解，直接进入小肠被消化吸收，从而达到提高饲料蛋白质利用率的目的。

（1）甲醛保护法。甲醛化学处理蛋白质饲料应用较广，甲醛可使蛋白质变性，在pH值为5～7的环境中，变性的蛋白质难以被瘤胃微生物降解。可将甲醛溶液与蛋白质饲料混合均匀，然后密封于塑料袋内，经过15天即可饲喂。研究表明，甲醛的用量范围为每100粗蛋白质0.35～0.60 g或占饲料的0.2%～0.4%。

（2）单宁保护法。在瘤胃，单宁可与饲料蛋白质结合形成复合物，微生物对这种复合物的降解率较低。蛋白单宁复合物在真胃酸性条件下水解。

（3）添加瘤胃素。可减少蛋白质在瘤胃中的降解，使游离氨基酸的降解率降低，乙酸与丙酸之比降低，减少甲烷的产生，从而降低了动物对蛋白质需要量，节省饲料蛋白质。瘤胃素适用于体重180 kg以上的肉牛，每天每头用0.2 g混于精饲料时，瘤胃素可使肉牛增重6%～9%，提高饲料转化率10%左右。

（4）热处理。热处理有干热、热压、焙炒、蒸汽加热，以及加热和其他化学物理方法复合处理等。干热处理豆饼，当处理温度为115 ℃，130 ℃和145 ℃时，其蛋白质在瘤胃中非降解氮比不处理豆饼分别提高14.7%，29.7%，47.3%。用热处理豆饼饲喂奶牛时，奶牛的产奶量提高。

（5）全血、乳清蛋白、卵清蛋白等富含白蛋白的物质都能对蛋白质起到保护作用，白蛋白在饲料颗粒外可形成一层保护壳，防止易溶蛋白在瘤胃内的扩散溶解，从而降低了被保护的蛋白质饲料在瘤胃内的降解。鲜血用量为30%比较合适。

（6）氢氧化钠。用3%氢氧化钠处理豆饼、菜籽饼，可使蛋白质的降解率减少，饲料效率和蛋白质利用率提高，泌乳母牛的产奶量和犊牛氮沉积增加。

另外，用70%丙醇和70%乙醇处理豆饼蛋白质也能对过瘤胃蛋白起到保护作用。

### 1.2.4　短肽的营养功能

由 2～10 个氨基酸通过肽键形成的直键肽称为短肽,或寡肽、小肽。由 2 个氨基酸组成的称为二肽,由 3,4,5 个氨基酸组成的分别称为三肽、四肽和五肽。

经大量的研究发现,蛋白质降解产生的某些肽和游离氨基酸一样也能够被吸收。同时,肽还具有氨基酸所没有的营养作用和功能。肽营养已引起动物营养学家广泛关注和深入研究。动物能吸收的肽主要是由 10 个以下氨基酸残基构成的寡肽,尤其是小肽(二肽、三肽)。

**1)肽的吸收特点及影响肽吸收的因素**

短肽与游离氨基酸相比,短肽的吸收具有速度快、耗能低、不易饱和,且各种肽之间运转无竞争性与抑制性的特点。可避免氨基酸间的吸收竞争。

影响肽吸收的因素:小肽的吸收与其理化性质有一定关系。随着氨基酸含量的增加,小肽的吸收速率会显著下降。一般认为,二肽、三肽能被完整地吸收,而大于三肽的寡肽能否被完整吸收还存在争议;小肽氨基酸残基的构型也是小肽转运的决定性因素之一,当赖氨酸位于 *N* 端与组氨酸构成二肽时,要比它位于 *C* 端时吸收快,而当它在 *C* 端与谷氨酸构成二肽时,其吸收速度更为迅速;疏水性、侧链体积大的氨基酸如支链氨基酸、或苯环氨基酸构成的肽,与载体具有较高的亲和力,因而比较容易吸收。

**2)肽的营养功能**

(1)促进氨基酸的吸收,提高蛋白质的沉积率。小肽与游离氨基酸具有相互独立的吸收机制,两者互不干扰,这就有助于减轻由于游离氨基酸相互竞争共同吸收位点而产生的拮抗作用,从而促进氨基酸的吸收。血液循环中的小肽能直接参与组织蛋白质的合成,肝脏、肾脏、皮肤和其他组织也能完整地利用小肽,加快蛋白质的合成。

(2)促进矿物质元素的吸收利用。在动物体内,短肽可与 2 价阳性金属离子钙、铁、锌、铜等结合成矿物元素结合肽,从而促进这些金属离子的被动转运及在体内的储存。如在蛋鸡日粮中添加小肽制品后,血浆中的铁离子、锌离子含量显著高于对照组,蛋壳强度提高;哺乳母猪饲粮中添加小肽铁,母猪奶和仔猪血液中铁的含量增高,可防止仔猪贫血。

(3)提高动物生产性能。某些肽在消化酶的作用下,降解产生具有特殊生理活性的小肽,直接被动物吸收利用,参与机体生理活动和代谢调节,从而提高其生产性能。在肉猪日粮中添加小肽物质,可达到饲喂高蛋白质日粮的生产水平,显著提高猪日增重、蛋白质利用率、饲料转化率和瘦肉率。仔猪日粮中添加少量小肽后,其增重速度和采食量提高,小肠消化功能发育提前,腹泻率明显降低。短肽也能改善泌乳母畜的生产性能,使其泌乳量增加,重配更快更容易。

(4)生理调节作用。阿片肽是调节机体生理功能的重要活性物质。许多蛋白质在消化酶的作用下,可以分解产生活性肽。如激素肽和调节激素的肽激素类肽包括生长激素释放肽、胰岛素样生长因子、催产素等,它们通过自身作为激素或调节激素反应而产生多种生理作用。啤酒酵母水解产物中的六肽和四肽,能刺激胰岛素、生长激素、神经肽 Y 的释放,调节胃肠道运动,提高采食量。还作为生理调节物或间接刺激肠道受体激素或酶的分泌而发挥生理作用。

(5)促进瘤胃微生物对营养物质的利用。瘤胃微生物的生长和繁殖速度,直接关系到反刍动物对饲料蛋白质和碳水化合物的利用。已经证明,肽是瘤胃微生物达到最大生长效率的关键因子。尽管大多数瘤胃微生物能利用氨和氨基酸作为氮源生长，但是肽合成微生物蛋白质的效率高于氨基酸。与氨基酸相比肽更易被瘤胃细菌利用合成菌体蛋白，瘤胃细菌的生长速度在有肽时比有氨基酸时快70%。

（6）参与机体的免疫调节，提高免疫机能。蛋白质水解产生的某些小肽具有免疫活性作用，它不仅能增强机体的免疫力，在动物体内具有重要的免疫调节作用，而且还能刺激机体淋巴细胞的增值和增强巨嗜细胞的吞噬能力。牛初乳乳清中的一段富含脯氨酸的肽段也有免疫调节作用，它能够促进B淋巴细胞的生长和分化。

（7）抗氧化作用。某些饲料来源的肽具有抗氧化作用，典型的抗氧化活性小肽就是肌肽。肌肽是大量存在于动物肌肉中的一种天然二肽。肌肽可在体内抑制被铁、血红蛋白、脂质氧化酶引起的氧化作用。

（8）抗菌作用。大多数抗菌肽都具有抗细菌的作用。饲料蛋白经酶解可得到有效的抗菌肽，如从乳清蛋白中的乳铁蛋白用胃蛋白酶酶解得到的抗菌肽，对于大肠杆菌具有很好的抗菌作用。目前应用最多的一种多肽类抗生素（杆菌肽的抗菌谱）与青霉素G相似，主要对革兰氏阳性菌有抗菌作用。

有的短肽还具有改善饲料的风味，提高饲料的适口性，阻碍脂肪吸收，促进能量代谢等作用。同时还有不会对环境造成污染、安全、无药物残留等优点。

**3）短肽的开发前景与应用**

随着肽营养理论的深入研究，肽营养添加剂的开发与应用将被人们所关注和重视。

应用生物技术生产生物活性短肽具有良好的前景。随着生物技术的发展，应用转基因技术，生产含有不同种类生物活性片段的蛋白质，成为研究蛋白质的生物活性的重要手段，使高效、大量地获得活性肽制品成为可能，利用活性肽的抑菌特性，调节生物的消化、神经、内分泌系统，调节免疫机能，减少抗菌素的使用，改善动物生产的安全性。

大豆蛋白的水解产物——大豆肽具有促进微生物发酵、促进脂肪代谢、促进矿物质吸收、抗氧化、低过敏原性等特点和优点。大豆蛋白是一个十分丰富的肽资源库，用大豆制备小肽饲料添加剂，将成为提高大豆产品附加值，提高畜禽生产性能，改进畜禽产品品质的一个有效途径。

## 1.2.5 饲粮蛋白质缺乏与过量的危害

饲粮中蛋白质缺乏，满足不了动物的需要，或饲料中蛋白质过多，超过了动物的需要，对动物的生长、生产都是有害的。因此，在生产中必须按动物生长、生产对蛋白质的需要进行科学的搭配，才能达到预期的效果。

**1）饲粮中蛋白质缺乏对动物的影响**

动物饲粮中蛋白质缺乏主要表现为以下几个方面：

（1）消化机能紊乱。饲粮蛋白质缺乏会影响胃肠黏膜、分泌消化液腺体组织蛋白的更新，从而影响消化酶的合成和消化液的正常分泌，引起消化功能紊乱。

（2）幼龄动物生长发育受阻。幼龄动物的各个组织、器官正处于生长发育的旺盛期，需要较多的蛋白质。如果蛋白质供应不足，幼龄动物就会生长减慢，发育受阻，严重时生长停滞，甚至死亡。

（3）影响繁殖。公畜生产精液，母畜生产卵子、妊娠和泌乳都需要较多的蛋白质。若饲粮中蛋白质不足，公畜性欲降低、精液品质下降；母畜不发情或性周期失常、流产、弱胎、死胎等。

(4)生产性能下降。各种动物产品如乳、肉、蛋和毛等其基本成分均为蛋白质，因此，当饲粮蛋白质不足时，将影响动物生产性能的发挥，产肉动物增生减慢、产蛋家禽产蛋率下降、泌乳家畜泌乳量减少，产毛动物产毛量减少，同时产品品质下降。

(5)抗病能力下降。饲粮中缺乏蛋白质，体内不能形成足够血红蛋白和血细胞蛋白而患贫血症。并因免疫球蛋白合成减少，使机体的抗病力减弱，易于发生各种疾病。

**2)蛋白质过量的危害**

饲粮中蛋白质过量不仅造成蛋白质的浪费，过多的氨基酸在肝脏脱氨，氨转变为尿素或尿酸经肾脏由尿液排出体外。氨和尿素刺激肝、肾，对肝、肾造成损害。

## 1.3　碳水化合物及营养

碳水化合物是多羟基的醛、酮或其简单衍生物以及能水解产生上述产物的化合物的总称。植物性饲料中的碳水化合物又称糖，虽然种类繁多，性质各异，但是，都由碳、氢、氧 3 种元素组成，其中氢与氧原子的比大多为 2∶1，与水的组成相同，故称其为碳水化合物。

### 1.3.1　碳水化合物的种类与分布

碳水化合物广泛地存在于植物性饲料中，在植物组织中一般占干物质的 50% ~75%，在一些谷物籽实中，其含量可高达 80%。碳水化合物是一类重要的营养素，其来源丰富、成本低，已成为动物生产中的主要能源，在动物饲料中占 50%以上。

在常规营养分析中碳水化合物包括无氮浸出物和粗纤维。前者主要由易被动物利用的淀粉、菊糖、双糖、单糖等可溶性碳水化合物组成。粗纤维是植物细胞壁的主要组成部分，包括纤维素、半纤维素、木质素及角质等成分。随着营养研究进程的深入，植物性饲料中的多糖又从化学结构上分为两类，即储存多糖和结构多糖。储存多糖也称营养性多糖，主要是淀粉，而结构多糖通常称为非淀粉多糖(NSP)，包括纤维素、半纤维素及果胶等。根据非淀粉多糖的水溶性，将溶于水的称为可溶性非淀粉多糖，如 β-葡聚糖、阿拉伯木聚糖和果胶；不溶于水的则称为不溶性非淀粉多糖，如纤维素。

碳水化合物中的无氮浸出物主要存在于细胞内容物中。各种饲料的无氮浸出物含量差异很大，其中以块根块茎类及籽实类中含量最多，而纤维素、半纤维素与木质素相结合构成细胞壁，多存在于植物的茎秆和秕壳中。纤维素、半纤维素和果胶不能被动物消化道分泌的酶水解，但能被消化道中微生物酵解。酵解后的产物才能被动物吸收与利用。而木质素却不能被动物利用。

动物虽然从饲料中采食大量的碳水化合物，但动物体内的碳水化合物仅占体重的 1% 以下。动物体内的碳水化合物主要有血液中的葡萄糖、肝脏和肌肉中储存的糖原及乳中乳糖。另外，碳水化合物还以黏多糖、糖蛋白、糖脂等杂多糖的形式存在于动物的组织器官中。

### 1.3.2 碳水化合物的营养功能

**1）碳水化合物是体组织的构成物质**

碳水化合物普遍存在于动物体的各种组织中，作为细胞的构成成分，参与多种生命过程，在组织生长的调节上起着重要作用。例如，核糖和脱氧核糖是细胞中遗传物质核酸的成分；黏多糖是保证多种生理功能实现的重要物质并参与结缔组织基质的形成；透明质酸对滑润关节，保护机体在强烈颤动时的正常功能上起着重要作用；硫酸软骨素在软骨中起结构支持作用等；糖脂是神经细胞的成分，对传导突触刺激冲动，促进溶于水中的物质通过细胞膜有重要作用；糖蛋白是细胞膜的成分，并因其多糖部分的复杂结构而与多种生理功能有关。糖蛋白有携带具有信息识别能力的短链碳水化合物的作用，而机体内红细胞的寿命、机体的免疫反应、细胞分裂等都与糖识别链机制有关；碳水化合物的代谢产物，可与氨基结合形成某些非必需氨基酸，例如：α-酮戊二酸与氨基结合可形成谷氨酸。

**2）碳水化合物是供给动物能量的主要来源**

动物为了生存和生产，必须维持体温的恒定和各个组织器官的正常活动。如心脏的跳动、血液循环、胃肠蠕动、肺的呼吸、肌肉收缩等都需要能量。动物所需能量中，约80%由碳水化合物提供，特别是葡萄糖，它是供给动物代谢活动快速应变需能的最有效的营养素。碳水化合物广泛存在于植物性饲料中，价格便宜，由它供给动物能量最为经济。葡萄糖是大脑神经系统、肌肉、脂肪组织、胎儿生长发育、乳腺等代谢的主要能源。葡萄糖供给不足，小猪出现低血糖症，牛产生酮病，妊娠母羊产生妊娠毒血症，严重时会引起死亡。

**3）碳水化合物是机体内能量储备物质**

饲料中碳水化合物在动物体内可转变为糖原和脂肪而作为能量储备。碳水化合物在动物体内除供给能量外还有多余时，可转变为肝糖原和肌糖原。当肝脏和肌肉中的糖原已储满，血糖量也达到0.1%还有多余时，便转变为体脂肪。母畜在泌乳期，碳水化合物也是乳脂肪和乳糖的原料。

**4）粗纤维是动物日粮中不可缺少的成分**

粗纤维是各种动物，尤其是草食动物日粮中不可缺少的成分。粗纤维经微生物发酵产生的各种挥发性脂肪酸，除用以合成葡萄糖外，还可氧化供能，是反刍动物主要的能源物质，挥发性脂肪酸能为反刍动物提供能量需要的70%～80%，可满足草食动物的能量消耗；粗纤维体积大、吸水性强、不易消化，可充填胃肠容积，使动物食后有饱腹感；粗纤维可刺激消化道黏膜，促进胃肠蠕动、消化液的分泌和粪便的排出。现代畜牧生产中，常用含粗纤维高的饲料稀释日粮的营养浓度，以保证动物胃肠道的充分发育。若日粮中纤维水平过低，淀粉迅速发酵，大量产酸，降低瘤胃液的pH值，抑制纤维分解菌的活性，严重时导致酸中毒，且瘤胃液挥发性脂肪酸中乙酸的比例减少，导致乳脂肪合成减少，所以将饲粮纤维控制在适宜水平上，可维持动物较高的乳脂肪率和产乳量。饲料纤维高于或低于适宜范围，不利于能量的利用。研究表明，适宜的饲粮纤维水平对消除大量进食精料所引起的采食量下降、纤维消化过低、防止酸中毒、瘤胃黏膜溃疡和蹄病是必不可少的。可见饲粮纤维发酵对反刍动物能量代谢的重要意义。

**5）寡聚糖的特殊作用**

碳水化合物中的寡聚糖已知有1 000种以上，目前在动物营养中常用的主要有：寡果糖

(又称果寡糖或蔗果三糖)、寡甘露糖、异麦芽寡糖、寡乳糖及寡木糖。近年研究表明,寡聚糖可作为有益菌的基质,改变肠道菌相,建立健康的肠道微生物区系。寡聚糖还有消除消化道内的病原菌,激活机体免疫系统等作用。日粮中添加寡聚糖可增强机体免疫力,提高成活率、增重及饲料转换率。寡聚糖作为一种稳定、安全、环保性良好的抗生素替代物,在畜牧生产中有着广阔的发展前景。

### 1.3.3　单胃动物碳水化合物营养与利用

**1)单胃动物碳水化合物的消化吸收**

营养性碳水化合物主要在消化道前段(口腔到回肠末端)消化、吸收,而结构性碳水化合物主要在消化道后段(回肠末端以后)消化、吸收。

总的来看,猪、禽对碳水化合物的消化和吸收特点,是以淀粉形成葡萄糖为主,以粗纤维形成 VFA 为辅,主要消化部位在小肠。所以,在猪、禽的饲养实践中,其饲粮粗纤维水平不宜过高,对生长育肥猪应控制在 8% 以下,对母猪可在 10% ~12%。马、兔对粗纤维则有较强的利用能力,它们对碳水化合物的消化吸收是以粗纤维形成 VFA 为主,以淀粉形成葡萄糖为辅。

(1)碳水化合物在消化道前段的消化和吸收。唾液与饲料在口腔中的接触是碳水化合物进入消化道进行化学消化的开始,但不是所有动物的唾液对饲料中碳水化合物都有化学消化作用。猪、兔、灵长目和人等哺乳动物唾液中含有 α-淀粉酶,在微碱性条件下能将淀粉分解成糊精和麦芽糖。因时间较短,消化很不彻底。禽类唾液分泌量少,α-淀粉酶的作用甚微,产蛋鸡嗉囊中可出现淀粉酶的消化作用,但因饲料粒度限制,消化不具明显营养意义。

以猪为例,饲料中碳水化合物被猪采食后进入口腔,猪口腔的唾液淀粉酶活性较强,少部分淀粉经唾液淀粉酶的作用水解为麦芽糖等;胃本身不含消化碳水化合物的酶类,而是由饲料从口腔带入部分淀粉酶。猪胃内大部分为酸性环境,淀粉酶失去活性,只有在贲门腺区和盲囊区内,一部分淀粉在唾液淀粉酶作用下,水解为麦芽糖;小肠中含有消化碳水化合物的各种酶类,其消化过程简述如下:

$$\text{淀粉}\xrightarrow[\text{胰淀粉酶}]{\text{肠淀粉酶}}\text{麦芽糖}\xrightarrow{\text{麦芽糖酶}}\text{葡萄糖}$$

$$\text{蔗糖}\xrightarrow{\text{蔗糖酶}}\text{葡萄糖}+\text{果糖}$$

$$\text{乳糖}\xrightarrow{\text{乳糖酶}}\text{葡萄糖}+\text{半乳糖}$$

(2)碳水化合物在消化道后段的消化和吸收。进入肠后段的碳水化合物以结构性多糖为主,包括部分在肠前段未被消化吸收的营养性碳水化合物。因肠后段黏膜分泌物不含消化酶,这些物质由微生物发酵分解,主要产物为挥发性脂肪酸(VFA)、二氧化碳和甲烷。部分挥发性脂肪酸通过肠壁扩散进入体内,而气体则主要由肛门逸出体外。不同种类动物后肠发酵产生的各种 VFA 比例不同,具体如表 1.4 所示。

**表 1.4 不同动物盲肠碳水化合物发酵产生的各种 VFA 比例(%)**

| 动 物 | 乙 酸 | 丙 酸 | 丁 酸 |
|---|---|---|---|
| 猪 | 40～75 | 15～36 | 5～10 |
| 人 | 45～70 | 19～38 | 5～14 |
| 兔 | 75～82 | 8～11 | 8～17 |
| 马 | 67 | 14 | 14 |
| 牛 | 65～75 | 18～23 | 46 |

Piischner 等,1988。

非反刍草食动物马、兔的盲肠和结肠发达,未被小肠消化吸收的淀粉、双糖、单糖和大量的粗纤维在其中被微生物分泌的酶分解,生成大量的挥发性脂肪酸,由大肠吸收,参与体内代谢。猪对苜蓿干草中纤维物质的消化率仅为 18%,而马却高达 39%。

碳水化合物在猪、禽后肠发酵分解受年龄和饲粮结构影响较大,低纤维饲粮发酵产生的乳酸量相对较大。正常情况下,乳酸,包括来自回肠的乳酸都很快转变成丙酸。乳酸菌发酵产生的乳酸、乙醇等物质也能被迅速吸收。

**2)单胃动物碳水化合物的代谢**

碳水化合物在动物体内代谢方式有两种,一是葡萄糖代谢,二是挥发性脂肪酸代谢。其过程简式如图 1.4 所示。

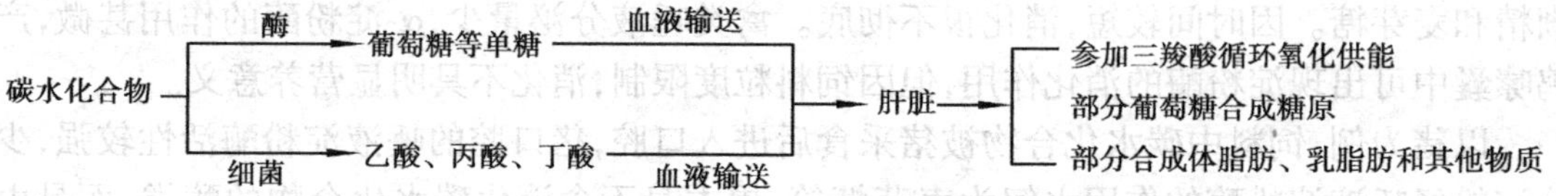


**图 1.4 碳水化合物在单胃动物体内代谢过程图**

无氮浸出物最终的分解产物是各种单糖,其中大部分由小肠壁吸收,经血液输送至肝脏。在肝脏中,其他单糖首先都转变为葡萄糖,而所有葡萄糖中大部分经体循环输送至身体各组织,参加三羧酸循环,氧化释放能量供动物需要。部分葡萄糖在肝脏合成肝糖原,一部分葡萄糖通过血液输送至肌肉中形成肌糖原。再有过多的葡萄糖时,则被输送至动物脂肪组织及细胞中合成体脂肪作为储备,如图 1.5 所示。

### 1.3.4 反刍动物碳水化合物营养与利用

**1)反刍动物碳水化合物的消化吸收**

反刍动物除前胃外,消化道各部分的消化和吸收均与非反刍动物类似。

反刍动物的口腔中,唾液多但淀粉酶很少,饲料中淀粉在口腔内变化不大。饲料中大部分淀粉和糖进入瘤胃后被细菌降解为挥发性脂肪酸及气体。瘤胃中未被降解的淀粉和糖进入小肠,在淀粉酶、麦芽糖酶及蔗糖酶等的作用下分解为葡萄糖等单糖被肠壁吸收,参加机体代谢。小肠未被消化的淀粉和糖进入结肠与盲肠,被细菌降解为挥发性脂肪酸并产生气体。在所有消化道中未被消化吸收的无氮浸出物和粗纤维,最终由粪便排出体外。

饲料粗纤维进入瘤胃后,被瘤胃细菌降解为乙酸、丙酸和丁酸等挥发性脂肪酸,同时产生甲烷、氢气和二氧化碳等气体。分解后的挥发性脂肪酸,大部分可直接被瘤胃壁迅速吸收,由

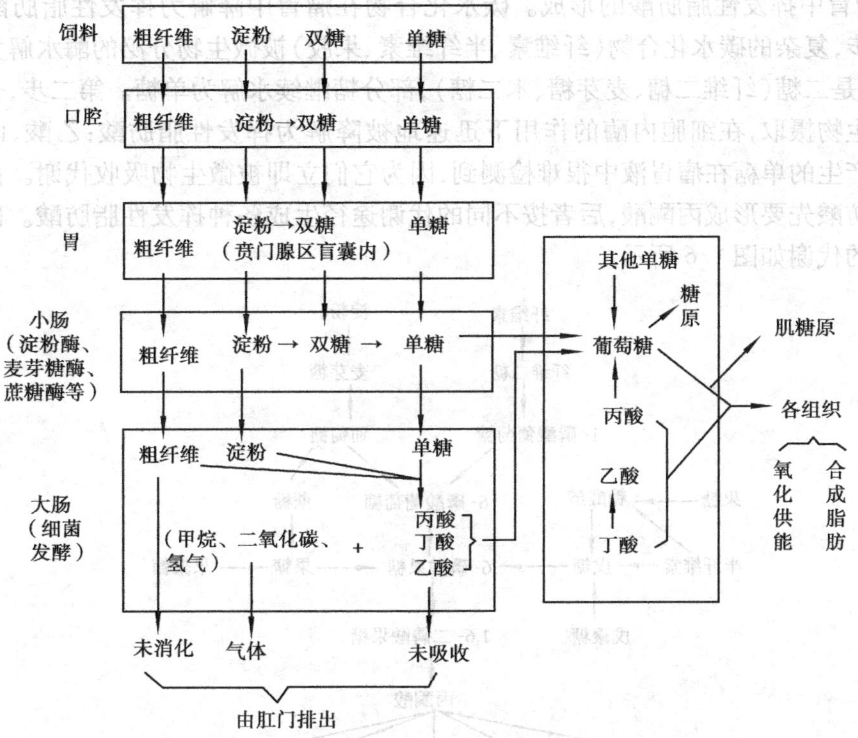


图 1.5　猪体内碳水化合物消化代谢简图

血液输送至肝脏。瘤胃中未被降解的粗纤维，通过小肠时无大变化，到达盲肠与结肠中，部分粗纤维又可被细菌降解为挥发性脂肪酸及气体，挥发性脂肪酸被肠壁吸收参加机体代谢，气体排出体外。反刍动物瘤胃的容积大，并生存有大量分解粗纤维的纤维分解菌，瘤胃又位于消化道的前段，粗纤维分解的终产物有充分的机会被动物吸收。因此，反刍动物不仅能大量利用无氮浸出物，也能大量利用粗纤维。反刍动物对粗纤维的消化率一般可达 42% ~61%。

总的来看，反刍动物对碳水化合物的消化和吸收是以形成 VFA 为主，形成葡萄糖为辅，消化的部位以瘤胃为主，小肠、盲肠、结肠为辅。

(1)碳水化合物在前胃消化的实质。前胃是反刍动物消化粗饲料的主要场所。前胃内微生物每天消化的碳水化合物占采食粗纤维和无氮浸出物的 70% ~90%，其中瘤胃相对容积大，是微生物寄生的主要场所，每天消化碳水化合物的量占总采食量的 50% ~55%，具有重要营养意义。

前胃碳水化合物的消化，实际上是微生物消耗可溶性碳水化合物，不断产生纤维分解酶分解粗纤维的一个连续循环过程。微生物附着在植物细胞壁上，不断利用可溶性碳水化合物和其他物质作为营养物质，使其自身生长繁殖，与此同时不断产生低级脂肪酸、甲烷、氢、二氧化碳等代谢产物，也不断产生纤维分解酶，把植物细胞壁物质分解成单糖或其衍生物。在纤维酶作用下，粗饲料中纤维素和半纤维素大部分能被分解。果胶在细菌和原生动物作用下可迅速分解，部分果胶能用于合成微生物体内多糖。木质素是一种特殊结构物质，基本上不能分解。半纤维素-木质素复合程度越高，消化效果越差。植物细胞壁物质分解成单糖后，在各种微生物体内的继续代谢过程基本相同。

(2)瘤胃中挥发性脂肪酸的形成。碳水化合物在瘤胃中降解为挥发性脂肪酸可分为两步。第一步,复杂的碳水化合物(纤维素、半纤维素、果胶)被微生物分泌的酶水解为短链的低聚糖,主要是二糖(纤维二糖、麦芽糖、木二糖),部分糖继续水解为单糖。第二步,二糖和单糖被瘤胃微生物摄取,在细胞内酶的作用下迅速地被降解为挥发性脂肪酸:乙酸、丙酸、丁酸。第一步中产生的单糖在瘤胃液中很难检测到,因为它们立即被微生物吸收代谢。由单糖生成挥发性脂肪酸先要形成丙酮酸,后者按不同的代谢途径生成各种挥发性脂肪酸。碳水化合物在瘤胃中的代谢如图 1.6 所示。

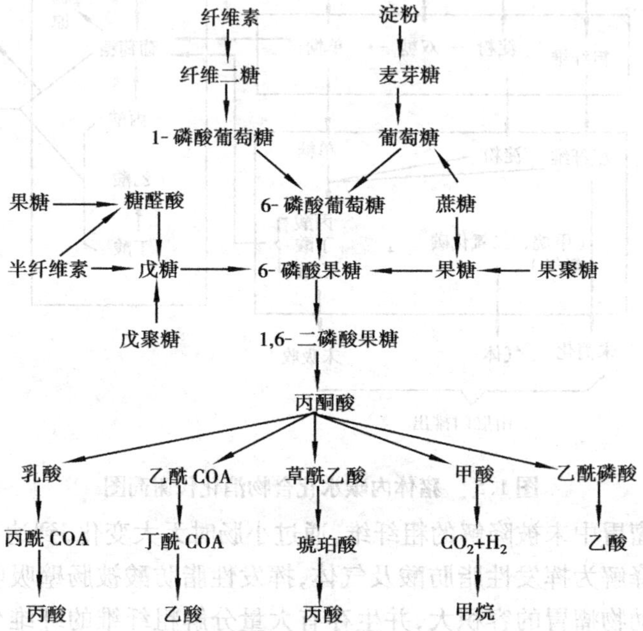


图 1.6　碳水化合物在瘤胃中的代谢

不同碳水化合物发酵分解产物的比较如表 1.5 所示。

表 1.5　部分饲料发酵分解产物的比较

| 饲　料 | 乙酸 | 丙酸 | 丁酸 | 戊酸 |
|---|---|---|---|---|
| 纤维饲料 | 高 | 很低 | 很低 | — |
| 淀粉饲料 | 很低 | 比较高 | 比较高 | — |
| 富含可溶性糖的饲料 | 很低 | 高 | 高 | 极低 |

引自 Puschner 等,1988。

(3)挥发性脂肪酸的吸收。瘤胃中碳水化合物发酵产生的挥发性脂肪酸约 75% 通过瘤胃壁扩散进入血液,约 20% 经皱胃和重瓣胃壁吸收,约 5% 经小肠吸收。碳原子含量越多,吸收速度越快。丁酸吸收速度大于丙酸,乙酸吸收最慢。

部分挥发性脂肪酸在通过前胃壁过程中可转化形成酮体,其中丁酸的转化可占吸收量的 90%,乙酸转化量甚微。转化量超过一定限度,会使奶牛发生酮血症,这是高精料饲养反刍动物存在的潜在危险。

(4)瘤胃中挥发性脂肪酸的不同比例对能量利用效率的影响。乙酸、丁酸发酵中产生的氢被甲烷产气菌利用合成甲烷,通过嗳气排出体外。甲烷是一种高能物质,但动物不能利用,它的释放必然造成反刍动物饲料能量的损失。每消化100 g碳水化合物平均产生4~5 g甲烷。以甲烷形式损失的能量平均约占反刍动物饲料总能的7%。控制甲烷生成是瘤胃发酵调控的重要内容之一。

一般来说,饲粮中粗饲料比例越高,瘤胃液中乙酸比例越高,甲烷的产量也相应高,饲料能量利用效率则降低。而丙酸发酵时可利用$H_2$,所以丙酸比例高时,饲料能量利用效率也相应提高。不过当丙酸比例很高(33%以上),乙酸比例很低时,乳用动物乳脂率会降低,甚至导致产乳量下降。

(5)前胃碳水化合物发酵的利弊。前胃碳水化合物发酵有利有弊:其好处是对宿主动物有显著的供能作用,微生物发酵产生的挥发性脂肪酸总量中65%~80%是由碳水化合物产生;植物细胞壁经微生物分解后,不但纤维物质变得可用,而且使植物细胞内利用价值高的营养素得到充分利用。但发酵过程中存在碳水化合物损失,宿主体内代谢需要的葡萄糖大部分由发酵产品经糖异生供给,使碳水化合物供给葡萄糖的效率显著比非反刍动物低。

**2)反刍动物碳水化合物的代谢**

(1)糖异生作用。从碳水化合物消化吸收过程可知,反刍动物与非反刍动物不同,不能大量从消化道吸收葡萄糖,但葡萄糖对于反刍动物仍然具有非常重要的生理作用。

在大量饲喂纤维性饲料的条件下,反刍动物从消化道吸收的葡萄糖几乎等于零,反刍动物体内代谢所需的葡萄糖必须全部由糖异生作用提供。但是,糖异生作用的主要前体物质——丙酸在瘤胃发酵过程中所产生的数量和比例都很小。据报道,饲喂劣质饲草时,瘤胃液中乙酸与丙酸的比例为100:16,而饲喂精料型饲粮时此比例却为100:75。可见在大量饲喂纤维性饲料条件下,一方面对糖异生作用要求加强,以提供机体代谢所必需的葡萄糖;另一方面又因丙酸数量不足,无法满足糖异生作用进行的需要,使其受到限制,由此会产生下列不良后果:

①导致体脂肪合成与沉积量下降。反刍动物体内脂肪合成所需的重要原料长链脂肪酸的主要来源:一是饲料;二是由乙酸和丁酸合成。在冬春季节或大量饲用秸秆饲料时,由于饲粮内脂肪含最低(约为干物质的2%),反刍动物从饲料获得的长链脂肪酸数量很少,这样,只有靠瘤胃发酵所产生的乙酸和丁酸来合成长链脂肪酸,这一反应需要NADPH存在。该反应所需的NADPH主要通过磷酸戊糖途径由葡萄糖代谢而产生,可是在大量饲喂纤维性饲料条件下,由于丙酸等前体物短缺,使内源葡萄糖合成锐减,无法满足合成NADPH的需要。当然,反刍动物还有另外产生NADPH的代谢途径,但是70%的NADPH是由葡萄糖代谢产生。因此,在这样的饲粮条件下,外源和内源葡萄糖的短缺对体内脂肪合成的影响是相当严重的。

反刍动物体内合成脂肪过程中,葡萄糖又是合成甘油三酯所必需的甘油的主要前体,这是在大量饲喂纤维性饲料条件下由于外源和内源葡萄糖的短缺导致体脂肪合成和沉积量下降的另一个重要原因。

正是由于上述原因,在大量饲用纤维性饲料条件下,反刍动物体内由瘤胃发酵产生的大量乙酸的代谢利用效率降低,直接影响动物体脂肪合成和沉积,造成无法上膘。

②导致机体蛋白质代谢更加恶化。在大量饲喂纤维性饲料的条件下,由于糖异生作用的主要前体物质——丙酸不足,所以动物不得不利用饲料来源和体内内源氨基酸去合成葡萄

糖。这又使蛋白质沉积下降，氮代谢趋于负平衡，血液中生酮氨基酸的浓度升高，导致整体蛋白质代谢状况更加恶化。这对于冬春季节牧区生长家畜和处于妊娠泌乳阶段母畜的危害十分严重，是目前放牧家畜生产中有待解决的实际问题。

③导致母畜泌乳量下降。在母畜泌乳期间，葡萄糖是合成乳糖的主要来源(约为50%)。据报道，乳牛血液中的葡萄糖浓度与乳产量呈直线相关关系，每产1 kg乳需要乳腺摄取72 g葡萄糖。可见，在大最摄入纤维性饲料条件下，反刍动物内外源葡萄糖供应短缺，是造成母畜泌乳量下降的主要营养限制因素。

综上所述，糖异生对于反刍动物是极其重要的碳水化合物代谢途径。体内所需葡萄糖的90%或更多都是来源于糖异生，最主要的生糖物质是丙酸。

(2)挥发性脂肪酸的代谢。反刍动物则是以挥发性脂肪酸为主。挥发性脂肪酸由瘤胃吸收入血转运至各组织器官，反刍动物组织中有许多促进挥发性脂肪酸利用的酶系。挥发性脂肪酸可氧化供能，反刍动物由挥发性脂肪酸提供的能量占吸收的营养物质总能的2/3。乳牛组织中50%的乙酸、2/3的丁酸和25%的丙酸都经氧化提供能量。乙酸可用于体脂肪和乳脂肪的合成，丁酸也可用于脂肪的合成。丙酸可用于葡萄糖和乳糖的合成。丙酸和丁酸在肝脏中代谢，60%的乙酸在外周组织(肌肉和脂肪组织)代谢，只有20%在肝脏代谢，还有少量在乳房中参与乳脂肪合成。

### 1.3.5 影响粗纤维消化率的因素

粗纤维对维持反刍动物瘤胃的正常功能和动物的健康，维持动物正常的生产性能有着重要的生理作用。研究表明，适宜的饲粮纤维水平对消除大量进食精料所引起的采食量下降，纤维消化降低，防止酸中毒、瘤胃黏膜溃疡和蹄病是绝对不可缺乏的。因此纤维是反刍动物的一种必需营养素。饲粮纤维对非反刍动物也同样具有重要的作用，不仅给动物提供能量，而且能构成合理的日粮结构，维持动物机体正常消化机能等。

合理利用粗纤维的关键是要在日粮中保持适宜的粗纤维水平，防止过低引起消化机能紊乱，同时又要避免粗纤维水平过高，造成营养物质利用率的降低。另外，还要根据植物纤维的种类、含量和构成的不同，对不同的动物给以不同的比例，合理分配粗精饲料，充分利用秸秆等高纤维饲料资源，发展养殖业。

影响粗纤维消化率的因素有：

(1)动物种类和年龄。动物种类不同，对粗纤维的消化场所和消化能力不同。反刍动物消化粗纤维的场所是瘤胃和大肠，马为盲肠和结肠，兔、猪、鸡均为盲肠。反刍动物消化粗纤维的能力最强，高达50%～90%，其次是马、兔，猪、鸡对粗纤维的消化能力最差。不同动物对同一种饲料或同种动物对不同种饲料的粗纤维消化率也不相同，如表1.6所示。

**表1.6 动物对饲料中粗纤维的消化率(%)**

| 饲料种类 / 动物 | 秸秆 | 干草 | 精料 |
|---|---|---|---|
| 绵羊 | 61.1 | 50.8 | 45.0 |
| 马 | 32.4 | 45.5 | 35.5 |
| 兔 | 16.6 | 20.0 | 41.5 |

成年动物对粗纤维的消化率高于同种幼龄动物。幼龄兔、妊娠期与哺乳期母兔的日粮粗纤维水平可适当低一些，但不宜低于8%，成年兔日粮粗纤维水平可适当高些，但不宜高于14%，用高纤维的日粮饲喂断奶前后的仔兔，可防止肠道疾病的发生。生产实践中，应根据饲料资源情况，将一些含粗纤维多的饲料用于发展草食动物，而猪禽只能适当喂给优质粗饲料。猪饲粮中粗纤维水平不宜过高，一般为4%~8%。家禽利用粗纤维的能力比猪还低。鸡饲粮中，粗纤维的含量以3%~5%为宜。

(2)饲料种类。家兔对甘蓝叶粗纤维的消化率为75%，对胡萝卜为65.3%，对秸秆为22.7%，对木屑粗纤维消化率仅为20.0%。单一饲料与日粮相比粗纤维消化率要低得多。猪对大麦、麸皮中的粗纤维消化率为20.0%，对秸秆中粗纤维的消化率在10%以下；鸡对精料中粗纤维的消化率为10%以下，对干草类粗纤维消化率仅在5%以下。

(3)日粮蛋白质水平。反刍动物日粮中蛋白质营养水平，是改善瘤胃对粗纤维消化能力的重要因素。例如，用劣质干草(含粗蛋白质3.28%~4.51%)饲喂绵羊时，粗纤维的消化率为43%，若添加10 g缩二脲，粗纤维的消化率提高12.8%。

(4)日粮粗纤维和淀粉含量。日粮中粗纤维的含量越高，粗纤维本身的消化率就越低，而且还能使其他养分的消化率也降低，如表1.7所示。其原因是日粮中的粗纤维能刺激胃肠蠕动，使食糜在肠道内停留时间减少，并且妨碍消化酶对营养物质的接触，因此可影响饲粮中蛋白质、碳水化合物、脂肪和矿物质的消化。粗纤维消化率又与日粮中淀粉含量有关。例如，用粗纤维与淀粉含量不同的日粮喂羊，在一定范围内，随着日粮中粗纤维含量的减少，淀粉含量的增加，日粮中包括粗纤维在内的各种营养物质的消化率有提高的趋势。

**表1.7　反刍动物饲料中粗纤维含量对消化率的影响(%)**

| 饲料干物质中粗纤维含量/% | 消化率 | | | | |
|---|---|---|---|---|---|
| | 有机物质 | 粗蛋白质 | 脂肪 | 粗纤维 | 无氮浸出物 |
| 10~20 | 72.2 | 76.3 | 59.8 | 65.9 | 76.2 |
| 20~25 | 69.7 | 72.9 | 59.4 | 64.9 | 72.9 |
| 25~30 | 69.3 | 71.7 | 54.6 | 65.1 | 72.3 |
| 30~35 | 64.6 | 64.4 | 53.4 | 60.3 | 68.5 |
| 35~40 | 61.1 | 62.4 | 52.8 | 54.4 | 65.7 |
| 40~45 | 54.4 | 58.9 | 44.9 | 44.8 | 63.3 |

(5)添加矿物质。在反刍动物的日粮中，添加适量的食盐、钙、磷、硫等，可促进瘤胃微生物的繁殖，提高对粗纤维的消化率。

(6)饲料的加工调制。粗饲料喂前进行加工调制，可改变饲料原来的理化特性，改善其适口性，提高粗纤维的消化率和饲料的营养价值。如秸秆经碱化处理，粗纤维消化率可提高20%~40%，但粗饲料粉碎过细，反刍动物对粗纤维的消化率约降低10%~15%。

# 1.4 脂类及营养

脂类俗称油脂，是一类存在于动植物组织中，不溶于水，但溶于乙醚、苯、氯仿等有机溶剂的物质，常规饲料分析中将这类物质统称为粗脂肪。粗脂肪能量价值高，是动物营养中重要的一类营养物质。

## 1.4.1 脂类的组成和性质

**1）脂类的组成**

脂类可按营养或营养辅助作用及组成结构分类，如表 1.8 所示。

**表 1.8 动物营养中脂类的分类、组成和来源**

| 分 类 | 名 称 | 组 成 | 来 源 |
|---|---|---|---|
| （一）可皂化脂类 | | | |
| 1. 简单脂类 | 甘油酯 | 甘油 +3 脂肪酸 | 动植物体脂肪组织 |
| | 蜡质 | 长链醇 + 脂肪酸 | 植物和动物 |
| 2. 复合脂类 | | | |
| （1）磷脂类 | 磷脂酰胆碱 | 甘油 +2 脂肪酸 + 磷酸 + 胆碱 | 动植物中 |
| | 磷脂酰乙醇胺 | 甘油 +2 脂肪酸 + 磷酸 + 乙醇胺 | 动植物中 |
| | 磷脂酰丝氨酸 | 甘油 +2 脂肪酸 + 丝氨酸 + 磷酸 | 动植物中 |
| （2）鞘脂类 | 神经鞘磷脂 | 鞘氨醇 + 脂肪酸 + 磷酸 + 胆碱 | 动物中 |
| | 脑苷酯 | 鞘氨醇 + 脂肪酸 + 糖 | 动物中 |
| （3）糖脂类 | 半乳糖甘油酯 | 甘油 +2 脂肪酸 + 半乳糖 | 植物中 |
| （4）脂蛋白质 | 乳糜微粒等 | 蛋白质 + 甘油三酯 + 胆固醇 + 磷酯 + 糖 | 动物血浆 |
| （二）非皂化脂类 | | | |
| 1. 固醇类 | 胆固醇 | 环戊烷多氢菲衍生物 | 动物中 |
| | 麦角固醇 | 环戊烷多氢菲衍生物 | 高等植物 |
| 2. 类胡萝卜素 | β-胡萝卜素等 | 萜烯类 | 细菌、藻类植物中 |
| 3. 脂溶性维生素 | 维生素 A，D，E，K | 见维生素的营养一节 | 动植物中 |

简单脂类是动物营养中最重要的脂类物质，甘油三酯主要存在于植物种子和动物脂肪组织中，蜡质主要存在于植物表面和动物羽、毛表面，某些海生动物体内也沉积蜡质。

复合脂类属于动植物细胞中的结构物质，平均占细胞膜干物质（DM）50% 及以上。非皂化脂类在动植物体内种类甚多，但含量少，常与动物特定生理代谢功能相联系。

**2）脂类的主要性质**

脂类，特别是简单脂类由于所含脂肪酸种类不同而具有不同特性。构成脂肪的脂肪酸均为偶数碳原子的直链脂肪酸。如果脂肪酸分子中不含双键，这样的脂肪酸称为饱和脂肪酸。相反，如果脂肪酸分子中含有双键，这样的脂肪酸就是不饱和脂肪酸。脂肪酸结构通式：

$C_x:y$,其中,$x$ 为碳原子数,$y$ 为不饱和双键数。如软脂酸棕榈酸($C_{16}:0$)、亚油酸($C_{18}:2$)、亚麻酸($C_{18}:3$)、花生油酸($C_{20}:4$)。脂类的下列特性与动物营养密切相关。

(1)脂类的水解特性。各种脂肪能在酸、碱或酶的作用下水解为脂肪酸和甘油。脂肪水解对脂类营养价值没有影响,但水解产生某些脂肪酸有特殊异味或酸败味,可能影响适口性。脂肪酸碳链越短(特别是4~6个碳原子的脂肪酸),异味越浓。动物营养中把这种水解看成是影响脂类利用的因素。碱与脂肪或脂肪酸的作用可反映脂肪的两个重要指标。

①酸价。中和1 g脂肪中的游离脂肪酸所消耗的氢氧化钾的毫克数。酸价表示脂肪的酸败程度。酸价越高,酸败越厉害,营养价值越低。酸价大于6的脂肪可能对动物体健康造成不良影响。

②皂化价。脂肪水解时,如有碱类存在,则脂肪酸皂化而成肥皂,脂肪酸皂化时所需的碱量,叫皂化价。脂肪酸皂化时,每分子脂肪酸与1原子钠或其他相当碱元素化合,所以脂肪酸分子量的大小及脂肪酸分子中C原子的多少可用皂化价的大小来测定。

(2)脂类的氧化酸败特性。天然脂类暴露在空气中,经光、热、湿和空气的作用,或者经微生物的作用,生成分子量较低的醛和酸的复杂混合物,逐渐产生一种特有的臭味,此作用称为氧化酸败作用。氧化酸败结果既降低脂类营养价值,也产生不适宜气味。

脂类的不饱和程度越高,越容易氧化。脂肪酸的不饱和程度可以用碘价来测定。碘价指100 g脂肪或脂肪酸能吸收碘的克数。脂肪酸不饱和程度愈大,所能化合的碘愈多,则碘价愈高,所以是评价饲料油脂饱和程度的指标。一般植物、海生动物脂肪的不饱和程度高。

(3)脂肪酸的氢化特性。在催化剂或酶作用下不饱和脂肪酸的双键可以得到氢而变成饱和脂肪酸,使脂肪硬度增加,不易氧化酸败,有利于储存,但也损失必需脂肪酸。反刍动物进食的饲料脂肪可在瘤胃中发生氢化作用,因而其体脂的饱和脂肪酸含量较高。

### 1.4.2 脂类的营养功能

**1)脂类的供能储能作用**

(1)脂类是动物体内重要的能源物质。脂类是含能最高的营养素,生理条件下脂类含能是蛋白质和碳水化合物的2.25倍左右。不管是直接来自饲料或体内代谢产生的游离脂肪酸、甘油酯,都是动物维持和生产的重要能量来源。动物生产中常基于脂肪适口性好,含能高的特点,用补充脂肪的高能饲粮提高生产效率。饲粮脂肪作为供能营养素,热增耗最低。消化能或代谢能转化为净能的效率比蛋白质和碳水化合物高5%~10%。鱼、虾类等水生动物由于对碳水化合物特别是多糖利用率低,故脂肪作为能源物质的作用显得特别重要。

(2)脂类的额外能量效应。研究表明,禽饲粮添加一定水平的油脂替代等能值的碳水化合物和蛋白质,能提高饲粮代谢能,使消化过程中能量消耗减少,热增耗降低,使饲粮的净能增加,当植物油和动物脂肪同时添加时效果更加明显,这种效应称为脂肪的额外能量效应或脂肪的增效作用。这种作用在其他非反刍动物同样存在。基于此,为提高固态脂肪的利用效果,有人建议将它们和植物油按一定比例(通常为1:0.5~1:1)一起应用。脂肪中饱和脂肪酸和不饱和脂肪酸的最佳比例幼禽为1:2~1:2.2,产蛋禽为1:1.4~1:1.5,在这种情况下,不仅脂肪的能量价值提高,而且给家禽提供的亚油酸也增加。

(3)脂肪是动物体内主要的能量储备形式。动物摄入的能量超过需要量时,多余的能量则主要以脂肪的形式储存在体内。脂类很少与水结合,储存相同能量所占体积最小。对初生的哺乳动物(猪除外)体内沉积脂肪具有特别的营养生理意义,如初生羔羊、犊牛、人类婴儿等颈部、肩部、腹部有一种特殊的脂肪组织,称为褐色脂肪(brown fat),是颤抖生热的能量来源。

**2)脂类是体组织、体成分的重要组成**

动物体各种组织器官,如神经、肌肉、骨骼、皮肤及血液的组成中均含有脂肪,主要为磷脂和固醇等。磷脂和糖脂是细胞膜的重要组成成分。糖脂可能在细胞膜传递信息的活动中起着载体和受体作用。棕榈酸是合成肺表面活性物质的必需成分,脂类也参与细胞内某些代谢调节物质的合成。

**3)脂类是脂溶性营养素的溶剂**

脂类作为溶剂对脂溶性营养素或脂溶性物质的消化吸收极为重要。饲料中的脂溶性维生素A,D,E,K等均须溶于脂肪后才能被吸收,而且吸收过程还需有脂肪作为载体,因而若无脂肪参与将不能完成脂溶性维生素的吸收过程,从而导致脂溶性维生素代谢障碍。鸡饲粮含0.07%的脂类时,胡萝卜素吸收率仅20%,饲粮脂类增到4%时,吸收率提高到60%。

**4)脂类能为动物提供必需脂肪酸**

(1)必需脂肪酸的概念。通常将具有两个或两个以上双键的脂肪酸称为高度不饱和或多不饱和脂肪酸(PUFA)。凡是体内不能合成,必须由饲粮供给,或能通过体内特定先体物形成,对机体正常机能和健康具有重要保护作用的脂肪酸称为必需脂肪酸(EFA)。不饱和脂肪酸中的一些高度不饱和脂肪酸,对动物有着极其重要的生理意义。通常认为,亚麻酸、亚油酸、花生烯酸是必需脂肪酸。

(2)必需脂肪酸的作用。

①参与磷脂合成,并以磷脂形式作为细胞生物膜的组成成分。必需脂肪酸缺乏将影响磷脂代谢,使生物膜因磷脂含量降低而导致结构功能异常,引发多种病变,如细胞膜通透性增大而出现皮下水肿。毛细血管脆性增大,易于破裂。

②必需脂肪酸是类二十烷合成的前体物。类二十烷(前列腺素,前列环素,白三烯,凝血烷)对动物胚胎发育、骨骼生长、繁殖机能、免疫反应等均具有重要作用。日粮长期缺乏可导致动物生长受阻,繁殖机能降低,抗病力减弱等。

③降低血液胆固醇水平,α-亚油酸衍生的前列腺素PGE1能抑制胆固醇的生物合成。血浆脂蛋白质中ω-3和ω-6多不饱和脂肪酸的存在,使脂蛋白质转运胆固醇的能力降低,从而使血液中胆固醇水平降低。

**5)脂类其他营养生理作用**

(1)脂类的防护作用。高等哺乳动物皮肤中的脂类具有抵抗微生物侵袭,保护机体的作用。禽类尤其是水禽,尾脂腺中的脂对羽毛的抗湿作用特别重要。沉积于动物皮下的脂肪具有良好绝热作用,在冷环境中可防止体热散失过快,对生活在水中的哺乳动物显得更重要。脂肪充填在脏器周围,具有固定和保护器官及缓和外力冲击的作用。

(2)脂类是代谢水的重要来源。生长在沙漠的动物氧化脂肪既能供能又能供水。每克脂肪氧化比碳水化合物多生产水67%~83%,比蛋白质产生的水多1.5倍左右。

(3)磷脂肪的乳化特性。磷脂肪分子中既含有亲水的磷酸基团,又含有疏水的脂肪酸链,因而具有乳化剂特性。可促进消化道内形成适宜的油水乳化环境,并对血液中脂质的运输以及营养物质的跨膜转运等发挥重要作用。动植物体中最常见的磷脂是卵磷脂,用作幼小哺乳动物代乳料中的乳化剂,有利于提高饲料中脂肪和脂溶性营养物质的消化率,促进生长。磷脂是鱼虾饲料中一种不可缺少的营养成分。虾一般不能合成磷脂，鱼虾饲料中天然存在的磷脂一般不能满足需要。

(4)胆固醇的生理作用。胆固醇是甲壳类动物必需的营养素。蜕皮激素的合成需要胆固醇，而甲壳类动物包括虾，体内不能合成胆固醇，需要由饲料供给。胆固醇有助于虾转化合成维生素D、性激素、胆酸、蜕皮素和维持细胞膜结构完整性，促进虾的正常蜕皮、消化、生长和繁殖。

### 1.4.3　脂类的消化吸收代谢

脂类由于是非极性的，不能与水混溶，所以必须先使其形成一种能溶于水的乳糜微粒，才能通过小肠微绒毛将其吸收。上述过程可概括为：脂类水解→水解产物形成可溶的微粒→小肠黏膜摄取这些微粒→在小肠黏膜细胞中重新合成甘油三酯→甘油三酯进入血液循环。非反刍动物和反刍动物机体内部都有上述过程，但具体的机制却存在差异。

### 1.4.4　饲料脂肪对动物产品品质的影响

(1)饲料脂肪对肉类脂肪的影响。

①单胃动物。单胃动物体组织沉积脂肪的不饱和脂肪酸多于饱和脂肪酸，这是由于植物性饲料中脂肪的不饱和脂肪酸含量较高，被猪鸡采食吸收后，不经氢化即直接转变为体脂肪，因此，当饲喂不饱和脂肪酸含量高的饲料脂肪时，猪体内的不饱和脂肪酸亦显著升高，导致猪的体脂变软，容易酸败，肉的品质下降，不适宜做腌肉和火腿。为尽量避免这种情况，猪育肥期间应少喂脂肪含量高的饲料，多喂富含淀粉的饲料，既可保证猪肉品质，又可降低饲养成本。马、兔虽是草食动物，但其没有瘤胃，虽有发达的盲肠，但饲料中不饱和脂肪酸进入盲肠之前，在小肠中经胰液和胆汁的作用，未经转化为饱和脂肪酸就被吸收。因此，马、兔体脂肪的饱和程度仍受饲料脂肪较大的影响。

②反刍动物。由于瘤胃微生物作用，反刍动物所采食的不饱和脂肪酸在瘤胃内大量氢化形成饱和脂肪酸，下移到小肠经消化吸收以饱和脂肪酸的形态沉积为体脂，另外，瘤胃微生物合成的高级脂肪酸也多为饱和性质。上述两个原因说明反刍动物体脂肪品质受饲料脂肪性质的影响较小。因此，无论反刍动物所采食的饲料脂肪饱和程度高还是低，它们的体脂肪依然可保持硬度大，熔点高，饱和脂肪酸含量多的特点。

(2)饲料脂肪对乳脂肪品质的影响。饲料脂肪在一定程度上可直接进入乳腺，饲料脂肪的某些成分，可不经变化地用以形成乳脂肪，因此，饲料脂肪性质与乳脂品质密切相关。

(3)饲料脂肪对蛋黄脂肪的影响。将近50%的蛋黄脂肪是在卵黄发育过程中，摄取经肝脏而来的血液脂肪合成，这说明蛋黄脂肪的质和量受饲料影响较大。因此，饲粮中添加油脂可促进蛋黄的形成，并通过配制特殊的功能饲料，通过食物链效应，使鸡蛋成为富含亚油酸或胆固醇含量低的“营养蛋”或“保健蛋”。

### 1.4.5　脂肪氧化的危害

随着饲料工业的发展，脂肪添加剂添加到配合饲料中被广泛应用，但其在储藏加工和使用过程中容易被氧化变质，尤其在高温、高湿环境条件下极易氧化酸败。脂肪氧化酸败产生多种初级和次级氧化产物，如低级脂肪酸、脂肪醇、醛、酸等，当其被动物摄食后，对动物健康生长、饲料适口性和营养价值产生不良影响。

**1)降低适口性**

脂肪氧化酸败产物如短链脂肪酸、脂肪聚合物、醛、酮、过氧化物和烃类，具有难闻的气味及苦涩滋味，降低了饲料的适口性，甚至出现动物拒食现象，严重者会导致动物采食后中毒或死亡。

**2)降低营养价值**

脂肪氧化酸败造成油脂中营养成分的破坏，使其营养价值降低或完全不能用作饲料。动物长期饲喂这种油脂饲料，会出现必需脂肪酸缺乏症。其次，是脂肪氧化过程中能形成大量高活性的自由基，这些自由基对维生素 A、维生素 D、维生素 E 和维生素 K 产生极大的破坏性，同时影响 B 族维生素的吸收，并能破坏细胞膜的功能，造成维生素缺乏症，导致脑软化症、母畜不孕或孕畜流产以及生产性能和抵抗力降低。

**3)影响酶活性**

脂肪氧化酸败产物如酮、醛等，对机体的几种重要酶系统，如琥珀酸氧化酶和细胞色素氧化酶等有损害作用，从而造成机体代谢紊乱，生长发育迟缓。

**4)影响免疫功能**

酸败油脂的代谢产物对机体内如免疫活性细胞等有毒害作用。Dibner 等(1993)证明，酸败氧化过程的副产物能使免疫球蛋白生成下降，肝和小肠上皮细胞损伤率提高，致使动物(尤其是幼雏)发生脑软化症，引起小肠、肝脏等器官的肥大。

**5)影响消化功能**

油脂氧化产生的游离脂肪酸会减少胆汁的产生或降低乳糜微粒形成的效率，从而干扰油脂在消化道内的吸收。对于肉鸡和蛋禽，还会阻碍叶黄素类色素在肠道内的吸收，导致肉鸡皮肤及蛋禽蛋黄着色不佳。

**6)实质器官病变**

长期摄入酸败油脂，会使动物体重减轻和发育障碍。用棉子油进行大白鼠饲养试验，在过氧化物值剧增时，肝脏也明显增大，同时热能利用率下降。大白鼠摄入含过氧化物多的油脂易患腹泻与肠炎，并伴有肝、心和肾肿大以及脂肪肝等肝脏病变。

# 1.5 能量及营养

动物的所有活动，如呼吸、心跳、血液循环、肌肉活动、神经活动、生长、生产产品和使役等都需要能量。没有能量就没有动物体任何功能活动，甚至于维持生命。本节主要阐述动物对饲料能量的利用、动物对有效能的需要量及影响饲料能量转化效率的因素。

## 1.5.1 能量的来源与能量单位

**1)能量来源**

饲料能量主要来源于碳水化合物、脂肪和蛋白质。在三大养分的化学键中储存着动物所需要的化学能。

能量的最主要来源是碳水化合物。因为,碳水化合物在常用植物性饲料中含量最高,来源丰富。脂肪的有效能值约为碳水化合物的2.25倍,但在饲料中含量较少,不是主要的能量来源。蛋白质用作能源的利用效率比较低,并且蛋白质在动物体内不能完全氧化,氨基酸脱氨产生的氨过多,对动物机体有害,因而,蛋白质不宜作能源物质使用。单胃动物饲料能量主要来源于单糖、寡糖和淀粉,反刍动物饲料能量主要来源于单糖、寡糖、淀粉、纤维素和半纤维素。鱼类对碳水化合物的利用率较低,其饲料能量的最主要来源是蛋白质和脂肪。

当动物处于绝食、饥饿、产奶、产蛋等状态,饲料来源的能量难以满足需要时,也可依次动用体内储存的糖原、脂肪和蛋白质来供能。但是,这种由体组织先合成后降解的供能方式,其效率低于直接用饲料供能的效率。

2)**能量单位**

在营养学上,饲料能量以热量单位来表示。传统的热量单位为卡值单位。常用单位有卡(cal)、千卡(kcal)和兆卡(Mcal)。

现在国家标准规定,统一改用焦耳(Joule,简称J)为单位表示,简称为“焦”(J)。卡与焦耳的换算关系如下:

1 cal = 4.184 J;

## 1.5.2　饲料能量在动物体内的转化

饲料在动物体内的代谢过程也是饲料能量在动物体内的转化,动物摄入的饲料能量伴随着养分的消化代谢过程,发生一系列转化,饲料能量可相应划分成若干部分,如图1.7所示。每部分的能值可根据能量守衡和转化定律进行测定和计算。

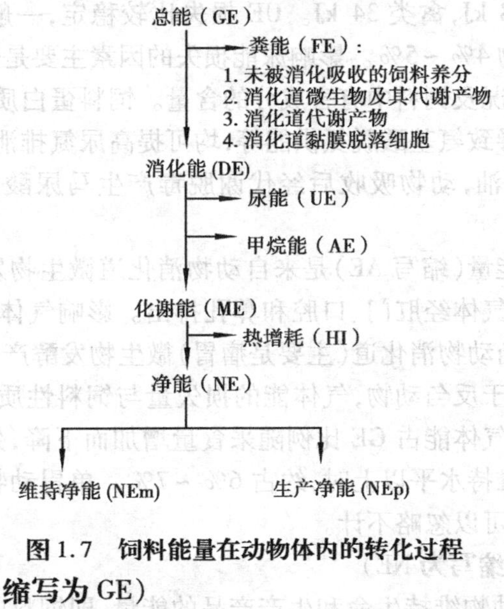


**图1.7　饲料能量在动物体内的转化过程**

1)**总能**(Gross Energy,**缩写为** GE)

总能是指饲料中有机物质完全燃烧时释放的全部能量,主要为碳水化合物、粗蛋白质和粗脂肪能量的总和。总能可将饲料样品压成小颗粒,在加压氧弹式测热计中完全燃烧后测定其释放的热量。

2)**消化能**(Digestible Energy,**缩写为** DE)

消化能是饲料可消化养分所含的能量,即从饲料总能中减去粪能后的能量。即:

$$DE = GE - FE$$

按上式计算的消化能称为表观消化能(缩写为ADE)。式中:FE为粪中养分所含的总能,称为粪能。正常情况下,动物粪便主要包括以下能够产生能量的物质:

未被消化吸收的饲料养分;消化道微生物及其代谢产物;消化道分泌物和经消化道排泄的代谢产物;消化道黏膜脱落细胞。

后三者称为粪代谢物,所含能量为代谢粪能(缩写为FmE)。FE中扣除FmE后计算的消化能称为真消化能(缩写为TDE),即:

$$TDE = GE - (FE - FmE)$$

用TDE反映饲料的能值比ADE准确,但测定较难,故现行动物营养需要和饲料营养价值表一般都用ADE。

3)**代谢能**(Metabolizable Energy,**缩写为** ME)

代谢能指饲料消化能减去尿能(缩写UE)及消化道可燃气体的能量(缩写AE)后剩余的能量。即:

$$ME = DE - (UE + AE) = GE - FE - UE - AE$$

式中,UE为尿能;

AE为消化道可燃气体的能量。

尿能(缩写UE)是尿中有机物所含的总能,主要来自于蛋白质代谢产生的尿氮物,如尿素、尿酸、肌酐等。尿氮在哺乳动物中主要来源于尿素,禽类主要来于尿酸。每克尿氮的能值为:反刍动物31 kJ,猪28 kJ,禽类34 kJ。UE损失比较稳定,一般占GE的5% ~8%,猪占2% ~3%(GE),反刍动物4% ~5%。影响尿能损失的因素主要是饲料结构,特别是饲料中蛋白质水平、氨基酸平衡状况及饲料中有害成分的含量。饲料蛋白质水平增高、氨基酸不平衡、氨基酸过量或能量不足导致氨基酸脱氨供能等,均可提高尿氮排泄量,增加尿能损失,降低代谢能值;若饲料含有芳香油,动物吸收后经代谢脱毒产生马尿酸,并从尿中排出,增加尿能损失。

消化道可燃气体的能量(缩写AE)是来自动物消化道微生物发酵产生的气体,主要是甲烷,故又称甲烷能。这些气体经肛门、口腔和鼻孔排出。影响气体能的因素有动物种类和饲料性质及饲养水平。反刍动物消化道(主要是瘤胃)微生物发酵产生的气体量大,含能量一般占GE的3% ~10%。对于反刍动物,气体能的损失量与饲料性质及饲养水平有关。低质饲料所产甲烷量较大,并且气体能占GE比例随采食量增加而下降,处在维持饲养水平时,气体能约占GE的8%;而在维持水平以上时,约占6% ~7%。单胃动物的大肠中虽然也有发酵,但产生的气体较少,通常可以忽略不计。

4)**净能**(Net Energy,**缩写为** NE)

净能是饲料中用于动物维持生命和生产产品的能量,即饲料的代谢能中减去热增耗(缩写为HI)后的能量。

$$NE = ME - HI$$
$$= GE - DE - UE - AE - HI$$

HI过去又称为特殊动力作用或食后增热,是指绝食动物在采食饲料后短时间内,体内产热高于绝食代谢产热的那部分热能。热增耗以热的形式散失。例如，狗在饥饿状况下，体表散发热能为418.4 kJ，而饲喂含热能418.4 kJ的肉，数小时后其体表散发热能为547.69 kJ，所增加的129.29 kJ热能即为狗的热增耗。事实上，在冷应激环境中，热增耗是有益的，可用于维持体温。但在炎热条件下，热增耗将成为动物的额外负担，必须将其散失，以防止体温升高，而散失热增耗，又需消耗能量。

按照净能在体内的作用，可以分为维持净能（NEm）和生产净能（NEp）。NEm指饲料能量用于维持生命活动、适度随意运动和维持体温恒定部分。这部分能量最终以热的形式散失掉。NEp指饲料能量用于沉积到产品中的部分，也包括用于劳役做功的能量。因动物种类和饲养目的不同，生产净能的表现形式也不同，包括增重净能、产奶净能、产毛净能、产蛋净能和使役净能等。影响净能值的因素包括影响代谢能、热增耗的因素以及环境温度。

总之，饲料能量在动物体内的转化和分配比例因动物和饲料类型、饲养水平等而异。常见饲料的能值如表1.9所示。动物饲料能量的转化效率如表1.10所示。

**表1.9　常见饲料的能值（MJ/kg干物质）**

| 动　物 | 饲　料 | GE | FE | UE | AE | DE | ME |
|---|---|---|---|---|---|---|---|
| 家　禽 | 玉　米 | 18.4 | 2.2 | | | | 16.2 |
| | 小　麦 | 18.1 | 2.8 | | | | 15.3 |
| | 大　麦 | 18.2 | 4.9 | | | | 13.3 |
| 猪 | 玉　米 | 18.9 | 1.6 | 0.4 | | 17.3 | 16.9 |
| | 大　麦 | 17.5 | 2.8 | 0.5 | | 14.7 | 14.2 |
| 反刍动物 | 玉　米 | 18.9 | 2.8 | 0.8 | 1.3 | 16.1 | 14 |
| | 大　麦 | 18.3 | 4.1 | 0.8 | 1.1 | 14.2 | 12.3 |
| | 禾本科草 | 17.9 | 7.6 | 0.5 | 1.4 | 10.3 | 8.4 |
| | 玉米青贮 | 18.9 | 6.0 | 0.8 | 1.3 | 12.9 | 10.8 |

引自Bondi，A. A.（1987），p.306。

**表1.10　动物饲料能量的转化关系（%）**

| | DE | ME | NE |
|---|---|---|---|
| 反刍动物（牛） | 100 | 82 | 50～60 |
| 单胃动物（猪） | 100 | 96 | 70 |

## 1.5.3　影响饲料能量利用效率的因素

**1）饲料能量利用效率**

饲料能量在动物体内经过一系列转化后，最终用于维持动物生命和生产。动物利用饲料能量转化为产品净能，投入能量与产出能量的比率关系称为饲料能量效率。下面介绍两个常用的能量效率的计算方法。

①能量总效率。指产品中所含的能量与摄入饲料的有效能（指消化能或代谢能）之比。计算公式如下：

$$总效率 = \frac{产品能量}{摄入的有效能量(包括用于维持的能量)} \times 100\%$$

②能量净效率。指产品能量与摄入饲料中扣除用于维持需要后的有效能(指消化能或代谢能)的比值。计算公式为:

$$净效率 = \frac{产品能量}{摄入的有效能 - 维持需要的有效能} \times 100\%$$

**2)影响饲料能量利用率的因素**

①动物种类、性别及年龄。动物种类、品种、性别及年龄影响同种饲料或饲料的能量效率。从表1.11可以看出,猪禽等非反刍动物ME用于生长育肥的效率高于反刍动物。有资料表明,用同种饲料ME对于肉鸡的生长效率,母鸡高于公鸡。主要是由于各种动物的消化生理、生化代谢机制及内分泌的差异造成。

**表1.11 不同饲料ME用于不同动物肥育的净利用效率(%)**

| 饲 料 | 反刍动物 | 猪、大鼠、狗 | 家 禽 |
|---|---|---|---|
| 大 麦 | 60 | 77 | 73 |
| 玉 米 | 62 | 78 | 74 |
| 燕 麦 | 61 | 68 | 73 |
| 花生饼 | 54 | 58 | 64 |
| 黄豆饼 | 48 | 57 | 64 |

引自 McDonald, P. et al(1988), p.237。

②生产目的。大量研究结果表明,能量用于不同的生产目的,能量效率不同。能量利用率的高低顺序为维持>产奶>生长、肥育>妊娠和产毛,表1.12以反刍动物为例说明同一饲料的ME用于维持和肥育的效率,结果表明,ME用于维持的效率明显地高于用于肥育的效率。同时,不同饲料ME用于维持的利用效率变异较小,而用于肥育时变异较大。

**表1.12 部分饲料代谢能用于反刍动物维持和肥育的利用效率(%)**

| 饲 料 | 维 持 | 肥 育 |
|---|---|---|
| 嫩黑麦干草 | 78 | 52 |
| 成熟黑麦干草 | 74 | 34 |
| 草地早熟禾 | 70 | 30 |
| 苜蓿草 | 82 | 52 |
| 青贮牧草 | 65~71 | 21~61 |

引自 McDonald, P. et al(1988), p.234, 237。

③饲养水平。大量实验表明,在适宜的饲养水平范围内,随着饲喂水平的提高,饲料有效能量用于维持部分相对减少,用于生产的净效率增加。但在适宜的饲养水平以上,随采食量的增加,由于消化率下降,饲料DE和ME值均减少。

④饲料成分。饲料成分对有效能利用率的影响在前面已讨论。饲料中的营养促进剂,如抗菌素、激素等也影响动物对饲料有效能的利用。

# 1.6 维生素及营养

维生素在机体内是一类活性物质。它既不是形成机体各种组织器官的原料，也不是能源物质。它是动物机体物质代谢过程中的调节剂，数量极微而作用很大，因为在动物生命全过程中的各个方面均与维生素有关。

## 1.6.1 维生素的概念及分类

### 1)维生素的概念

维生素是一类动物代谢所必需而需要量极少，机体内一般不能合成或合成量不足，必须由饲粮提供或提供其先体物的低分子有机化合物。不同学者提出的维生素概念不完全相同。目前，人们认为属于维生素的某些物质并不符合维生素的经典概念。争议最大的当属胆碱，因其需要量大，且在体内可以合成。此外，维生素D通过紫外线照射可以在皮肤表层合成。烟酸在一定程度上可由色氨酸合成。

维生素是由Vitamin一词翻译而来，各种维生素的名称是在"维生素"之后加A,B,C,D等拉丁字母命名。现在维生素的化学结构已经清楚，所以多数用化学结构特征结合生理功能命名。而维生素的拉丁字母命名由来已久，仍继续使用。

维生素既不是机体的能源物质，也不是构成组织器官的原料。不少维生素的生物学功能目前还没有彻底搞清。其主要功能是控制和调节机体内的物质代谢。它们主要以辅酶和催化剂的形式广泛参与体内代谢的多种化学反应，从而保证机体组织器官的细胞结构和功能正常，以维持动物的健康和各种生产活动。

维生素在饲料和畜体内含量很少，机体仅需微量就可满足正常生理功能的需要。维生素的计量单位大多数以毫克或微克表示。而维生素A,D则以国际单位(IU)表示，维生素A,D国际单位(IU)与重量单位的换算如下：

1 IU维生素A =0.3微克视黄醇
=0.344微克视黄醇乙酸盐
=0.6微克β-胡萝卜素
=1.2微克具有维生素A活性的混合胡萝卜素

1 IU维生素D相当于0.025微克维生素$D_3$；1 IU维生素E相当于1毫克$D_1$-a-生育酚醋酸酯或1.49毫克a-生育酚。

维生素存在于天然饲料中，饲料中的维生素有些是以无活性的前体物形式存在的，叫维生素原，在一定条件下可转化为维生素。大多数饲料均含有维生素，精料主要含B族维生素，青绿料主要含胡萝卜素，饲料维生素含量受种类、部位、条件、收割期、加工等因素的影响。反刍动物瘤胃的微生物能合成机体所需的B族维生素和维生素K。

维生素的需要受其来源、饲粮(料)结构与成分、饲料加工方式、贮藏时间、饲养方式(如集约化饲养)等多种因素的影响。为保证畜产品的质量和延长贮藏时间，增强机体免疫力和抗应激能力，都倾向于增加某些维生素在饲粮中的添加量，有时可超过需要量10倍。

2)**维生素的分类**

维生素的种类很多,化学结构差异很大。目前已确定的维生素有14种,按其在极性与非极性溶剂中溶解度的不同,可分为两大类。一类维生素是溶于非极性溶剂(如脂类)中的,称为脂溶性维生素(Fatsoluble vitamins),如维生素A(视黄醇)、维生素D(钙化醇)、维生素E(生育酚)和维生素K(凝血维生素)。另一类维生素是溶于极性溶剂(如水)中的,称为水溶性维生素(Water-soluble vitamins),如维生素C(抗坏血酸)和B族维生素。

## 1.6.2 脂溶性维生素营养功能及缺乏症

脂溶性维生素包括维生素A、维生素D、维生素E和维生素K。它们只含有碳、氢、氧3种元素,可从食物及饲料的脂溶物中提取。脂溶性维生素的缺乏症一般与其功能相联系。除维生素K可由动物消化道微生物合成所需的量外,其他脂溶性维生素都必须由饲粮提供。

1)**维生素A**

(1)特性和效价。维生素A称为视黄醇或抗干眼病维生素,包括$V_{A1}$和$V_{A2}$两种。纯维生素A为淡黄色晶体,不溶于水而溶于脂肪和各种脂肪溶剂。缺氧时对热和酸碱稳定,但在空气中易被氧化。维生素A存在于动物肝、鱼肝油、蛋黄和乳内,大部分是以棕榈酸视黄醇储存在肝内。

植物中不含维生素A,而含有维生素A原(先体)——胡萝卜素。胡萝卜素也存在多种类似物,在青绿饲料中有90%是β-胡萝卜素,且以β-胡萝卜素活性最强。1分子β-胡萝卜素可分解产生2分子维生素A,但因胡萝卜素在肠道中吸收率很低。故它在体内实际转化效率并不高。各种动物转化β-胡萝卜素为维生素A的能力也不同,如果以家禽的转化能力为100%,猪、牛、羊、马只有30%左右,如表1.13所示。

**表1.13 不同动物将β-胡萝卜素转化为维生素A的效价**

| 动　物 | 每1 mg β-胡萝卜素转化为维生素A/IU | 相当于维生素A的IU<br>(从胡萝卜素估计)/% |
|---|---|---|
| 标　准 | 1 = 1 667 | 100 |
| 肉　牛 | 1 = 400 | 24 |
| 奶　牛 | 1 = 400 | 24 |
| 绵　羊 | 1 = 400 ~ 450 | 24 ~ 30 |
| 猪 | 1 = 500 | 30 |
| 生长马 | 1 = 555 | 33.3 |
| 繁殖马 | 1 = 333 | 20 |
| 家　禽 | 1 = 1 667 | 100 |
| 狗 | 1 = 833 | 50 |
| 鼠 | 1 = 1 667 | 100 |
| 狐　狸 | 1 = 278 | 16.7 |
| 猫 | 不能利用胡萝卜素 | — |
| 水　貂 | 不能利用胡萝卜素 | — |
| 人 | 1 = 556 | 33.3 |

饲料中的β-胡萝卜素具有顺、反异构体。其中,反式异构体的转化效率高于顺式异构体。

青饲料经过干燥或青贮，常因反式异构体转化为顺式异构体而使转化效率降低。

玉米黄素和叶黄素无维生素A活性，但可用作蛋黄、肉鸡皮肤及脚胫的着色。

(2)功能与缺乏症。维生素A与视觉、上皮组织、繁殖、骨骼的生长发育、脑脊髓液压、皮质酮的合成以及癌的发生都有关系，但目前了解较清楚的是维生素A与视觉。

①维持正常视觉功能。当维生素A缺乏时，对弱光的敏感度降低而产生"夜盲症"。

②维持上皮组织结构的完整与健全。维生素A是维持一切上皮组织结构的完整与健全所必需的物质。缺乏时，消化道、呼吸道、生殖泌尿系统、眼角膜及其周围软组织等的上皮组织细胞都可能发生鳞状角质化。易发生细菌侵袭感染及一系列的继发病，泪腺上皮组织的这种变化可引起分泌物减少，产生"干眼病"。严重时使结膜、角膜感染化脓，角膜软化溃疡，甚至完全失明。消化道和呼吸道上皮组织细胞角质化易引起口炎性腹泻和肺炎。脱落的角质化细胞在膀胱和肾易形成结石。角质化也使动物易患感冒、肾炎和膀胱炎等。

③参与性激素的形成。维生素A缺乏，鸡和其他动物可发生胎儿吸收、畸形、死胎、产蛋率下降、睾丸退化等症状。

④维持骨的正常生长发育。维生素A缺乏，软骨上皮的成骨细胞和破骨细胞的活动受到影响而使骨发生变形。生长期骨形的变化可压迫神经，进而发生退化。如牛、羊和猪也发现因骨变形而影响肌肉和神经，导致运动不协调、步态蹒跚、麻痹及痉挛等。

⑤维持免疫力。维生素A在机体的免疫功能以及抵抗疾病的非特异性反应方面也起着重要的作用。维生素A缺乏将不同程度地影响淋巴组织，导致淋巴细胞分化成T和B细胞的胸腺(鸡为法氏囊)发生萎缩，鸡的法氏囊过早消失，骨髓中骨髓样和淋巴样细胞的分化也受到影响。在体液免疫方面，维生素A缺乏的动物其抗体抗原的应答下降，黏膜免疫系统机能减弱，病原体易于入侵。在细胞免疫方面，维生素A的缺乏会影响机体非抗原系统的免疫功能，如吞噬作用、外周血淋巴细胞的捕捉和定位、天然杀伤细胞的溶解、白血球溶菌酶活性的维持以及黏膜屏障抵抗有害微生物侵入机体的能力。维生素A对于防止某些癌症也有一定作用。维生素A缺乏，也会受影响RNA的代谢和蛋白质的合成。

(3)来源与需要。维生素A来源于动物产品，主要是鱼肝油，多以脂的形式存在。胡萝卜素在豆科牧草和青绿饲料中含量较多。青绿饲料在干燥、加工和贮藏过程中，由于所含胡萝卜素易遭氧化破坏而含量差异较大。叶子的绿色程度是胡萝卜素含量多少的一种标志。

动物对维生素A的需要和饲粮中维生素A的添加受多种因素的影响，如动物的品种、品系及生理状况，胡萝卜素转化为维生素A的效率，饲料中类胡萝卜素异构物的含量和类型，体内胆汁的适量与否，微量元素以及不饱和脂肪酸的氧化破坏，疾病和寄生虫的干扰，环境卫生及温湿度条件，饲粮中脂肪、蛋白质、抗氧化剂等的含量都可影响动物对维生素A的需要。集约化的饲养方式、饲料的颗粒化及其贮存时间的延长都将增加维生素A的添加量。

畜禽及鱼类对维生素A的需要一般在每千克饲料1 000～5 000 IU之间。

(4)维生素A的过量。维生素A过量易引起中毒。症状可表现为骨的畸形、器官退化、生长缓慢、失重、皮肤受损以及先天畸形。对于非反刍动物，包括禽和鱼类，维生素A的中毒剂量是需要量的4～10倍以上，反刍动物则30倍于需要量。

**2)维生素D**

(1)特征和效价。维生素D称为钙化醇或抗佝偻病维生素，有$D_2$(麦角钙化醇)和$D_3$(胆钙化醇)两种活性形式。麦角钙化醇的先体是来自植物的麦角固醇；胆钙化醇来自动物的7-

脱氢胆固醇。

结晶的胆钙化醇是一种白色针状物，低温和阴暗环境下较稳定，不易被酸、碱和氧化剂破坏。但是，紫外线的照射、酸败的脂肪以及矿物质元素均可使之氧化失效。一个国际单位(IU)的维生素D相当于0.025 μg维生素$D_3$的活性。对于猪，维生素$D_3$的效价可能高于维生素$D_2$。奶牛维生素$D_2$的效价可能只有维生素$D_3$的1/4～1/2，用维生素$D_2$满足鱼对维生素D的需要至少3倍于维生素$D_3$。家禽维生素$D_3$的效价比维生素$D_2$高20～30倍。

(2)功能与缺乏症。维生素D是骨正常钙化所必需的。主要生理功能：

①促进肠道钙、磷吸收。

②促进肾小管对钙、磷的重吸收。

③增强成骨细胞功能，使血中钙、磷向骨质生长部位沉着，形成新骨；也促进破骨细胞活动，使旧骨中骨盐溶解，运到血中的钙、磷增加，从而使细胞外液中钙、磷浓度增高。

佝偻病的产生除了钙、磷代谢障碍的影响外，维生素D也是一个重要的因素。缺乏维生素D，肠道钙、磷吸收减少，血中钙、磷下降。临床上产生一系列骨骼症状和血生化改变。严重者致骨骼畸形，影响正常生长发育，并使机体抵抗力降低，易并发各种感染。不同的动物，引起佝偻病的钙、磷和维生素D的阈值不一样。母畜孕期维生素D过度缺乏会造成新生幼畜先天骨畸形，母畜本身骨也受损害。家禽缺乏维生素D可降低产蛋量和孵化率，使蛋壳薄而脆。

(3)来源与需要。维生素$D_2$主要存在于辐照过的酵母和青干草中。维生素$D_3$经日光照射后(紫外线照射)在人和动物的皮肤内形成。动物的肝和禽蛋含有较多的维生素$D_3$，特别是某些鱼类的肝中含量很丰富。

太阳光照射是获得维生素D最廉价来源的方式之一。牧草在收获季节通过太阳光照射，维生素$D_2$含量大大增加。人和动物皮肤的分泌物中也含有7-脱氢胆固醇，经照射可转变成维生素$D_3$的活性形式，而且可被皮肤吸收。牛每天能够由皮肤合成3 000～10 000 IU维生素$D_3$，猪每天可合成维生素$D_3$1 000～4 000 IU。禽类等体表覆盖羽、毛较厚的动物，通过光照获得维生素$D_2$的能力较差。

动物机体也能贮藏相当的维生素D。孕期食入丰富的维生素D，可使新生幼畜有较多的贮备。例如，羔羊可由此获得能维持6个月所需的维生素D。

因此，饲粮中维生素D的补充需视具体情况而定，一般在工厂化封闭饲养条件下可适当增加维生素D。繁殖母畜需要也较多。

畜禽及某些鱼类对维生素D的需要一般在每千克饲粮1 000～2 000 IU之间。

(4)维生素D的过量。维生素D供给过量会产生过多症。对于大多数动物，连续饲喂超过需要量4～10倍以上的维生素$D_3$可出现中毒症状。

**3)维生素E**

(1)特性和效价。维生素E又称生育酚，它是一组化学结构近似的酚类化合物。

α-生育酚是一种黄色油状物，不溶于水，易溶于油、脂肪、丙酮等有机溶剂。维生素E易被饲粮中的矿物质和不饱和脂肪酸氧化破坏，因此，它本身是一种很好的生物抗氧化剂。

(2)功能与缺乏症。关于维生素E的功能目前还不十分清楚。从维生素E缺乏的影响和一些生化方面的证据表明，维生素E有以下几个方面的作用：

①生物抗氧化作用，通过中和过氧化反应链形成的游离基和阻止自由基的生成使氧化链

中断,从而防止细胞膜中脂质的过氧化和由此而引起的一系列损害。

②α-生育酚也能通过影响膜磷脂的结构而影响生物膜的形成。

③促进十八碳二烯酸转变成二十碳四烯酸并进而合成前列腺素。

④维生素 E 和硒缺乏可降低机体的免疫力和对疾病的抵抗力。

⑤维生素 E 在生物氧化还原系统中是细胞色素还原酶的辅助因子。

⑥参与细胞 DNA 合成的调节。

⑦可以降低镉、汞、砷、银等重金属和有毒元素的毒性。

⑧通过使含硒的氧化型谷胱甘肽过氧化物酶变成还原型的谷胱甘肽过氧化物酶以及减少其他过氧化物的生成而节约硒,减轻因缺硒而带来的影响。

⑨维生素 E 也涉及磷酸化反应、维生素 C 和泛酸的合成以及含硫氨基酸和维生素 $B_{12}$ 的代谢等。

维生素 E 的缺乏症是多样化的,涉及多种组织和器官。不同的动物,缺乏症的表现也不完全一样。维生素 E 缺乏时,其症状很多都与硒的缺乏相似,而且也受饲粮中硒、不饱和脂肪酸和含硫氨基酸水平的影响。

反刍动物主要表现为肌肉营养不良。犊牛和羔羊出现白肌病。猪表现为公猪睾丸退化、肝坏死、营养性肌肉障碍以及免疫力降低。家禽表现为繁殖功能紊乱、胚胎退化、脑软化、红细胞溶血、血浆蛋白质减少、肾退化、渗出性素质病、脂肪组织褪色、肌肉营养障碍以及免疫力下降等。

(3)来源与需要。植物能合成维生素 E,因此维生素 E 广泛分布于家畜的饲料中。所有谷类粮食都含有丰富的维生素 E,特别是种子的胚芽中。绿色饲料、叶和优质干草也是维生素 E 很好的来源,尤其是苜蓿中含量很丰富。小麦胚油、豆油、花生油和棉籽油含维生素 E 也很丰富。但浸提油饼类缺乏维生素 E,动物性饲料含量也很少。在饲料的加工和储存中,维生素 E 损失较大,半年可损失 30% ~50%。

由于维生素 E 分布广泛,家畜饲粮一般不需额外补充。

近年来,为了提高肉的品质和延长贮藏时间,一些国家的标准推荐的维生素 E 的需要量已有所提高。猪禽每千克饲粮维生素 E 的量已从以往的 5 ~10 mg 提高到了 10 ~20 mg;鱼类为 50 ~100 mg。

(4)维生素 E 的过量。相对于维生素 A 和维生素 D 而言,维生素 E 几乎是无毒的,大多数动物能耐受 100 倍于需要量的剂量。

**4)维生素 K**

(1)特性和效价。维生素 K 的名字在丹麦语中是“凝结”的意思,又称凝血维生素。现已知有多种具有维生素 K 活性的萘醌化合物。天然存在的维生素 K 活性物质有叶绿醌(维生素 $K_1$)和甲基萘醌(维生素 $K_2$)。前者为黄色油状物,由植物合成;后者是淡黄色结晶,可由微生物和动物合成。维生素 K 耐热,但对碱、强酸、光和辐射不稳定。

各种维生素 K 的生物学活性是不同的,但 $K_1$ 和 $K_2$ 相当。合成的甲萘醌系列产品生物活性相差较大,这主要取决于产品的稳定性和饲粮组成质量。饲粮中存在的维生素 K 拮抗物明显影响维生素 K 的活性。例如霉变的三叶草,因存在香豆素的衍生物,会降低维生素 K 的活性。

(2)功能与缺乏症。它主要是参与凝血活动,是凝血酶原(因子Ⅱ)、斯图尔特因子(因子

X)、转变加速因子前体(因子Ⅶ)和血浆促凝血酶原激酶(因子 IX)的激活所必需的。维生素 K 缺乏,凝血时间延长。

依赖维生素 K 的羧化酶系统除对凝血有重要作用外,也与钙结合蛋白质的形成有关,钙结合蛋白质可能在骨钙化中起作用。

维生素 K 的缺乏症主要是在家禽中发现,因其他动物的饲料含维生素 K 较多,而且肠道微生物也能合成相当的维生素 K。产蛋鸡缺乏维生素 K 时,所产的蛋和孵出的小鸡含维生素 K 也少,而且凝血时间延长。

(3)来源和需要。绿色饲料是维生素 K 的丰富来源,其他植物饲料含量也较多。肝、蛋和鱼粉含有较丰富的维生素 $K_2$。

反刍动物瘤胃微生物能合成足够需要的维生素 K。肠道微生物也能合成,但在下段大肠吸收几乎等于零。单胃动物能通过食粪获取一些维生素 K,从而使肠道微生物的合成具有一定意义。禽肠道短,微生物合成有限,一般需要饲粮提供。

动物的种类和年龄可影响维生素 K 的需要,主要是肠道微生物合成维生素 K 的能力不同。饲料中维生素 K 的拮抗物,抗菌素及磺胺类药的使用(抗菌素和磺胺类药物能抑制或减少维生素 K 的合成),动物感染疾病和寄生虫、进食减少、肠壁吸收障碍、肝脏胆汁形成和分泌减少等都可影响动物对维生素 K 的需要。除家禽外,一般不需补充维生素 K。

畜禽对维生素 K 的需要一般为每千克饲料 0.5 ~ 1 mg。鱼类对维生素 K 的需要还未确定。

(4)维生素 K 的拮抗物和毒性。双香豆素(草木樨醇—dicumarol)是自然界维生素 K 的主要拮抗物。动物采食草木樨可引起出血性疾患。抗生素、某些杀鼠药和磺胺等对维生素 K 有明显的拮抗作用,特别是一些含硫酰基的化合物,如磺胺喹沙啉可能使动物产生维生素 K 缺乏。

维生素 $K_1$ 和 $K_2$ 相对于维生素 A 和 D 而言,几乎无毒。但大剂量维生素 $K_1$ 可引起溶血、正铁血红蛋白尿和卟啉尿症。

### 1.6.3 水溶性维生素营养功能及缺乏症

目前已确定的水溶性维生素共有 10 种,都为动物代谢所必需。反刍动物瘤胃微生物能合成足够动物所需的 B 族维生素,一般不需饲粮提供,但瘤胃功能不健全的幼年反刍动物除外。猪肠道微生物也能合成,但难于吸收。家禽肠道短,微生物合成有限,吸收利用的可能性更小,一般需饲粮供给。工厂化饲养,食粪机会少,单胃动物对饲粮提供的需要量增加。

大多数动物能在体内合成一定数量的维生素 C,而人、猴和豚鼠,不能在体内合成维生素 C。在高温、运输、疾病等逆境情况下,动物对维生素 C 的需要量增加。

1)**硫胺素(维生素 $B_1$)**

硫胺素含有硫和氨基,故称硫胺素,能溶于70%的乙醇和水,受热、遇碱迅速被破坏。

硫胺素在细胞中的功能是作为辅酶(羧辅酶),参与 α-酮酸的脱羧而进入糖代谢和三羧酸循环。当硫胺素缺乏时,由于血液和组织中丙酸和乳酸的积累而表现出缺乏症状。硫胺素的主要功能是参与碳水化合物代谢,需要量也与碳水化合物的摄入量有关。

硫胺素也可能是神经介质和细胞膜的组成成分,参与脂肪酸、胆固醇和神经介质乙酰胆碱的合成,影响神经节细胞膜中钠离子的转移,降低磷酸戊糖途径中转酮酶的活性而影响神经系统的能量代谢和脂肪酸的合成。

鸡和火鸡缺乏硫胺素表现为食欲差、憔悴、消化不良、瘦弱及外周神经受损引起的症状，如多发性神经炎、角弓反张、强直和频繁的痉挛，补充硫胺素能使之迅速恢复。马主要表现为运动不协调，以及补饲硫胺素可消失的神经症状。硫胺素缺乏也可引起两性繁殖力的丧失或降低。鱼缺乏硫胺素表现为与猪、禽类似的症状，如厌食、生长受阻、无休止地运动、扭曲、痉挛、常碰撞池壁、体表和鳍褪色、肝苍白。

酵母是硫胺素最丰富的来源。谷物含量也较多，胚芽和种皮是硫胺素主要存在的部位。瘦肉、肝、肾和蛋等动物产品也是硫胺素的丰富来源。成熟的干草含量低，加工处理后比新鲜时少。带叶片的多少、绿色状况以及蛋白质含量多少都影响硫胺素的含量。优质绿色干草含量丰富。饲料在干燥气候下加工储存损失较少，湿热条件（烹饪）将大量损失。瘤胃及肠道微生物合成是反刍动物硫胺素的另一重要来源。但猪和家禽对肠道合成的硫胺素不能很好地利用。

猪、禽及某些鱼类对硫胺素的需要一般为每千克饲粮1～2 mg。对于大多数动物，硫胺素的中毒剂量是需要量的数百倍，甚至上千倍。

**2）核黄素（维生素 $B_2$）**

核黄素为橙黄色的结晶，微溶于水，耐热，但蓝色光或紫外光以及其他可见光可使之迅速破坏。巴氏灭菌和曝露于太阳光可使牛奶中的核黄素损失10%～20%，饲料暴露于太阳的直射光线下数天，核黄素可损失50%～70%。

合成的核黄素类似物D-半乳糖黄素是核黄素的拮抗物，可以引起核黄素的缺乏症。另外D-阿拉伯糖黄素、二氢核黄素、异核黄素以及二乙基核黄素都属于核黄素的拮抗物。

鸡核黄素缺乏的典型症状表现为足爪向内弯曲，用跗关节行走、腿麻痹、腹泻、产蛋量和孵化率下降等。猪缺乏常表现为腿的弯曲、僵硬、皮厚、皮疹、背和侧面的皮肤上有渗出物、晶状体浑浊和白内障。鱼（虹鳟）缺乏核黄素，表皮呈浅黄绿色，鳍损伤，肌肉乏力，组织中核黄素水平下降，肝中D-氨基酸氧化酶活性降低。核黄素的缺乏症常通过补充核黄素后，症状能否减轻来确诊。

核黄素能由植物、酵母菌、真菌和其他微生物合成，但动物本身不能合成。绿色的叶子，尤其是苜蓿，核黄素的含量较丰富，鱼粉和饼粕类次之。酵母、乳清和酿酒残液以及动物的肝脏含核黄素很多。谷物及其副产物中核黄素含量少。玉米—豆饼型饲粮易产生核黄素缺乏症。

猪和家禽对核黄素的需要随环境温度升高而减少，环境温度相差25 ℃，需要量可相差一倍。种用产蛋鸡和妊娠泌乳母猪的需要量比一般的猪、鸡高一倍左右。小猪由于生长快，相对需要量比大猪多。

畜禽对核黄素的需要一般为每千克饲粮2～4 mg，鱼类为4～9 mg。核黄素的中毒剂量是需要量的数十倍到数百倍。

**3）尼克酸（烟酸、烟酰胺、维生素PP、维生素 $B_5$）**

尼克酸是吡啶的衍生物，它很容易转变成尼克酰胺。尼克酸和尼克酰胺都是白色、无味的针状结晶，溶于水，耐热。3-乙酰吡啶、吡啶3-磺酸和抗结核药物异烟肼（雷米封）是尼克酸的拮抗物。

尼克酸主要通过NAD和NADP参与碳水化合物、脂类和蛋白质的代谢，尤其在体内供能代谢的反应中起重要作用。NAD 和 NADP 也参与视紫红质的合成。

尼克酸缺乏，猪表现为失重、腹泻、呕吐、皮炎和正常红细胞贫血。鸡生长缓慢，口腔症状类似狗的黑舌病，羽毛不丰满，偶尔也见鳞状皮炎。雏火鸡可发生跗关节扩张。

牛、羊瘤胃微生物能合成尼克酸。小牛饲喂低色氨酸的饲粮可产生尼克酸缺乏症。

尼克酸广泛分布于饲料中，但谷物中的尼克酸利用率低。动物性产品、酒糟、发酵液以及油饼类含量丰富。谷物类的副产物、绿色的叶子，特别是青草中的含量较多。饲粮中的色氨酸在多余的情况下可转化为尼克酸。除成年反刍动物外，都需饲粮提供尼克酸。但高产奶牛和饲喂高营养浓度饲粮的肉牛，饲粮中亮氨酸、精氨酸和甘氨酸过量，色氨酸不足，能量浓度高以及含有腐败的脂肪等，都将增加反刍动物对尼克酸的需要。

畜禽及鱼类对尼克酸的需要一般为每千克饲粮 10 ~ 50 mg。每日每千克体重摄入的尼克酸超过 350 mg 可能引起中毒。

**4）维生素 $B_6$（吡哆醇、吡哆醛、吡哆胺）**

维生素 $B_6$包括吡哆醇、吡哆醛和吡哆胺 3 种吡啶衍生物。维生素 $B_6$的各种形式对热、酸和碱稳定；遇光，尤其是在中性和碱性溶液中易被破坏。强氧化剂很容易使吡哆醛变成无生物学活性的 4-吡哆酸。合成的吡哆醇是白色结晶，易溶于水。

维生素 $B_6$的拮抗物有羟基嘧啶，脱氧吡哆醇和异烟肼。

维生素 $B_6$的功能主要与蛋白质代谢的酶系统相联系，也参与碳水化合物和脂肪的代谢，涉及体内 50 多种酶。维生素 $B_6$ 对肉用动物具有更重要的意义。

维生素 $B_6$缺乏，猪表现为食欲差、生长缓慢、小红细胞异常的血红蛋白过少性贫血，类似癫痫的阵发性抽搐或痉挛，神经退化，尸检可见有规律性的黑黄色色素沉着，肝发生脂肪浸润，腹泻和被毛粗糙。鸡缺乏表现为异常的兴奋、癫狂、无目的运动和倒退、痉挛。鱼缺乏表现为食欲差、痉挛和高度兴奋。

维生素 $B_6$广泛分布于饲料中，酵母、肝、肌肉、乳清、谷物及其副产物和蔬菜都是维生素 $B_6$的丰富来源。由于来源广而丰富，生产中没有明显的缺乏症。

畜禽对维生素 $B_6$的需要一般为每千克饲粮 1 ~ 3 mg，鱼类为 3 ~ 6 mg。狗和大鼠维生素 $B_6$的中毒剂量是需要量的 1 000 倍以上。

**5）泛酸（遍多酸、维生素 $B_3$）**

游离的泛酸是一种黏性的油状物，不稳定，易吸湿，也易被酸碱和热破坏。泛酸钙是该维生素的纯品形式，为白色针状物。有右旋（d-）和消旋（dl）两种形式，消旋形式泛酸的生物学活性为右旋的 1/2。

饲料中的泛酸大多是以辅酶 A 的形式存在，少部分是游离的。只有游离形式的泛酸以及它的盐和酸能在小肠吸收，不同动物对泛酸的吸收率差异较大（40% ~94%）。泛酸主要以游离形式经尿排出。

泛酸是两个重要辅酶，即辅酶 A 和酰基载体蛋白质（ACP）的组成成分。辅酶 A 是碳水化合物、脂肪和氨基酸代谢中许多乙酰化反应的重要辅酶，在细胞内的许多反应中起重要作用。ACP 在脂肪酸碳链的合成中有相当于辅酶 A 的作用，并已证明，ACP 与辅酶 A 有类似的酰基结合部位。

猪缺乏泛酸，皮肤皮屑增多，毛细，眼周围有棕色的分泌物，胃肠道疾病，生长缓慢并表现为典型的鹅步症。鸡缺乏泛酸，首先是生长受阻，羽毛生长不良，进一步表现为皮炎，眼睑出现颗粒状的细小结痂并粘连在一起，嘴周围也有痂状的损伤，胫骨短粗，严重缺乏时可引起死亡。

泛酸广泛分布于动植物体中，苜蓿干草、花生饼、糖蜜、酵母、米糠和小麦麸含量丰富；谷物的种子及其副产物和其他饲料中含量也较多。常用饲粮一般不会发生泛酸的缺乏。

畜禽对泛酸的需要量一般为每千克饲料7～12 mg，鱼类为10～30 mg。泛酸中毒只在饲喂超过需要量100倍剂量的大鼠中发现。

**6）生物素（维生素$B_7$）**

生物素有多种异构体，但只有d-生物素才有活性。合成的生物素是白色针状结晶，在常规条件下很稳定，酸败的脂和胆碱能使它失去活性，紫外线照射可使之缓慢破坏。

自然界存在的生物素，有游离的和结合的两种形式。结合形式的生物素常与赖氨酸或蛋白质结合。被结合的生物素不能被一些动物所利用。

在动物体内生物素以辅酶的形式广泛参与碳水化合物、脂肪和蛋白质的代谢。例如，丙酮酸的羧化、氨基酸的脱氨基、嘌呤和必需脂肪酸的合成等。

许多动物的生物素缺乏症都可通过饲喂生蛋清、无生物素的饲粮或加磺胺药（抑制肠道微生物的合成）引起。缺乏的症状一般表现为生长不良、皮炎以及被毛脱落。猪表现为后腿痉挛、足裂缝和干燥及以粗糙和棕色渗出物为特征的皮炎。家禽的脚、喙以及眼周围发生皮炎，类似泛酸缺乏症。胫骨粗短症是家禽缺乏生物素的典型症状。

生物素广泛分布于动植物组织中，食物和饲料中一般不缺乏。但在下列情况下可导致缺乏症，特别是亚临床或临界缺乏。例如，舍饲或食粪机会的减少，饲料加工和储藏过程中对生物素的破坏，肠道和呼吸道的感染及服用抗菌药（磺胺类），含生物素低的饲料的使用，妊娠母猪的限制采食以及其他疾病感染引起进食的减少，饲粮中不饱和脂肪酸的增加，维生素$B_6$，$B_{12}$，$B_1$，$B_2$和叶酸、维生素C、肌醇水平的偏低，以及大量使用生物素利用率低的饲料（小麦、大麦、高粱、棉籽饼）都可引起缺乏症。

畜禽对生物素的需要量一般在每千克风干料50～300 μg之间，某些鱼类为150～1 000 μg。在相当于需要量4～10倍的剂量范围内，生物素对于猪和家禽都是安全的。

**7）叶酸（维生素$B_{11}$）**

叶酸是橙黄色的结晶粉末，无臭无味。叶酸有多种生物活性形式。

叶酸在一碳单位的转移中是必不可少的，通过一碳单位的转移而参与嘌呤、嘧啶、胆碱的合成和某些氨基酸的代谢。叶酸缺乏可使嘌呤和嘧啶的合成受阻，核酸形成不足，使红细胞的生长停留在巨红细胞阶段，最后导致巨红细胞贫血；同时也影响血液中白细胞的形成，导致血小板和白细胞减少。叶酸对于维持免疫系统功能的正常也是必需的。对于鸡，叶酸有节约胆碱的功效。维生素C可以缓解大鼠叶酸的缺乏。铁供应不足容易诱发叶酸的缺乏。

叶酸广泛分布于动植物产品中。绿色的叶片和肉质器官、谷物、大豆及其他豆类和多种动物产品中叶酸的含量都很丰富，但奶中的含量不多。瘤胃微生物可合成足够动物所需的叶酸。单胃动物肠道微生物也能合成，并可满足部分需要，特别是有食粪机会的动物。唯一需要饲粮提供叶酸的是家禽，因肠道合成有限，同时，利用率也低。在完全封闭、没有饲喂青绿饲料和饲喂长期储存或热加工的商品饲料情况下，对妊娠期母畜、瘤胃功能不全的幼年反刍动物和生长快的小动物应考虑适当补充叶酸。

畜禽对叶酸的需要一般为每千克饲料0.3～0.55 mg。近年的研究表明，对于繁殖母猪，叶酸的需要量已从0.3 mg提高到了1.3 mg。鱼对叶酸的需要可达5 mg(鳟鱼和鲑鱼)。叶酸可认为是一种无毒性的维生素。

**8)维生素$B_{12}$(钴胺素)**

维生素$B_{12}$是一个结构最复杂的、唯一含有金属元素(钴)的维生素,故又称钴胺素(Cobalamin)。它有多种生物活性形式,呈暗红色结晶,易吸湿,可被氧化剂、还原剂、醛类、抗坏血酸、二价铁盐等破坏。

维生素$B_{12}$在体内主要以二脱氧腺苷钴胺素和甲钴胺素两种辅酶的形式参与多种代谢活动,如嘌呤和嘧啶的合成、甲基的转移、某些氨基酸的合成以及碳水化合物和脂肪的代谢。与缺乏症密切相关的两个重要功能是促进红细胞的形成和维持神经系统的完整。反刍动物缺乏维生素$B_{12}$时,瘤胃发酵的主要产物丙酸的代谢发生障碍。这是反刍动物维生素$B_{12}$缺乏所产生的基本代谢损害。

维生素$B_{12}$缺乏,猪、鸡、大鼠及其他动物最明显的症状是生长受阻,继后表现为步态的不协调和不稳定。猪的繁殖也可受影响。鸡孵化率低,新孵出的鸡骨异常,类似骨粗短症(perosis)。小牛表现为生长停止,食欲差,有时也表现为动作不协调。只有人缺乏维生素$B_{12}$发生恶性贫血。其他动物有时可产生正常红细胞或小红细胞贫血。

在自然界,维生素$B_{12}$只在动物产品和微生物中发现,植物性饲料基本不含此维生素。反刍动物瘤胃及所有动物肠道微生物的合成是维生素$B_{12}$的主要来源,但必须由饲粮提供合成维生素$B_{12}$所需的钴。因此,单胃动物在饲喂植物性饲料、含钴不足的饲粮、胃肠道疾患以及由于先天缺陷而不能产生内源因子等情况下,需补给维生素$B_{12}$。鲤鱼、罗非鱼不需要饲粮提供维生素$B_{12}$,其他鱼类还未确定。

猪、禽对维生素$B_{12}$的需要为每千克饲料3~20 μg。维生素$B_{12}$的中毒剂量至少是数百倍于需要量。

**9)胆碱**

胆碱常温下为液体、无色,有粘滞性和较强的碱性,易吸潮,也易溶于水。

胆碱参与卵磷脂和神经磷脂的形成;卵磷脂是动物构成细胞膜的主要成分,在肝脏脂肪的代谢中起重要作用,能防止脂肪肝的形成;胆碱是神经递质——乙酰胆碱的重要组成部分;同时它也是一个不固定的甲基供给者。

所有动物缺乏胆碱都可表现为生长迟缓。猪使用纯合饲粮可引起胆碱缺乏症,表现为生长慢、运动不协调,尸检可发现肝脏脂肪渗入。鸡缺乏胆碱比较典型的症状是骨粗短。

自然界存在的脂肪都含有胆碱。因此,凡是含脂肪的饲料都可提供胆碱。多数动物能由甲基合成足够量的胆碱,合成的量和速度与饲粮含硫氨基酸、甜菜碱、叶酸、维生素$B_{12}$及脂肪的水平有关。通常小鸡和产蛋鸡饲粮需补充胆碱。给饲喂玉米—豆饼型饲粮的母猪补充胆碱可提高产活仔数。

动物对胆碱的需要一般为每千克饲料400~1 300 mg,鱼可达4 g。在水溶性维生素中,胆碱相对其需要量较易过量中毒。鸡对胆碱的耐受量为需要量的2倍,猪的耐受力比鸡强。胆碱中毒表现为流涎、颤抖、痉挛、发绀和呼吸麻痹。

**10)维生素C(抗坏血酸)**

维生素C因能防治坏血病而又称为抗坏血酸。它是一种无色的结晶粉末,加热很容易被破坏。结晶的抗坏血酸在干燥的空气中比较稳定,但金属离子可加速其破坏。

由于维生素C具有可逆的氧化性和还原性,因此,它广泛参与机体的多种生化反应。已被阐明的最主要的功能是参与胶原蛋白质合成。此外,还有以下几个方面的功能:

①在细胞内电子转移的反应中起重要的作用。

②参与某些氨基酸的氧化反应。

③促进肠道铁离子的吸收和在体内的转运。

④减轻体内转运金属离子的毒性作用。

⑤能刺激白细胞中吞噬细胞和网状内皮系统的功能。

⑥促进抗体的形成。

⑦是致癌物质——亚硝基胺的天然抑制剂。

⑧参与肾上腺皮质类固醇的合成。

抗坏血酸缺乏可引起非特异的精子凝集,以及叶酸和维生素$B_{12}$的利用不力而导致贫血。鱼类缺乏维生素C,一般表现为食欲下降、生长受阻、骨骼畸形、脊柱弯曲、表皮及鳍出血等症状。

柑橘类水果、番茄、绿色蔬菜、马铃薯和以及大多数的水果都是维生素C的重要来源。牛奶中含维生素C也较多,但加热消毒易大量损失。

除人、灵长类、豚鼠、鱼、食果子的蝙蝠、昆虫和某些鸟类外,动物一般都能合成维生素C。在妊娠、泌乳和甲状腺机能亢进情况下,维生素C的吸收减少,排泄增加。在高温、寒冷、运输等逆境和应激状态下,以及饲粮能量、蛋白质、维生素E、硒和铁等不足时,动物对维生素C的需要则大大增加。

动物对维生素C的需要一般没有规定。NRC(1994)对鱼的需要量定为每千克饲料50 mg左右。维生素C的毒性很低,动物一般可耐受需要量的数百倍,甚至上千倍的剂量。

**11)类维生素物质**

除前面所讨论的10种维生素外,还有一些物质,从目前的研究材料还不能完全证明它们属于维生素,但不同程度上具有维生素的属性。一类物质是已被证明在某些方面具有维生素的生物学作用,少数动物必须由饲粮提供,但没有证明大多数动物都必须由饲粮提供。属于这一类的类维生素物质有肌醇、肉毒碱、硫辛酸、辅酶Q和多酚。还有一类物质,有促进动物机体代谢的作用或某方面的效益,但还没有被证明对哪种动物是必须由饲粮提供的。这一类物质包括"维生素$B_{13}$(乳清酸)"、"维生素$B_{15}$""维生素$B_{17}$(苦杏仁苷)"、"维生素$H_3$"、"维生素U"以及"葡萄糖耐受因子",由于后一类还不能确定是动物所必需的,又称为假维生素。关于这些物质是否属于维生素还有待进一步证明,也涉及维生素概念及定义的进一步阐明。

### 1.6.4　影响动物对维生素需要量与添加量的因素

维生素的作用主要与蛋白质、脂肪及碳水化合物的代谢有关,因此,正确分析维生素需要量与添加量的影响因素,合理组织供给,具有十分重要意义。影响动物对维生素需要量与添加量的因素有:

**1)动物因素的影响**

动物的维生素需要量在很大程度上取决于动物种类、生理状况、年龄、健康、营养和生产目的。成年反刍动物由于瘤胃微生物的合成作用,基本不需要另外添加水溶性维生素,非反刍动物则在添加脂溶性维生素的同时需要添加水溶性维生素。不同动物品种和品系对维生素的需要量也可能有差异，高产品种、快速生长品种、杂交种等往往比低产品种、慢速生长品种和纯种所需的维生素多。由于种母鸡要维护高的孵化率，其日粮中维生素 A，$D_3$和 E 水平比快速生长肉仔鸡还高。快速生长肉鸡的腿病可通过在日粮中加入高水平生物素、叶酸、烟酸和胆碱部分纠正。

**2）日粮性质的影响**

饲喂高能量高蛋白日粮时，对维生素需求量加大。采食低脂日粮时，会使与碳水化合物代谢有关的硫胺素和生物素的需要量提高。如果脂肪消化受阻，脂溶性维生素便不能吸收。日粮中含高水平的多不饱和脂肪酸时，会增加对维生素 E 的需要量。

维生素与其他营养素之间的相互作用也会影响维生素的需要量。例如，维生素 E 与硒、维生素 D 与钙和磷、胆碱与蛋氨酸、烟酸与色氨酸之间的关系均会分别影响这些维生素的需要量。

**3）环境条件的影响**

如在高温条件下或限制饲养时，因其采食量的减少而相应引起维生素需求量增大。集约化生产时，由于动物的饲养密度加大，会增加应激或亚临床疾病。笼养使动物与粪便土壤接触减少，都会相应引起维生素需求量的增加。

**4）疾病或应激状态的影响**

因其影响正常的营养吸收功能或使消耗增加，故维生素需要量增加。应激和疾病条件下，对某些维生素的需要量增加。近年的不少研究表明，可以满足生长、饲料转化率、妊娠和泌乳的维生素需要量并不能使动物产生最大的免疫力和抗病性。疾病或寄生虫感染会影响动物胃肠道对维生素的吸收。迄今，维生素 A 和 E 已得出了令人信服的证据。严重感染寄生虫的动物，常发生维生素 A 缺乏。饲料中的黄曲霉毒素能引起消化紊乱（如呕吐、痢疾和内出血），干扰维生素 A，D，E 和 K 的吸收。

**5）维生素拮抗物的影响**

维生素拮抗物会干扰维生素的活性，如双香豆素（草木樨醇—dicumarol）是自然界维生素 K 的主要拮抗物。动物采食草木樨可引起出血性疾患。抗生素、某些杀鼠药和磺胺等对维生素 K 有明显的拮抗作用，特别是一些含硫酰基的化合物，如磺胺喹沙啉可能使动物产生维生素 K 缺乏。维生素和维生素之间也会产生某些拮抗关系，维生素和某些微量元素也会产生制约作用，这都会影响其实际供给量。

**6）抗菌药的使用**

一些抗菌药会改变肠道微生物区系和抑制某些维生素的合成，使动物对维生素的需要量增加。某些磺胺药由于抑制肠道中维生素合成，会使动物对生物素、叶酸、维生素 K 以及其他维生素的需要量提高。

**7）维生素效能的影响**

维生素添加剂一般随时间的延长其效能逐渐降低。如利用青绿饲料来补充维生素也存在着加工调制方法的影响。再如水溶性维生素易随尿排泄掉，在体内不储存；而脂溶性维生素不随尿排泄，可在体内储存。某些维生素自身氧化过大等，均会降低维生素效能。

维生素的需要量一般是指在正常情况下能保持动物健康及生产性能发挥的最低用量，受动物因素的影响，主要取决于动物种类、生理状况、年龄、健康、营养和生产目的等因素。而维生素的添加量则除考虑动物因素外，还要考虑动物在不同生理状态下对维生素的利用能力以及影响维生素利用的饲料因素在内的总需要量。

## 1.7 矿物质及营养

矿物质是动物营养中的一大类无机营养物质。自然界现已发现的107种元素中有60种以上的元素存在于动物组织器官中，这些元素中部分与动物的生存和生产有着密切的关系，广泛参与体内各种代谢过程，在机体生命活动过程中起十分重要的调节作用。尽管占比重很小，且不供给能量，但缺乏时动物生长或生产会受阻，甚至死亡。除碳、氢、氧和氮4种元素主要以有机化合物形式存在外，其余各种元素无论含量多少，统称为矿物质或矿物质元素。

### 1.7.1 矿物质的分类

**1）必需矿物质元素**

必需矿物质元素是指那些对动物具有明显的营养作用与生理功能，对维持机体的生长发育、生命活动及繁殖活动等必不可少的矿物质元素。

这类元素在体内具有重要的营养生理功能：有的参与体组织的结构组成，如钙、磷、镁以其相应盐的形式存在，是骨和牙齿的主要组成部分；有的作为酶（参与辅酶或辅基的组成）的组成（如碘）参与体内的代谢调节等；还有的元素以离子的形式维持体内电解质平衡和酸碱平衡，如$Na^+$，$K^+$，$Cl^-$等。

必需矿物质元素和有毒有害元素对动物而言是相对的。一些矿物质元素，在饲粮中含量较低时是必需矿物质元素，在含量过高情况下则可能是有毒有害元素。如砷、铅、氟等，一般情况下都称为有毒有害元素，但现在已发现这些元素具有一定营养生理功能，发现了实验性的缺乏症，因此，这些矿物质元素可能也是动物必需的矿物质元素。动物对这些元素的需要量都非常低，一般不出现缺乏或不足，生产上最容易出现的是中毒问题，其必需性因而被忽视。几乎所有的必需矿物质元素摄入过量后都会出现中毒，但中毒剂量存在很大差异。表1.14是各种动物对必需矿物质元素的最低需要量。

**2）必需矿物质元素的分类**

必需矿物质元素按动物体内含量或需要不同分常量矿物质元素和微量矿物质元素两大类。常量矿物质元素一般指在动物体内含量高于0.01%的元素，主要包括钙、磷、钠、钾、氯、镁、硫等7种。微量矿物元素一般指在动物体内含量低于0.01%的元素，目前查明必需的微量元素有铁、锌、铜、锰、碘、硒、钴、钼、氟、铬、硼等12种。铝、钒、镍、锡、砷、铅、锂、溴等8种元素在动物体内的含量非常低，在实际生产中基本上不出现缺乏症，但实验证明可能是动物必需的微量元素。

表 1.14 各种动物对必需矿物质元素的最低需要量

| 矿物质元素 | 小 猪 | 生长猪 | 弱 猪 | 肉 鸡 | 产蛋鸡 | 小牛羔羊 | 生长反刍动物 | 产奶反刍动物 |
|---|---|---|---|---|---|---|---|---|
| 钙/% | 0.8 | 0.70 | 0.60 | 1.00 | 3.5 | 0.45 | 0.40 | 0.50 |
| 磷/% | 0.7 | 0.60 | 0.50 | 0.80 | 0.6 | 0.35 | 0.30 | 0.30 |
| 钠/% | 0.13 | 0.13 | 0.20 | 0.16 | 0.15 | 0.12 | 0.12 | 0.15 |
| 氯/% | 0.13 | 0.13 | 0.20 | 0.20 | 0.20 | 0.13 | 0.13 | 0.20 |
| 钾/% | 0.50 | 0.5 | 0.70 | 0.40 | 0.50 | 0.50 | 0.5 | 0.70 |
| 镁/% | 0.05 | 0.05 | 0.05 | 0.05 | 0.05 | 0.10 | 0.25 | 0.25 |
| 硫/% | 0.1 | 0.10 | 0.10 | 0.1 | 0.10 | 0.10 | 0.10 | 0.10 |
| 铁/($mg \cdot kg^{-1}$) | 75 | 50 | 40 | 40 | 40 | 75 | 50 | 50 |
| 锰/($mg \cdot kg^{-1}$) | 25 | 25 | 30 | 60 | 60 | 60 | 60 | 60 |
| 锌/($mg \cdot kg^{-1}$) | 40 | 40 | 40 | 50 | 40 | 30 | 30 | 40 |
| 铜/($mg \cdot kg^{-1}$) | 6 | 5 | 5 | 5 | 5 | 8 | 8 | 8 |
| 硒/($mg \cdot kg^{-1}$) | 0.15 | 0.15 | 0.15 | 0.20 | 0.20 | 0.15 | 0.15 | 0.15 |
| 碘/($mg \cdot kg^{-1}$) | 0.20 | 0.20 | 0.30 | 0.20 | 0.30 | 0.20 | 0.20 | 0.30 |
| 钴/($mg \cdot kg^{-1}$) | 0.05 | 0.05 | 0.05 | 0.05 | 0.05 | 0.08 | 0.08 | 0.08 |
| 钼/($mg \cdot kg^{-1}$) | 0.10 | 0.10 | 0.10 | 0.10 | 0.10 | 0.10 | 0.10 | 0.10 |

### 1.7.2 常量矿物质元素营养功能及缺乏症

**1)钙和磷**

钙和磷是动物体内必需的矿物质元素,也是体内含量最多的矿物质元素,在现代动物生产条件下,钙、磷已成为配合饲料必须考虑的添加量较大的重要营养素。

(1)钙、磷的营养生理功能。钙在动物体内具有以下生物学功能:

①作为动物体结构组成物质参与骨骼和牙齿的组成,起支持保护作用。

②通过钙控制神经传递物质释放,调节神经兴奋性。

③通过神经体液调节,改变细胞膜通透性,使 $Ga^{2+}$ 进入细胞内触发肌肉收缩。

④激活多种酶的活性。

⑤促进胰岛素、儿茶酚胺、肾上腺皮质固醇,甚至唾液等的分泌。

⑥钙还具有自身营养调节功能,在外源钙供给不足时,沉积钙(特别是骨骼中)可大量分解供代谢循环需要,此功能对产蛋、产奶、妊娠动物十分重要。

磷在所有矿物质元素中的生物功能最多:

①与钙一起参与骨骼和牙齿结构组成,保证骨骼和牙齿的结构完整。

②参与体内能量代谢,是 ATP 和磷酸肌酸的组成成分,这两种物质是重要的供能、储能物质,也是底物磷酸化的重要参加者。

③促进营养物质的吸收,磷以磷脂的方式促进脂类物质和脂溶性维生素的吸收。

④保证生物膜的完整,磷脂是细胞膜不可缺少的成分。

⑤磷作为重要生命遗传物质 DNA、RNA 和一些酶的结构成分,参与许多生命活动过程,

此外,血液中的磷酸盐同时还是动物体内重要的缓冲物质,参与维持体内酸碱平衡。

(2)钙和磷缺乏症和过量的危害。

①缺乏症。草食动物最易出现磷缺乏,猪、禽最易出现钙缺乏。一般常见缺乏症表现是:食欲降低,异食癖;生长减慢,生产力和饲料利用率下降;骨生长发育异常,已骨化的钙、磷也可能大量游离到骨外,造成骨灰分降低、骨软化,严重的不能维持骨的正常形态,从而影响其他生理功能。动物典型的钙、磷缺乏症有佝偻病、骨疏松症和产后瘫痪。

佝偻病:幼龄生长动物钙、磷缺乏所表现出的一种典型营养缺乏症。其表现为:骨端粗大,关节肿大,四肢弯曲,呈"X"型或"O"型。肋骨有"念珠状"突起。幼猪多呈犬坐姿势,严重时后肢瘫痪。犊牛四肢畸形、弓背。幼年动物在冬季舍饲期喂钙少磷多的精料,又很少接触阳光时最易出现这种症状。

骨软症:成年动物钙、磷缺乏所表现出的一种典型营养缺乏症。此症发生于妊娠后期与产后母畜、高产奶牛和产蛋鸡。饲粮中缺少钙磷或比例不当,为供给胎儿生长或产奶、产蛋的需要,动物过多地动用骨骼中的贮备,造成骨质疏松、多孔呈海绵状,骨壁变薄,容易在骨盆骨、股骨和腰间部椎骨处发生骨折。母牛、母猪常于分娩前后瘫痪。母鸡胸骨变软,翼和足易折断,严重时引起死亡。

骨松症:成年动物的另一种钙、磷营养代谢性疾病。患骨松症的动物,骨中矿物质元素含量均正常,只是骨中的绝对总量减少而造成的功能不正常。动物生产中出现骨松症的情况很少见。

在实际生产中,对成年动物钙、磷营养缺乏症往往不严格区别骨软化症和骨松症,两种叫法可互换。

产后瘫痪:又名产乳热,是高产奶牛因缺钙引起内分泌功能异常而产生的一种营养缺乏症。在分娩后,产奶对钙的需要突然增加,甲状旁腺素、降钙素的分泌不能适应这种突然变化,在缺钙时则引起产后瘫痪。

②过量的影响。动物对钙、磷有一定的耐受力,如表1.15所示。在一般情况下,由于过量,直接造成中毒是少见的;但超过一定限度,可降低生产力。过量钙与其他营养素之间的相互作用则可造成有害影响。高钙与磷、镁、铁、碘、锌、锰等相互作用可导致这些元素缺乏而出现缺乏症,如高钙低锌可导致缺锌产生皮肤不完全角化症。高磷与高钙类似,长期摄入高于正常需要2~3倍的磷会引起钙代谢变化或其他继发性机能异常,高磷使血钙降低,继而刺激副甲状腺分泌增加(为了调节血钙),引起副甲状腺机能亢进。

**表1.15　各种动物对钙磷的耐受力**(占日粮的百分比)

| | 猪 | 禽 | 产蛋禽 | 牛 | 绵羊 | 兔 | 马 |
|---|---|---|---|---|---|---|---|
| 钙 | 1.0 | 1.2 | 4.0 | 2.0 | 2.0 | 2.0 | 2.0 |
| 磷 | 1.5 | 1.0 | 0.8 | 1.0 | 0.6 | 1.0 | 1.0 |

(3)动物对钙磷的需要和供给。钙、磷的适宜需要和供给量受多种因素的影响。其中维生素D的影响最大。维生素D是保证钙、磷有效吸收的基础,供给充足的维生素D可降低动物对钙、磷比的严格要求,保证钙、磷吸收和利用。长期舍饲的动物,特别是高产奶牛和蛋鸡,因钙、磷需要量大,维生素D显得更重要。

不同钙、磷来源和不同动物对其利用情况不同。非反刍动物利用无机和动物性来源的钙、磷比植物来源的钙、磷更有效，对植酸盐的利用较低。反刍动物对各种来源的钙、磷（包括植酸盐）利用都有效。钙、磷之间或与其他营养素和非营养物质之间的平衡也影响钙、磷的利用。因此，在实际生产中，钙、磷与微量元素、脂肪和植酸盐等的平衡值得考虑。遗传改良使动物生产力提高，生长加快，增加机体钙、磷的需要。如早期断奶动物的饲粮和高能饲粮，应增加钙、磷浓度，才能满足需要；使用生长促进剂，也应增加钙、磷浓度才有利于提高饲料利用率。

**2）钠、钾、氯**

这3种元素又称为电解质元素，主要分布在动物体液和软组织中。

（1）钠、钾、氯营养生理功能。钠、钾、氯与碳酸氢根离子一道，作为体内电解质成分，参与维持细胞内外渗透压，调节体内酸碱平衡和控制水盐代谢；钠、钾是维持体内神经和肌肉的正常兴奋性的重要营养素；钠、钾、氯在养分的消化吸收中具有重要作用，如氯是形成胃酸的主要元素，钾可以影响细胞对葡萄糖的吸收等；此外，3种元素还是提供酶发挥正常活性的必要条件或作为酶的活化因子，从而发挥广泛的生理作用。

（2）钠、钾、氯缺乏症和过量的危害。

①缺乏症。钾在植物性饲料中含量高，尤其是幼嫩植物中含钾丰富，一般不会缺乏。但当育肥肉牛饲喂精料或非蛋白氮饲料比例过高或高产奶牛大量使用青贮玉米等饲料时可能出现缺钾症。

除鱼粉、酱油渣等含盐饲料外，多数饲料中均缺乏钠和氯，通常不能满足动物的需要，特别是钠。食盐是供给动物钠和氯的最好来源。如果短期内食盐供应不足，机体本身仍能维持其体内平衡，但如长期供应不足可导致动物钠缺乏症的发生。奶牛缺钠初期有严重的异食癖，对食盐特别有食欲，随缺钠时间的延长则产生厌食、被毛粗糙、体重减轻，同时出现产奶量、乳脂率、奶钠下降等症状。猪缺钠可导致相互咬尾或同类相残。产蛋鸡缺钠，易形成啄癖。重役动物由汗液排出大量钠和氯，缺少食盐时，可发生急性食盐缺乏症，表现为神经肌肉活动失常、心脏机能紊乱，甚至死亡。

②过量的影响。一般情况下，动物能依靠自身的调节机制控制钠的摄入，各种动物耐受食盐的能力都比较强，在供水充足时耐受力更强。但在饮水受到限制时，动物摄入过量的食盐可引起中毒。猪和鸡对食盐过量较为敏感，容易发生食盐中毒。饲喂含食盐为2%日粮的生长猪，在给水少的情况下，可出现食盐中毒，表现极度口渴，步态不稳，后肢麻痹，剧烈抽搐，甚至死亡。饲喂雏鸡日粮中食盐达2%时便可死亡。一般猪为混合精料的0.25%～0.5%，鸡为0.35%～0.37%（但必须把含食盐量高的饲料中的含盐量计算在内），并将食盐压碎后，均匀地混拌在饲料中饲喂。饲粮中钾过多，会降低镁的吸收率，因此，当牧草大量施以钾肥时可能引起反刍动物低镁性"痉挛"。

**3）镁**

（1）营养生理功能。镁作为一个必需元素有如下功能：参与骨骼和牙齿组成；作为酶的活化因子或直接参与酶组成，如磷酸酶、氧化酶、激酶、肽酶和精氨酸酶等；参与DNA、RNA和蛋白质合成；调节神经肌肉兴奋性，保证神经肌肉的正常功能。

（2）缺乏症和过量的危害。

①缺乏症。非反刍动物需镁量低，约占日粮0.05%，一般饲料均能满足需要，故猪禽不需要另外补饲。实际饲养中，镁缺乏症主要见于反刍动物，乳牛、肉牛和绵羊均有发生。主要症

状为痉挛,故也称其为"缺镁痉挛症"。这种类型的缺镁症主要发生于土壤中缺镁地区的犊牛和羔羊;另一种类型是早春放牧的反刍动物,由于采食含镁量低(低于干物质的0.2%)、吸收率又低(平均17%)的青牧草而发生的缺镁症,称其为"草痉挛"。主要表现为神经过敏、肌肉痉挛、呼吸弱、抽搐、甚至死亡。幼龄犊牛在食用低镁人工乳时,也会引起低血镁,其临床症状与草痉挛相似。

②过量的影响。镁过量可使动物中毒。主要表现为昏睡、运动失调、拉稀、采食量下降、生产力降低、严重时死亡。鸡日粮含镁高于1%时,鸡表现为生长缓慢、产蛋率下降、蛋壳变薄。生产实践中,使用含镁添加剂混合不均时可导致中毒。

4)硫

大多数动物体内硫的含量占体重的0.16%~0.23%,少量以硫酸盐的形式存在于血中,大部分以有机硫形式存在于肌肉组织、骨骼和牙齿中。有些蛋白质如毛、羽等含硫量高达4%左右。

(1)营养生理功能。硫以含硫氨基酸形式参与被毛、羽毛、蹄爪等角蛋白合成;硫是硫胺素、生物素和胰岛素的成分,参与碳水化合物代谢;硫以黏多糖的成分参与胶原蛋白和结缔组织代谢。

(2)缺乏症和过量的危害。

①缺乏症。由于动物体内的硫主要来自于饲料蛋白质中的含硫氨基酸,因此,饲粮蛋白质含量充足时动物一般不会感到硫的不足。硫的缺乏通常是动物缺乏蛋白质时才会发生。若因为含硫氨基酸供给不足,导致体内硫的缺乏,主要表现为生长发育停滞、消瘦,角、蹄、爪、被毛生长缓慢。反刍动物用尿素作为唯一的氮源而不补充硫时,也可能出现缺硫现象,导致利用粗纤维能力降低、采食量下降、生产性能下降。禽类缺硫易发生啄食癖,影响羽毛质量。

②过量的影响。自然条件下硫过量的情况很少见。用无机硫作添加剂,用量超过0.3%~0.5%时,可能使动物产生厌食、失重、便秘、腹泻、抑郁等毒性反应,严重时可致死。

### 1.7.3　微量元素营养功能及缺乏症

1)铁

动物体内55%~70%的铁存在于血红蛋白和肌红蛋白中,肝、脾组织中含铁约占体内总铁量的20%,5%存在于骨髓中。

(1)营养生理功能。铁的生物学功能主要有以下3个方面:

①铁是合成血红蛋白和肌红蛋白的原料。

②铁作为细胞色素氧化酶、过氧化物酶、过氧化氢酶、黄嘌呤氧化酶的成分及碳水化合物代谢酶类的激活剂,参与机体内的物质代谢及生物氧化过程,催化各种生化反应。

③转铁蛋白除运载铁以外,还有预防机体感染疾病的作用。

(2)缺乏症和过量的危害。

①缺乏症。因饲料中的含铁量超过动物需要量,且机体内红细胞破坏分解释放的铁90%可被机体再利用,故成年动物不易缺铁。哺乳幼畜,尤其是仔猪容易发生缺铁症。初生仔猪体内贮铁最多为30~50 mg,正常生长每天需铁约7~8 mg,而每天从母乳中仅得到约1 mg的铁。如不及时补铁,3~5日龄即出现贫血症状:食欲降低、体弱、轻度腹泻、皮肤和可视黏膜苍白、血红蛋白量下降、呼吸困难,严重者3~4周龄死亡。雏鸡严重缺铁时心肌肥大,铁不足直

接损伤淋巴细胞的生成,影响机体内含铁球蛋白类的免疫性能。

②过量的影响。各种动物对过量铁的耐受能力都较强,因此,生产中因铁摄入过量的中毒相当少见。当动物摄入铁超过其耐受量时,可见造血组织细胞受毒害,一般慢性中毒可造成动物消化紊乱、生长停顿和磷利用率下降。

2)铜

动物体内平均含铜量为23 mg/kg,其中绝大部分存在于肌肉和骨骼中,其他组织器官根据其含铜量占体内总铜比例的大小依次为肝、皮肤、血液和脑组织。

(1)营养生理功能。铜主要有以下生理功能:

①作为金属酶的组成部分直接参与体内多种代谢途径。

②与机体的造血过程密切相关。铜主要通过影响铁的吸收、转运、释放和利用来影响造血,促进血红蛋白的合成和红细胞的成熟。

③参与骨骼的形成。铜是骨细胞、胶原和弹性硬蛋白的形成不可缺少的元素。此外,铜还与动物被毛生长、色素沉着、繁殖活动和免疫反应都有着密切的关系。铜对维持动物的妊娠过程、繁殖率及种蛋的孵化率均有影响。铜参与血清免疫球蛋白的构成并通过由它组成的酶类构成机体防御体系,增强机体的免疫功能。

(2)缺乏症和过量的危害。

①缺乏症。在自然条件下,反刍动物常出现缺铜,而猪、禽等基本上不出现,除非饲料来自缺铜地区或其中含有某些铜的拮抗物或机体吸收代谢功能发生障碍。各种动物如长时间缺铜则表现出与缺铁相似的贫血症。缺铜的猪、禽易发生骨折或骨畸形,但牛、羊少见。猪、禽、牛缺铜,导致心血管弹性蛋白弹性下降,严重的可引起血管破裂而死亡。一些地区性缺铜而出现神经症状,羔羊表现为共济运动失调。动物缺铜(猪除外)表现出被毛,特别是黑色和灰色毛脱色。绵羊缺铜使毛的弯曲度降低或消失。另外动物缺铜还可能出现繁殖性能降低与腹泻。

②过量的影响。铜过量可危害动物健康甚至中毒。过量铜在肝脏中蓄积到一定水平时,就会释放进入血液,使红细胞溶解,动物出现血尿和黄疸症状,组织坏死,甚至死亡。

近年,在生长猪饲粮中,补饲大剂量的铜(150~250 mg/kg),可以起到促进生长和增重,改善肉质,提高饲料转化率的作用,此作用类似抗生素,且高铜与抗生素之间有协同作用。但高铜对猪以外的动物没有明显效果,对反刍动物甚至有害。有人认为,高水平铜可缓解仔猪断乳应激。为减轻高铜对环境的污染,氨基酸螯合铜目前被认为是一种理想的添加剂。

3)锌

一般认为正常情况下动物体内的含锌量相当稳定,普遍存在于机体的各个组织器官中,50%~60%存在于骨骼肌中,约30%存在于骨骼中。

(1)营养生理功能。锌在动物体内具有多种生物学功能:

①为体内多种酶的合成和活性所必需的成分,参与体内多种代谢过程。

②参与维持上皮细胞和皮肤正常形态和健康。

③为维持激素的正常作用所必需。锌与胰岛素或胰岛素原形成可溶性聚合物有利于生理作用的发挥,$Zn^{2+}$还对胰岛素分子有保护作用。

④对维持生物膜的正常结构和功能具有重要作用。

(2)缺乏症和过量的危害。

①缺乏症。缺锌动物因食欲低、采食量下降而使其生产性能降低，出现皮肤和被毛受损、雄性生殖器官发育不良和精子生成停止，母畜繁殖性能降低和骨骼异常等症状。皮肤不完全角质化症是很多种动物缺锌的典型表现。猪缺锌，一般从四肢内侧、眼、嘴周围和阴囊开始延展至全身，皮肤皱缩粗糙，出现痂状硬结，易继发病原微生物感染。小牛缺锌，多见其口鼻部、颈、耳、阴囊和后肢出现皮肤不完全角化症，还可出现脱毛、关节僵硬和踝关节肿大。羔羊缺锌表现为眼周围和蹄上部出现皮肤不完全角化症，有角羊角环消失，踝关节肿大。生长鸡缺锌表现出严重的皮炎，爪特别明显。

②过量的影响。过量的锌对铁、铜的吸收不利，可造成动物生长迟缓和贫血。

4)锰

动物体内含锰低，为0.2～0.3 mg/kg。骨、肝、肾、胰腺含量较高，为1～3 mg/kg，肌肉中含量较低，为0.1～0.2 mg/kg。

(1)营养生理功能。锰的主要营养生理作用是在碳水化合物、脂类、蛋白质和胆固醇代谢中作为酶活化因子或组成部分。锰参与骨骼基质中硫酸软骨素的生成并影响骨骼中磷酸酶的活性；锰可催化性激素的前体胆固醇的合成，与动物繁殖有关。此外，锰还与造血机能密切相关，并是维持大脑正常代谢功能必不可少的物质。

(2)缺乏症和过量的危害。

①缺乏症。动物缺锰可导致采食量下降、生产力和饲料利用率降低、骨异常、繁殖机能下降、神经受损和共济失调失常等。

骨异常是缺锰典型的表现。禽类缺锰产生滑腱症(或叫骨短粗症)和软骨营养障碍。

②过量的影响。锰过量可引起动物生长受阻、贫血和胃肠道损害，有时出现神经症状。

5)硒

(1)营养生理功能。硒最重要的营养生理作用是参与谷胱甘肽过氧化物酶组成，参与体内抗氧化作用，对体内氢或脂形成的过氧化物有较强的还原作用，保护细胞膜结构完整和功能正常。硒对动物的繁殖机能具有重要意义，硒对胰腺组成和功能有重要影响。硒有保证肠道脂肪酶活性，促进乳糜微粒正常形成，从而促进脂类及其脂溶性物质消化吸收的作用。硒还能促进淋巴细胞产生抗体，具有增强机体免疫力的作用。

(2)缺乏症和过量的危害。

①缺乏症。实际生产中缺硒具有明显地区性。一般是缺硒的土壤引起人畜缺硒。动物缺硒与维生素E不足的许多症状相似，其主要症状如下：

营养性肝坏死：多发生于猪、兔和鼠，仔猪在3～15周龄易发生，死亡率高。

白肌病：各种动物均可发生，多见于幼龄动物，尤以羔羊的发病率高。实际生产条件下可单独出现肝坏死，也可与肌肉营养不良或白肌病及桑葚心同时出现。牛、羊缺硒主要表现为肌肉营养不良或白肌病。

渗出性素质症和胰腺纤维变性：鸡缺硒主要表现为渗出性素质症，因体液渗出毛细管积于皮下引起的水肿，特别是腹部皮下可见蓝绿色体液积蓄，患病鸡生长慢，死亡率高。胰腺纤维变性是严重缺硒引起胰腺萎缩的病理表现，1周龄小鸡最易出现，患此病的鸡胰腺分泌的消化液明显减少。

硒缺乏明显影响繁殖性能。母猪产仔数减少，种鸡产蛋下降，母羊不育，母牛产后胎衣不下。生长缓慢或停滞，生产性能严重下降。

②过量的影响。动物摄入过量硒后引起的硒中毒分急性和慢性两类。硒的毒性较强，各种动物若长期摄入5～10 mg/kg硒可产生慢性中毒，其表现是消瘦、贫血、关节强直、脱蹄、脱毛和影响繁殖等。一次摄入500～1 000 mg/kg硒可出现急性或亚急性中毒，轻者瞎眼、蹒跚，重者死亡。急性中毒时，动物呼出气体带有蒜味。

**6)碘**

动物体内碘70%～80%存在于甲状腺内，是单个微量元素在单一组织器官中浓度最高的元素。血中碘以甲状腺素形式存在，主要与蛋白质结合，少量游离存在于血浆中。

(1)营养生理功能。碘最主要的功能是作为甲状腺素成分，参与调节体内物质代谢和能量代谢，对繁殖、生长、发育、红细胞生成和血液循环等起调控作用。

(2)缺乏症和过量的危害。

①缺乏症。碘缺乏症多见于幼龄动物，其表现为：生长缓慢，骨架小，出现"侏儒症"。初生犊牛和羔羊表现为甲状腺肿大，初生仔猪缺碘表现无毛、皮厚与颈粗。妊娠动物缺碘，可使胎儿发育受阻，产生弱胎、死胎，或新生胎儿无毛、体弱、成活率低。母牛缺碘发情无规律，甚至不孕。雄性动物缺碘，精液品质下降，影响繁殖。甲状腺肿大是缺碘地区人畜共遇的一种常见病。

②过量的影响。超过耐受量可造成猪血红蛋白水平下降，鸡产蛋量下降，奶牛产奶量降低等不良影响。

**7)钴**

体内钴分布比较均匀，各种动物不存在组织器官集中分布的情况。

(1)营养生理功能。体内钴的营养代谢作用，实质上是维生素$B_{12}$的代谢作用。反刍动物体内丙酸生糖过程需要的催化酶必须有维生素$B_{12}$参加才有活力。维生素$B_{12}$也是某些氮代谢的重要因素。

(2)缺乏症和过量的危害。

①缺乏症。反刍动物缺钴表现为食欲差、生长慢或失重、严重消瘦、异食癖和极度贫血死亡。亚临床缺钴，一般表现为生长不良、产奶量下降、初生幼畜体弱和成活率低等。

②过量的影响。动物具有把食入钴迅速排出的能力，因而各种动物对钴的耐受力都比较强。非反刍动物主要表现是红细胞增多；反刍动物主要表现是肝钴含量增高，采食量和体重下降，消瘦和贫血。

### 1.7.4 影响矿物质吸收利用的因素

必需矿物质元素必须由外界供给。动物体内的矿物质元素主要来源于饮水和饲料。动物对于矿物质的定量需求，较蛋白质、脂肪、维生素等有机营养成分更难确定，这是因为有许多因素可以影响矿物质的吸收和利用。

**1)动物自身的因素**

不同动物由于消化道及生理因素的差异，对矿物质吸收利用不同。如国内外大量研究证明，高铜对猪具显著的促生长作用，而对鸡则无影响，甚至是负影响。不同动物存在差异，同一种类动物不同生长阶段、有无疾病以及是否处于应激状态等不同生理状态时对矿物质的吸收利用也不同。如幼龄动物较成年动物对铜的吸收利用高。当鱼类处于应激状态时，矿物质需要量增加，吸收率也增加。

2)矿物质的化学结合形态

各种矿物质元素在自然界大多以化合态存在,一般说,凡是能在肠道内呈溶解状态时消化吸收率就高,有机化合物要比无机化合物易吸收利用。许多化学反应使得矿物质元素不溶而不能被吸收。试验已证明,氧化锌不及硫酸锌,而硫酸锌又不及氨基酸锌。无机三价铬吸收率极低,只有0.4%~3%,且其吸收率与日粮摄入量呈反比,而螯合铬则易被吸收并且有较大的生物学活性,常见矿物元素不同化合形态的生物利用率如表1.16所示。

表1.16　常见矿物质元素不同化合形态的生物利用率(%)

| 来　源 | 生物学利用率 | 来　源 | 生物学利用率 |
|---|---|---|---|
| 五水硫酸铜 | 100 | 碘酸钙 | 100 |
| 氯化铜 | 100 | 碘化钾 | 100 |
| 氧化铜 | 0~10 | 硫酸锰 | 100 |
| 硫酸亚铁 | 100 | 氧化锰 | 70 |
| 碳酸亚铁 | 15~80 | 二氧化锰 | 35~95 |
| 三氧化二铁 | 0 | 碳酸锰 | 30~100 |
| 亚硒酸钠 | 100 | 硫酸锌 | 100 |
| 硒酸钠 | 100 | 氧化锌 | 50~80 |

3)矿物质元素间相互拮抗

(1)矿物质元素间发生简单的化学反应而影响彼此利用。不同元素的化合物在肠道内或血液内会发生一些简单的中和反应、沉淀反应、络合反应等,从而影响元素的利用。在瘤胃内硫化物可以与钼、铜结合生成难以溶解的铜、钼酸盐复合物,从而降低铜的利用率。又如磷酸离子与镁相遇会形成磷酸镁;钙离子与锌离子可以与蛋白结合形成钙锌蛋白复合物,这些非溶性盐均不利于金属离子的吸收利用。同时,这些非溶性盐本身又是一种胶体,它们很易吸附其他金属离子而影响其他元素的吸收和利用。如锰离子、铁离子均可吸附不溶性的镁盐和铝盐,在血液中,铜与钼可与蛋白分子结合形成复合物,使血铜升高,从而使组织铜下降。

(2)矿物质元素间因竞争载体而相互拮抗。有的离子在通过肠壁时,具有相同的转运通道,从而会发生竞争载体物质的现象,如Cr与Zn,Fe,Co与Fe,Zn与Fe,Cu与Zn,当一方过量就会抑制另一方的转运吸收,另外血液中的一些载体物质可与多种元素发生键合作用,从而引起参与同一载体物质键合反应的元素间产生拮抗作用。

(3)矿物质元素间因竞争影响酶活性而相互拮抗。动物体内的许多酶的活性与金属离子有密切关系,金属离子的变化往往会使酶的功能发生改变,有时会发生相反的变化。酶可与不同离子相结合,使不同元素离子间很易出现相互竞争拮抗。如在磷酸酶、胆碱酯酶、烯醇酶等复合物中就存在$Mg^{2+}$与$Zn^{2+}$的竞争。

因此,矿物质元素之间的拮抗作用是一种极为复杂的过程。然而,当日粮中元素间比例变化很大时,就可能使代谢水平偏移到一定程度,元素间拮抗与协调的均衡机制将被打破,从而出现某一元素的严重缺乏或某一元素的严重超量,并在临床上表现为缺乏症或中毒症。人们在生产或试验中发现的元素间拮抗关系如表1.17所示。

表 1.17 常见矿物质元素的拮抗关系

| 过量元素 | 被拮抗元素 | 过量元素 | 被拮抗元素 |
|---|---|---|---|
| Ca | Zn,Cu,Mn,I,Pb,Gd | Mn | Cu,Fe,F |
| P | Mn,Fe | Cu | Fe,Mo,F |
| S | Mn,Mo | F | Ca,P,Se,Cu,Zn,I |
| Fe | Cu,Se,Co,P,Zn,Gr,Mn | Gd | Cu,Zn |
| Zn | Cu,Fe,Ca,F,Cr | Hg | Cu,Zn |
| Mg | Fe,Mn | Al | Ca,P |
| Co | Cu,Fe | Mo | Cu,F |
| Se | Cu,Fe,F | Sn | Cu,Se |
| Ni | Cu,Mn | Cr | Fe,Zn |

**4)日粮中各种营养素的影响**

(1)脂类与碳水化合物。脂肪酸可与钙离子结合形成不溶性复合物而影响钙吸收,乳糖则可加剧鸡的钒中毒。纤维素不仅可降低与其牢固结合的微量元素的利用性,而且还会螯合饲料中的其他微量元素。纤维素最易结合的是二价阳离子如 $Cu^{2+}$,$Zn^{2+}$,$Mn^{2+}$ 等,各种饼粕饲料中 Ca,Mn,Mg,P,Zn,Fe 的利用率与纤维含量呈显著负相关。

(2)维生素。在动物营养中,硒与 $V_E$ 的相互关系对各自的营养作用具有重大影响。具有还原性的 $V_C$ 可促进动物消化道对铁的吸收,当日粮中铜或钒过量时,补饲 $V_C$ 能缓解铜、钒过量所引起的不良影响。采用玉米—豆饼型日粮时,因锰不能满足雏鸡生长需要,烟酸不易被利用,使雏鸡易患滑腱病症,此时,补充锰与烟酸要比只补锰效果好。缺乏 $V_D$ 时,即使钙磷充足,也不能在骨骼中很好地沉积。

**5)饲料中抗营养因子对矿物质元素的影响**

(1)植酸。植酸以禾本科类及豆科类籽实的含量最为丰富,是饲料中有机磷的主要形式,约占 50%。植酸磷必须经过水解才能被利用,除反刍动物可利用 90% 以外,其他动物的利用率均较低,雏鸡约为 10% ~20%,猪约为 25% ~40%。植酸还是一种强络合剂,可与 $Ca^{2+}$,$Zn^{2+}$,$Cu^{2+}$,$Mg^{2+}$,$Fe^{2+}$ 等生成稳定的络合物,其中的矿物元素几乎不能被动物利用。

(2)单宁。单宁又称鞣酸,高粱等栎属植物中的单宁有较强极性,可和金属离子等结合形成沉淀物,从而影响矿物元素利用,它还可与胃肠道黏膜蛋白结合,在肠表面形成不溶性复合物,从而干扰某些矿物元素的吸收。

(3)棉酚与硫葡萄糖苷。棉酚可与多种矿物元素发生螯合作用,从而不利于矿物元素的吸收,它与血红蛋白中的铁结合,会导致缺铁性贫血和维生素 A 缺乏症。硫葡萄糖苷分解产生的硫氰离子能与碘离子竞争结合甲状腺,从而抑制甲状腺滤泡浓集碘的能力。

**6)其他影响**

如饲料的不同加工工艺、粒度、水质状况都会影响到矿物质的利用率。

## 1.8 水及营养

水对动物来说是十分重要的必需营养物质,生命的所有过程都需要水的参与,如营养物质的消化吸收，体内物质的转运，废弃物通过粪、尿和汗的排出，向外散发热量，维持机体的体液和离子平衡以及为胚胎发育提供体液环境等。大多数动物对水的摄入量远比 3 大营养物质大，成年动物体成分的 1/2 ~ 2/3 由水组成，幼年动物体成分中水分高达 80%。动物绝食期间，几乎消耗体内全部脂肪、半数蛋白质或失去 40% 的体重时，仍能生存，但是，动物体水分丧失 10% 就会引起代谢紊乱，失水 20% 就会死亡。因此，充分认识水的重要性，保证动物水的供给和饮水卫生，对动物的健康和生产具有十分重要的意义。

### 1.8.1　水的营养生理功能

**1）水是动物机体的主要组成成分**

水是动物机体细胞的一种主要结构物质。动物体内的水大部分与亲水胶体相结合，成为结合水，直接参与活细胞和组织器官的构成。从而使各种组织器官有一定的形态、硬度及弹性，以利于完成各自的机能。因此水是动物生命绝对不可缺少的一种物质。

**2）水是动物体内重要的理想的溶剂**

以猪体内蛋白质代谢过程为例，简述如图 1.8 所示：

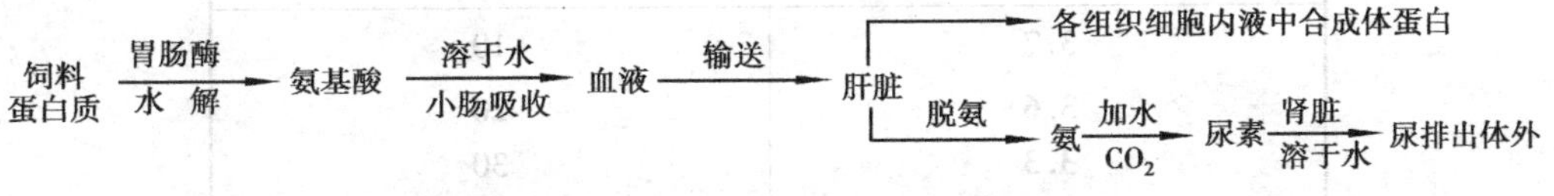


**图 1.8　水在猪体内蛋白质代谢中的作用**

体内各种营养物质的吸收、转运和代谢废物的排出必须溶于水后才能进行。

**3）水是一切化学反应的介质**

动物体内所有生化反应都是在水溶液中进行的，水也参与很多生物化学反应，如水解、水合、氧化、还原、有机化合物的合成和细胞的呼吸过程等。动物体内所有聚合和解聚合作用都伴有水的结合或释放。

**4）调节体温**

水的比热大、导热性好、蒸发热高，所以水能吸收动物体内产生的热能，并迅速传递热能和蒸发散失热能。动物可通过排汗和呼气，蒸发体内水分，排出多余体热，以维持体温的恒定。水的蒸发散热对具有汗腺的动物更为重要。猪脂肪层厚，汗腺不发达，但它可通过人为冲凉或在水中打滚，借助沾在体表水分的蒸发来散失多余的体热。当环境温度由 10 ℃上升到 40 ℃时，家禽总的蒸发水分量显著增加，主要是通过呼吸蒸发水分散热。

**5）润滑作用**

动物体关节囊内、体腔内和各器官间的组织液中的水，可以减少关节和器官间的摩擦力，起到润滑的作用。

此外，水对于神经系统如脑脊髓液的保护性缓冲作用也是非常重要的。

### 1.8.2　动物体内的水分代谢

**1）动物体内水的来源**

动物体内水的来源于 3 条途径：饮水、从饲料中获得的水和代谢水。

（1）饮水。饮水是动物水的主要来源。动物饮水的多少与动物的种类、生理状态、生产水平、饲料或饲粮的构成成分、环境温度等有关。在环境温度不至于引起热应激的前提下,饮水量随采食量的增加而呈直线上升。多数动物在采食过程中或稍后都要饮水。在热应激时,饮水量大幅度增加。

(2)饲料水。饲料水是动物获取水的另一重要来源。动物采食不同性质的饲料,获取水分的多少各异。青绿饲料和青贮饲料的含水量为70%~90%,风干饲料一般含水10%~12%,如表1.18所示。动物采食饲料中水分含量越多,饮水越少,如表1.19所示。

**表1.18 部分饲料中水分含量(%)**

| 饲 料 | 水 分 | 饲 料 | 水 分 |
|---|---|---|---|
| 鲜酒糟 | 64~75 | 籽实饲料 | 12~15 |
| 青绿饲料 | 75~85 | 干粗料 | 5~12 |
| 青饲料 | 80 | 配合饲料 | 10~15 |

**表1.19 饲草水分含量与绵羊饮水之间的关系**

| 水的摄入量/L(kg·DM)$^{-1}$ | 饲草含水量/% |
|---|---|
| 3.7 | 10 |
| 3.6 | 20 |
| 3.3 | 30 |
| 3.1 | 40 |
| 2.9 | 50 |
| 2.3 | 60 |
| 2.0 | 65 |
| 1.5 | 70 |
| 0.9 | 75 |

引自Pond等,1995。

(3)代谢水。代谢水是动物体细胞内有机物质氧化分解或合成过程中所产生的水,又称氧化水。1 kg脂肪、碳水化合物和蛋白质在体内降解分别产生1 190 g、560 g和450 g水(NRC,1981)。营养物质在体内合成同样能形成代谢水,如葡萄糖合成糖原时,每1分子葡萄糖可生成1分子水;甘油和脂肪酸合成1个分子脂肪时,可产生3个分子水。n个分子氨基酸合成蛋白质时,产生1个分子水。代谢水只能满足动物需水量的5%~10%。不同性质饲料的代谢水,如表1.20所示。

**表1.20 不同饲料的代谢水**

| 种 类 | 水 分 | 粗蛋白质 | 粗脂肪 | 糖 | 代谢水 |
|---|---|---|---|---|---|
| 谷 类 | 13.0 | 10 | 3 | 69 | 49 |
| 薯 芋 | 73.6 | 3 | 0.1 | 22 | 15 |
| 豆 类 | 12.5 | 25 | 11 | 44 | 49 |
| 叶菜类 | 93.0 | 2 | 0.3 | 3 | 3 |

引自许振英,1987。

**2)动物体内水的流失**

动物不断从饮水、饲料和代谢过程中获取水分,经复杂的代谢过程后,通过粪、尿的排泄,肺和皮肤的蒸发,以及离体产品等途径排出体外,保持动物体内水的平衡。

(1)通过粪和尿排泄。肾是调节水平衡的最重要器官,一般动物随尿排出的水占总排出水量的50%左右。

以粪便形式排出的水量,主要与动物种类和日粮的性质有关。牛、马等动物排粪量大,粪中含水量又高,从粪中排出的水量越多。绵羊、狗、猫等动物的粪较干,由粪便排出的水较少。

(2)通过皮肤和肺脏蒸发。由皮肤表面失水的方式有两种:一是血管和皮肤的体液中的水分可简单地扩散到皮肤表面而蒸发。二是通过排汗失水,皮肤出汗和散发体热与调节体温密切相关。具有汗腺的动物处在高温时,一般的体热散失方式已不能满足需要,则汗腺活动经出汗排出大量水分,如马的汗液中含水量约为94%,排汗量随气温上升及肌肉活动量的增强而增加。

多数种类家畜汗腺机能不发达或缺乏汗腺,体内水分的蒸发以水蒸气形式经肺部排出。在一些动物中,通过呼吸水分的损失是体温调节中散热的主要方式,猪更多的是通过呼吸散热而不是通过皮肤来散热。无汗腺的母鸡,通过皮肤的扩散作用失水和肺呼出水蒸气的排水量占总排水量的17%~35%。

(3)经动物产品排泄。机体除通过以上方式失水外,泌乳动物和产蛋家禽还通过产品(乳或蛋)排出水分,牛乳平均含水高达87%,禽蛋含水70%。奶牛每形成1 kg乳,约需水4~5 kg,家禽每产1 kg蛋失水0.7 kg。实践证明,泌乳动物和产蛋家禽若缺水,会严重影响泌乳量或产蛋率。

**3)动物体内水的平衡及调节**

动物体内的水分布于全身各组织器官和体液中,细胞内液约占2/3,细胞外液约占1/3,细胞内液和细胞外液的水不断地进行交换,保持体液的动态平衡。动物摄入的水与排出的水也保持一定的动态平衡。

动物对水的摄入由渴觉调节。机体失水引起细胞外液渗透压升高,刺激下丘脑视前区的渗透压感受区而产生渴觉,同时也可以由传入神经直接传入中枢而引起,进而增加饮水。动物体内水足够,渗透压正常时,动物没有渴感而不饮水。

动物对水的排出主要靠肾脏通过排尿量调节。肾脏排尿量又受脑垂体后叶分泌的抗利尿素(加压素)控制,动物失水过多,血浆渗透压上升,刺激下丘脑渗透压感受器,反射性增强加压素的分泌。加压素促使水分在肾小管与收集管内的重吸收,使尿液浓缩,尿量减少,从而减少水由尿损失。相反,动物大量饮水后,血浆渗透压下降,加压素分泌减少,水分重吸收减弱,尿量增加。此外,肾上腺皮质分泌的醛固酮激素在促进肾小管对 $Na^+$ 重吸收的同时,也增加对水的重吸收。

总之,动物体内水的调节是一个综合生理过程,由调节水代谢的上述机制,共同维持体内水量,使其保持正常水平。

### 1.8.3　动物缺水的危害

动物体内水分损失是连续的,为了维持正常生理功能,不得不通过饮水来弥补。动物短期缺水,生产力下降,幼龄动物生长受阻,肥育家畜增重缓慢,泌乳母畜产奶量急剧下降,母鸡产蛋量迅速减少，蛋重减轻，蛋壳变薄。

动物长期饮水不足，会损害健康。动物体内水分减少1%～2%时，开始有口渴感，食欲减退，尿量减少；水分减少8%时，出现严重口渴感，食欲丧失，消化机能减弱，并因黏膜干燥降低了对疾病的抵抗力和机体免疫力。

严重缺水会危及动物的生命。长期水饥饿的动物，各组织器官缺水，血液浓稠，营养物质的代谢发生障碍，但组织中的脂肪和蛋白质分解加强，体温升高，常因组织内积蓄有毒的代谢产物而死亡。实际上，动物得不到水分比得不到饲料更难维持生命，尤其是高温季节。因此，必须保证供水。

### 1.8.4 影响动物需水量的因素及安全合理供水

**1）动物的需水量**

动物需水量受很多因素的影响，很难估计出动物确切的需水量。正常情况下动物需水量与采食的干物质量呈比例关系，一般每千克干物质需饮水2～5 kg。因此，生产实践中的动物需水量（不包括代谢水）常以采食饲料干物质量来估计。每采食1 kg饲料干物质，牛和绵羊约需水3～4 kg，猪、马和家禽约需2～3 kg。初生动物单位体重的需水量比成年动物高，泌乳、激烈运动和紧张的动物其需水量增加，猪在高温环境里需水量可增至4～4.5 kg。

**2）影响动物需水量的因素**

（1）动物种类。不同种类的动物，对蛋白质代谢的终产物不同，机体水分流失和对水的需要量明显不同。猪、牛、羊、马等哺乳动物，蛋白质代谢的终产物主要为尿素，这些物质在体内大量停留，对动物有一定的毒害作用，需要大量的水分稀释，并使其排出体外。牛羊等反刍动物需要大量水分维持瘤胃微生物的正常代谢，比猪的需水量更大。禽类体蛋白质代谢的终产物主要是尿酸，经尿中排出的水较少，因此，禽类需水量较小。

（2）年龄。幼龄动物比成年动物需水量大。因为幼年动物体内含水量大于成年动物。一般为70%～80%，幼龄动物又正处于生长发育时期，代谢旺盛，需水量多。幼龄动物每千克体重的需水量约比成年畜高1倍以上，有试验表明，设法增加仔猪，特别是断奶仔猪饮水量，可提高成活率和日增重。

（3）生理状态。妊娠肉牛需水量比空怀肉牛高50%；泌乳期奶牛，每天需水量为体重的1/7～1/6，而干奶期奶牛每天需水量仅为体重的1/14～1/13；产蛋母鸡比休产母鸡需水量多50%～70%。

（4）生产性能。生产性能是决定需水量的重要因素。高产奶牛、高产母鸡和重役马需水量比同类的低产动物多。例如，日泌乳10 kg的奶牛，日需水量为45～50 kg，日泌乳40 kg的高产奶牛，日需水量高达100～110 kg。

（5）饲料性质。饲喂含粗蛋白质、粗纤维及矿物质高的饲料时，需水量多，饲喂青饲料时，需水量少。

（6）气温条件。高温是造成需水量增加的主要因素，一般当气温高于30 ℃，动物饮水量明显增加；低于10 ℃时，需水量明显减少。

**3）安全合理供水**

（1）水质。水的品质直接影响动物的饮水量、饲料消耗、健康和生产水平。评价人和家畜饮用水的品质时，通常会考虑5个指标：气味特性、理化特性、（pH、总可溶性固体物TDS、总溶解氧和硬度)、有毒物质(重金属、有毒金属、有机磷和碳氢化合物)存在与否、矿物质或化合物(硝酸盐、钠、硫和铁)是否过量以及细菌存在与否。一般以水中总可溶性固体物(TDS),即各种溶解盐类含量指标来评价水的品质。此外,还应考虑各种金属离子的具体含量,特别是水中硝酸盐和亚硝酸盐的含量对动物毒害很大。家畜饮水品质的推荐标准,饮水 pH 值以5 ~ 8 为宜,如表 1.21 所示。

**表 1.21 家畜饮用水质量标准(mg/L)**

| 指 标 | 推荐的最大值 | |
|---|---|---|
| | TFWQG(1987)* | NRC(1974) |
| 常量离子 | | |
| 钙 | 1 000 | — |
| 硝酸盐-氮及亚硝酸盐-氮 | 100 | 440 |
| 硝酸盐-氮 | 10 | 33 |
| 硫酸盐 | 1 000 | — |
| 重金属离子及微量元素离子 | | |
| 铝 | 5.0 | — |
| 砷 | 0.5 | 0.2 |
| 铍 | 0.1 | — |
| 硼 | 5.0 | — |
| 镉 | 0.02 | 0.05 |
| 铬 | 1.0 | 1.0 |
| 钴 | 1.0 | 1.0 |
| 铜 | 5.0 | 0.5 |
| 氯化物 | 2.0 | 2.0 |
| 铅 | 0.1 | 0.1 |
| 汞 | 0.003 | 0.01 |
| 钼 | 0.5 | — |
| 镍 | 1.0 | 1.0 |
| 硒 | 0.05 | — |
| 铀 | 0.2 | — |
| 钒 | 0.1 | 0.1 |
| 锌 | 50.0 | 25.0 |

注:①引自 NRC,1998。

②TFWQG,Task Force on Waster Quality Guidelines,水质监控专家组。

(2)安全合理供水措施。有条件应采用自动饮水的办法,使动物需要水的时候,即能随时饮到清洁的水。如果没有自动饮水设备时,应注意:

①饮水的次数基本上与饲喂次数相同,并做到先饲喂后饮水。

②动物在放牧出圈舍前,要给以充足的饮水,以防止出圈饮脏水、粪尿水或冬天吃冰雪。否则,易引起胃肠炎或母畜流产。

③饲喂易发酵饲料,如豆类、苜蓿草等时,应在饲喂完1~2 h后饮水,以避免造成膨胀,引起疝痛。

④使役家畜,尤其使重役后,切忌马上饮冷水,以防感冒和蹄部风湿炎症,应休息30 min后慢慢饮用。

⑤初生一周内的动物最好饮12~15 ℃的温水。

为了保证正常消化代谢和动物健康,一般要求将饮水量控制在适宜范围内,如对肥育猪要求水料比为1.5:1~3.0:1。如果日粮平衡性差,如矿物质(特别是食盐)过高、饲料含难消化饲料及毒素、日粮粗蛋白质含量高或氨基酸不平衡等,均会增加禽类饮水量,形成稀粪,给生产和管理带来诸多不便。这一点在高温季节尤为突出,应引起足够重视。

## 本章小结

本章内容是本课程最基础的知识,主要讲述了饲料由粗蛋白质、碳水化合物、粗脂肪、矿物质、维生素及水等6大营养物质组成;不同动物对饲料中粗蛋白质、碳水化合物、粗脂肪的消化利用特点;蛋白质、碳水化合物、脂肪、矿物质、维生素及水的营养生理功能和缺乏症,以及提高各种营养物质及非蛋白氮利用率的技术措施。

动物的生长、繁殖、生产,都必须从饲料中获得蛋白质、碳水化合物、脂肪、矿物质、维生素及水等营养物质。动物对各种营养物质既有种类和数量的要求,也有质的要求。营养供给不足或过量,对动物都会造成不良影响。因此,必须合理供给动物营养,才能发挥出动物最大的生产潜力。

## 复习思考题

1. 名词解释:必需氨基酸、理想蛋白、非蛋白氮、脂肪额外能量效应、消化能、热增耗、维生素、常量元素、微量元素、佝偻病、骨质疏松症、产乳热、草痉挛、滑腱症、白肌病、渗出性素质症。

2. 生产实践中,如何提高猪、鸡对饲粮蛋白质的转化率?

3. 试述粗纤维在动物生产中的利用。

4. 简述动物主要的必需矿物质元素的生理作用及其缺乏症。

5. 综合分析异嗜癖、佝偻症与软骨症、仔猪贫血症发生的原因,并结合现场实际提出解决办法。

6. 简述提高饲料能量利用率的原理与措施。

7. 如何能保证得到优质的动物产品脂肪？

8. 动物的需水量受哪些因素的影响？生产中如何做到科学供给？

9. 各种维生素缺乏的典型症状。

# 实训

## 动物营养缺乏症的观察

1. 目的要求

通过实习，使学生了解动物因日粮中营养物质的缺乏所出现的临床症状，从而掌握各种营养物质在动物生命和生产过程中的重要作用。

2. 实习材料

(1) 动物营养缺乏症幻灯片、教学录像片及相应的幻灯机一台和电脑设备。

(2) 动物营养缺乏症状典型的动物。

3. 实习方法

(1) 实习前，系统讲解动物营养缺乏的典型临床症状。

(2) 观看动物营养缺乏症幻灯片、教学录像片。

(3) 指导学生观察动物营养缺乏症的典型临床症状。

(4) 结合动物营养缺乏症幻灯片、教学录像片和营养缺乏症状典型的动物，组织学生讨论、分析，老师讲解，加深学生对动物营养缺乏症的理解和掌握。

4. 作业

分析佝偻病、骨质疏松症、母畜产后瘫痪、多发性神经炎、卷爪麻痹症、贫血病、白肌病的发病原因，并提出切实可行的预防和治疗措施。

# 案例分析

[案例]　某种鸡场于1995年4月引进依萨褐蛋用父母代种雏1 600只，饲养至6周龄时，发生了临床表现为减食、羽毛蓬乱、两翅下垂、行走时步态不稳、站立时全身发抖、平时两腿屈曲、以飞节着地、呈蹲伏状、跗关节肿大、脚趾麻痹卷曲、角弓反张呈“观星状”，剖解病变为胸骨呈“S”状弯曲、肋骨与脊骨连接处呈串珠状白色小结节、肋软骨和跗关节增生肿大为特征的疾病。用多种抗菌、抗病毒药物治疗均无效。

[分析]　根据临床症状和剖解变化及饲养管理分析，这是一起典型的以维生素D和维生素$B_1$，$B_2$缺乏症为特征的多种维生素缺乏综合征。

(1) 雏鸡脚趾麻痹卷曲，是维生素$B_2$缺乏。

(2)角弓反张呈“观星状”，是维生素 $B_1$ 缺乏。

(3)行走时步态不稳、站立时全身发抖、平时两腿屈曲、以飞节着地、呈蹲伏状、跗关节肿大，剖解病变为胸骨呈“S”状弯曲、肋骨与脊骨连接处呈串珠状白色小结节、肋软骨和跗关节增生肿大，是维生素 D 缺乏。

该群雏鸡使用的饲料是该场技术员按饲养标准设计配方、由饲料加工厂生产的配合饲料，并在配合饲料中按要求添加了复合维生素。从理论上讲，配合饲料中不缺乏维生素。但该批雏鸡饲用这种配合饲料，为什么会出现维生素缺乏症呢？经了解得知，该批雏鸡用的配合饲料已生产 14 天(生产一批饲料一般使用 15 天左右，有时长达 20 天)，所剩饲料发热、结块；复合维生素是在配合饲料生产过程中添加进去的；粉状配合饲料用麻袋装存，堆放于闲置的种鸡舍一角；同时，饲养密度大、舍内光线弱、空气质量差。配合饲料中添加的复合维生素在饲料储存过程中，由于受到下列不利因素的影响而遭到破坏或变质，从而失去生理作用。

第一，配合饲料在长时间贮存过程中自身氧化，使饲料发热，维生素因受热而分解失效。维生素即使在低温、干燥环境条件下保存，每月自然损失率达 5%～10%，在 37 ℃时损失达 20%。维生素在发热的饲料中，损失的比例就更大。

第二，5 月份阴雨天气多，空气湿度大，加之该群雏鸡饲料又是用透气的麻袋装，饲料中的维生素吸收空气中的水分而潮解失效。

第三，该群雏鸡使用的配合饲料，存放于闲置的种鸡舍内，光线充足，加之每次取喂后没有采取避光措施，致使大部分饲料长时间遇光。添加其中的维生素遇光分解、降解而失效。

# 第2章 饲料原料

**本章导读**:饲料是动物赖以生存和生产畜产品的物质基础。同样,发展饲料工业也离不开对饲料原料进行深入的研究。因此,本章从饲料原料的概念与分类入手,按照科学性、先进性和实用性原则对各类饲料的养分含量、营养特性、调制技术、使用方法及在使用过程中的注意事项等内容进行了论述。并介绍了饲料与畜产品质量的关系,以及对人体健康和环境的影响等内容。

## 2.1 饲料原料的概念与分类

### 2.1.1 饲料原料的概念

饲料是畜牧业的物质基础,动物产品如肉、蛋、奶、皮、毛以及役用动物的劳役等,均为动物所采食的饲料中的养分经体内转化而产生的。因此,在合理饲喂条件下能对动物提供营养物质、调控生理机能、改善动物产品品质,且不发生有毒、有害作用的一切物质都可以作为饲料原料。因此,认真研究每一种饲料原料的特点、特性对我们充分而合理地利用现有的饲料原料,以及开发新的饲料资源都是非常有必要的。

### 2.1.2 饲料原料的分类

由于饲料种类繁多,分布甚广,各种饲料的营养特点与利用价值各异。科学分类,就是为了利用各种饲料的营养特点,以便区别记忆,科学配合日粮,达到合理经济利用饲料之目的。目前,世界各国饲料分类方法多种多样。1963 年由美国学者 L. E. Harris 提出的饲料分类原则和编码体系,已为多数国家承认并接受,并逐步发展成为当今饲料分类编码体系的基本模式被称为国际饲料分类法。我国 20 世纪 80 年代初在研究员张子仪的主持下,依据国际饲料分类原则与我国传统分类体系相结合,提出了我国的饲料分类法和编码体系。

**1)国际饲料分类法**

国际饲料分类原则是根据饲料的营养特性将饲料分为 8 类,分别是粗饲料、青绿饲料、青贮饲料、能量饲料、蛋白质补充料、矿物质饲料、维生素饲料、饲料添加剂,并对每类饲料冠以 6

位数的国际饲料编码，首位数代表饲料归属的类别，后5位数则按饲料的重要属性给定编码。编码分3节，表示为▲—▲▲—▲▲▲。例如，粗饲料是指饲料干物质中粗纤维含量大于或等于18%，以风干物为饲喂形式的饲料，如干草类、农作物秸秆等，则粗饲料的国际编码(▲—▲▲—▲▲▲)用具体的数字表示为1—00—000。详细情况如表2.1所示。

**表2.1　国际饲料分类依据原则**

| 饲料类别 | 饲料编码 | 划分饲料类别依据 | | |
|---|---|---|---|---|
| | | 水　分<br>(自然含水)/% | 粗纤维<br>(干物质)/% | 粗蛋白质<br>(干物质)/% |
| 粗饲料 | 1—00—000 | <45 | ≥18 | |
| 青绿饲料 | 2—00—000 | ≥45 | — | |
| 青贮饲料 | 3—00—000 | ≥45 | — | |
| 能量饲料 | 4—00—000 | <45 | <18 | <20 |
| 蛋白质补充料 | 5—00—000 | <45 | <18 | ≥20 |
| 矿物质饲料 | 6—00—000 | — | — | |
| 维生素饲料 | 7—00—000 | — | — | |
| 饲料添加剂 | 8—00—000 | — | — | |

**2)我国的饲料分类法和编码系统**

我国现行饲料分类也将所有饲料分为8大类，然后结合中国传统饲料分类习惯划分为16亚类，两者结合，迄今可能出现的类别有37类，对每类饲料冠以相应的中国饲料编码，共7位数，首位为国际饲料编码，第2位和第3位为中国饲料编码亚类编号，第4至7位为顺序号。编码分3节，表示为▲—▲▲—▲▲▲▲。详情如表2.2所示。

**表2.2　中国现行饲料分类依据原则**

| 饲料类别 | 饲料编码<br>(1,2,3位编码) | 水　分<br>(自然含水)/% | 粗纤维<br>(干物质)/% | 粗蛋白质<br>(干物质)/% |
|---|---|---|---|---|
| 一、青绿饲料 | 2—01—0000 | >45 | — | — |
| 二、树叶 | | | | |
| 1. 鲜树叶 | 2—02—0000 | >45 | — | — |
| 2. 风干树叶 | 1—02—0000 | — | ≥18 | — |
| 三、青贮饲料 | | | | |
| 1. 常规青贮饲料 | 3—03—0000 | 65~75 | — | — |
| 2. 半干青贮饲料 | 3—03—0000 | 45~55 | — | — |
| 3. 谷实青贮料 | 4—03—0000 | 28~35 | <18 | <20 |
| 四、块根、块茎、瓜果 | | | | |
| 1. 含天然水分的块根、块茎、瓜果 | 2—04—0000 | ≥45 | — | — |
| 2. 脱水块根、块茎、瓜果 | 4—04—0000 | — | <18 | <20 |
| 五、干草 | | | | |
| 1. 第一类干草 | 1—05—0000 | <15 | ≥18 | — |
| 2. 第二类干草 | 4—05—0000 | <15 | <18 | <20 |
| 3. 第三类干草 | 5—05—0000 | <15 | <18 | ≥20 |
| 六、农副产品 | | | | |
| 1. 第一类农副产品 | 1—06—0000 | — | ≥18 | — |
| 2. 第二类农副产品 | 4—06—0000 | — | <18 | <20 |

续表

| 饲 料 类 别 | 饮料编码<br>(1,2,3位编码) | 水 分<br>(自然含水)/% | 粗纤维<br>(干物质)/% | 粗蛋白质<br>(干物质)/% |
|---|---|---|---|---|
| 3. 第三类农副产品 | 5—06—0000 | — | <18 | ≥20 |
| 七、谷实 | 4—07—0000 | — | <18 | <20 |
| 八、糠麸 | | | | |
| 1. 第一类糠麸 | 4—08—0000 | — | <18 | <20 |
| 2. 第二类糠麸 | 1—08—0000 | — | ≥18 | — |
| 九、豆类 | | | | |
| 1. 第一类豆类 | 5—09—0000 | — | <18 | ≥20 |
| 2. 第二类豆类 | 4—09—0000 | — | <18 | <20 |
| 十、饼粕 | | | | |
| 1. 第一类饼粕 | 5—10—0000 | — | <18 | ≥20 |
| 2. 第二类饼粕 | 1—10—0000 | — | ≥18 | ≥20 |
| 3. 第三类饼粕 | 4—08—0000 | — | <18 | <20 |
| 十一、糟渣 | | | | |
| 1. 第一类糟渣 | 1—11—0000 | — | ≥18 | — |
| 2. 第二类糟渣 | 4—11—0000 | — | <18 | <20 |
| 3. 第三类糟渣 | 5—11—0000 | — | <18 | >20 |
| 十二、草籽、树实 | | | | |
| 1. 第一类草籽、树实 | 1—12—0000 | — | ≥18 | — |
| 2. 第二类草籽、树实 | 4—12—0000 | — | <18 | <20 |
| 3. 第三类草籽、树实 | 5—12—0000 | — | <18 | ≥20 |
| 十三、动物性饲料 | | | | |
| 1. 第一类动物性饲料 | 5—13—0000 | — | — | ≥20 |
| 2. 第二类动物性饲料 | 4—13—0000 | — | — | <20 |
| 3. 第三类动物性饲料 | 6—13—0000 | — | — | <20 |
| 十四、矿物质饲料 | 6—14—0000 | — | — | — |
| 十五、维生素饲料 | 7—15—0000 | — | — | — |
| 十六、饲料添加剂 | 8—16—0000 | — | — | — |
| 十七、油脂类饲料及其他 | 4—17—0000 | — | — | — |

## 2.2　粗饲料

### 2.2.1　粗饲料的概念

粗饲料是指自然状态下水分在45%以下、饲料干物质中粗纤维含量在18%及其以上的一类饲料。本类饲料的营养特点是体积大,可利用养分少,质地较粗硬,适口性差,难消化;粗纤维含量高,可消化养分含量较低,有机物消化率在70%以下,尤其是收割较迟的劣质干草和秸秆秕壳类。本类饲料主要包括:干草类(1—05—000);农副产品类(壳、荚、秸、秧、藤),中国饲料编码为(1—06—0000);树叶类(1—02—0000),糟渣类(1—11—0000);树叶类(1—02—0000)及某些草籽树实类(1—12—0000)等。

粗饲料来源广,数量大,尤其是广大农区的农作物秸秆秕壳等是粗饲料的主要来源,其总量是粮食产量的1~4倍。据不完全统计,我国每年生产此类粗饲料5~7亿t。同时,野生的禾本科草本植物的数量更大。在这些人类无法直接食用的生物总量中,却蕴藏着巨大的潜在能源和氮源。因此,若对其进行适当的加工处理并运用于畜牧生产,必将获得巨大的生产、生态、经济和社会效益。长期以来,如何开发利用这类饲料,是政府、专家学者和众多畜牧生产经营者都关注的问题。

### 2.2.2 粗饲料的种类及合理利用

**1)干草**

干草是指凡青草在未结籽实前刈割下来,经晒干(或其他办法干制)制成。由于干草是由青绿植物制成,在干制后仍然保留一定青绿颜色,故有人又称之为青干草。干制青饲料主要是为了保存青饲料的营养成分,便于随时取用,以代替青饲料。

(1)营养特点。

①干草粗蛋白含量变化较大,一般为7%~17%,个别豆科牧草可以高达20%以上。

②多数青干草消化能值在8~10 MJ/kg,少数优质干草消化能值可达到12.5 MJ/kg。

③干草中矿物元素及维生素含量丰富,一些豆科牧草中的钙含量超过1%,足以满足一般家畜需要,禾本科牧草中的钙也比谷类籽实高。维生素D含量可达到每千克16~150 mg,胡萝卜素含量每千克为5~40 mg。

④粗纤维含量约为20%~30%,有机物的消化率一般为46%~79%。

(2)影响干草营养价值的因素。一般而言,青干草的营养价值与原料的种类、生长阶段、调制方法及利用有关。就原料而言,豆科植物制成的干草的粗蛋白质含量高于禾本科干草,而消化能方面两者无显著差别;一般随植物的生长,植物体内蛋白质含量下降。粗纤维及木质素含量增加,因而营养价值降低;调制干草的方法有日晒和人工干燥两种,前者的营养损失多于后者。因此,在适宜生长期刈割牧草,并快速干燥是保证青干草营养价值的主要措施;此外,营养价值高低还与干草的利用有关,猪禽等单胃动物只宜利用高质量或粗纤维含量较低的某些干草,如紫花苜蓿、紫云英等,且需限量饲喂,粉碎拌以精饲料饲喂为宜。牛羊利用干草可不受限制,总之,劣质干草的营养价值不如藁杆,而优质干草营养价值接近小麦麸。

(3)干草的饲用技术。青干草虽是草食动物最基本、最主要的饲料,但生产实践中我们也应该注意饲喂方法,以充分发挥这类饲料的营养作用。

①注意避免采食过程中的浪费。最好将干草适当切短,高、低质量干草搭配饲喂,让牛羊随意采食较好。

②将干草与多汁饲料配合饲喂奶牛,可增加干物质和粗纤维采食量,从而保证产奶量和乳脂率。有条件的情况下,将干草制成颗粒饲用,可明显提高干草利用率。粗蛋白含量低的干草可配合尿素使用有利于补充牛羊粗蛋白摄入不足。

③值得注意的是优质草粉是近几年新兴的配合饲料的重要原料,在畜禽尤其是单胃畜禽养殖业中发挥着愈来愈重要的作用,要求我们给以足够的重视。例如,在花蕾至初花期刈割并且调制良好的优质紫花苜蓿草粉,在雏鸡和产蛋鸡饲粮中可用至5%,青年鸡饲料中可用至

15%；育肥猪和母猪饲粮中可分别用至10%～15%；兔饲粮中可用至20%～50%。

**2）稿秕饲料**

稿秕饲料即农作物秸秆秕壳，是农作物籽实成熟和收获以后所剩余的副产品。主要包括秸秆和秕壳两大部分。脱粒后的茎秆和秸叶称为秸秆，秕壳则是从籽粒上脱落下的小碎片和数量有限的小的或破碎的籽实颗粒构成。

（1）营养特点。

①粗纤维30%～45%，其中木质素比例为6.5%～12%，其质地坚硬、体积较大、适口性差，且消化率低。有机物的消化率一般不超过60%。

②粗蛋白质含量很低，豆科作物秸秕的粗蛋白质含量高于禾本科作物的秸秕，但一般不超过10%，且品质差，缺乏必需氨基酸。

③粗灰分含量为6%以上，如稻草的粗灰分含量将近20%，且大部分是硅酸盐，而Ca，P较少。

④除维生素D外其他维生素含量极低，如表2.3所示。

**表2.3 秸秆的营养成分与营养价值（干物质基础）**

| 饲料 | 产奶净能/($MJ\cdot kg^{-1}$) | 增重净能/($MJ\cdot kg^{-1}$) | 消化能/($MJ\cdot kg^{-1}$) | 粗蛋白/% | 粗纤维/% | 钙/% | 磷/% |
|---|---|---|---|---|---|---|---|
| 稻草 | 3.6～4.4 | 0.2～0.5 | 7.3 | 2.7～3.8 | 28～35 | 0.08～0.16 | 0.04～0.06 |
| 玉米秸 | 6.1～6.4 | 3.1～3.5 | — | 6.5 | 24～28 | 0.43 | 0.25 |
| 小麦秸 | 3.4 | 0.4 | 6.2 | 3.1～5.0 | 35.6～44.7 | 0.06～0.28 | 0.03～0.07 |
| 大麦秸 | 2.9～4.4 | 1.4 | 8.2 | 5.5～6.1 | 35.5～38.2 | 0.06～0.15 | 0.02～0.07 |
| 燕麦秸 | 7.73 | 1.8 | — | 7.5 | 28.4 | 0.18 | 0.01 |
| 谷草 | 4.30 | 1.2 | 8.3 | 5.0 | 35.9 | 0.37 | 0.03 |
| 高粱秸 | 4.56 | 1.55 | 8.08 | 3.9 | 35.6 | — | — |
| 大豆秸 | 2.9～3.0 | — | 8.20 | 5.1～9.8 | 48～54 | 1.33 | 0.22 |
| 豌豆秸 | 4.1 | 1.0～1.2 | 8.20 | 16.4 | — | — | — |
| 花生秸 | 5～5.6 | 2.1 | — | 12～14.3 | 24.6～32.4 | 2.69 | 0.04 |
| 甘薯藤 | 4.60 | 1.6 | — | 9.2 | 32.4 | 1.76 | 0.13 |

（2）饲用对象。这类饲料营养价值较低，只适用于反刍家畜及其他草食家畜，因为草食家畜消化道容积大及特殊的消化道结构，可采用秸秆等粗饲料来填充，以保证消化器官的正常蠕动，使家畜有饱感。对于奶牛，饲粮中使用一定比例的秸秆饲料，可提高奶的乳脂率。对冬季耕牛，稿秕饲料是唯一的饲料来源；但对于单胃畜禽，未经适当处理的稿秕粉只能稀释日粮营养浓度和填充容积，几乎无营养价值。同类作物的秸秆与秕壳相比，通常后者略好于前者，大麦秕壳夹杂芒刺，易损伤口腔黏膜引起口腔炎，故需加工处理后使用。

**3）树叶和其他饲用林产品**

在我们所见到的树木中，除少数不能饲用外，大多数树叶（包括青叶和秋后落叶）及其嫩枝和果实，均可用作畜禽饲料。有些优质青树叶还是畜、禽很好的蛋白质和维生素饲料来源，如紫穗槐、洋槐和银合欢等树叶。树叶外观虽硬，但养分丰富，如表2.4所示。青嫩鲜叶很容易消化，不仅作草食家畜的维持饲料，而且可以用来生产配合饲料。树叶虽是粗饲料，但营养价值远优于秸秕类。

表 2.4 几种树叶的营养成分(%,干物质基础)

| 类 别 | 粗蛋白质 | 粗脂肪 | 粗纤维 | 无氮浸出物 | 粗灰分 | 钙 | 磷 |
|---|---|---|---|---|---|---|---|
| 槐树叶 | 22.4 | 2.5 | 17.3 | 48.5 | 7.6 | 0.97 | 0.17 |
| 榆树叶 | 23.2 | 6.2 | 9.8 | 44.8 | 16.0 | 2.49 | 0.23 |
| 柳树叶 | 15.6 | 6.0 | 12.9 | 55.5 | 9.6 | — | 0.21 |
| 白杨叶 | 17.5 | 5.2 | 19.0 | 52.2 | 5.8 | 1.32 | 0.25 |
| 紫穗槐叶 | 21.5 | 10.1 | 12.7 | 48.9 | 6.6 | 0.18 | 0.94 |
| 洋槐叶 | 29.9 | 5.6 | 8.6 | 48.9 | 7.8 | 1.25 | 0.12 |
| 松 针 | 8.0 | 11.0 | 27.1 | 50.7 | 3.0 | 1.10 | 0.19 |
| 枣树叶 | 14.4 | 5.6 | 10.9 | 57.0 | 12.1 | — | — |
| 桑 叶 | 14.1 | 13.0 | 22.9 | 32.8 | 16.9 | 2.29 | 3.00 |

(1)营养特点。如表2.4所示,表中列出了几种树叶的营养成分,此外树叶中维生素和微量元素的含量也很丰富。事实上,树叶的营养成分随产地、品种、季节、部位和调制方法不同而异,一般鲜叶、嫩叶营养价值最高,青干叶粉次之,落叶、枯叶营养价值最差。

(2)树叶类饲料的使用技术。用树叶喂猪、鸡,需制成叶粉。仔猪、育肥猪、笼养蛋鸡饲粮中的添加量可分别达到5%,10%和5%;松针叶粉虽是非常好的饲料,但不宜多喂。1 kg松针用沸水10 kg浸泡30~40 min,用浸汁喂仔猪有助长作用,并能防止母猪死胎和畸形,对胃肠道疾病也有一定疗效。松针粉的喂量成年母猪200 g/(d·头),松针浸汁30~50 mL/kg体重。此外产蛋鸡日粮中亦可加入一定量的松针粉,可提高产蛋量并改善蛋黄色泽。除树叶以外,许多树木的籽实,如橡子、槐豆也可喂猪。有些含油较多的树种榨油后,其油渣可以喂猪。果园的残果、落果更是猪的良好多汁饲料。

有些树叶中含有单宁,有涩味,家畜不喜采食,必须加工调制(发酵或青贮)之后再喂。有的树木有剧毒,如荚竹桃等,严禁饲喂。

我国现有森林面积已超过1.3亿公顷,按树叶产量占全树生物量的5%计算。每年各类乔木的嫩枝叶约有5亿t,如果能合理利用这一宝贵资源,对我国畜牧业的发展,将会起到重要作用。

## 2.2.3 粗饲料的加工

采用何种方法来提高这类饲料的营养价值是畜牧业生产中的一项重要研究课题。目前加工粗饲料的方法不外3个方面,即机械处理、化学处理与微生物处理。

**1)机械处理**

(1)切短。切短的目的是利于咀嚼,减少浪费与便于拌料等,正如:"寸草铡三刀,无料也上膘"。

秸秆切短的适宜程度视各种家畜与年龄而异。过长作用不大,过细也不利咀嚼与反刍,加工花费的劳力也多,一般秸秆的长度为:牛3~4 cm,马骡2~3 cm,绵羊1.5~2.5 cm。

(2)磨碎。用于粗料近年才比较盛行。磨细的目的是提高秸秆的消化率,但一般磨碎的秸秆粉与切短相比消化率的差异不大。也有实验证明,适当磨碎的秸秆在牛日粮中占以适当比例的情况下可以提高采食量,而且采食增加的部分所含能量可以补偿秸秆本身所含能量的不足,而使肥育阉牛的效果与精料对照组相当,甚至还有超过。

(3)制成颗粒。将粗饲料经粉碎与其他饲料混合后制成颗粒饲料,目的是便于机械化饲养或自动食槽的应用,以降低粉尘并减少浪费;同时利于咀嚼,改善适口性,从而诱使动物提高采食量和生产性能。

(4)秸秆碾青。即将麦秸铺在打谷场上,厚度约30~40 cm,上边再铺同样厚的青苜蓿,苜蓿之上再着一层同样厚度的麦秸。然后用滚碾压,苜蓿压扁流出汁液被麦秸吸收,这样压扁的苜蓿在热天只要半天到一天的暴晒就可干透,用这种方法制成的苜蓿干草,叶片脱落损失少,茎叶干燥速度均匀,又提高了麦秸的适口性及营养价值。

(5)热加工。热加工主要指通过蒸煮、膨化和高压蒸气裂解等几种方法对粗饲料进行处理,也可提高粗饲料的利用率。

**2)化学处理**

利用酸碱等化学物质对劣质粗饲料进行处理,则可把镶嵌在木质素—半纤维素复合物中的纤维素释放出来。同时,碱类物质还能溶解半纤维素,也有利于反刍动物对饲料的消化,提高粗饲料的消化率。化学处理粗饲料的方法主要有碱化、氨化和酸处理3方面。由于碱(NaOH)处理存在着浪费水资源及环境污染等诸多弊端,所以现在国内外已很少使用。目前应用最广泛的就是用氨、尿素等对粗饲料进行处理。

(1)氨处理。氨化处理秸秆饲料始于20世纪70年代。虽然氨处理对木质素的作用效果比不上NaOH,但对环境无污染,还可提供一定的氮素营养,而且氨化后的秸秆质地松软,气味糊香,颜色棕黄,提高了饲料的适口性,增加了采食量,是牛、羊反刍家畜良好的粗饲料。因此在生产中较实用。

①无水液氨氨化处理。方法是将秸秆一捆捆地堆垛起来,上盖塑料薄膜,接触地面的薄膜应留有一定的余地,以便四周压上泥土,使之成密封状态,在堆垛的底部用一根管子与装无水液氨的罐相连接,开启罐上的压力表,按秸秆重的3%加入液氨,氨气扩散很快,遍及全垛,但氨化速度很慢,处理时间与气温有关,一般夏季气温为15~30 ℃时1~4周可饲喂;春秋两季当气温为5~15 ℃时则需4~8周;冬季气温低于5 ℃时,则需8周以上,喂前要揭开薄膜晾1~2天,使残留的氨气挥发,不开垛可长期保存。

②农用氨水氨化处理。用含氨量15%的农用氨水,按秸秆重10%的比例,把氨水均匀喷洒于秸秆上,逐层堆放逐层喷洒,最后将堆好的秸秆用薄膜封紧。饲用方法同上。

(2)尿素处理。由于秸秆里存在尿素酶,加进尿素,用塑料膜覆盖,尿素在尿素酶的作用下分解出$NH_3$对秸秆进行氨化。将3~4 kg尿素和1 kg NaCl溶解于60 kg水中,均匀地喷洒在100 kg秸秆上,逐层堆放逐层喷洒,最后用塑料薄膜盖紧。30天后可以饲喂。

**3)微生物学处理**

利用某些有益微生物,在适宜培养的条件下,分解秸秆中难以被家畜利用的纤维素或木质素,并增加菌体蛋白、维生素等有益物质,软化秸秆,改善味道,从而提高粗饲料的营养价值。目前常用的方法有发酵法和人工瘤胃发酵法。

(1)自然发酵法。自然发酵法具体操作步骤如下:

①将准备发酵的粗饲料粉碎切短。

②将1~2 g菌种用温水化开,然后加入100 kg粗饲料中搅拌,使菌种均匀分布于粗饲料中,边翻搅,边加水,水以50 ℃的温水为宜。水分掌握以手握紧饲料,指缝有水珠,但不流出为宜。

③将搅拌好的饲料,堆积或装入缸中,插入温度计,上面盖好一层干草粉,当温度上升到

35 ~45 ℃时,翻动一次。最后,堆积或装缸,压实封闭1 ~3 d,即可饲喂。

此外,在生产上,也有将粉碎的粗饲料加入麦麸,再接种链孢霉菌,制成菌丝。因为链孢霉素菌体含有丰富的蛋白质、碳水化合物,还有蛋白酶、淀粉酶、脂肪酶,能促进消化,对育肥猪有良好作用。

(2)人工瘤胃发酵。人工瘤胃发酵是根据牛、羊瘤胃特点,模拟牛、羊瘤胃内的主要生理条件,即温度恒定在38 ~40 ℃,pH值控制在6 ~8的厌氧环境,保证必要的氮、碳和矿物质营养。制作步骤如下:

①采用导管法或永久瘤胃瘘管法,从屠宰牛、羊瘤胃中直接获得瘤胃液。瘤胃液要保存在40 ℃的真空干燥箱内,将瘤胃内容物粉碎,一般600 g瘤胃内容物可制得100 g菌种。

②准备各种作物秸秆、秕壳粉碎待用。然后,进行保温。如可采用暖缸自然保温法:在装发酵料的大缸周围和底部,填装150 mm厚的秕谷、糖麸、木屑等踏实,在四周用土坯或砖砌起围墙,缸口处用土坯或砖铺平抹好,上面盖上草帘等物保温;也可以用室内保温法:利用固定的房屋,建造火墙、火炉、土暖气等方法,使室温保持在35 ~40 ℃。最后,堆积或装缸,压实封闭36 h,即可饲用。

## 2.3 青绿饲料

青绿饲料,以富含叶绿素而得名。按饲料的分类,这类饲料的自然水分含量在45%以上。主要包括天然牧草、人工栽培牧草、青饲作物、叶菜类、非淀粉质根茎瓜类、水生植物及树叶类等。中国饲料分类编码多为2—01—0000、2—02—0000和2—04—0000。这类饲料种类多、来源广、产量高、营养丰富,对促进动物生长发育、提高畜产品品质和产量等具有重要作用,被人们誉为“绿色能源”。

### 2.3.1 青绿饲料的营养特点

①水分含量达75% ~95%,因此其鲜草中干物质含量少,能值较低。消化能一般在1.20 ~2.50 MJ之间。

②蛋白质含量较高品质较优。青饲料中蛋白质含量丰富,一般禾本科牧草和叶菜类饲料的粗蛋白质含量在1.5% ~3.0%之间,豆科牧草在3.2% ~4.4%之间。若按干物质计算,前者粗蛋白质含量达13% ~15%,后者可高达18% ~24%。且赖氨酸含量较多,可补充谷物饲料中的赖氨酸不足,因此,青绿饲料是各类畜禽的好饲料。

③粗纤维含量较低。幼嫩的青绿饲料含粗纤维较少,木质素低,无氮浸出物较高。若以干物质计,则其中粗纤维为15% ~30%,无氮浸出物在40% ~50%。粗纤维的含量随着植物生长期的延长而增加,木质素的含量也显著增加。一般来说,植物开花或抽穗之前,粗纤维含量较低。猪对未木质化的纤维素消化率可达78% ~90%,对已木质化的纤维素消化率仅为11% ~23%。因此,青绿饲料在利用时要适时收割,否则将影响粗饲料的利用。

④Ca,P含量丰富,比例适当,有利于动物的利用,但牧草中钠和氯一般含量不足,所以放牧家畜需要补给食盐。如表2.5所示。

**表2.5 温带草地牧草必需矿物元素的含量范围(干物质基础)**

| 元素 | 低 | 正常 | 高 |
|---|---|---|---|
| K的含量/% | <1.2 | 1.5~3.0 | >3.5 |
| Ca的含量/% | <0.2 | 0.25~0.5 | >0.6 |
| P的含量/% | <0.2 | 0.2~0.35 | >0.4 |
| Mg的含量/% | <0.1 | 0.12~0.2 | >0.25 |
| Fe的含量/($mg \cdot kg^{-1}$) | <45 | 50~100 | >200 |
| Mn的含量/($mg \cdot kg^{-1}$) | <30 | 40~200 | >250 |
| Zn的含量/($mg \cdot kg^{-1}$) | <10 | 15~50 | >75 |
| Cu的含量/($mg \cdot kg^{-1}$) | <3.0 | 4.0~8.0 | >10 |

⑤维生素含量丰富,特别是胡萝卜素含量较高,每千克饲料含50~80 mg之多。在正常采食情况下,放牧家畜所摄入的胡萝卜素超过其本身需要量的100倍。此外,青绿饲料中维生素B族、维生素E、维生素C和维生素K的含量也较丰富,如青苜蓿中含硫胺素为1.5 mg/kg、核黄素4.6 mg/kg、烟酸18 mg/kg。但缺乏维生素D,维生素$B_6$的含量也很低。

## 2.3.2 青绿饲料的种类

**1)天然草地牧草**

我国幅员广大,地域辽阔,在西北、东北、西南地区均有大面积的优良草原、草山和草坡,农业地区内还分散有许多小面积的草地,利用这些牧草资源发展畜牧生产,有很大的潜力。

**2)栽培青饲料**

栽培青饲料是指人工播种栽培的各种牧草及其他青绿作物,其种类很多,主要是禾本科、豆科作物,也包括叶菜和瓜、块根类的可食部分,以及人工栽培或驯化的野生牧草和其他植物等。但以产量高、营养好的豆科和禾本科牧草占主要地位,总的来看,豆科的营养价值较高,禾本科虽然营养价值稍低,但一般适口性好,尤其是生长早期,幼嫩可口,采食量高,同时禾本科牧草的再生力强,较耐牧,故也不失为优良的青绿饲料,如表2.6所示。

**表2.6 常用栽培青饲料营养价值(干物质基础)**

| 饲 料 | 干物质/% | 产奶净能/($MJ \cdot kg^{-1}$) | 奶牛能量单位NND | 粗蛋白/% | 粗纤维/% | 钙/% | 磷/% |
|---|---|---|---|---|---|---|---|
| 青刈玉米 | 17.6 | 5.57 | 1.70 | 8.5 | 33.0 | 0.51 | 0.28 |
| 青刈燕麦 | 19.7 | 6.41 | 2.04 | 14.7 | 27.4 | 0.56 | 0.36 |
| 苏丹草 | 19.7 | 5.61 | 1.79 | 8.6 | 31.5 | 0.46 | 0.15 |
| 苜蓿 | 25.0 | 5.90 | 1.88 | 20.8 | 31.6 | 2.08 | 0.24 |
| 三叶草 | 19.7 | 6.28 | 2.00 | 16.8 | 28.9 | 1.32 | 0.33 |
| 大豆 | 25.0 | 6.20 | 1.97 | 21.6 | 22.0 | 0.44 | 0.12 |

**3)叶菜、水生青饲料及其他**

除上述青饲料外,还有多种可供畜禽采食的叶菜类植物。例如,甘蓝、苦荬菜、聚合草、牛皮菜、猪苋菜、串叶松香草、菊苣、杂交酸模各种野草、野菜以及绿萍、水葫芦、水浮莲等水生植物,都是良好的青绿饲料。尤其在南方水资源丰富地区,因地制宜发展水生饲料,并加以合理利用,是扩大青绿饲料来源的又一个重要途径。以干物质计,这类饲料其能量较高,易消化,畜禽都能利用,如表2.7所示。

表 2.7 几种菜叶、蔓秧及蔬菜的成分和营养价值

| 类别 | 干物质 /% | 粗蛋白质 /% | 粗纤维 /% | 钙 /% | 磷 /% | 消化能(猪) /(MJ·kg$^{-1}$) | 代谢能(鸡) /(MJ·kg$^{-1}$) |
|---|---|---|---|---|---|---|---|
| 蚕豆叶 | 25.0 | 3.4 | 3.8 | 0.07 | 0.05 | 3.09 | 2.13 |
| | 100.0 | 13.7 | 15.2 | 0.28 | 0.20 | 12.34 | 8.57 |
| 萝卜秧 | 8.9 | 2.4 | 1.1 | 0.18 | 0.03 | 0.92 | 0.79 |
| | 100.0 | 27.0 | 12.4 | 2.02 | 0.34 | 10.13 | 9.37 |
| 南瓜藤 | | 1.8 | 3.3 | 0.45 | 0.12 | 1.46 | — |
| | | 13.7 | 25.2 | 3.44 | 0.92 | 11.17 | — |
| 甘薯藤 | 13.9 | 2.2 | 2.6 | 0.22 | 0.07 | 1.63 | 1.05 |
| | 100.0 | 16.4 | 18.9 | 1.61 | 0.47 | 11.88 | 7.57 |
| 大白菜 | 6.0 | 1.4 | 0.5 | 0.03 | 0.04 | 0.79 | 0.63 |
| | 100.0 | 23.3 | 8.3 | 0.50 | 0.67 | 13.18 | 10.54 |
| 甘蓝 | 12.0 | 2.6 | 1.3 | 0.13 | 0.07 | 1.55 | 1.17 |
| | 100.0 | 21.7 | 10.8 | 10.8 | 0.58 | 12.91 | 9.75 |

### 2.3.3 青绿饲料合理利用技术

**1)青饲料的处理**

青饲料的处理主要包括切碎、打浆、浸泡等。

(1)切碎。青饲料切碎饲喂便于采食和咀嚼,减少浪费,有利于和其他饲料均匀混合。

(2)打浆。青饲料经打浆后更加细腻,并能消除某些饲料茎叶表面毛刺儿利于采食,提高利用价值。

(3)浸泡。对带有苦涩、辛辣或其他异味的青饲料可用冷水浸泡 4 ~ 6 h 时,但浸泡的时间不宜过长,以免腐败或变酸。

此外,青饲料也可用于调制干草和青贮饲料。

**2)青饲料利用时应注意的几个问题**

(1)防止亚硝酸盐中毒。青饲料如蔬菜、饲用甜菜、萝卜叶、油菜叶等中均含有硝酸盐,硝酸盐本身无毒或毒性很低,只有在细菌作用下,将硝酸盐还原为亚硝酸盐时才具有毒性。青绿饲料堆放时间过长,发霉腐败,或者在锅里加热或煮后焖在锅或缸里过夜,都会促使细菌将硝酸盐还原为亚硝酸盐。

亚硝酸盐中毒很快,多在 1 天内死亡,严重者可在半小时内死亡。发病表现为动物不安、腹痛、呕吐、流涎、吐白沫、呼吸困难、心跳加快、全身震颤、行走摇晃、后肢麻痹、体温无变化或偏低、血液呈酱油色。可注射 1% 美兰溶液,0.1 ~ 0.2 mL/kg 体重;还可用维生素 C 加到 5% ~ 10% 葡萄糖中注射。生产中常发生亚硝酸盐中毒务必注意。

(2)防止氢氰酸(HCN)和氰化物[NaCN,KCN,$Ca(CN)_2$]中毒。氰化物是剧毒物质,即使在饲料中含量很低,也会造成中毒。在青饲料中一般不含氢氰酸,但在高粱苗、玉米苗、马铃薯幼芽、南瓜蔓等中含有氰苷配糖体。含有氰苷配糖体的饲料经过堆放发霉或霜冻枯萎,在植物体内特殊酶的作用下氰苷配糖体被水解而生成氢氰酸。玉米、高粱收割后的再生苗,经霜冻后危害更大。

氢氰酸中毒的主要症状为腹痛或腹胀,呼吸快而困难、呼出的气体有苦杏仁味,行走站立不稳。可视黏膜有红色变为白色或带紫色,肌肉痉挛、牙关紧闭、瞳孔放大,最后卧地不起,四

肢划动,呼吸麻痹死亡。可注射1%亚硝酸钠液,1 mL/kg体重;也可用1% ~2%美兰溶液,1 mL/kg体重,进行解救。

(3)防止草木樨中毒。草木樨本身不含有毒物质,但含有香豆素,当草木樨发霉腐败时,在细菌的作用下,可使香豆素变为双香豆素,从而对动物产生毒害作用,但双香豆素的结构与$V_K$相似,二者有拮抗作用。所以一旦发生双香豆素中毒,可用维生素K治疗。

双香豆素中毒主要发生在牛,其他动物很少发生。此病关键要注意预防,饲喂草木樨时应逐渐增加喂量,不能突然大量饲喂,不要喂发霉变质的草木樨和苜蓿。

(4)防止农药中毒。蔬菜地、棉花地、水稻田刚喷过农药后,其临近的杂草或蔬菜不能用作饲料,等下过雨后或隔1个月后再割草利用,谨防引起农药中毒。

### 2.3.4　影响青绿饲料营养价值的因素

**1)土壤**

土壤是植物营养物质的主要来源之一。特别是青绿饲料中一些矿物质的含量在很大程度上受土壤中元素含量与活性的影响。有些地方性营养缺乏症或中毒症,往往与该地区的土壤中这些微量元素含量不足或者过多有关。总之,肥沃和结构良好的土壤,青绿饲料的营养价值较高,反之,在贫瘠和结构差的土地上收获的青绿饲料其营养价值就较低。

**2)肥料**

施肥可以显著影响植物中各种营养物质的含量,根据土壤缺乏某些元素的情况,施以相应的肥料,则可防止这一地区的家畜营养性疾病的发生。对植物增施氮肥,不仅可以提高植物的产量,还可增加植物中粗蛋白质的含量,并且施肥后植物生长旺盛,茎叶浓绿,因而胡萝卜素亦显著增加。

**3)收获时期**

青绿饲料的生长阶段不同其营养价值也各异。幼嫩时期水分含量高,干物质中蛋白质含量较多而粗纤维较少。并且消化率也高,因此其营养价值就高;但随着植物生长期的延长,水分、粗蛋白质等养分含量逐渐降低,且粗纤维特别是木质素的含量则逐渐上升,致使适口性和消化率都逐渐降低,因此其营养价值也在下降。

**4)植物体部位**

部位不同其营养成分差别也很大。一般茎秆中粗蛋白质含量低于叶片,而粗纤维含量高于叶片;上部茎叶中粗蛋白质含量高于下部茎叶,而粗纤维含量则低于下部。因此,叶片占全株的比例愈大,营养价值就愈高。

**5)气候条件**

气温、光照及雨量等气候条件对于青绿饲料的营养价值影响也较大。如在雨水充沛地区,青绿植物生长茂盛,所含营养成分就高;反之在干旱地区,植物体生长不良,光合作用较弱,所含营养成分也低。此外,生长在阳光充足的阳坡地的植物,营养成分含量显著高于阴坡地的植物。

**6)其他因素**

放牧制度将影响到草地总的营养价值。若过度放牧则使许多优良草类如豆科牧草被频繁采食,以至不能恢复生长,甚至从牧地上消失;而放牧不足,则植物变得粗老,营养价值降低。此二者均可使牧地总营养价值降低。

## 2.4 青贮饲料

青贮饲料就是把饲料(如玉米秸秆等)在新鲜青绿时割下、切碎填入密闭的青贮窖里，经微生物发酵作用而制成的柔软多汁、营养丰富、气味芳香且耐储存的一种饲料。

青贮是调制和贮藏青饲料的有效方法，是发展畜牧业生产的有力措施，只要了解其科学原理并掌握制作要领，就可以从各自的实际需要出发，进行青贮。青贮的规模可根据实际情况而定，因此这种方法既适用于大型牧场，也适用于中小型养殖场及畜禽饲养专业户。

### 2.4.1 青贮饲料的营养特点

**1)营养价值高**

青绿饲料及时地调制成青贮饲料，则其营养价值的损失一般不超过10%，如果青贮得好仅损失3%左右。因此，青贮饲料不仅能有效地保存原料中的营养物质，尤其能有效地保存蛋白质和维生素，同时又由于微生物的作用，还可以增加青贮原料中原来没有的微生物营养成分。

**2)适口性好、消化率高**

青贮料的含水量可保持在70%左右。而且，通过青贮，使植物茎秆变软、变熟，易于咀嚼。同时青贮饲料经过乳酸菌发酵，产生大量乳酸和芳香族化合物，具酸香味，柔软多汁，适口性好，各种家畜都喜食。尤其是奶牛在冬春季节良好的多汁饲料。

### 2.4.2 青贮饲料饲喂技术

**1)取用**

青贮饲料一般在调制后30天，即可开窖取用。对于直径较小的圆形窖，应由上到下逐层取用，保持表面平整。对于长方形窖，自一端开始分段取用，不要挖窝掏取，取后最好覆盖，以尽量减少与空气的接触面，尤其是夏季，是各种细菌繁殖最旺盛的时候，青贮料也最易霉变。因此，每次用多少取多少，如发现表层呈黑褐色并有腐败臭味时，应把表层弃掉，要用新鲜青贮料。

**2)喂法**

喂量先少后多，逐渐增加；或将青贮料与其他料拌在一起饲喂。由于青贮饲料含有大量有机酸，具有轻泻作用，因此母畜妊娠后期不宜多喂，产前15 d停喂。劣质的青贮饲料有害畜体健康，易造成流产，不能饲喂。冰冻的青贮饲料也易引起母畜流产，应待冰融化后再喂。

**3)喂量**

成年牛每100 kg体重日喂青贮量(kg)：泌乳牛5～7 kg，肥育牛4～5 kg，役牛4～4.5 kg，种公牛1.5～2.0 kg；绵羊每100 kg体重日喂量：成年羊4～5 kg，羔羊0.4～0.6 kg；奶山羊每100 kg体重日喂量：泌乳母羊1.5～3.0 kg，青年母羊1.0～1.5 kg，公羊为1.0～1.5 kg；马的日喂量：役马每匹每天可喂12～15 kg，种母马和1岁以上的幼驹每天可喂6～10 kg。

### 2.4.3 提高青贮饲料品质及营养价值的技术措施

**1)青贮窖的准备**

一般青贮窖有地下式和半地下式两种。前者适于地下水位较低、土质较好地区;后者适于地下水位较高或土质较差的地区。

**2)原料的选择**

青贮原料中必须含有一定量的糖分,因为乳酸菌以植株中的糖分为养料,这与乳酸菌的迅速形成,保证青贮料质量有很大关系。青贮料的含糖量,一般不低于新鲜原料重量的1% ~1.5%。玉米茎叶、果穗和薯藤都含有足够的糖类物质,很容易青贮。其他原料,如马铃薯苗和花生藤蔓含糖量少,不易单独青贮。必须根据植物不同的含糖比例和其他饲料混贮。如果青贮含蛋白质高的豆科作物,可以加入5% ~ 10%米糠或麦麸,以增补糖分的含量,提高青贮饲料的质量。

**3)原料含水量要适宜**

适于乳酸菌繁殖的含水量为70%左右。70%的含水量相当玉米植株下边有3 ~5 片干叶的时期的含水量。铡碎后将原料握在手中,指缝有水珠渗出而不滴下为含水量适宜。水分不足青贮料不易踩实,空气不易排出,窖内温度会迅速上升。湿度不够,可在切碎的青贮原料中加适量的水,或与其他含水量丰富的原料(如甜菜、甜菜渣等)混贮;青贮植株中原有的液汁容易被挤压流失,或青贮植株结成黏块多,同样也会引起异常发酵,因此,可将青贮原料适当晾晒或加入一些粉碎的干料(如麸皮、草粉等),使其含水量适宜。

**4)青贮原料要洁净**

收割青贮原料时,尽量选择晴朗天气进行,防止污染上泥土。同时,堆放铡切场地要事先清扫干净,地面消毒或撒些生石灰,也可铺塑料布,防止混入太多的泥土。因泥土中含有很多霉菌和其他杂菌。

**5)装窖要迅速**

在青贮时,要做到随运、随铡、随装窖。每窖装填完毕不可超过半天。把铡碎的原料逐层装入窖中,每装20 cm可用人踩等方式压实,应特别注意压实窖壁及四角。这样快铡快装,就能排除窖内的空气,迅速形成缺氧状态,利于乳酸菌的繁殖。

**6)适当使用添加剂**

为了提高青贮饲料的品质和营养水平,可在原料中使用添加剂,喂牛羊的青贮料可加入尿素,添加量按玉米秸总量的0.3%为宜。添加食盐的青贮料,各种家畜都爱吃,可在青贮时加入原料总量的0.1% ~0.15%。加入磷酸添加剂,能使青贮原料迅速酸化,可防止有害的丁酸菌和腐败微生物的繁殖。此外,青贮料的迅速酸化可以抑制酶起作用,促进青贮料更好地保存蛋白质等重要物质。

**7)窖顶要封严**

装填的原料要高出窖口30 ~40 cm,使其呈现中间高、周边低的形状。密封和覆盖的方法,可采取先盖一层细软的青草,草上再盖一层塑料薄膜,并用泥土堆压靠青贮窖壁处,然后用适当的盖子将其盖严,也可在塑料膜上盖一层苇席,草类等物,然后盖上盖子,如果不用塑料薄膜,需在压实的原料上面加盖约3 ~5 cm厚的软青草一层,再在上面覆盖一层约35 ~45 cm厚的湿土,并很好地踏实。应每天检查盖土的状况,注意使它在下沉时与青贮原料一同下沉,并应将下沉时盖顶上所形成的裂缝和空隙用湿土抹好,以保证高度密封。之后还要经常观察，发现有裂缝和下陷的地方，及时填土抹严，严防空气、雨水进入。

8）加强青贮的品质鉴定

通过品质鉴定，我们可以检查青贮技术是否正确，并以此来判断青贮料营养价值的高低。目前一般采用感官评定和实验室鉴定两种方法。详见本章实训2

## 2.5 能量饲料

以干物质计，粗蛋白质含量低于20%，粗纤维含量低于18%，每千克干物质含有消化能10.46 MJ以上的一类饲料即为能量饲料，而高于12.55 MJ/kg的则称为高能量饲料。这类饲料主要包括谷实类、糠麸类、淀粉质块根、块茎类及其加工副产品、瓜果类和其他类（油脂、糖蜜、乳清粉等）。能量饲料在动物饲粮中所占比例最大，一般为50%～70%，对动物主要起着供能作用。

### 2.5.1 谷实类饲料

谷实类饲料是指对禾本科作物的籽实的统称。

1）营养特点

①富含无氮浸出物，约为干物质的71.6%～80.3%（燕麦66%除外），而且其中主要是淀粉。

②粗纤维含量低，一般在5%以内。

③蛋白质含量低，约为10%，且品质不佳，氨基酸组成不平衡，缺赖氨酸和蛋氨酸等。

④脂肪含量少，一般为2%～5%，且以不饱和脂肪酸为主。

⑤矿物质中钙、磷比例极不符合畜禽需要，钙的含量在0.2%以下，而磷的含量在0.31%～0.45%。且磷多以植酸盐形式存在，这样的Ca，P比例对任何家畜都是不适宜的。

⑥维生素方面，黄色玉米维生素A原较为丰富，其他谷实饲料含量极微，谷实饲料富含维生素E、维生素$B_1$，但$V_{B2}$，$V_C$，$V_D$缺乏。

2）几种主要的谷实类饲料简介

（1）玉米。玉米又称为包谷、包米等为禾本科植物，玉米属一年生草本植物。有效能量多，是最常用而且用量最大的一种能量饲料，故有“饲料之王”的美称。

玉米的营养价值表现为无氮浸出物的含量是74%～80%，且主要是易消化的淀粉，其消化率可达90%以上。玉米蛋白质含量低，一般为7.2%～8.9%，且品质差，其中赖氨酸、蛋氨酸、色氨酸及胱氨酸较缺。

由此可见，玉米蛋白质的生物学价值较低。在无鱼粉日粮中要注意增加蛋氨酸或赖氨酸用量，并提高预混料中烟酸用量，以提高色氨酸的利用率；玉米的不饱和脂肪酸含量高，其中主要是油酸和亚油酸，亚油酸含量达2%，为谷实类之首。故玉米粉碎后易酸败变质，且易被霉菌污染，而产生黄曲霉毒素。黄曲霉毒素是一种强致癌物质，对人畜危害较大。故玉米粉碎后不宜久贮。黄玉米中还含有丰富的维生素A原，每千克玉米中含1 mg左右的β-胡萝卜素及22 mg叶黄素，这是麸皮及稻谷无法比拟的，这种色素对鸡的皮肤、脚、喙等以及蛋黄的着色有良好的效果，其鸡产品深受消费者欢迎，因而商品的价值高。但也应避免在鸡猪饲粮中过量使用玉米，否则肉鸡腹腔内过量蓄积脂肪而使屠体品质下降。对猪而言则猪的背膘增厚，瘦肉率下降，脂多、质软、色黄、品质差俗称"黄膘肉"。另外，玉米也是牛、羊、兔等草食动物的良好能量补充饲料，也是牛、羊奶油色素的重要来源。玉米用作牛、羊饲料时不应粉碎过细，宜磨碎或破碎。

(2)高粱。我国高粱的主要产地是吉林、辽宁、黑龙江等省。按籽粒颜色，可将高粱分为褐高粱、白高粱、黄高粱（红高粱）和混合型高粱。

高粱每千克干物质含消化能（猪）为13.18 MJ，代谢能（鸡）为12.30 MJ，产奶净能为6.61 MJ/kg。其他营养特性与玉米相似。但高粱种皮中含有较多的单宁，导致单胃动物对蛋白质和矿物质的利用率下降，适口性差。在配合饲料中不宜多用，一般控制在15%以下，否则容易引起便秘。高粱是牛、马、兔等草食动物的良好能量饲料。

(3)大麦。大麦分为皮大麦和裸大麦。裸大麦又称为元麦或青稞。大麦每千克干物质含消化能（猪）为13.56 MJ，代谢能（鸡）为11.21 MJ，产奶净能（奶牛）为6.69 MJ/kg，粗蛋白质12.6%。用大麦做育肥猪的饲料，不仅饲养效果好，且能生产优质硬脂猪肉。金华火腿闻名于世，其原因之一就是用大麦做育肥猪的能量饲料。大麦喂猪时，其第一、二、三限制性氨基酸分别是赖氨酸、苏氨酸、组氨酸。在饲粮中，玉米和大麦以2:1比例配合，可获得最佳养猪效果。大麦是牛、羊、兔、马等草食动物的良好能量饲料。饲用时，不应粉碎，宜压扁或磨碎。但带皮大麦的粗纤维含量较高为5.5%左右，且大麦中非淀粉多糖（NSP）含量达10%以上，单胃动物消化液中不含消化非淀粉多糖的酶，因而不能消化这些成分。正是这个原因，鸡、仔猪日粮中避免用大量大麦，否则会引起腹泻。

因此，我国所产大麦主要用于啤酒酿造业，用作饲料的份额有限。

(4)小麦。小麦主要用于人的粮食，且经济价值高，一般不直接作为饲料。我国小麦产量占粮食总产量的1/4，仅次于水稻而位居第二。

小麦的适口性好，营养物质容易吸收。其粗蛋白质含量一般达12%以上，居谷实类之首位，但必需氨基酸尤其是赖氨酸不足，因而小麦蛋白质品质较差。其消化能（猪）为14.18 MJ/kg，代谢能（鸡）为12.72 MJ/kg，产奶净能为7.49 MJ/kg，无氮浸出物多，在其干物质中高达75%以上。粗脂肪含量低（约1.7%），这是小麦能值低于玉米的主要原因；矿物质含量一般都高于其他谷实，磷、钾等含量较多，但50%以上的磷为植酸磷；小麦中非淀粉多糖（NSP）含量较多，可达小麦干重6%以上。这些非淀粉多糖主要是阿拉伯木聚糖，这种多糖不能被单胃动物消化，而且有黏性，在一定程度上影响小麦的消化率。所以若用小麦做鸡的能量饲料时，饲料中应添加相应的酶。同时小麦是牛、羊等反刍动物的良好能量饲料，饲用前应破碎或压扁，且饲粮中用量不能过多（控制在50%以下），否则易引起瘤胃酸中毒。小麦所含淀粉较软，而且又具黏性，故小麦及其次粉用作鱼类饲料的效果优于其他任何谷实。因此，小麦是鱼类能量饲料的首选饲料。

(5)燕麦。我国燕麦的主产地主要位于内蒙、山西、陕西、甘肃、青海等地，在其他地区如云南、四川、贵州等也有种植。

燕麦的外壳占整粒重的25%~30%，粗纤维含量高，在10%以上，其有效能明显低于玉米等谷实。如燕麦含消化能（猪）11.07 MJ/kg，代谢能（鸡）为10.62 MJ/kg。在配制鸡饲粮时，宜少用或不用燕麦。可将燕麦用作猪饲料，但用量不宜过多。一般建议，在种猪饲粮中用量10%~20%为宜。在育肥猪饲粮中用较多的燕麦，会使猪脂变软，肉质下降。燕麦是牛、羊、马等的良好能量饲料。燕麦脱壳后，其适口性好和营养价值增高。

(6)粟。我国各地均有栽培。但以山东、山西、河北、湖北、河南与东北各省种植量较多。粟脱壳前称为“谷子”,脱壳后称为“小米”。粟的粗蛋白含量≥8.0%;粗纤维<8.5%;粗灰分<3.5%,因此对鸡饲用价值高,为玉米的95%~100%。一般可用水泡小米作为雏鸡的开食饲料,并且粟中含较多的叶黄素和胡萝卜素,对鸡皮肤、蛋黄有着色效果,同时小米也是观赏鸟类的良好饲料。用粟作禽类饲料时,不必粉碎,可直接饲用。粟对猪的饲用价值较高,为玉米的85%。饲用时,粉碎的粒度以1.5~3.0 mm为宜。

### 2.5.2 谷实类加工副产品

谷实经加工后形成的一些副产品,我们称之为糠麸类,一般谷实的加工分为制米和制粉两大类,制米的副产物称作糠,制粉的副产物则为麸。主要包括米糠、小麦麸、大麦麸、玉米糠、高粱糠、谷糠等。无论糠与麸,都是由谷物的果实,种皮,胚部分糊粉层和碎米碎麦组成,与其对应的谷物籽实相比,糠麸类饲料的粗纤维、粗脂肪、粗蛋白质、矿物质和维生素含量高,无氮浸出物则低得多,营养价值随加工方法而异。

**1)糠麸类饲料营养特性**

①粗蛋白数量与质量介于豆科与禾本科籽实之间,一般粗蛋白质含量约为15%,比谷实类饲料(平均CP含量10%左右)高50%。其中的必需氨基酸(如赖氨酸、蛋氨酸)含量也高。

②维生素 $B_1$,$B_5$及 $B_3$含量较丰富,其他均较少。

③无氮浸出物比谷实少,约占40%~50%,可利用能量低。

④粗纤维含量比籽实高,约占10%,其物理结构疏松,容积大,具有轻泻性,是马属动物的常用饲料。

⑤米糠中粗脂肪含量达13.1%,其中不饱和脂肪酸含量高,容易酸败,难以储存。

⑥矿物质中磷多而钙少,且磷多以植酸磷形式存在,不利于猪鸡的利用。

⑦可作为载体、稀释剂及吸附剂。

**2)几种主要的糠麸类饲料**

(1)小麦麸。小麦麸又叫麸皮,是小麦加工制粉后的碎屑片的种皮,因此其中有效能较低,如消化能(猪)为9.37 MJ/kg,代谢能(鸡)为6.82 MJ/kg,产奶净能(奶牛)为6.23 MJ/kg。由于麦粒中B族维生素多集中在糊粉层与胚中,故小麦麸中B族维生素含量很高。如含核黄素3.5 mg/kg,硫胺素8.9 mg/kg。灰分较多,所含灰分中钙少磷多,且Ca,P比例很不平衡。另外,由于小麦麸粗纤维多,难消化,所以不宜用小麦麸作仔猪的饲料。但在生长育肥猪饲粮可添加15%~25%的小麦麸。在种鸡和产蛋鸡饲粮中用量为5%~10%。若需控制后备种鸡体重,可在其饲粮中加15%~20%小麦麸。肉鸡饲粮中用量一般控制在5%以内。小麦麸是牛、羊、马、兔等的良好饲料。用量可占其饲粮的25%~30%,甚至更高。小麦麸在泌乳母牛混合精料中用量25%~30%时,有助于其泌乳。小麦麸在马属动物饲粮中用量可达50%,但不能再高,否则有诱发肠结石的危险。

(2)稻糠。水稻加工大米后的副产品,称为稻糠,也叫米糠。稻糠包括砻糠、米糠和统糠。砻糠是稻谷的外壳或其粉碎品,其中仅含3%的粗蛋白质,而粗纤维含量高达40%以上,且粗纤维中50%以上为木质素。营养价值为负值,不能用作单胃动物的饲料。砻糠对反刍动物的饲用价值也很低;米糠是糙米精制时产生的果皮、种皮、外胚乳和糊粉层等的混合物。米糠是很有特色的良好饲料。一般100 kg稻谷可出大米72 kg,砻糠(稻壳)22 kg和米糠6 kg。

统糠则是砻糠和米糠的混合物,统糠营养价值视其中米糠比例不同而异,米糠所占比例越高,统糠的营养价值越高,但最好把两者分开。

米糠中有效能较多,属能量饲料,如含消化能(猪)为12.64 MJ/kg,代谢能(鸡)为11.21 MJ/kg,产奶净能(奶牛)为7.61 MJ/kg;蛋白质含量约为13%,高于大米、玉米等,且含有较多的赖氨酸和含硫氨基酸。B族维生素和维生素E含量丰富;同时含有铁、锌、锰等微量元素,所以新鲜的米糠适口性很好。由于其脂肪含量高达10%~17%,且脂肪酸组成中多为不饱和脂肪酸,极易氧化、酸败、发热和霉变。酸败变质的米糠,可使动物中毒,发生严重下泻,甚至死亡。为了安全使用米糠,解决的方法有二:一是使用新鲜的米糠,酸败变质的米糠不能饲用;二是脱脂,脱脂后的米糠储存期尽管可适当延长,但仍不能久存应及时使用。

米糠虽属能量饲料,但粗纤维含量较高,因此不同种类的畜禽日粮中用量应有所不同。例如,在雏鸡饲粮中占5%较宜,在成年鸡饲粮中占10%以下;仔猪宜少用或不用米糠,生长猪饲粮中用量不宜超过20%,否则可使其体脂变软,肉质下降;在牛、羊、马、兔等动物的饲料中,米糠的用量可达20%~30%。

(3)其他糠麸类。

①玉米麸。玉米麸是玉米制粉过程中的副产品,主要包括种皮、胚、种脐与少量胚乳。其中果种皮所占比例较大,粗纤维含量较高,约为9.5%~10%,代谢能水平较低,约为8 MJ/kg左右,粗蛋白质约为10%,应控制在单胃动物饲粮中的用量。

②高粱麸。主要是高粱种粒之外皮,有的带有红色,高粱麸的代谢能值约为8.4 MJ/kg,粗蛋白质约为10.3%,由于其内含较多的单宁,且适口性差,易引起便秘,故需控制用量。

③小米糠。在小米加工过程中,产生的种皮、秕谷和较多量的颖壳等副产品即为小米糠。其内粗纤维含量很高,达23.7%,接近粗料;粗蛋白质含量7.2%,无氮浸出物40%,脂肪2.8%。在饲用前,将其进一步粉碎,浸泡或发酵,可提高消化率。

### 2.5.3 油脂、糖蜜、乳清类

**1)油脂**

随着畜禽生产性能的不断提高,相应地要增加日粮养分浓度尤其是日粮能量浓度,而要配制高能量饲粮,用常规的饲料已难以完成。因此,为满足生产动物对高能的需求,常将油脂作为能量饲料在畜禽日粮中的应用愈来愈普遍。

(1)饲粮中添加油脂的好处。油脂的能值高。饲料中添加油脂,除供能外,可改善适口性,可延长饲料在消化道内停留时间,从而能提高饲料养分的消化率和吸收率;油脂可作为动物消化道内的溶剂,促进脂溶性维生素的吸收;减少热应激,因为油脂的体增热值比碳水化合物、蛋白质的热增耗值都低。所以,在高温季节给动物饲料中添加油脂,可以减轻动物的热负担;植物油、鱼油等常是动物必需脂肪酸的最好来源;添加油脂可减少粉尘的产生,一方面降低饲料养分损失及厩舍内空气的污染程度,进而降低畜禽呼吸道病的发病率。另一方面,降低加工机械的磨损程度,因而可延长机器寿命。

(2)常用油脂的种类。

①植物油脂。这类油脂是从植物种子中提取而得,大豆油、菜籽油、棕榈油等是这类油脂的代表,植物油脂中的脂肪酸主要为不饱和脂肪酸。

②动物油脂。是指用畜禽体组织提取的一类油脂。牛油、猪油等是这类油脂的代表。动物油脂中脂肪酸主要为饱和脂肪酸,但鱼油的不饱和脂肪酸含量较高。

③饲料级水解油脂。这类油脂是指制取食用油或生产肥皂过程中所得的副产品,其主要

成分为脂肪酸。

④粉末状油脂。对油脂进行特殊处理，使其成为粉末状。这类油脂便于包装、运输、储存和应用。

(3)油脂在畜禽日粮中的添加量及效果。

①猪。油脂在断奶仔猪日粮中的应用，可有助于其生产性能的发挥。据研究断奶仔猪饲料中加入8%的大豆油，提高增重17.6%，每千克增重节省饲料12%；在生长育肥猪日粮中添加脂肪，可持续地提高日增重和饲料转化率，并减少采食量。Pettigre等(1991)在猪饲粮中添加脂肪，日增重增加40 g，日耗料量减少100 g，饲料转化率提高4%，但背膘厚也增加了0.17 cm；妊娠和泌乳母猪饲粮中添加油脂，可增加经产母猪的产奶量，提高初、经产母猪的乳脂率并提高仔猪成活率和生长率。

②鸡。在蛋鸡饲粮中添加2%～5%油脂，尤其是加富含不饱和性脂肪酸油脂，可增加蛋重，在炎热夏季，效果尤为明显。于会民等(1998)报道，日粮添加油脂，可提高肉仔鸡对干物质和粗蛋白质的消化率。李素芬等(1998)报道，在蛋鸡日粮中加亚麻酸，可提高其产蛋性能。

③牛。油脂用于泌乳的效率高；油脂由于热增耗少，故给牛补饲油脂有良好作用：提高繁殖机能，维持较长泌乳高峰期，降低瘤胃酸中毒和酮病的发生率。用油脂给奶牛补充能量的同时，还应保证粗纤维摄入量，奶牛饲料添加油脂最好是经过包被的，以提高其利用率。

**2）糖蜜**

糖蜜为制糖工业副产品，一般呈黄色或褐色液体，糖蜜中主要成分是糖类，因此有效能量较高。如甘蔗糖蜜含消化能(猪)为12.54 MJ/kg，代谢能(鸡)为9.82 MJ/kg。大多数糖蜜具甜味，因此对各种畜禽适口性均好，但糖蜜具有轻泻性，日粮中含量大时，粪便发黑变稀。故不宜用糖蜜作为雏鸡、仔猪的饲料。在蛋鸡、肉鸡饲粮中用量应少于5%，在生长育肥猪饲粮中用量以10%～20%为宜。糖蜜在反刍动物混合精料中适宜用量如下：乳牛5%～10%，肉牛10%～20%，肉羊10%以下。

**3）乳清**

乳清是乳品加工厂生产乳制品(奶酪、酪蛋白、奶油)后的液体副产品。主要成分是乳糖，残留的乳清蛋白和乳脂所占比例很少。乳清含水量大不适合直接作为配合饲料。经喷雾干燥后得到的乳清粉是哺乳仔畜的良好调养饲料，成为代乳料中不可缺少的部分。

乳清粉主要被用作猪的饲料，尤其是仔猪的补充饲料。如在仔猪玉米型补料中加30%脱脂乳和10%乳清粉，饲养效果最好。乳清粉在生长猪饲粮中用量应少于20%，在育肥猪饲粮中用量宜为10%以内。否则，乳糖将在猪大肠内发酵而产生大量的气体，出现肠胀气，如表2.8所示。

**表2.8　乳清及其干物质中养分含量**

| 指　标 | 含　量 | |
|---|---|---|
| 干物质/% | 6.6 | 100 |
| 乳糖/% | 4.9 | 74.5 |
| 粗蛋白质/% | 0.9 | 13.5 |
| 粗脂肪/% | 0.2 | 3.4 |
| 赖氨酸/% | 0.06 | 0.95 |
| 蛋氨酸+半胱氨酸/% | 0.03 | 0.45 |
| 粗灰分/% | 0.6 | 9.0 |
| 钙/% | 0.06 | 0.90 |

续表

| 指　标 | 含　量 | |
|---|---|---|
| 磷/% | 0.05 | 0.75 |
| 钠/% | 0.06 | 0.90 |
| 可消化粗蛋白(猪)/($g \cdot kg^{-1}$) | 8.6 | 130.0 |
| 消化能(猪)/($MJ \cdot kg^{-1}$) | 1.1 | 16.0 |
| 代谢能(牛)/($MJ \cdot kg^{-1}$) | — | 14.5 |
| 代谢能(鸡)/($MJ \cdot kg^{-1}$) | 0.86 | 13.0 |

### 2.5.4 淀粉质块茎、块根类

该类饲料主要包括马铃薯、甘薯与木薯、饲用甜菜与甜菜渣、瓜类等。这类饲料干物质中主要是无氮浸出物,而粗蛋白质、脂肪、粗纤维、粗灰分等较少或贫乏。

**1)马铃薯**

马铃薯又叫土豆、山药蛋等。其块茎中干物质含量约25%,其中淀粉占干物质的80%~85%,粗纤维含量少,粗蛋白质含量为4.6%,其中非蛋白态氮约占粗蛋白质的50%。马铃薯给动物可生喂,也可熟喂。生喂时宜切碎后投喂。脱水马铃薯块茎为较好的能量饲料,可将其粉碎后加到动物饲粮中。发芽、未成熟的马铃薯中含有龙葵素,大量投喂会引起中毒。

**2)甘薯与木薯**

这两种饲料的含水量比一般多汁饲料少,粗纤维含量较低,因而就干物质而言有效能值较高。粗蛋白质含量较低。新鲜甘薯块是优良的多汁饲料,不论是生或熟,其适口性均佳。给育肥动物和泌乳动物饲用新鲜甘薯,能促进其肥育和泌乳。动物对生、熟甘薯的消化率有差异,由于生甘薯含有胰蛋白酶抑制因子,故熟甘薯的消化率高于生甘薯的消化率。甘薯保存不当,特别是块根伤处易受微生物侵染而出现黑斑病。黑斑甘薯有毒,家畜采食后将会引起腹痛,并有喘息症状,重者导致死亡。因此有黑斑病的甘薯不能作为畜禽的饲料。

**3)甜菜与甜菜渣**

各类甜菜所含的无氮浸出物主要为蔗糖。一般是先将甜菜制糖,然后以甜菜渣作为饲料。甜菜渣中主要成分是无氮浸出物,以干物质计,达60%以上,因而其消化能值较高,达12 MJ/kg以上。粗蛋白质较少,且品质差,必需氨基酸少,特别是蛋氨酸极少。Ca,Mg,Fe等矿物元素含量较多,但磷、锌等元素很少。甜菜渣中胆碱、烟酸含量较多而其他维生素较贫乏。甜菜渣多用于饲喂育肥牛。

## 2.6 蛋白质饲料

蛋白质饲料在饲料分类系统中属于第5大类,是指绝干物质中蛋白质含量在20%以上、粗纤维含量在18%以下的饲料。蛋白质饲料主要包括豆类籽实(05—09—0000)、饼粕类(5—10—0000)、动物性蛋白质饲料(5—13—0000)、工业副产品(5—11—0000)、微生物蛋白质饲料及其他类蛋白质饲料等。

### 2.6.1 植物性蛋白质饲料

植物性蛋白质饲料包括豆类籽实、饼(粕)类及其他加工副产品。

**1)豆类籽实**

豆类籽实主要有大豆(黄豆)、黑豆、豌豆和蚕豆等,这些豆类都是动物良好的蛋白质饲料。豆类籽实生喂饲用价值低,整粒饲喂消化率低,有的甚至不能消化。若经加工压扁或粉碎处理,消化率显著提高。黑豆虽是优质蛋白质饲料,但也不能多喂,多喂易引起消化障碍。绝大多数的豆科籽实主要用作人的食物,只在必要的情况下,少量用作饲料。它们共同的营养特点是蛋白质含量丰富,达20% ~40%,蛋白质的氨基酸组成也较好,其中赖氨酸含量丰富,而蛋氨酸等含硫氨基酸相对不足。无氮浸出物较谷实类低。

本类饲料中矿物质与维生素的含量与谷实大致相似,不过维生素 $B_2$ 与 $B_1$ 含量上有些种类稍高于谷实,但并不能列为上等,Ca 含量虽稍高些,但仍比 P 少,Ca,P 比仍不适宜。

未经加工的豆类籽实中含有多种抗营养因子,如抗胰蛋白酶、凝集素等。因此,生喂豆类籽实不利于动物对营养物质的吸收。蒸煮和适度加热,可以钝化破坏这些抗营养因子,而不再危害动物消化。

大豆经膨化后,所含的大部分抗胰蛋白酶和脲酶等被破坏,适口性及蛋白质消化率也得以明显改善,在肉用畜禽和幼龄畜禽日粮中作为部分蛋白质的来源,使用效果颇佳。

**2)饼粕类**

饼粕类饲料是油料籽实提取油分后的副产品。目前,我国脱油的方法有压榨法、浸提法和预压—浸提法。用压榨法榨油的产品通称"饼",有大饼和瓦块饼之分;用浸提法脱油后的产品称"粕"。饼粕类的营养价值因原料种类品质及加工工艺而异。浸提法一般不经过高温高压,因而油粕中的营养物质除油脂外,变化不显著,脱油效率高,故相应的粕中残油量少,蛋白质含量高。压榨法则由于高温高压常常导致蛋白质变性,特别是赖氨酸、精氨酸之类的碱性氨基酸损害最严重;高温高压也可使棉籽中所含的有毒物质棉酚、大豆中的胰蛋白酶抑制因子等抗营养因子受到不同程度的破坏,所以,加热处理有其有利的一面,也有因过度处理而损害蛋白质品质的不利一面;压榨法脱油效率低,因而与相应粕比较,含可利用能量高,但油脂易酸败和氧化,对保存不利。

(1)大豆饼(粕)。大豆饼(粕)是我国最常用的一种主要植物性蛋白质饲料,蛋白质含量达42% ~46%,赖氨酸含量达2.5% ~2.8%,是棉仁饼、菜籽饼、花生饼的两倍,且质量也较佳。大豆饼粕在氨基酸组成上的缺点是蛋氨酸含量不足,略逊于菜籽饼粕和葵花仁饼粕,但略高于棉仁饼粕和花生饼粕。因此,在主要使用大豆饼粕的饲粮中,一般都要另外添加 D-L 蛋氨酸,才能满足动物的营养需要。未经加热的大豆饼(粕)中存在有抗营养物质如抗胰蛋白酶、脲酶、甲状腺肿因子、皂素、凝集素等。这些抗营养因子不耐热,适当的热处理即可灭活(110 ℃,3 min),但加热过度会降低赖氨酸、精氨酸的活性,同时亦会使胱氨酸遭到破坏,从而降低其营养价值。

(2)菜籽饼(粕)。菜籽饼(粕)亦是一种高蛋白质饲料,其蛋白质含量一般为35%,它的氨基酸组成特点是蛋氨酸含量较高,在饼粕类饲料中仅次于芝麻饼粕,赖氨酸含量也比较高,仅次于大豆饼粕,为2.0% ~2.5%。但其具有辛辣味,适口性差,因此用量不能多,只能占蛋白质饲料中的一部分。

菜籽饼在饲喂以前,不能用温水浸泡,因为菜籽饼中含有配糖体黑芥毒和芥毒,用温水浸泡菜籽饼时,配糖体在芥子酶的作用下分解形成有毒物质,如恶唑烷硫酮,它阻碍甲状腺合成,导致甲状腺肿大。若榨油时将菜籽粉碎加热到100 ℃左右,芥子酶失去活性,则不会产生中毒的危险。为防止中毒,菜籽饼宜干喂,或将菜籽饼煮过后再饲喂,较为安全。在饲料中的安全限量为蛋鸡、种鸡5%,生长鸡、肉鸡10%~15%;母猪、仔猪5%,生长育肥猪10%~15%;奶牛日饲喂量为1~1.5 kg,犊牛和怀孕母牛最好不要喂。

菜籽饼粕脱毒常用以下方法:

①坑埋法。挖一土坑,大小视菜籽饼用量和周转期而定,坑内铺放塑料薄膜或草席,先将粉碎的菜籽饼按1:1加水浸泡,而后按每立方米500~700 kg将其装入坑内,接着在顶部铺草或覆以塑料薄膜,最后在上部压上20 cm以上的土,两个月后即可饲喂。

②水浸法。硫葡萄糖甙具水溶性,因此可用冷水或温水浸泡2~4 d,每天换水一次,这样可除去部分硫葡萄糖甙,但此法养分流失很大。

③氨或碱处理法。每100份菜籽饼用浓氨水(含NH32.8%)4.7~5份,或纯碱3.5份,用水稀释后,均匀喷洒到饼中覆盖堆放3~5 h,然后置蒸笼中蒸40~50 min即可喂用。也可在阳光下晒干或炒干后贮备使用。氨、碱促使硫葡萄糖甙催化水解,其中挥发性较大的有毒成分可用蒸气挥发出去。

④发酵法。某些细菌和真菌可以破坏硫葡萄糖甙及其降解产物,因此菜籽饼发酵去毒已被国内外所重视,大量试验研究工作正在进行。

解决菜籽中的毒性问题,根本途径是培育低毒或无毒油菜品种。比如,加拿大培育出的“双低”品种托尔(Tower)和堪多尔(Candle)。

(3)棉籽饼(粕)。棉籽脱油以后的副产品称为棉籽饼(粕);棉籽完全去壳脱油后所制成的副产品称为棉仁饼(粕)。棉仁饼(粕)蛋白质含量可达41%,不脱壳的棉籽饼(粕)蛋白质含量约为32%。棉仁饼粕和棉籽饼粕中的有毒成分是游离棉酚,对猪特别敏感。因游离棉酚是一种原生质毒、血管毒和神经毒,既可以刺激引起家畜消化道的炎症从而增加血管壁的渗透性,促使血细胞和血浆渗出,又会引起实质器官的出血和水肿,导致中枢神经系统的机能紊乱。因此,猪配合饲料中不超过15%~20%,产蛋鸡一般可用到6%,育肥猪和肉鸡后期可用到10%,反刍动物耐受性较强,犊牛用量可占精料20%,奶牛占精料50%,过量饲喂会引起中毒。在成年母牛日粮中不应超过混合精饲料的15%,或者喂量不超过1.4 kg。

棉仁饼(粕)氨基酸组成特点是:蛋氨酸含量低,约为0.4%,仅为菜籽饼粕的55%左右;赖氨酸含量也低,为1.3%~1.5%;而精氨酸含量却高达3.6%~3.8%。根据其组成特点,饲粮中使用的棉仁饼(粕),不仅要添加蛋氨酸和赖氨酸,还要与含精氨酸少的饲料搭配。棉仁饼粕与菜籽饼粕搭配不仅可缓冲赖氨酸与精氨酸的拮抗作用,而且可减少D-L蛋氨酸的添加量,经济效益好。

棉籽(仁)饼(粕)去毒法介绍如下:

①水热处理去毒法。游离棉酚在湿热处理时,可形成结合棉酚,不易被动物吸收,因而减轻对动物的毒性。特别是在农村对土榨饼采用这种方法效果较好。方法是将粉碎的棉籽饼加适量水煮沸并搅拌,煮约0.5 h,冷却后备用。

②硫酸铵和生石灰膏处理法。取200 kg水放入缸中,加入硫酸铵2 kg和生石膏1 kg,搅拌溶解,加入100 kg棉籽饼,充分搅拌,静置24 h,取出备用。游离棉酚可以从0.065%下降至0.01%~0.02%。

③化学去毒法。在一定条件下,把某种化学药剂加入棉籽饼中使棉酚破坏或变成结

合物。

A. $FeSO_4$法。$FeSO_4$中的Fe能与棉酚螯合，使棉酚中的活性醛基和羟基失去作用，形成难以消化吸收的棉酚—铁复合物，这种作用不仅可作为棉酚的去毒和解毒剂，而且能降低棉酚在肝脏中的蓄积量，起到预防中毒作用，是目前最常用的方法。$FeSO_4$与游离棉酚按5:1的重量比，把0.1% ~0.2%的$FeSO_4$溶液加入棉籽饼中混合均匀并浸泡，搅拌几次，一昼夜后即可饲用。

B. 碱处理法。在棉籽饼粕中加入烧碱或纯碱的水溶液、石灰等，并加热蒸炒使饼粕中的游离棉酚破坏或形成结合物。本法去毒效果理想，但较费事，且成本高，在饲养场可将饼粕用碱水（1% $Na_2CO_3$或2% ~3%石灰水等）浸泡24 h，再把碱液洗掉后饲喂。

④加热处理法。棉籽饼粕经过蒸、煮、炒等加热处理1 h，80%棉酚破坏，使游离棉酚变为结合棉酚，但会降低饼粕营养价值。

⑤微生物去毒法。利用微生物及其酶的发酵作用破坏棉酚，达到去毒目的。

（4）花生仁饼粕。花生带壳榨油的饼粕和去壳榨油的饼粕，营养成分各不相同。前者粗纤维含量高，后者则较低。脱壳后榨油的花生仁饼（粕），营养价值高，其粗蛋白质的含量达45%（41.0% ~47.0%）左右，但氨基酸组成不佳，赖氨酸含量1.35%和蛋氨酸含量0.39%都很低；代谢能的含量可超过大豆饼（粕），而且适口性好，有香味，但很易感染黄曲霉菌，产生黄曲霉毒素，造成雏鸡、雏鸭死亡，一般黄曲霉毒素不能超过50 mg/kg，因此要贮藏好。花生饼（粕）可占精饲料的20%，但最好与豆饼或其他饼粕类混喂。

生花生饼粕中也含有抗胰蛋白酶等抗营养因子，适当加热处理即可破坏其中的胰蛋白酶抑制因子而提高蛋白质和氨基酸的消化率。

其他还有芝麻饼粕、胡麻饼粕、蓖麻饼粕、葵花子饼粕等。

**3）工业副产品类**

（1）玉米蛋白粉及玉米胚芽饼粕。玉米蛋白粉含蛋白25% ~60%，蛋白质含量高者呈橘黄色，因此，也是有效的着色剂。玉米蛋白粉含粗纤维少，蛋白质消化率达81% ~98%。玉米蛋白粉中的氨基酸组成特点是赖氨酸和色氨酸严重不足，蛋氨酸含量高，达0.80% ~1.78%。玉米蛋白粉中还含有很高的叶黄素，是养鸡业的优质饲料。

玉米胚芽饼粕是玉米胚脱油后的副产品，蛋白质含量为13% ~17%，消化能与代谢能属中等。

（2）糟渣类及其他加工副产品。在蛋白质饲料范畴内，还包括一些谷类的加工副产品，如玉米面筋、各种酒糟与豆腐渣等，本类饲料有一共同特点，即都是在大量提走各种籽实中的碳水化合物后的多水分残渣物质，这类饲料含水量高，不易保存，一般趁新鲜时利用。糟渣类饲料干物质中一般含粗蛋白质25%左右，所以列为蛋白质饲料。常用的有糖糟、啤酒糟等，这类饲料对提高奶产量效果明显。

### 2.6.2 动物性蛋白质饲料

本类饲料主要是水产品、肉类、乳和蛋品加工的副产品，还有屠宰场、皮革厂的废弃物以及缫丝厂的蚕蛹。

这类饲料的营养特点是干物质中蛋白质含量高达50% ~80%，所含必需氨基酸齐全，比例接近畜禽的需要。灰分含量高，特别是Ca，P含量很高，而且Ca，P比例适当。维生素B族含量高，特别是还含有植物性饲料中没有的维生素$B_{12}$。碳水化合物特别少，无粗纤维。

这类饲料主要有鱼粉、血粉、肉骨粉、肉粉、蚕蛹、乳清粉、羽毛粉及其他动物加工副产品等，特点是蛋白质含量高，且蛋白质品质好，是最好的蛋白质补充饲料。

1)**鱼粉**

我国使用的鱼粉（包括进口鱼粉和国产鱼粉）是以全鱼为原料制成的不掺异物的纯鱼粉。各类鱼粉因原料不同和加工条件不同，使得鱼粉内各种营养物质的含量差异很大。

鱼粉的蛋白质含量很高，进口鱼粉蛋白在60%以上，最高可达72%，制作鱼类饵料的白鱼粉含量还更高，国产鱼粉蛋白质含量一般在40%～60%。鱼粉蛋白质氨基酸平衡好，赖氨酸和蛋氨酸含量都很高，而精氨酸含量低，与其他饲料的配伍性好。鱼粉的钙、磷含量较高，而且所有磷都是可利用磷。鱼粉含有维生素$B_{12}$，这是所有植物性饲料中都没有的，并且其他B族维生素含量也较高。除此之外，鱼粉还含有维生素A和维生素E等脂溶性维生素，但加工条件和保存条件不良时，很易被破坏。此外，鱼粉的含锌量也非常高。还值得一提的是，鱼粉中含有促生长未知因子（UGF），因这种物质还没有被提纯成纯化合物，所以还不能定名。但是已肯定，这种物质可以促进动物的生长，故叫促生长未知因子（UGF）。

鱼粉的加工方法有干法和湿法两种生产工艺，湿法生产工艺优于干法。生产中还常有白鱼粉与红鱼粉之分，白鱼粉是由白肉鱼种（鳕鱼、鲽鱼等）加工而成，脂肪低，制品色淡且呈纤维状肉丝，易保存，蛋白质含量很高，品质较优。红鱼粉是由红肉鱼种（沙丁鱼、金枪鱼、鲱鱼等）制成。在鱼粉生产中常有一些副产品，如鱼溶浆（鱼膏）、鱼精粉和鱼油等，均可以用于饲料生产。

商品鱼粉往往因为质量问题，给用户造成损失。这些问题主要是伪造掺假、食盐含量过高、发霉变质和鱼粉本身所产生的毒素等。鱼粉因价格昂贵，使有些不法之徒贪图暴利，向鱼粉内掺杂各种异物（所掺的杂物有尿素、饼粕、糠麸、血粉、羽毛渣、食盐、沙砾等），所以购货时必须检测。国产鱼粉的含盐量变化很大，有些鱼粉食盐含量高达30%。鱼粉在饲粮中的配比，要先测知鱼粉含盐量，再行确定，所用鱼粉的最大配比，不能使鱼粉的食盐含量超过饲养标准的规定（0.3%）。

鱼粉虽是高营养饲料，但也是微生物繁殖的良好场所，当温、湿度过高时，极易发霉腐败，甚至自燃，鱼粉应在仓库内储存，并应有温湿度的监视设备。近年来已查明，由于加工错误生产的鱼粉、或储存中发生过自燃的鱼粉均含“肌胃糜烂素”，这是引起家禽肌胃糜烂的原因，所以使用时必须先检测。

2)**肉粉及肉骨粉**

屠宰场或肉品加工厂的肉屑、碎肉等处理后制成的饲料叫肉粉，而以连骨肉为主要原料的，则叫肉骨粉。美国饲料管理协会以含磷4.4%为界限，含磷量在4.4%以下的叫肉粉，在4.4%以上的叫肉骨粉。我国生产的肉粉与肉骨粉中还包括动物的内脏、胚胎、非传染病死亡的动物胴体等，但不应含有毛发、蹄壳及动物的胃肠内容物。

肉粉与肉骨粉的品质与生产原料有很大关系，营养成分含量差异较大。一般粗蛋白质含量约为25%～60%，水分5%～10%，粗脂肪3%～10%，钙7%～20%，磷3.6%～9.5%。蛋白质中赖氨酸含量较高，但蛋氨酸和色氨酸含量低（比血粉还低），维生素B族含量较高，而维生素A、维生素D含量低。我国对动物的头、蹄、内脏的烹调技术十分著名，因而肉骨粉与肉粉原料不足，我国的肉粉、肉骨粉同进口产品相比，蛋白质含量低，而钙、磷含量高。

肉粉、肉骨粉为动物性蛋白质饲料，储存时应防止脂肪氧化，防止沙门氏菌和大肠杆菌的污染。由于其营养成分变化大，使用之前最好测定其各项指标。肉粉和肉骨粉可作为仔猪和鸡的饲料,用量不要超过10%~15%,否则影响饲料的适口性。

**3)血粉**

血粉是用新鲜、干净的动物血制成的一种高蛋白饲料产品,一般为红褐色至褐色,其营养成分大致为:水分8%~11.5%,粗蛋白质75%~85%,粗脂肪0.4%~2%,粗纤维0.5%~2%,粗灰分2%~6%,钙0.1%~1.5%,磷0.1%~0.4%。血粉中氨基酸不平衡,赖氨酸含量高达7%~8%(比常用鱼粉含量还高),组氨酸含量同样也较高,但精氨酸含量却很低,因此血粉与花生饼粕或棉仁饼粕搭配,可得到较好的饲养效果。血粉的最大缺点是异亮氨酸含量很少,在配料时应特别注意异亮氨酸的需要量。但需注意的是,饲料中的亮氨酸往往含量很多,而亮氨酸与异亮氨酸又有拮抗作用,故配方时应特别注意两者的比例。总之,血粉虽是蛋白质含量很高的饲料,但又是氨基酸含量很不均匀的饲料,且血粉的消化率很低,适口性也较差。因此在饲粮中的比例,一般不超过3%~4%。

据最新资料表明,喷雾干燥血浆蛋白粉含天然活性免疫球蛋白,适口性好,氨基酸平衡,消化性好,但价格昂贵,主要用于早期断奶仔猪日粮。

**4)羽毛粉**

羽毛粉是羽毛加工的废料经高压水解后干燥的制品。加工方法恰当所制成的羽毛粉合格,营养价值很好,蛋白质含量可达80.3%~87.4%,比常用鱼粉的含量还高,但钙、磷含量较少,分别为0.3%和0.5%。羽毛粉含硫量可达1.5%,是所有饲料中含硫最高者。羽毛粉氨基酸组成的特点,最显著的是甘氨酸和丝氨酸含量都很高,分别达到6.3%和9.3%。羽毛粉的另一显著优点是异亮氨酸含量很高,可达5.3%,可与异亮氨酸含量不足的饲料(如血粉等)搭配。但应注意,羽毛粉的赖氨酸和蛋氨酸含量均很低,分别相当于鱼粉的25%和35%左右。羽毛粉的苏氨酸、缬氯酸、苯丙氨酸和酪氨酸含量又都较高,尤以胱氨酸的含量更高,达4%左右,是所有饲料中含量最高者。鸡日粮中添加羽毛粉对防止鸡产生啄羽癖有一定的效果。

**5)蚕蛹粉和蚕蛹粕**

蚕蛹粉是蚕蛹经干燥、粉碎后的产物,粗脂肪含量可达22%以上。蚕蛹粕是蚕蛹脱油后的残余物,粗脂肪含量一般在10%左右。蚕蛹粉和蚕蛹粕的蛋白质含量都很高,分别为55%和65%;两者的氨基酸含量虽因蛋白质含量的差异而不同,但在氨基酸组成上的特点是共同的。蚕蛹粉和蚕蛹粕氨基酸组成的最大特点是蛋氨酸含量很高,分别为2.2%和2.9%,是所有饲料中的最高者;其次,赖氨酸含量同样也较高,约与进口鱼粉相当;色氨酸含量也较高,达1.25%~1.5%。因此说,蚕蛹粉、蚕蛹(粕)是平衡饲粮氨基酸组成的很好饲料。

蚕蛹粉、蚕蛹粕的缺点是:因受原料品质和高脂肪含量的影响很容易发生腐败变质,如变质后再饲喂畜禽不但会使鸡蛋和猪肉、鸡肉带有不良气味,同时还会使猪肉脂肪变黄。

### 2.6.3 单细胞蛋白质饲料

(1)单细胞蛋白质饲料的种类。

①酵母。如假丝酵母类、红酵母属等。

②微型藻。如小球藻属、螺旋藻属等。

③非病原菌。如氢极毛杆菌、甲烷极毛菌属等。

④真菌。如曲霉菌、根霉属等。

(2)单细胞蛋白饲料存在问题。

①这类产品中有时含有三致物质(致畸、致癌、致突变),如石油酵母因含有3,4-苯并芘致癌物。

②酵母一般具有苦味,对动物的适口性不好,特别是牛不喜采食,但羊、猪、禽尚能适应,不过一般也以不超过日粮中10%为宜。

③单细胞蛋白质饲料中核酸含量较高,核酸中嘌呤碱基在代谢后形成尿酸,人的尿酸是相对不溶的,易导致人的肾结石或痛风,而禽类和许多哺乳动物的尿酸在体内尿酸酶作用下进一步代谢为尿囊素,尿囊素能容易地排出体外。

### 2.6.4 非蛋白含氮化合物

非蛋白氮(NPN)即非蛋白质态的含氮化合物。反刍动物的瘤胃内存在着大量的微生物,这些微生物可以利用非蛋白氮而形成菌体蛋白,最后菌体蛋白被反刍动物利用。作为反刍动物蛋白质饲料代用品的非蛋白含氮化合物较多,如尿素、缩二脲、硫胺、碳胺等。

## 2.7 矿物质饲料

矿物质饲料在饲料分类中属于第6大类(6—14—0000),是补充动物矿物质需要的饲料,它包括人工合成的、天然单一的和多种混合的矿物质饲料,以及配合有载体或赋形剂的痕量、微量、常量元素补充料。矿物质元素在各种动植物饲料中都有一定含量,虽多少有差别,但由于动物采食饲料的多样性,往往可以相互补充而满足动物对矿物质的需要,但在舍饲条件下或在高产等情况下,动物对它们的需要量增多,这时就必须在动物的日粮中另行添加所需的矿物质。

### 2.7.1 补充钙的饲料

常用的含钙矿物质饲料有石灰石粉、白云石粉、贝壳粉、蛋壳粉及石膏等。

1)**石粉**($CaCO_3$)

石粉主要指石灰石粉,为天然的碳酸钙,一般含纯钙35%以上,是补充钙的最廉价、最方便的矿物质原料。石灰石粉的成分与含量见表2.9。

**表2.9 石灰石粉的成分与含量(%)**

| 干物质 | 灰分 | 钙 | 氯 | 铁 | 锰 | 镁 | 磷 | 钾 | 钠 | 硫 |
|---|---|---|---|---|---|---|---|---|---|---|
| 99.0 | 96.8 | 35.84 | 0.02 | 0.349 | 0.027 | 2.06 | 0.01 | 0.11 | 0.06 | 0.04 |
| 100.0 | 96.9 | 35.89 | 0.03 | 0.350 | 0.027 | 2.06 | 0.01 | 0.12 | 0.06 | 0.04 |

天然的石灰石,只要铅、汞、砷、氟的含量不超过安全系数,都可用于饲料。石粉的用量如下:仔猪1%~1.5%,育肥猪2%,种猪2%~3%,幼鸡2%,蛋鸡和种鸡5%~7%,肉鸡2%~3%。单喂石粉过量,会降低日粮有机养分的消化率,还对青年鸡的肾脏有害,使泌尿系统尿酸盐过多沉积而发生炎症,甚至形成结石。蛋鸡过多接受石粉,蛋壳上会附着一层薄薄的细粒,影响蛋的合格率,最好与有机态含钙饲料如贝壳粉按1:1比例配合使用。

石粉作为钙的来源,其粒度以中等为好,一般猪为26~36目,禽为26~28目。对蛋鸡来讲，较粗的粒度有助于保持血液中钙的浓度，满足形成蛋壳的需要，从而增加蛋壳强度，减少蛋的破损率，但粗粒影响饲料的混合均匀度。

将石灰石锻烧成氧化钙，加水调制成石灰乳，再经二氧化碳作用生成碳酸钙，称为沉淀碳酸钙。我国国家标准适用于沉淀法制得的饲料级轻质碳酸钙，如表2.10所示。

表2.10 饲料级轻质碳酸钙质量标准(%)

| 指标名称 | 指标 | 指标名称 | 指标 |
|---|---|---|---|
| 碳酸钙(以干物质计) | ≥98.0 | 钡盐(以Ba计) | ≤0.005 |
| 碳酸钙(以Ca计) | ≥39.2 | 重金属(以Pb计) | ≤0.003 |
| 盐酸不溶物 | ≤0.2 | 砷(As) | ≤0.000 2 |
| 水分 | ≤1.0 | | |

**2)贝壳粉**

贝壳粉是各种贝类外壳(蚌壳、牡蛎壳、哈蜊壳、螺蛳壳等)经加工粉碎而成的粉状或粒状产品，主要成分也为碳酸钙，含钙量应不低于33%。品质好的贝壳粉杂质少，含钙高，呈白色粉状或片状，用于蛋鸡或种鸡的饲料中，蛋壳的强度较高，破蛋软蛋少。

贝壳粉内常掺杂砂石和泥土等杂质，使用时应注意检查。另外若贝肉未除尽，加之储存不当，堆积日久易出现发霉、腐臭等情况，这会使其饲料价值显著降低。

**3)蛋壳粉**

禽蛋加工厂或孵化厂收集的蛋壳，经干燥、灭菌、粉碎后即得到蛋壳粉。无论蛋品加工后的蛋壳或孵化出雏后的蛋壳，都残留有壳膜和一些蛋白，因此除了含有34%左右钙外，还含有7%的蛋白质及0.09%的磷。蛋壳粉是理想的钙源饲料，利用率高，用于蛋鸡、种鸡饲料中与贝壳粉同样具有增加蛋壳硬度的效果。应注意蛋壳干燥的温度应超过82 ℃，以消除传染病源。

**4)石膏**

石膏为硫酸钙晶体($CaSO_4 \cdot 2H_2O$)，有天然石膏粉碎后的产品，也有化学工业产品。若是来自磷酸工业的副产品，则因其含有高量的氟、砷、铝等而品质较差，使用时应加以处理。石膏含钙量为20%~30%，含硫16%~17%，既可提供钙，又是硫的良好来源，生物利用率高。石膏有预防鸡啄羽、啄肛的作用，一般在饲料中的用量为1%~2%。

此外，大理石、白云石、白垩石、方解石、熟石灰、石灰水等均可作为补钙饲料。其他还有甜菜制糖的副产品——滤泥也属于碳酸钙产品。

微量元素预混料常常使用石粉或贝壳粉作为稀释剂或载体，使用量占配比较大，配料时应注意将其含钙量计算在内。

## 2.7.2 含磷饲料

富含磷的矿物质饲料有磷酸钙类、磷酸钠类、骨粉及磷矿石等。在利用这一类原料时，除了注意不同磷源有着不同的利用率外，还要考虑原料中有害物质如氟、铝、砷等是否超标。

**1)磷酸钙类**

磷酸钙类包括磷酸一钙、磷酸二钙和磷酸三钙等。

(1)磷酸一钙。磷酸一钙又称磷酸二氢钙或过磷酸钙，纯品为白色结晶粉末，多为一水盐[$Ca(H_2PO_4)_2 \cdot H_2O$]。市售品是以湿式法磷酸液(脱氟精制处理后再使用)或干式法磷酸液作用于磷酸二钙或磷酸三钙所制成的。因此，常含有少量未反应的碳酸钙及游离磷酸，吸湿性强，且呈酸性。本品含磷22%左右，含钙15%左右，利用率比磷酸二钙或磷酸三钙好，尤其在水产动物饲料中更为显著。

(2)磷酸二钙。磷酸二钙也叫磷酸氢钙，为白色或灰白色的粉末或粒状产品，又分为无水盐($CaHPO_4$)和二水盐($CaHPO_4 \cdot 2H_2O$)两种，后者的钙、磷利用率较高。磷酸二钙一般是在干式法磷酸液或精制湿式法磷酸液中加入石灰乳或磷酸钙而制成的。市售品中除含有无水磷酸二钙外，还含少量的磷酸一钙及未反应的磷酸钙。含磷18%以上，含钙21%以上，饲料级磷酸氢钙应注意脱氟处理，含氟量不得超过标准，如表2.11所示。

**表2.11 饲料级磷酸氢钙质量标准(%)**

| 项 目 | 指 标 | 项 目 | 指 标 |
|---|---|---|---|
| 磷含量(P)/% | ≥16.0 | 重金属含量(以Pb计)/% | ≤0.002 |
| 钙含量(Ca)/% | ≥21.0 | 氟化物含量(以F计)/% | ≤0.18 |
| 砷含量(As)/% | ≤0.003 | 细度通过W=40 μm试验筛/% | ≥95 |

(3)磷酸三钙。磷酸三钙又称磷酸钙，纯品为白色无臭粉末。饲料中常用的是磷酸废液制造，为灰色或褐色，并有臭味，分为一水盐[$Ca_3(PO_4)_2 \cdot H_2O$]和无水盐[$Ca_3(PO_4)_2$]两种，以后者居多。经脱氟处理后，称作脱氟磷酸钙，为灰白色或茶褐色粉末。含钙29%以上，含磷15%~18%以上，含氟0.12%以下。

2)**磷酸钠类**

(1)磷酸一钠。磷酸一钠又称磷酸二氢钠，有无水物($NaH_2PO_4$)及二水物($NaH_2PO_4 \cdot 2H_2O$)两种，均为白色结晶性粉末，因其有潮解性，宜保存于干燥处。含磷约25%，含钠约19%。因其不含钙，在钙要求低的饲料中可充当磷源，在调整高钙、低磷配方时使用不会改变钙的比例。

(2)磷酸二钠。磷酸二钠也称磷酸氢二钠，呈白色无味的细粒状，一般含磷18%~22%，含钠27%~32.5%，应用同磷酸一钠。

3)**骨粉**

骨粉是以家畜骨骼为原料加工而成的，由于加工方法的不同，成分含量及名称各不相同，化学式为[$3Ca_3(PO_4)_2 \cdot Ca(OH)_2$]。骨粉含氟量低，且钙多磷少，是补充家畜钙、磷需要的良好来源。

骨粉一般为黄褐乃至灰白色的粉末，有肉骨蒸煮过的味道。骨粉的含氟量较低，只要杀菌消毒彻底，便可安全使用。但由于成分变化大，来源不稳定，而且常有异臭，在国外饲料工业上的用量逐渐减少。骨粉按加工方法可分为煮骨粉、蒸制骨粉、脱胶骨粉和焙烧骨粉等，其成分含量，如表2.12和表2.13所示。

**表2.12 各种骨粉的一般成分**

| 类 别 | 干物质/% | 粗蛋白质/% | 粗纤维/% | 粗灰分/% | 粗脂肪/% | 无氮浸出物/% | 钙/% | 磷/% |
|---|---|---|---|---|---|---|---|---|
| 煮骨粉 | 75.0 | 36.0 | 3.0 | 49.0 | 4.0 | 8.0 | 22.0 | 10.0 |
| 蒸制骨粉 | 93.0 | 10.0 | 2.0 | 78.0 | 3.0 | 7.0 | 32.0 | 15.0 |
| 脱胶骨粉 | 92.0 | 6.0 | 0 | 92.0 | 1.0 | 1.0 | 32.0 | 15.0 |
| 焙烧骨粉 | 94.0 | 0 | 0 | 98.0 | 1.0 | 1.0 | 34.0 | 16.0 |

表 2.13 骨粉的矿物质成分

| 类别 | 干物质/% | 钙/% | 磷/% | 氯/% | 铁/% | 镁/% | 钾/% | 钠/% | 硫/% | 铜/% | 锰/% |
|---|---|---|---|---|---|---|---|---|---|---|---|
| 煮骨粉 | 93.6 | 22.96 | 10.25 | 0.09 | 0.044 | 0.35 | 0.23 | 0.74 | 0.12 | 8.50 | 3.90 |
| 蒸制骨粉 | 95.5 | 30.14 | 14.53 | | 0.084 | 0.61 | 0.18 | 0.46 | 0.22 | 7.40 | 13.80 |

骨粉是我国配合饲料中常用的磷源饲料，优质骨粉含磷量可以达到12%以上，钙磷比例为2∶1左右，符合动物机体的需要，同时还富含多种微量元素。但简易方法生产的骨粉，不经脱脂、脱胶和热压灭菌而直接粉碎制成的生骨粉，因含有较多的脂肪和蛋白，易腐败变质。尤其是品质低劣、有异臭、呈灰泥色的骨粉，常携带大量病菌，用于饲料易引发疾病传播。有的兽骨收购场地，为避免蝇蛆繁殖，喷洒敌敌畏等药剂，而使骨粉带毒，这种骨粉绝对不能用作饲料。

**4）其他**

（1）磷酸铵。本品为饲料级磷酸或湿式处理的脱氟磷酸中和后的产品，含氮9%以上，含磷23%以上，含氟量不可超过磷量的1%，含砷量不可超过25 mg/kg，铅等重金属应在30 mg/kg以下。对于反刍动物，本品可用来补充磷和氮，但氮量换算成粗蛋白质量后，不可超过日粮的2%。对非反刍动物，本品仅能当磷源使用，且要求其所提供的氮换算成粗蛋白质量，不可超过日粮的1.25%。

（2）磷酸液。磷酸的水溶液，一般以$H_3PO_4$表示，应保证最低含磷量，含氟量不可超过磷量的1%。本品具有强酸性，使用不方便，可在青贮时喷加，也可以与尿素、糖蜜及微量元素混合制成牛用液体饲料。

（3）磷矿石粉。磷矿石粉碎后的产品，常含有超过允许量的氟，并有其他如砷、铅、汞等杂质。用作饲料时，必须脱氟处理使其合乎允许量标准。

此外，磷酸盐类还有磷酸氢二氨、磷酸氢二钾及磷酸二氢钾等，但一般在饲料中应用较少。以上几种含磷饲料的成分，如表2.14所示。

表 2.14 几种含磷饲料的成分

| 含磷矿物质饲料 | 磷/% | 钙/% | 钠/% | 氟/($mg \cdot kg^{-1}$) |
|---|---|---|---|---|
| 磷酸二氢钠 $NaH_2PO_4$ | 25.8 | | 19.15 | |
| 磷酸氢二钠 $Na_2HPO_4$ | 21.81 | | 32.38 | |
| 磷酸氢钙 $CaHPO_4 \cdot 2H_2O$ | 18.97 | 24.32 | | 816.67 |
| 磷酸氢钙 $CaHPO_4$（化学纯） | 22.79 | 29.46 | | |
| 过磷酸钙 $Ca(H_2PO_4)_2 \cdot H_2O$ | 26.45 | 17.12 | | |
| 磷酸钙 $Ca_3(PO_4)_2$ | 20.00 | 38.70 | | |
| 脱氟磷灰石 | 14 | 28 | | |

## 2.7.3 补充钠、氯的饲料

**1）氯化钠**

通常使用的是食盐，精制食盐含氯化钠99%以上，粗盐含氯化钠为95%。纯净的食盐含氯60%，含钠39%，此外尚有少量的钙、镁、硫等杂质。食用盐为白色细粒，工业用盐为粗粒结晶。一般食盐在风干日粮中的用量为：牛、羊、马等草食家畜约占1%，猪和家禽一般以0.3%～0.5%为宜。

补饲食盐时，除了直接拌在饲料中外，也可以食盐为载体，制成微量元素预混料的食盐砖，供放牧家畜舔食。在缺硒、铜、锌地区等，也可分别制成含亚硒酸钠、硫酸铜、硫酸锌或氧化锌的食盐砖、食盐块使用。

**2）碳酸氢钠**

俗称小苏打。由于食盐中氯比钠多，畜禽对钠的需要量一般比氯高，因此碳酸氢钠除用于补充钠的不足外，还是一种缓冲剂，可缓解动物的热应激，改善蛋壳的强度，保证瘤胃的正常pH值。在畜禽的日粮中使用0.2%～0.4%。

**3）无水硫酸钠**

俗称元明粉或芒硝，具有轻泻的性质，除补充钠离子外，对鸡的互啄还有预防作用。

### 2.7.4 含镁饲料

饲料中含镁丰富，一般都在0.1%以上，因此不必另外添加。但早春牧草中镁的利用率很低，有时会使放牧家畜因缺镁而出现“青草痉挛”，故对放牧的牛羊以及用玉米作为主要饲料并补加非蛋白氮饲喂的牛，常需要补加镁。饲料工业中使用的氧化镁一般为菱镁矿在800～1 000 ℃煅烧的产物。此外，还可选用硫酸镁、碳酸镁和磷酸镁等。

### 2.7.5 含硫饲料

硫的来源有蛋氨酸、胱氨酸、硫酸钠、硫酸钾、硫酸钙、硫酸镁等。就反刍动物而言，蛋氨酸的硫利用率为100%，硫酸钠中硫的利用率为54%，且硫的补充量不宜超过日粮干物质的0.05%。对幼雏而言，硫酸钠、硫酸钾、硫酸镁均可充分利用，而硫酸钙利用率较差。硫酸盐不能作为猪、成年家禽硫的来源，需以有机态硫如含硫氨基酸等补给。

### 2.7.6 其他天然矿石与黏土

**1）沸石**

沸石是一种天然矿石，已知的天然沸石有40余种，其中最有使用价值的是斜发沸石和丝光沸石。沸石属铝硅酸盐类，含有25种矿物元素，其物理结构独特，大都呈格架结构，晶体内部具有许多孔径，均匀一致的孔道和内表面积很大的孔穴（500～1 000 $m^2/g$），孔道和孔穴两者的体积占沸石总体积的50%以上，它具有较强的吸附作用。在畜牧生产中沸石常用作某些微量元素添加剂的载体和稀释剂，还用作畜禽无毒无污染的净化剂和改良池塘水质，还是良好的饲料防结块剂，日粮中使用沸石还可以降低畜禽舍的臭味，减少消化道的疾病。沸石用作饲料时，粒度一般为0.216～1.21 mm。

天然沸石在消化道中除可选择性地吸附$NH_3$，$CO_2$等物质外，还能吸附某些细菌毒素，对机体有良好的保健作用。

**2）麦饭石**

麦饭石因其外观似麦饭团而得名，其主要化学成分是二氧化硅和三氧化二铝，二者约占麦饭石的80%。麦饭石在我国中医上曾被作为一种“药石”，它有多孔性，具有很强的吸附性，能吸附像氨气、硫化氢等有害、有臭味的气体和大肠杆菌、痢疾杆菌等肠道病原微生物。

不同地区的麦饭石其矿物质元素含量差异不大，均含有K，Na，Ca，Mg，Cu，Zn，Fe，Se等对动物有益的常量、微量元素，且这些元素的溶出性好，有利于体内物质代谢。

在畜牧生产中麦饭石一般用作饲料添加剂，以降低饲料成本；也用作微量元素及其他添加剂的载体和稀释剂；麦饭石可降低饲料中棉籽饼毒素。在水产养殖上，麦饭石可用来改良鱼塘水质，使水的化学耗氧量和生物耗氧量下降，溶解氧提高，提高鱼虾的成活率和生长速度。

**3）膨润土**

膨润土是以蒙脱石为主要组分的黏土，是蒙脱石类黏土岩组成的一种含水的层状结构铝硅酸盐矿物。具有阳离子交换、膨胀和吸附性，能吸附大量的水和有机质。膨润土含硅约30%，还含磷、钾、锰、钴、钼、镍等动物所需要的元素。膨润土可用作微量元素的载体和稀释剂，也可用作颗粒饲料的黏合剂。

膨润土含有动物生长发育所必需的多种常量和微量元素，并且这些元素是以可交换的离子和可溶性盐的形式存在，易被畜禽吸收利用，可提高动物的抗病能力。

**4）海泡石**

属特种稀有非金属矿石，呈灰白色，有滑感，具有特殊的层链状晶体结构，对热稳定，有很好的吸附和流变性能。可吸附氨，消除畜禽舍的臭味。常用作微量元素的载体、稀释剂及颗粒饲料的黏合剂。在颗粒饲料加工中，添加2%～4%的海泡石可以增加各种成分间的粘合力，促进其凝聚成团。当加压时海泡石显示出较强的吸附性能和胶凝作用，有助于提高颗粒的硬度及耐久性。特别是饲料中的脂类物质含量较高时，用海泡石作粘合剂最合适。

**5）凹凸棒石**

凹凸棒石是一种镁铝硅酸盐，主要成分除二氧化硅（约为60%）外，尚含多种畜禽必需的微量元素。这些元素和含量（mg/kg）分别是：铜21、铁1 310、锌21、锰1 382、钴11、钼0.9、硒2、氟361、铬13。

凹凸棒石用作微量元素载体、稀释剂和畜禽舍净化剂等。在畜禽饲料中应用凹凸棒石，可提高畜禽抗病力。

**6）泥炭**

泥炭又称草炭或草煤，它是沼泽中特有的有机矿床资源。我国泥炭资源储量丰富，主要分布在我国西部，占全国资源总量的79%。需先进行分离与转化，才成为牲畜可食的饲料。对泥炭加工处理后用泥炭腐殖酸作饲料添加剂，或利用泥炭中的水解物质作培养基制取饲料酵母和生产泥炭发酵饲料、泥炭糖化饲料等。

**7）稀土元素**

稀土元素是15种镧系元素和与其化学性质相似的钪、钇等17种元素的总称。化学组成一般为铈48%、镧25%、钕16%、钐2%、镨5%，此外，还有4%的钜、铕、钆、铽、镝、钬、铒、铥、镱、镥、钪、钇等12种元素。

## 2.8 饲料添加剂

饲料添加剂（8—16—0000）是指在饲料加工、制作、使用过程中添加的少量或微量物质。在饲料中用量很少，但作用显著，添加过量时一般会出现不良效应甚至中毒，在使用时应予以注意。饲料添加剂的种类很多,一般分为两大类:一类是给畜禽提供营养成分的物质,称为营养性添加剂,包括氨基酸、微量矿物元素、维生素等;另一类是促进动物生长、保健及保护饲料营养成分的物质,称为非营养性添加剂或一般添加剂,主要有抗生素、酶制剂、抗氧化剂等。

### 2.8.1　饲料添加剂概述

**1)饲料添加剂的作用**

饲料添加剂的作用主要是完善饲料的营养、提高饲料的利用效率、促进畜禽生长、预防疾病、减少饲料在储存过程中的损失,改进畜禽、鱼等产品的品质等,可产生巨大的社会效益和经济效益。根据农业部1999年发布的第105号公告《允许使用的饲料添加剂品种目录》(见附录),目前在国内已批准使用的170余种饲料添加剂,无论从品种上和数量上与发达国家的差距较大。随着饲料工业的发展和养殖业的需求,饲料添加剂的开发研制工作得到了重视并逐渐成为饲料工业和养殖业研究的热点,一些"绿色饲料添加剂",如酶制剂、益生素、中草药添加剂及营养调控剂也相继问世。

**2)饲料添加剂的基本条件**

①长期使用不应对畜禽产生急、慢性的毒害作用和不良影响。

②必须具有确实的生产效果和经济效益。

③在饲料和畜禽体内具有较好的稳定性。

④不影响饲料的适口性。

⑤在畜禽产品中的残留量不超过标准,不影响畜禽产品的质量和人体健康。

⑥所用化工原料,其中所含有毒金属量不得超过允许限度。

⑦不影响种畜生殖生理及胎儿。

⑧不得超过有效期或失效。

⑨不污染环境,有利于畜牧业可持续发展。

**3)饲料添加剂的分类**

我国传统的饲料添加剂分类方法如图2.1所示。

本书中饲料添加剂分类方法主要依照《饲料和饲料添加剂管理条例》的规定来讲述。

- 饲料添加剂
  - 营养性饲料添加剂
    - 维生素类饲料添加剂
    - 矿物质类饲料添加剂
    - 氨基酸类饲料添加剂
  - 非营养性饲料添加剂
    - 抗菌促生长类饲料添加剂
    - 驱虫保健类
    - 中草药类
    - 缓冲剂类
    - 激素类及镇静剂类
    - 酶制剂与活菌类
    - 调味类
    - 着色、乳化、黏结及吸附类
    - 抗氧化、防霉保鲜类
    - 流动剂与黏结剂

**图2.1　我国传统的饲料添加剂分类方法**

## 2.8.2 营养性饲料添加剂

按《饲料和饲料添加剂管理条例》的规定,营养性饲料添加剂是指用于补充饲料营养成分的少量或者微量物质,包括饲料级氨基酸、维生素、矿物元素、酶制剂和非蛋白氮等。

**1)氨基酸类添加剂**

(1)赖氨酸饲料添加剂。动物只能利用 L 型赖氨酸,不能利用 D 型赖氨酸。生产中常用的商品为 98.5% 的 L-赖氨酸盐,其生物活性只有 L-赖氨酸的 78.8%。在猪、鸡的配合日粮中常添加赖氨酸添加剂。

(2)蛋氨酸类饲料添加剂。在饲料工业中广泛使用的蛋氨酸添加剂有两类,一类是 DL-蛋氨酸;另一类是 DL-蛋氨酸羟基类似物(液体)及其钙盐(固体)。目前,国内使用最广泛的是粉状 DL-蛋氨酸,纯度为 99%。蛋氨酸添加剂添加在各种畜禽,尤其是禽的配合日粮中。蛋氨酸及其同类产品在饲料中的添加量,一般按配方计算后,补差定量供给。

(3)色氨酸饲料添加剂。L-色氨酸的活性为 100%,而 DL-色氨酸的活性只有 L-色氨酸的 50% ~80%。动物体内色氨酸可转化为烟酸,其需要量与饲料中烟酸水平有关。添加色氨酸除用于平衡氨基酸外,还具有抗应激作用。

(4)苏氨酸饲料添加剂。一般在仔猪饲料中添加。

(5)甘氨酸与谷氨酸饲料添加剂。甘氨酸具有甜味,谷氨酸及其钠盐(味精)具有鲜味,因此这两类常作调味剂使用,另外甘氨酸还是雏鸡的必需氨基酸。

**2)矿物元素类饲料添加剂**

矿物元素类饲料添加剂的原料基本上使用饲料级微量元素盐,不采用化工级或试剂级产品。常用微量矿物元素添加剂有:

| | | |
|---|---|---|
| 铁 | 七水硫酸亚铁 | 含铁 20.1% |
| 铜 | 五水硫酸铜 | 含铜 25.5% |
| 锰 | 五水硫酸锰 | 含锰 22.8% |
| 锌 | 七水硫酸锌 | 含锌 22.75% |
| 硒 | 亚硒酸钠 | 含硒 45.6% |
| 碘 | 碘化钾 | 含碘 76.45% |
| 钴 | 七水硫酸钴 | 含钴 21% |

**3)维生素添加剂**

市场上销售的维生素产品有两大类:复合维生素制剂和单项维生素制剂。主要的单项维生素制剂有以下几种:

(1)维生素 A 添加剂。维生素 A 容易受许多因素影响而失去活性,所以其商品形式为维生素 A 醋酸酯或其他酸酯,然后采用微型胶囊技术或吸附方法作进一步处理。常见的商品为粉剂,每克产品中维生素 A 含量分别为:65 万 IU、50 万 IU、25 万 IU。

(2)维生素 $D_3$ 添加剂。常见的商品为粉剂,每克产品中维生素 $D_3$ 的含量为 50 万 IU 或 20 万 IU。商品添加剂中,也有把维生素 A 和维生素 $D_3$ 混在一起的添加剂,该产品中每克含 50 万 IU 的维生素 A 和 10 万 IU 的维生素 $D_3$。

(3)维生素 E 添加剂。商品维生素 E 添加剂一般是以 α-生育酚醋酸脂或乙酸脂为原料制成,含量一般为 50%。

(4)维生素 $K_3$ 添加剂。商品维生素 $K_3$ 添加剂主要有三种:一是活性成分占 50% 的亚硫酸氢钠甲奈醌(MSB),二是活性成分占25%的亚硫酸氢钠甲奈醌复合物(MSBC),三是活性成分占22.5%的亚硫酸嘧啶甲奈醌(MPB)。

(5)维生素 $B_1$ 添加剂。维生素 $B_1$ 添加剂商品形式有盐酸硫胺素和硝酸硫胺素两种。活性成分一般为96%,也有经过稀释,活性成分只有5%的,使用时应注意。

(6)维生素 $B_2$ 添加剂。维生素 $B_2$ 添加剂通常含96%或98%的核黄素,因具有静电作用和附着性,故需进行抗静电处理,以保证混合均匀度。

(7)维生素 $B_6$ 添加剂。维生素 $B_6$ 添加剂的商品形式为盐酸吡多醇制剂,活性成分为98%,也有稀释为其他浓度的。

(8)维生素 $B_{12}$ 添加剂。维生素 $B_{12}$ 添加剂的商品形式常稀释为0.1%,1%和2%等不同活性浓度的制品。

(9)泛酸添加剂。泛酸添加剂的形式有两种:一是D-泛酸钙,二为DL-泛酸钙,只有D-泛酸钙才具有活性。商品添加剂中,活性成分一般为98%,也有稀释后只含有66%或50%的制剂。

(10)烟酸添加剂。烟酸添加剂的形式有两种:一是烟酸(尼克酸),二为烟酰胺,两者的营养效用相同,但在动物体内被吸收的形式为烟酰胺。商品添加剂的活性成分含量为98%~99.5%。

(11)生物素添加剂。生物素添加剂的活性成分含量为1%和2%两种。

(12)叶酸添加剂。叶酸添加剂的活性成分含量一般为3%或4%,也有95%的。

(13)胆碱添加剂。胆碱添加剂的化学形式是氯化胆碱,氯化胆碱添加剂有两种形式:液态氯化胆碱(含活性成分70%)和固态粉粒型氯化胆碱(含活性成分50%)。

(14)维生素C添加剂。常用的维生素C添加剂有抗坏血酸钠、抗坏血酸钙以及被包被的抗坏血酸等。

在生产中为使用方便,预先按各类动物对维生素的需要,拟制出实用型配方,按配方将各种维生素与抗氧化剂和疏松剂加到一起,再加入载体和稀释剂,经充分混合均匀,即成为多种(复合)维生素预混料,使用十分方便。此类产品一般用铝箔塑料覆膜袋封装,大包装还要外罩纸板筒或塑料筒。为了满足不同种类、不同年龄及不同生产力水平的畜禽对维生素的营养需要,复合维生素预混料生产厂家有针对性地生产出系列化的复合维生素产品,用户可根据自已的生产需要选用。

**4)非蛋白氮类饲料添加剂**

此类饲料添加剂在2.6.4中已介绍,此处不再重复。

### 2.8.3 一般性饲料添加剂

按照《饲料和饲料添加剂管理条例》中的解释,一般性饲料添加剂是指为保证或者改善饲料品质、提高饲料利用率而掺入饲料中的少量或者微量物质。

**1)药物饲料添加剂**

指为预防、治疗动物疾病而掺入载体或者稀释剂的兽药的预混物,包括抗球虫药物、驱虫剂类、抑菌促生长类等。

(1)抗生素类饲料添加剂。添加在饲料中能抑制有害微生物的繁殖,促进营养物质的吸收,使动物保持健康,提高动物的生产性能。在卫生条件差和日粮营养不完善的情况下,抗生素的作用更加明显。

由于抗生素在动物体内和动物产品中有残留,使人类疾病的治疗产生了危机,因此在使用抗生素添加剂时要注意以下问题:

①尽量选用动物专用的、吸收和残留少的、安全范围大的、无毒副作用的、不产生抗药性的品种,尽量不用广谱抗生素。

②严格控制使用对象和使用剂量,保证使用效果。

③对抗生素的使用期限作出严格的规定,避免长期使用同一抗生素。

抗生素添加剂的种类很多,常用的抗生素有土霉素、金霉素、泰乐霉素、红霉素、杆菌肽、黏杆菌肽、维吉尼亚霉素、莫能霉素、盐霉素、拉沙里霉素、林肯霉素等。从抗生素的发展趋势看,今后将向专用饲料添加剂,比如,多肽类、聚醚类和磷酸化多糖类的方向发展。

(2)人工合成的抑菌药物。人工合成的抑菌药物主要有磺胺二甲基嘧啶(SM)、磺胺脒(SG)、磺胺嘧啶(SD)、磺胺喹恶啉(SQ)、呋喃唑酮、喹乙醇等,其作用类似抗生素。但同样存在药物残留和耐药性问题。

(3)驱虫保健剂。驱虫剂的种类很多,一般毒性较大,只能短期使用,不宜在饲料中作为添加剂长期使用。否则,这些药物残留在畜产品中,会危害人类的健康。

①抗蠕虫剂。我国批准使用的这类添加剂只有越霉素 A。

②抗球虫剂。在球虫病易发生阶段,应连续或经常投药,但多数药物长期使用易引起球虫产生抗药性,降低药效,所以应轮流用药。常用的药物有氨丙啉、山度拉霉素、地克珠利等。

(4)中草药饲料添加剂。中草药是天然的动植物或矿物质,本身含有丰富的维生素、矿物质、蛋白质及未知活性因子,在饲料中可以补充营养,另外还具有促生长、增强动物体质、提高抗病力的作用。中草药饲料添加剂来源广泛、种类很多,不产生药物残留和抗药性,应用前景广阔。可用作饲料添加剂的中草药主要有以下几种:

①理气健脾助消化,由麦芽、贯众、何首乌等配制。

②补气壮阳、增强体质,如用刺五加浸剂饲喂母鸡,可提高产蛋量和蛋重;用山药、当归、淫羊藿添加在蛋鸡饲料中,可提高产蛋率。

③扶正祛邪、驱虫消积、防制病毒,使用老鹳草全草、使君子、南瓜子等配制成复合制剂。

(5)其他促生长剂。主要有铜制剂和砷制剂等。日粮中加入过量的铜时具有与抗生素相似的作用,高铜用于生长猪饲料中效果较好,其用量为每千克日粮 150~250 mg。常用的砷制剂有阿散酸和罗克沙胂,砷制剂可促进动物生长,提高饲料转化率,能抑制球虫,改善动物的皮毛生长,其日粮中用量为 20~90 mg/kg。高铜和砷制剂都有毒,在使用和储存过程中都必须严格管理。高铜和砷制剂的使用也都存在环境污染的问题。

**2)酶制剂**

作为饲料添加剂的多是一些帮助消化的酶类,主要有蛋白酶类、淀粉酶类、纤维素分解酶类、胰酶、糖分解酶类等单一酶制剂和复合酶制剂。酶制剂目前多从发酵培养物中提取,制成饲料添加剂,也有连同培养物直接制成添加剂的,还有的是将酵母菌的菌体和培养基混合而成。目前,生产中复合酶和植酸酶应用较多。

酶本身是一种特殊的蛋白质,储存和使用酶制剂时必须注意影响酶活力的各种因素,如环境最适 pH、温度、金属离子、光照等,选用酶制剂时需考虑动物种类、动物年龄、日粮类型、添加量等。

**3)微生态制剂**

又称生菌剂、益生素、竞生素,是将动物肠道细菌进行分离和培养所制成的活菌制剂。常用的有乳酸杆菌制剂、枯草杆菌制剂、双歧杆菌制剂、链球菌属、酵母菌等。使用有效的微生态制剂可排除或抑制有害菌,促使乳酸菌等有益菌的繁殖,保持肠道内正常微生物区系的平衡。

微生态制剂不会使动物产生耐药性,不会产生残留,也不会产生交叉污染,因此,是一种可望替代抗生素的绿色添加剂。

**4)着色剂**

着色剂常用于家禽、水产动物和观赏动物日粮中,可改善蛋黄、肉鸡屠体和观赏动物的色泽。用作饲料添加剂的着色剂有两种,一种是天然色素,主要是植物中的类胡萝卜素和叶黄素类。另一种是人工合成的色素,如胡萝卜素醇。当日粮中添加着色剂时,要调整维生素 A 的用量。另外,有机铬(如烟酸铬、吡啶甲酸铬、氨基酸螯合铬等)也能提高动物胴体品质和瘦肉率,特别是猪肉。

**5)饲料加工保存添加剂**

(1)抗氧化剂。在配合饲料或某些原料中添加抗氧化剂可防止饲料中的脂肪和某些维生素被氧化变质,从而达到阻止或延迟饲料氧化、提高饲料稳定性和延长储存期的目的。添加量0.01%~0.05%。常用的抗氧化剂有乙氧基喹啉(山道喹)和丁基化羟基甲苯(BHT)。

(2)防腐剂。在饲料保存过程中可防止发霉变质,还可防止青贮饲料霉变。常用的防腐剂成分为丙酸及其钠(钙)盐和苯甲酸钠。

(3)青贮饲料添加剂。使用青贮添加剂的主要目的,是为了保证乳酸菌在发酵中占有优势,防止青贮料的霉烂,以提高青贮饲料的营养价值。青贮饲料添加剂可分为3类:

①青贮抑制剂。主要目的是抑制饲料中有害微生物的活动,防止饲料腐败和霉变,减少其中营养成分的消耗和流失,如防腐剂(甲醛、亚硫酸与焦亚硫酸钠等)、有机酸(甲酸、乙酸等)和无机酸(硫酸、盐酸与磷酸等)。

②发酵促进剂。其作用是促进乳酸发酵,通过乳酸菌的活动及其发酵产物抑制有害菌的活动,从而达到保鲜储存的目的,如接种菌体、添加糖蜜与酶制剂等。

③营养改进剂。其作用是提高饲料的营养价值或改善饲料的风味,如微量元素、尿素、氨水、食盐、磷酸铵等。

**6)粗饲料调节剂**

粗饲料(如秸秆)中富含粗纤维和无氮浸出物,这两类物质占秸秆总量的60%~70%,碱化或氨化处理可将木质素和纤维素分离,从而使消化液和细菌酶类能与纤维素起作用,将不易溶解的木质素改变为易于溶解的羟基木质素。常用的粗饲料调节剂有氢氧化钠、氢氧化钙(石灰水)、无水氨、盐酸、尿素等。

**7)食欲增进剂**

食欲增进剂包括香料、调味剂及诱食剂3种。添加食欲增进剂可增强动物食欲,提高饲料的消化吸收及利用率。采食量不足是限制高产动物生产潜力发挥的主要因素之一,加之现代配合饲料中使用微量元素、非常规饲料等适口性较差的原料,使动物采食量降低,因此,目前添加食欲增进剂已相当普遍。饲料香料添加剂有两种来源,一是天然香料,如葱油、大蒜油、橄榄油、茴香油、橙皮油等;另一类是化学合成的可用于配制香料的物质,如酯类、醚类、酮类、芳香族醇类、内酯类、酚类等。调味剂包括鲜味剂、甜味剂、酸味剂、辣味剂等;生产中可根据不同动物所喜欢的香型不同,生产中有针对不同动物的调味剂产品。诱食剂主要针对水产动物使用,常用的有甜菜碱、某些氨基酸和其他挥发性物质。

**8）黏结剂**

也叫黏合剂或制粒添加剂，目的是减少粉尘损失，提高颗粒饲料的牢固程度，减少制粒过程中压模受损，是加工工艺上常用的添加剂。常用的黏结剂有木质素磺酸盐、羟甲基纤维素及其钠盐、陶土、藻酸钠等。某些天然的饲料原料也具有黏结性，如膨润土、α-淀粉、玉米面、动物胶、鱼浆、糖蜜等。

**9）流散剂**

也叫流动剂或抗结块剂。它的主要目的是使饲料和饲料添加剂具有较好的流动性，以防止饲料在加工及储存过程中结块。如食盐和尿素最易吸湿结块，使用流散剂可以调整这些性状，使它们容易流动、散开、不黏着。当配合饲料中含有吸湿性较强的乳清粉、干酒糟或动物胶原时均宜加入流散剂。流散剂多系无水硅酸盐，难以消化吸收，用量不宜过高，一般在0.5%~2%。常用的流散剂有天然的和人工合成的硅酸化合物和硬脂酸盐类，如硬脂酸钙、硬脂酸钾、硬脂酸钠、硅藻土、脱水硅酸、硬玉、硅酸钙和块滑石等。

**10）其他类饲料添加剂**

（1）乳化剂。一种分子中具有亲水基和亲油基的物质，它的性状介于油和水之间，能使一方均匀地分布于另一方中间，从而形成稳定的乳浊液。利用这一特性可以改善或稳定饲料的物理性质。常用的乳化剂有动植物胶类、脂肪酸、大豆磷脂、丙二醇、木质素磺酸盐、单硬脂酸甘油酯等。

（2）缓冲剂。最常用的是碳酸氢钠，俗称小苏打，还有石灰石、氢氧化铝、氧化镁、磷酸氢钙等。这类物质可增加机体的碱贮备，防治代谢性酸中毒，饲服后可中和胃酸，溶解黏液，促进消化，应用于反刍动物可调整瘤胃pH值，平衡电解质，增加产乳量和提高乳脂率，也可防止产蛋鸡因热应激引起蛋壳质量下降。一般用量为0.1%~1%。

（3）未知生长因子添加剂。未知生长因子添加剂是从深海鱼产品、苜蓿或酒糟中提取某些未知活性物质，利用这些活性物质的促生长作用来提高饲料转化率。

（4）吸水剂（或吸湿剂）。在添加剂预混料的生产过程中，特别是维生素、微量元素等添加剂预混料，常常用蛭石作为吸湿剂使用。蛭石的结构中有很多毛细血管，可吸附相当于本身体积50%的液体，利用此特性也可吸附预混料中的水分，以保证各种活性成分的有效性。

（5）除臭剂。为防止畜禽排泄物的臭味污染环境，国外有名为F-Nick的产品，此种添加剂的主要成分为硫酸亚铁，在饲料中添加0.5%~1%即可防臭。另外从一些植物，如薄荷或沙漠中生长的一种丝兰属植物体中提取某些物质，添加到饲料中也可除粪臭。我国近年来研究证明，腐殖酸钙及沸石亦具有除臭作用。

（6）疏水、防尘及抗静电剂。为了降低饲料粉尘和消除静电，常加入油脂类、液体石蜡或矿物质油，一般微量元素添加剂加入1.5%~2%，对预混料和浓缩料加入0.5%~1%即可。湿度较高的条件下还可以作为疏水剂，防止饲料产品吸湿。

非营养性添加剂还包括酸化剂、激素制剂、缓冲剂等。

### 2.8.4 饲料添加剂使用技术

①严格遵守国家的有关法律、法规和法令。

②选择合适的饲料添加剂。饲料添加剂种类很多，同时具有不同的特点，因此应根据各种饲料添加剂的特性、动物类型、基础日粮特性等，选用适合的饲料添加剂，即缺什么加什么。

③切实掌握饲料添加剂的使用量、中毒量和致死量，注意使用期限，防止动物产生生理障

碍和不良后果。

④饲料添加剂加到配合饲料中一定要混合均匀。

⑤准确掌握饲料添加剂之间的配伍禁忌,注意矿物质、维生素及其相互间的颉颃关系。

⑥饲料添加剂应储存于干燥、低温及避光处。

## 2.9 饲料对动物产品品质的影响

畜产品是人类膳食的重要组成部分。广义的畜产品品质包括4个方面,即感官品质、营养价值、卫生质量和深加工品质。狭义的畜产品品质主要指畜产品的感官品质。感官品质指畜产品对人的视觉、嗅觉、味觉和触觉等器官的刺激,即给人的综合感受。营养价值指畜产品的养分含量和保健功能。卫生质量指食品的安全特性,即食品中有害微生物和有毒有害物质的残留情况。深加工品质指畜产品是否适合进一步加工的品质。随着生活水平的提高和对膳食与健康关系的意识增强,人们愈来愈重视畜产品的安全、感官品质和保健功能,特别是在加入WTO后,我国畜产品生产面临与国际接轨,因此,必须立足国际竞争和养殖业可持续发展战略的高度来重新审视畜产品质量问题,畜产品的品质受畜禽遗传特性、营养和饲料、饲养环境以及加工储存等众多因素的影响,是一个涉及面广、影响因素复杂的问题,其中饲料和营养是影响畜产品品质的重要因素。

### 2.9.1 饲料与肉质

肉的色泽、嫩度、多汁性和风味是肉品的重要感官品质,饲料及其营养直接影响着这些方面。

**1)饲养水平**

饲养水平直接影响畜禽的生长速度和体内蛋白质及脂肪的比例,从而影响肉质。饲养水平越高,猪肉的食用品质越高,如表2.15所示,对20~80 kg猪,自由采食组生长速度提高20%,瘦肉率下降,肌肉内脂肪含量提高,猪肉品质改善,改善最明显的是肉嫩度;其次是多汁性,而对风味无改善。其机制可能与肌肉内脂肪增加和瘦肉快速沉积、胶原蛋白交联程度小有关。

**表2.15 自由采食与限食20%对猪肉质的影响**

| 项 目 | 自由采食 | 限食20% | 项 目 | 自由采食 | 限食20% |
|---|---|---|---|---|---|
| $P_2$脂肪厚/mm | 12.8 | 11.1* | 背膘$C_{18:2}$含量/% | 14.6 | 15.5* |
| 胴体瘦肉/% | 55.5 | 57.5* | 嫩度[a] | 5.20 | 4.73* |
| 肌肉内脂/% | 0.85 | 0.75* | 多汁性[a] | 4.44 | 4.25* |
| 脂肪硬度/单位 | 615 | 590* | 猪肉风味评分[a] | 4.52 | 4.57NS |

注:①Wood et al.,1992。

②*表明 $P<0.05$, NS为 $P>0.05$。a:由评定小组对烤猪背腰肉按1~8分进行评分。

**2)能量水平**

能量水平提高可增加体脂含量,从而可能改善肉嫩度和风味。高能饲粮可提高牛背最长肌中胶原蛋白的溶解性,提高牛肉嫩度(Wu等,1981;Aberle等,1981)。

3）**蛋白质水平**

高蛋白饲粮可提高猪瘦肉率、降低肌肉内脂肪水平，肉嫩度下降；低蛋白质水平可提高猪肉品质，改善肉嫩度。

4）**矿物元素和维生素**

饲粮添加镁可缓解猪的应激，提高肌肉终点 pH 值，增加系水力，降低 PSE 发生率，改善猪肉品质。饲粮中过量的铁如达 200 mg/kg 时，可显著增加脂类过氧反应产物的含量。添加有机铬可以改善生产性能、瘦肉率和肉色，但对猪肉品质影响尚不清楚。在猪饲粮中添加有机硒能够显著降低猪肉滴汁损失，改善肉的嫩度和总可接受性。提高饲粮中锌和锰的水平也有助于防止 PSE 猪肉的产生。小苏打（碳酸氢钠）作为调节血液和肌肉酸碱平衡的电解质，可提高肌肉 pH 值并有缓解应激作用，提高肉质。

维生素中研究较多且对肉质有显著改善作用的是维生素 E。维生素 E 能有效抑制鲜猪肉中高铁血红蛋白的形成，增强氧合血红蛋白的稳定性，从而延长鲜肉理想肉色的保存时间。猪饲粮中添加维生素 E（100～200 mg/kg）能够显著降低脂类过氧化反应，延长猪肉和理想肉色的保存时间，减少滴汁损失。

5）**饲料种类**

高粱对猪肉风味影响较大，而玉米、小麦、大麦等喂猪则不产生明显影响，若用 100% 裸燕麦喂猪则猪肉风味浓度高于玉米喂猪时的风味浓度。用炒熟的全脂大豆或脱脂菜籽粕喂猪不影响猪肉风味，而饲粮中生大豆含量超过 9% 则引起猪肉风味下降。饲喂腐败肉渣和动物下脚料会使猪肉产生不良风味。饲喂鱼粉可使猪肉和禽肉产生鱼腥味。鸡饲粮中菜籽饼、氯化胆碱水平较高时也对鸡肉风味造成不良影响，原因是鱼粉、菜籽饼、氯化胆碱等在肠道微生物的作用下产生三甲胺，产生的三甲胺超出代谢和排泄能力时，在鸡体内蓄积而产生鱼腥味、酸败味，降低鸡肉风味。至少应在宰前 2 周少喂或不喂能产生鱼腥味的饲料，可防止肉产生鱼腥味。

饲粮中豌豆比例过高可提高猪肉中粪臭素水平，导致猪肉风味评分和总可接受程度降低；啤酒业的副产物酵母浆也提高后肠粪臭素含量，而酪蛋白则可降低后肠粪臭素含量。添加容易消化的纤维或非淀粉多糖（NSP）如甜菜渣，可在大肠发酵产生挥发性脂肪酸，降低大肠 pH 值，可降低猪背膘中粪臭素含量，增加肉的总可接受程度。添加寡糖如从莫哈夫丝兰属植物中提取的含糖化合物（商品名 De-Odorase，译名除臭灵）可在大肠中与含氮化合物结合，减少粪臭素的产生，改善公猪背膘的感官评分，如表 2.16 所示。

**表 2.16　除臭灵对未阉割公猪背膘中粪臭素含量的影响**

| 屠宰体重/kg | 试验处理 | 粪臭素含量/（$\mu g \cdot g^{-1}$） | 感官评分 |
|---|---|---|---|
| 95 | 对照 | 0.24 | 0.8 |
| | 除臭灵 | 0.16 | 0.5 |
| 105 | 对照 | 0.22 | 0.8 |
| | 除臭灵 | 0.16 | 0.5 |
| 120 | 对照 | 0.27 | 0.2 |
| | 除臭灵 | 0.21 | 0 |

注：①Ender 等，1993。

②评分范围：0（无臭味）至 3（臭味强）。

### 2.9.2 饲料与蛋品质

鸡蛋品质包括鸡蛋的外部品质(蛋重、蛋壳质量、蛋壳颜色、蛋形指数等)和内部品质(蛋白和蛋黄品质,如蛋白高度、蛋黄颜色、蛋黄膜强度、化学成分、功能特性、血斑和肉斑、风味等)。生产者和消费者最关注的鸡蛋品质是蛋重、蛋壳质量、蛋黄颜色和功能特性。近年来,随着高龄社会的到来,人们保健意识的增强,强化特定营养成分的高附加值的鸡蛋受到消费者的欢迎。

**1)饲料对蛋重的影响**

饲粮能量、蛋白质、氨基酸和亚油酸水平在一定程度上影响蛋重。

(1)能量。能量是控制蛋重的主要营养因素,对第一枚蛋重量的影响大于蛋白质。提高开产前2~3周至产蛋高峰期的能量供给,可提高蛋重。对采食量低或处于热应激的鸡群,可在饲粮中添加脂肪,可保证蛋重不受影响。

(2)蛋白质和氨基酸。蛋白质和氨基酸对产蛋鸡产蛋早期的蛋重影响较小,对以后的蛋重影响较大,达最大蛋重需要的蛋白质略高于达最大产蛋率的需要。对蛋重影响最大的氨基酸是蛋氨酸,蛋鸡产蛋初期(23~35周龄),在低蛋白饲粮添加蛋氨酸可显著提高蛋重。

(3)亚油酸。为获得最大蛋重所必需,提高亚油酸水平可提高蛋重。

**2)饲料对蛋壳质量的影响**

蛋壳质量影响商品蛋的运输和种蛋的孵化率,劣质蛋壳造成重大经济损失。蛋壳主要由矿物质(大部分为碳酸钙)和少量有机质组成。有机质由蛋白质和粘多糖组成,以蛋壳膜(内膜和外膜两层)形式存在,其中,核心蛋白质是一种类角朊蛋白,含有大量的含硫氨基酸(70%~75%)和少量的骨胶原(10%);核心蛋白质外包裹糖蛋白。碳酸钙即沉积在有机质上。

(1)钙磷的影响。钙是蛋壳的主要成分。饲料中缺钙时,蛋壳的厚度和强度均降低,所以产蛋鸡的饲料中应含有充足的钙。贝壳粉和石粉是应用最为普遍的钙质补充饲料。这两种饲料的粒度对其利用效果也有影响。一般情况下,颗粒较大时,效果更好。

磷是动物所必需并与钙的代谢关系密切的一种矿物质元素。但饲料中磷含量过高则会降低蛋壳品质。

(2)维生素的影响。维生素D与钙磷的代谢关系密切,所以对蛋壳品质影响较大。蛋壳的强度和厚度常常会因饲料中维生素D的不足而下降。维生素C可促进骨中矿物质的代谢,增加血浆钙的浓度,因而在一定程度上可改善蛋壳品质。在饲粮中钙磷较低时,这种作用更明显。

**3)饲料对蛋黄颜色的影响**

(1)饲料中色素的影响。玉米面中的色素对蛋黄的着色效果影响较大,人工合成色素在这方面也有应用,对蛋黄着色有较好的效果。

(2)脂类和抗氧化剂的影响。叶黄素溶解于脂类,其在肠道中的吸收可能与脂类的吸收相伴随。所以,在饲粮中添加油脂可提高蛋黄颜色,特别是饲粮色素含量低时,效果明显。色素被氧化后就失去着色能力,因而饲粮中加入抗氧化剂可防止色素氧化,提高色素对蛋黄的着色作用。维生素E在这方面也有效果,尤其是在饲料中加入不饱和脂肪酸时,效果更佳。

(3)异常色。产蛋禽饲粮中使用大量棉籽粕时,蛋黄色泽降低,在储藏一段时间后,蛋黄产生黄绿色或暗红色,甚至出现斑点;此外,环丙烯脂肪酸能抑制肝微粒体中的脂肪酸脱氢酶,减少鸡蛋蛋黄脂肪的不饱和脂肪酸含量,鸡蛋储存后蛋清会变成桃红色、蛋黄变硬,鸡蛋加热后形成像海绵似的"海绵蛋"。

(4)血斑。影响血斑形成的主要营养因素是维生素缺乏,维生素A缺乏常常导致蛋血斑出现率显著增加。产蛋鸡饲粮中苜蓿水平过高会增加血斑的出现率。

另外过量的维生素A和过量的钙均可使蛋黄颜色下降,有些饲料含有某些影响蛋黄颜色的未知因子,如稻糠和大麦在产蛋饲粮中的添加量达到一定水平时(稻糠20%、大麦50%)就会明显降低蛋黄颜色。

**4)饲料对禽蛋成分的影响**

禽蛋的化学成分主要是蛋白质、脂肪和水分等,这些成分的含量受饲料影响很小。而禽蛋的维生素、微量元素、脂肪酸含量受饲料影响较大,通过饲料调控可生产出高营养鸡蛋。

(1)脂肪酸。鸡蛋的脂肪主要存在于蛋黄。亚油酸、亚麻酸、二十碳五烯酸、二十二碳六烯酸等高度不饱和脂肪酸比较容易向禽蛋富集。给蛋鸡饲喂鱼油或含α-亚麻酸丰富的亚麻籽或双低油菜籽、海藻可生产高品质蛋。

(2)维生素。饲粮维生素水平对鸡蛋中维生素含量影响极大。蛋鸡饲粮中分别添加0~400 mg/kg的维生素E、β-胡萝卜素和维生素A,蛋黄中维生素的含量呈线性增加。

(3)微量元素。利用鸡体的生物转化功能,可将人体不易吸收利用的一些微量元素转化为生物态的微量元素浓缩到鸡蛋中,以增加鸡蛋的附加价值,拓宽鸡蛋的用途和市场。目前研制可供生产的微量元素强化鸡蛋主要有高碘蛋、高硒蛋、高锌蛋、高铁蛋等。

(4)胆固醇。膳食高胆固醇可能会引起人动脉粥样硬化和导致冠心病。鸡蛋蛋黄因含有较高的胆固醇,近30年来鸡蛋消费在发达国家呈下降趋势。通过饲料改变来降低蛋黄胆固醇含量存在一定难度,但也有些进展。试验表明,添加$Cu^{2+}$ 125 mg/kg,蛋黄胆固醇从11.7 mg/g下降至8.6 mg/g,降低了26%;添加$Cu^{2+}$ 250 mg/kg则蛋黄胆固醇进一步下降到7.9 mg/g。此外,增加粗饲料或添加壳聚糖、大蒜素、有机铬等均可在一定程度上降低蛋黄胆固醇含量。

**5)饲料对禽蛋风味的影响**

蛋的风味在很大程度上受饲料的影响。产蛋鸡摄入菜籽粕后,芥子碱的代谢产物三甲胺在蛋黄中沉积,含量达1 μg/g以上时即可使鸡蛋产生明显的鱼腥味。白壳蛋鸡肝肾中的三甲胺氧化酶可将三甲胺氧化,除去腥味,但褐壳蛋鸡体内缺乏这种酶,三甲胺可直接进入蛋黄从而产生腥味蛋。鱼粉用量过多也会导致腥味蛋产生;饲粮中辣椒粉用量达到0.4%~1.0%时,蛋黄可能产生轻微的苦涩等味。

### 2.9.3 饲料与牛乳品质

乳汁主要由水、含氮物质、乳糖、脂类、无机元素、酶和维生素等组成。各种动物的乳成分含量差异较大。乳的品质包括乳成分和乳风味,二者均受饲料的影响,本节以牛乳为例,介绍饲料对牛乳品质的影响。

**1)饲料对牛乳成分的影响**

(1)饲料对乳脂含量的影响。乳脂是衡量牛乳质量的重要指标。乳脂脂肪酸主要由瘤胃消化吸收的乙酸和β-羟丁酸合成而来,乳脂含量显著受瘤胃液中乙酸和丙酸比例的影响。

①精料和粗料比例。为维持乳脂浓度,奶牛饲粮应保证足够的粗纤维,至少应含有19%~21%的NDF。饲粮精料和粗料比例对产乳量和乳脂含量的影响,如表2.17所示。

表2.17 饲粮精料和粗料的比例对产乳量和乳脂含量的影响

| 考察指标 | 泌乳早期 | | 泌乳后期 | |
|---|---|---|---|---|
| | 50:50 | 75:25 | 50:50 | 75:25 |
| 产乳量/($kg \cdot d^{-1}$) | 32.9 | 30.5 | 21.9 | 24.3 |
| 4%标准乳/($kg \cdot d^{-1}$) | 27.1 | 23.1 | 22.2 | 20.6 |
| 乳脂/% | 2.87 | 2.37 | 4.21[a] | 2.91[b] |

注:①相同泌乳阶段同行数据肩注字母不相同者,差异显著($P<0.05$)。

②Kennelly 等,1998。

②脂肪。添加饱和脂肪可提高能量浓度,提供脂肪酸,提高乳脂含量;添加不饱和脂肪则增加丙酸产量,导致乳脂下降。添加的脂肪或脂肪酸用钙皂、甲醛等方法保护处理可维持和提高乳脂率。饲粮脂肪水平的上限应相当于牛乳脂肪含量。如果不使用惰性脂肪,饲粮含脂肪4%~5%,就会导致瘤胃发酵改变,降低纤维素的消化率和乙酸与丙酸的比例。

③缓冲剂。对常年饲喂青贮料和精料偏高的奶牛,添加缓冲剂可预防和减缓瘤胃pH值下降,从而提高乳脂率。缓冲剂和矿物质盐类主要有碳酸氢钠、倍半酸钠、氧化镁等。

④淀粉来源。与快速降解淀粉(如谷物淀粉)相比,缓慢降解淀粉(如来自去皮土豆)可提高乳脂率。

⑤维生素。维生素 $B_3$、维生素 $B_5$、胆碱在脂肪代谢中起着重要作用,可提高乳脂率;肌醇也可提高乳脂率。

(2)饲料对乳脂组成的影响。乳脂的脂肪酸大约5%在乳腺合成,40%~45%来自饲粮,其余来自体脂肪组织。乳腺不能合成碳链长度超过16个碳原子的脂肪酸,因此,长链脂肪酸主要来自饲粮,中链脂肪酸即可在乳腺合成也可来自饲粮。

饲粮脂肪种类可影响乳脂组成。低熔点植物油食入过多,导致牛乳不饱和脂肪酸增多,短链脂肪酸减少,降低乳脂熔点,影响乳脂品质。

(3)饲料对乳蛋白含量的影响。

①能量。能量水平是影响乳蛋白含量的重要因素之一。能量不足导致乳蛋白含量下降。在粗料自由采食时,增加精料水平使能量摄入量增加,可提高乳蛋白含量和产量。

②蛋白质和氨基酸。饲粮蛋白质水平与乳蛋白浓度呈正相关。因此,饲粮蛋白质和能量(可发酵有机物)之间的相互作用以及饲粮蛋白质的降解率将影响乳蛋白含量对蛋白质摄入量的反应。

蛋氨酸和赖氨酸是乳蛋白合成的限制性氨基酸。增加到达乳牛小肠的氨基酸量尤其是必需氨基酸可提高乳蛋白含量。方法之一是选用蛋白质降解率低的饲料如鱼粉、羽毛粉、血粉、肉粉、肉骨粉、玉米蛋白粉和甲醛处理豆粕等。方法之二是添加保护性氨基酸如包被蛋氨酸和赖氨酸或蛋氨酸羟基类似物。

③其他饲粮因素。饲粮添加脂肪可降低乳蛋白质含量,但一般不影响乳蛋白质产量,除非脂肪添加水平过高。提高饲粮B族维生素特别是维生素 $B_1$、维生素 $B_2$、维生素 $B_3$、维生素 $B_5$、维生素 $B_6$、叶酸、维生素 $B_{12}$ 的水平可提高乳蛋白含量。与多年生黑麦草相比,白三叶草可提高乳蛋白含量。

(4)饲料对其他乳成分的影响。乳中脂溶性维生素含量受饲粮供给的影响,提高饲粮维生素A、维生素D、维生素E含量可提高乳中相应维生素含量。饲粮补加维生素C可提高乳中维生素 C 含量。

乳中矿物质含量较稳定，一般受饲料的影响很小。饲粮缺钙或缺磷可降低产乳量和影响乳牛健康，但乳钙磷水平仍维持正常。提高饲粮微量元素如碘、铁、铜和锰等，乳中相应元素含量得到一定程度提高。

新鲜牛乳呈白色或微带黄色，乳汁色泽受饲料中色素尤其是胡萝卜素含量的影响。含胡萝卜素少的饲料可使乳汁色泽变浅。

**2）饲料对牛乳风味的影响**

饲料可改变牛乳风味，如芜青、洋白菜、油菜等十字花科植物，鲜苜蓿和豆科牧草青贮料等可使乳汁产生不良风味。羽扇豆或苦艾使牛乳带有苦味。乳牛舍通风换气不良时，舍内不良气味可导致牛乳产生异常气味。

## 2.10 饲料霉变与防治

据联合国粮农组织估算，全世界每年由于霉菌污染粮食和饲料所造成的经济损失可达数千亿美元。我国一些地区（尤其是南方）饲料霉变问题也是相当严重，因此，饲料霉变问题是饲料工业和畜牧业生产中不可忽视的问题。

### 2.10.1 饲料霉变对动物的危害

**1）饲料霉变的原因**

（1）气候与季节。与饲料卫生关系最为密切的霉菌大部分属于曲霉菌属、青霉菌属和镰刀菌属，而霉菌的生长繁殖与地区气候条件和季节有密切的关系。从全国饲料霉变情况调查结果来看，无论是饲料原料还是饲料产品，饲料中的霉菌检出率和霉菌带菌量，南方地区都大大高于北方地区。特别是梅雨季节，霉菌生长繁殖最为旺盛，饲料霉变大多发生在这个季节。

（2）原料含水量高。饲料原料如果含水量高，在储存时容易霉变。用于配合饲料的生产，常会导致其产品的水分含量超标，并使产品易于霉变。因此，饲料原料的含水量应控制在防霉含水量（或称安全水分）之下（如谷实类一般为14%以下）。

（3）饲料加工过程中某些环节处理不当。在生产颗粒饲料时，如果冷却器及配套风机选择不当，或使用过程中调整校对不当，致使颗粒料冷却时间不够或风量不足，导致出机的颗粒料水分含量及料温过高，这样的颗粒饲料装袋后易发生霉变。

在饲料制粒系统的颗粒料提升料斗和管道中积存的物料，如果未定期清理，可形成霉积料，脱落后进入成品仓和包装袋，易引起整批颗粒料霉变。

此外，原料仓长期不清理或受到污染，积存在原料仓的物料（尤其是粉碎后的物料）易于发霉。

（4）饲料储存与运输不当。饲料仓库潮湿、鼠害严重，库区未经常清扫和定期消毒，饲料堆垛不合理，库存时间过长，运输时饲料受到雨淋、曝晒等，都容易引起饲料霉变。

2）饲料霉变引起的危害

（1）霉菌毒素中毒。霉菌毒素是某些霉菌在基质（饲料）上生长繁殖过程中产生的有毒的次生代谢产物。动物摄入这种毒素污染的饲料后可导致急性或慢性中毒。

现将在饲料卫生上比较重要的霉菌毒素及其中毒危害，如表2.18所示。

表2.18 主要的霉菌毒素及其中毒危害

| 霉菌毒素 | 毒素英文名 | 主要产毒霉菌 | 中毒危害 |
|---|---|---|---|
| 黄曲霉毒素 | Aflatoxin | 黄曲霉，寄生曲霉 | 中毒性肝炎 |
| 杂色曲霉毒素 | sterigmatocystin | 杂色曲霉，构巢曲霉 | 肝细胞坏死，肾病 |
| 赭曲霉毒素 | Ochratoxin | 赭曲霉，鲜绿青霉 | 肾病，肝细胞坏死 |
| 展青霉素 | Patulin | 扩展青霉，展青霉，棒形青霉，棒曲霉 | 中枢神经系统损害 |
| 桔青霉素 | Citrinin | 桔青霉，鲜绿青霉 | 肾病 |
| 红色青霉毒素 | Rubratoxin | 红色青霉，产紫青霉 | 中毒性肝炎，出血性素质 |
| 黄绿青霉素 | Citreoviridin | 黄绿青霉 | 中枢神经系统损害 |
| 岛青霉毒素 | Islanditoxin | 岛青霉 | 肝细胞坏死、肝硬化 |
| 黄天精 | Luteoskyrin | 岛青霉 | 肝细胞坏死、肝硬化 |
| 环氯素 | Cyclochorotin | 岛青霉 | 肝细胞坏死、肝硬化 |
| 青霉震颤素 | Penitrem | 圆弧青霉 | 肌纤维自动性痉缩 |
| T-2毒素 | T-2 toxin | 三线镰刀菌，拟枝孢镰刀菌、梨孢镰刀菌 | 白细胞减少，出血性素质 |
| 二乙酸鹿草镰刀菌烯醇 | Diacetoxyscirpenol | 鹿草镰刀菌，木贼镰刀菌 | 白细胞减少，出血性素质 |
| 雪腐镰刀菌烯醇 | Nivalenol | 雪腐镰刀菌，表球镰刀菌 | 白细胞减少，呕吐、拒食 |
| 新茄病镰刀菌烯醇 | Neosolaniol | 茄病镰刀菌 | 脑白质液化性坏死 |
| 串珠镰刀菌素 | Moniliformin | 串珠镰刀菌 | 脑白质液化性坏死 |
| 镰刀菌素 | Fusarin | 串珠镰刀菌 | 脑白质液化性坏死 |
| 伏马菌素 | Fumonisin | 串珠镰刀菌 | 脑白质液化性坏死，猪肺水肿病 |
| 玉米赤霉烯酮（F-2毒素） | Zearalenone（F-2 toxin） | 禾谷镰刀菌 | 雌激素亢进症 |
| 丁烯酸内酯 | Butenolide | 三线镰刀菌，梨孢镰刀菌，拟枝孢镰刀菌 | 外周血管痉挛—烂蹄病 |
| 葡萄状穗霉毒素 | Stachbotrys toxin | 葡萄状穗霉 | 神经机能障碍，白细胞及血小板减少 |
| 葚孢霉素 | Sporidesmin | 纸皮思霉 | 胆管—肝炎症，继发性感光过敏 |
| 豆类丝核菌素 | Slaframine | 豆类丝核菌 | 流涎、流泪、腹泻、尿频 |

（2）霉菌病。霉变饲料中大量繁殖的霉菌和霉的孢子进入动物机体而引起的霉菌感染性疾病称为霉菌病。最为常见的是曲霉菌病，此病见于多种禽类（尤其是幼禽）和哺乳动物（包括人类）。该病的主要病原菌为曲霉菌属中的烟曲霉，其次为黄曲霉；此外，黑曲霉、构巢曲霉、土曲霉等也有不同程度的致病性。

（3）降低饲料的营养价值。受霉菌感染的饲料，由于霉菌生长需消耗饲料中的营养物质，以及在霉菌所含霉的作用下使饲料组成成分发生分解，故可使饲料的营养价值严重降低。

在霉变过程中由霉菌产生的酶、饲料自身所含的酶和其他因素的共同作用所产生的代谢产物可使饲料的感官性质恶化，如具有刺激气味、酸臭味道、异常颜色、黏稠污秽感、结块等，导致适口感不良。

(4)霉菌毒素与癌瘤的关系。近年来不断发现有些霉菌毒素与癌肿的发生有关，并已在动物试验中得到证实。

除黄曲霉毒素外，不断发现其他一些霉菌毒素也可致癌，如杂色曲霉毒素，它是继黄曲霉毒素之后发现的具有强致癌性的霉菌毒素。

(5)畜产品中毒素残留与人类食品卫生的关系。动物摄入受霉菌毒素污染的饲料后，在肝、肾、肌肉、血、乳汁以及蛋鸡中可检出霉菌毒素及其代谢产物，因而可能造成动物性食品的污染。霉菌毒素及其代谢产物在动物性食品中残留可通过食物链而对人类健康有着极大的潜在危害。特别是黄曲霉毒素有很强的毒性和致癌性。赭曲霉毒素 A 在动物产品中的残留问题也已引起重视。

### 2.10.2 饲料霉变的防治措施

**1)饲料的防霉措施**

(1)控制饲料原料的质量。关键在于严格控制原料的含水量。一般要求玉米、高粱、稻谷等的含水量应不超过 14%；大豆及其饼粕、麦类、次粉、糠麸类、甘薯干、木薯干等的含水量应不超过 13%；棉籽饼粕、菜籽饼粕、向日葵仁饼粕、亚麻仁饼粕、花生仁饼粕、鱼粉、骨粉及肉骨粉等的含水量应不超过 12%。此外，要保证良好的原料储存条件；在不影响生产的情况下尽量缩短原料库存期。

(2)控制饲料加工过程中的水分和温度。在生产颗粒料时，要注意保证蒸气的质量，调整好冷却时间与所需空气量，使出机颗粒料的含水量和温度达到规定的要求(含水量在 12.5% 以下，温度一般可比室温高 3 ~5 ℃)。同时，要注意在冷却器中进入和流出的物料流量应一致、料流应均匀，使颗粒料含水量均匀。猪、鸡浓缩饲料的水分含量，在北方应不高于 12%，在南方不高于 10%。

(3)注意饲料产品的包装、储存与运输。饲料产品包装袋要求密封性能好，如有破损应停止使用。

饲料产品的储存应与原料储存一样保证有良好的储存条件。产品销售出厂应按“先产先销”的原则，尽量缩短产品库存时间。

运输饲料产品应防止途中受到雨淋和日晒。应向中间营销商或用户强调注意饲料的储存保管。

(4)运用饲料防霉剂。饲料防霉剂种类很多，目前使用最广泛的是丙酸及其盐类(包括丙酸钠、丙酸钙、丙酸铵和二丙酸铵)。

除丙酸及其盐类外，其他的防霉剂还有山梨酸和山梨酸钾、山梨酸钠、山梨酸钙，苯甲酸和苯甲酸钠，富马酸和富马酸二甲酯，甲酸和甲酸钠、甲酸钙，脱氢乙酸和脱氢乙酸钠，等等。

除了使用单一型的防霉剂外，目前国际使用防霉剂的发展趋势是采用复合型的防霉剂，它们是多种有机酸防霉剂按一定比例配合而成，增强防霉效果。

(5)选育抗霉的作物品种。饲料作物的抗霉菌感染能力与遗传因素有关，培育和选用抗霉的作物品种，可使作物减少或免受霉菌浸染，这也是控制霉菌污染的有效途径。

2)霉变饲料的处理与利用

霉变严重的饲料必须废弃,决不可迁就加以利用。对于轻度霉变的饲料,如果一概弃去不用,则可造成较大的经济损失。因此,对轻度霉变饲料的去毒处理与合理利用,引起了国内外的广泛关注。根据饲料原料与产品的不同情况,可采用以下各种方法。

(1)轻度霉变饲料去毒方法。

①物理学方法有:

A.筛选法。

B.漂洗法。

C.热处理法。

D.稀释法。

②化学方法有:

A.氨化处理。

B.黏土或沸石处理。

C.生石灰处理。

③生物学方法。利用乳酸杆菌进行发酵,在酶的催化作用下,使黄曲霉毒素毒性降低。

(2)饲料中的霉菌毒素脱毒处理。通过物理学、化学、微生物学,或利用饲料添加剂如吸附剂等方法,可使饲料中的霉菌毒素不同程度地失活或除去。

## 本章小结

目前饲料工业对各种原料的需求呈上升趋势,蛋白饲料与能量饲料的匮乏已成为当今各国发展畜牧业所面临的共同问题。如何提高现有饲料原料的利用率和开发新的饲料资源是大家共同关心的问题。青绿饲料与秸秆类饲料的生产、加工及合理利用技术的研究与推广越来越受到人们的重视。通过对本章的学习,了解并掌握饲料原料的分类方法,特别是各类饲料的营养特点、营养成分、调治方法以及在使用时的注意事项。对合理地利用各类饲料原料、开发蛋白饲料资源、大力发展节粮型畜牧业具有很重要的意义。

## 复习思考题

1.名词解释:饲料原料、粗饲料、青干草、稿秕饲料、青绿饲料、青贮饲料、能量饲料、蛋白质补充料、矿物质饲料添加剂、维生素饲料添加剂、抗菌素生长类饲料添加剂、驱虫保健剂、缓冲剂、非营养性饲料添加剂、酶制剂与调味剂。

2.简述国际饲料分类的原则是什么?

3.简述我国饲料分类法的特点及编码体系。

4.简述粗饲料的加工方法。

5. 在利用青饲料时应注意哪些问题?
6. 如何提高青贮饲料的品质?
7. 常用的能量饲料有哪些?各有何营养特点?
8. 常用的蛋白质饲料有哪些?各有何营养特点?
9. 利用植物蛋白质饲料(如棉籽饼、菜籽饼、生大豆饼等)时应注意哪些问题?
10. 如何正确使用非蛋白氮饲料?
11. 简述饲料对禽蛋品质的影响。
12. 简述饲料添加剂的种类。
13. 简述饲料霉变的原因?饲料霉变将对动物产生哪些危害?
14. 如何合理的利用抗菌素生长类饲料添加剂?
15. 如何解决饲料添加剂的应用与安全问题?

# 实训 1

## 常用饲草饲料的识别

1. 目的要求

(1)对所提供的饲料原料标本或实物进行正确识别。

(2)对所提供的饲料原料标本或实物进行典型外观特征描述。

(3)根据其营养特性正确分类。

2. 材料和条件

(1)饲料原料标本、挂图、幻灯片或录像片。

(2)粗饲料、青饲料、籽实饲料、矿物质饲料等饲料实物。

①苜蓿青干草、燕麦青干草、玉米秸、麦秸、稻草、谷草、花生壳、高粱壳、玉米芯、豆荚、树叶等。

②紫花苜蓿、草木樨、三叶草、青刈玉米、青刈燕麦、聚合草、象草、柱花草、甘蓝、胡萝卜、蔬菜、瓜类和水浮莲等。

③玉米、禾本科牧草等青贮饲料。

④玉米、高粱、大麦、燕麦、小麦麸、稻糠、甘薯、马铃薯和木薯等。

⑤鱼粉、肉骨粉、血粉、羽毛粉、豆饼(粕)、棉籽饼(粕)、菜籽饼(粕)、花生饼(粕)、亚麻饼(粕)、胡麻饼(粕)和饲用尿素等。

⑥食盐、骨粉、贝壳粉、石粉以及硫酸铜和硫酸亚铁等。

⑦维生素A、维生素$D_3$、维生素$B_1$、维生素$B_2$等多种维生素。

⑧蛋氨酸、赖氨酸及着色剂、防腐剂等饲料保存剂和保健素生长剂等。

3. 方法与步骤

(1)根据饲料的营养特点和来源分别分类上述饲料,并说出分类的依据和各类饲料营养特点。

(2)同类饲料中根据饲料各自的外观特征(形状、体积大小、植物部位、标签等)、加工方法等区分品种和记忆名称。

(3)结合实际,重点介绍、识别常用的当地饲草饲料。

# 实训2

## 青贮饲料的调制

1.材料、用具、设施

(1)青贮原料:禾本科牧草原料。

(2)用具:铡草机、青贮切割机、动力、电源、运输、压实工具等。青贮的理想机具是青贮联合收割机,可一次完成割、切碎、装运联合作业,提前要检修、保养。

(3)青贮容器:根据需要选用青贮窖、青贮壕、青贮塔、青贮袋等,事前要清扫、检查、修补、消毒等。

(4)人力组织:足够的人力和运输力。要求了解青贮的意义、方法和步骤。青贮原料按照不同季节,因地制宜分期分批采收,分期分批青贮。青贮原料采集时往往正是农忙季节故须统筹安排做好准备,集中力量采集,突出青贮,做到青贮、农忙两不误。

2.方法与步骤

(1)青贮原料的准备:用青饲料切碎机,把禾本科牧草和豆科牧草及叶菜类等原料,切成2~3 cm,玉米和向日葵等粗茎植物,切成0.5~2 cm,一些柔软幼嫩的植物也可不切碎。原料的含水量越低,切的越短,反之,则可切的长一些。

(2)青贮原料的装填:青贮原料应随切碎,随装填。在青贮原料装填之前,要对已经用过的青贮设施清理干净。一旦开始装填,就要求迅速进行,以避免原料腐败变质。一般说来,一个大的青贮设施,要在2~5 d内装满。装填时间越短越好。

在青贮窖或青贮壕青贮、装填前,可在底铺一层10~15 cm厚的切短秸秆或软草,以便吸收青贮汁液。窖壁四周铺一层塑料薄膜,以加强密封性,避免漏气和渗水。

原料装入圆形青贮设备时,要一层一层地装匀铺平。装入青贮壕时,可酌情分段、顺序装填。

塑料袋青贮时将含水量为70%左右的青贮原料铡碎至1 cm,装满袋后,务须层层压实,使袋的四角不留空隙,并尽量排尽袋内空气。将口倒折后用绳扎紧,再将袋存放在不受阳光直射的场地,并检查塑料袋。一旦发现破损,立即用塑料胶布粘结好,以防空气和水渗入。

(3)压实装填原料的同时,如为青贮壕,必须用履带式拖拉机或用人力层层压实,尤其要注意窖或壕的四周和边缘。在拖拉机漏压或压不到的地方,一定要上人踩实。在压实过程中,不要带进泥土、油垢和铁钉、铁丝等,以免污染青贮原料,避免牛、羊食后造成瘤胃穿孔。

(4)密封:原料装填完毕,应立即密封和覆盖,以隔绝空气继续与原料的接触,防止雨水进入。拖延封窖,会使青贮原料温度上升,营养损失增加,降低青贮饲料的品质。

(5)管护:密封后,须经常检查。发现裂缝、漏气处要及时覆土压实,杜绝雨水渗入。

3. 青贮饲料的品质鉴定

(1)材料与器具:

①不同等级的青贮饲料。

②滴瓶、吸管、玻璃棒、塘瓷杯、白瓷比色盘、试管、烧杯和铁丝等。

③甲基红指示剂:称取甲基红 0.1 g,溶于 18.6 mL 的 0.02 mol/L 氢氧化钠用蒸馏水稀释至 250 mL。

④溴甲酚绿指示剂:称取溴甲酚绿 0.1 g,溶于 7.15 mL 的 0.02 mol/L 氢氧化钠再用蒸馏水稀释至 250 mL。

⑤混合指示剂:甲基红指示剂与溴甲酚绿指示剂按 1∶1.5 的体积混合即成。

⑥盐酸(相对密度 1.19)、酒精(95%)、乙醚等。

(2)方法与步骤:取样时,按照饲料样品的采集与制备中要求的方法进行采集。

感官鉴定法:

①用于抓一把有代表性的青贮饲料样品,紧握于手中,再放开观察颜色、结构、酸味,评定其质地优劣。

②根据青贮饲料的颜色、气味、质地和结构等指标按表 2.19 中的标准评定其等级。

表 2.19 青贮饲料感官鉴定标准

| 等级 | 气味 | 酸味 | 颜色 | 质地 |
|---|---|---|---|---|
| 优良 | 芳香酸味,给人以舒适感 | 较浓 | 接近原料颜色,一般呈绿色或黄绿色 | 柔软湿润,保持茎、叶花原状,叶脉及绒毛清晰可见,松散 |
| 中等 | 芳香味弱,稍有酒精或酪酸味 | 中等 | 黄褐色或暗绿色 | 基本保持茎、叶、花原状水分稍多或稍干 |
| 低劣 | 有刺鼻腐臭味 | 淡 | 褐色或黑色 | 茎叶结构保持极差,粘滑或干燥,粗硬,腐烂 |

实验室鉴定法

pH 测定:将待测样品切断,装入陶瓷杯或烧杯中至 1/2 处,以蒸馏水或凉开水浸没青贮饲料,然后用玻璃棒不断地搅拌,静止 15 ~20 min 后,将水浸物经滤纸过滤。吸取滤液 2 mL,移入白瓷比色盘内,加 2 ~3 滴混合指示剂,用玻璃棒搅拌,观察盘内浸出液的颜色。根据以下标准判断出近似 pH,并评定青贮饲料的品质等级。

| 品质等级 | 颜色反应 | 近似 pH |
|---|---|---|
| 优 良 | 红、乌红、紫红 | 3.8 ~4.4; |
| 中 等 | 紫、紫蓝、深蓝 | 4.6 ~5.2; |
| 低 劣 | 蓝绿、绿、黑 | 5.4 ~6.0。 |

# 实训3

## 氨化饲料的调制

1. 材料、用具、设施

(1)氨化原料:新鲜的秸秆、氨化添加剂。

(2)用具:铡草机、无毒的聚乙烯薄膜,厚度在0.2 mm以上、水桶、喷壶、注氨管、秤、动力电源、运输和铁锹等。

(3)氨化容器:根据需要选用氨化塔、氨化池或氨化袋等,事前要清扫、检查、修补、消毒等。

(4)药品:尿素、氨水或无水氨。

2. 方法与步骤

(1)氨化原料的准备:用饲料切碎机把新鲜的秸秆等原料切成3~5 cm长。

(2)氨化原料的装填:

①液氨氨化法:将切碎的秸秆喷适量水分,使其含水量达到15%~20%,混匀堆垛,在长轴的中心埋入一根带孔的硬塑料管,以便通氨,用塑料薄膜覆盖严密,然后按秸秆重量的3%通氨,处理结束,抽出塑料管,堵严。

②氨水氨化法:预先准备好装秸秆原料的容器(窖、池或塔等),将切短的秸秆往容器里放,按秸秆重1:1的比例往容器里均匀喷洒3%浓度的氨水。装满容器后用塑料薄膜盖,封严。

③尿素氨化法:按秸秆重量的3%加进尿素,首先将5 kg的NaCl,1 kg的$CaSO_4$尿素溶解在40~50 kg水中,均匀地喷洒到100 kg秸秆上,逐层堆放,用塑料膜覆盖或直接装入氨化袋中。也可利用地窖进行尿素氨化处理切碎了的农作物秸秆,具体法同液氨处理,只是时间稍长一些。在尿素短缺的地方,用碳铵也可进行秸秆氨化处理,其方法与尿素氨化法相同,只是由碳铵含氨量较低,其用量须酌情增加。

(3)密封:密封时间依环境温度的不同而异,气温20 ℃为2~4周(夏季约需1周,冬季则要4~8周,甚至更长)。原料装填完毕,应立即密封和覆盖,以隔绝空气继续与原料的接触,防止氨挥发。

(4)管护:密封后,须经常检查。发现裂缝、漏气处要及时封堵,杜绝氨挥发。

(5)取用:揭封后晒干,将秸秆取出晒干即可饲喂。

# 第3章 动物营养需要与饲养标准

**本章导读**:主要就动物营养需要和饲养标准的相关知识进行阐述,内容包括动物营养需要和饲养标准两大部分。通过学习,要求熟悉营养需要和饲养标准的基本概念及使用原则;了解营养需要与饲养标准的指标;掌握动物在不同生理阶段对营养物质需要的依据,熟悉营养水平与畜禽各项生产性能之间的关系;能够按照理论知识与实践经验确定动物的主要养分的维持需要量和生产需要,以便更好地指导和服务于生产实际。

## 3.1 动物的营养需要

动物为了维持生命、生长发育和繁衍后代,需要从外界摄取各种营养物质。动物的种类不同,生产目的与水平不同,对营养物质的需要量也不同。动物营养不仅要研究阐明不同种类动物需要的营养物质的种类和作用,而且还要研究阐明各种营养物质的需要量。

### 3.1.1 营养需要的概念

营养需要也称营养需要量,是指每头(只)动物每一天对能量、蛋白质、矿物质和维生素等营养素的需要量。也可理解为,动物在最适宜环境条件下,正常、健康生长或达到理想生产成绩对各种营养物质种类和数量的最低需要量,简称“需要”。营养需要量是一个群体平均值,不包括一切可能增加需要量而设定的保险系数。

动物对养分的需要包括两部分,一部分用于维持动物基本的生命活动,表现为维持基础代谢、自由活动和体温3个方面,另一部分主要用于动物的生长或生产,这部分需要称为生产需要,根据生产目的的不同,分为生长需要、产奶需要、产蛋需要、产毛需要等。因此,动物总的营养需要可用公式表示为:动物总营养需要 = 维持营养需要 + 生产营养需要。

### 3.1.2　营养需要的衡量指标

**1)营养需要指标**

营养需要的指标随着动物营养学的发展而由粗到细,由简到繁。根据最新营养学知识,营养需要的指标应包括采食量、能量、蛋白质、必需氨基酸、维生素、必需矿物元素和必需脂肪酸等。能量指标又可分为消化能、代谢能和净能。一般猪、羊用消化能,禽用代谢能,牛用净能。蛋白质可分为粗蛋白质和可消化粗蛋白质。近来,随着反刍动物蛋白质营养新体系的建立,逐步采用"瘤胃降解与非降解蛋白质"、"可吸收蛋白质"或"小肠蛋白质"等体系反映反刍动物的营养需要。必需氨基酸和B族维生素的需要,则视动物种类不同而异,一般情况下,成年反刍动物由于瘤胃微生物的合成,不一定需要由饲料供给必需氨基酸(高产奶牛除外,如日产奶超过15 kg奶牛日粮中需添加蛋氨酸)和B族维生素,而单胃动物则必需,如生长猪需要10种必需氨基酸,雏禽需要13种必需氨基酸。由于多数单胃动物不能有效利用饲料中的植酸磷,因而常以有效磷或非植酸磷作为它们的一项营养指标。必需脂肪酸中常列出亚油酸的需要量。

**2)营养需要量的度量单位**

能量用千焦、兆焦,蛋白质用克或百分含量,氨基酸用百分含量,维生素A,D,E用国际单位,其他维生素用毫克或微克,常量元素用克或百分含量,微量元素用毫克、微克。

**3)营养需要的表达方式**

营养需要的表达方式主要有以下几种,饲养实践中,不同情况可用不同方式表达。

(1)按每日每头需要量表示。这是传统营养需要表述营养定额所采用的表达方式,一般反刍动物的营养需要以此种方式表达,非反刍动物,特别是猪的饲养标准也采用这种表示方法,产蛋鸡的"标准"也常用这种方式表示产蛋的营养物质需要。如我国奶牛饲养标准规定体重400 kg的生长母牛,若日增重达到500 g,每日每头需要日粮干物质5.94 kg,奶牛能量单位13.81 NND,产奶净能43.35 MJ,可消化粗蛋白质417 g,粗蛋白质642 g,钙34 g,磷23 g,胡萝卜素44.0 mg,维生素A 17.6 IU。

(2)按单位饲粮中营养物质浓度表示。这是一种用相对单位表示营养需要的方法,该表达方式分风干饲粮和全干基础两种,对任食饲养动物、饲粮配合、饲料工业生产全价配合饲料十分方便。一般单胃动物的营养需要都按此种方式表示。如0~4周龄的肉用仔鸡,需要代谢能12.13 MJ/kg,粗蛋白质21.0%,钙1.00%,总磷0.65%,有效磷0.45%,食盐0.37%。

(3)按单位能量中的养分含量表示。主要表示为单位能量中的蛋白质和必需氨基酸的需要量。这种表示法有利于衡量动物采食的营养物质是否平衡。我国鸡的"标准"采用了这种表示方法。如0~6周龄的生长鸡日粮,1 MJ代谢能需要67 g粗蛋白质,蛋氨酸和胱氨酸2.07 g。

(4)按体重或代谢体重表示。营养物质的需要量与动物的体重或代谢体重成正比,此方法便于计算任何体重的营养需要。此表示法在析因法估计营养需要或动态调整营养需要或营养供给中比较常用。

(5)按生产力表示。动物的营养需要与生产力成正比,此方法便于计算不同生产性能动物的营养需要。如奶牛每产1 kg标准奶需要粗蛋白质58 g。

动物对营养物质的需要量并不是绝对不变的,不同的要求有不同的需要量。例如,预防缺乏症、维持生命、快速生长、体内有一定积贮的需要量就不同。一般都以能达到预期的生产水平作为动物营养需要的基本要求。

### 3.1.3 维持营养需要

**1)维持需要的概念与意义**

(1)概念。维持是指健康动物体重不增不减不进行生产,体内各种养分处于收支平衡,分解代谢和合成代谢过程处于零平衡的状态。维持需要是指动物处于维持状态下对能量、蛋白质、矿物质和维生素等营养素的需要量。

(2)意义。在动物生产中,维持需要属于无效益生产的需要,又是必不可少的一部分需要。动物只有在满足维持需要之后,多余的营养素才用于生产。并且维持需要的量不是固定不变的,生理状态、生产性能及生活环境等许多因素对维持需要量都有影响,例如,在低温环境中动物就要消耗较多的能量来保持体温,所以用于维持支出的能量就要多。又如高产的动物维持的营养消耗相对较少,1 头体重 500 kg 日产奶 20 kg 的母牛,其维持能量需要占总能量需要的 1/3,而日产奶 10 kg 时其维持需要增至 1/2。由此看来,用于维持消耗的营养物质的比例愈大,饲料转化率就越低,反之,用于生产的营养物质的比例越大,畜禽产品、产量及饲料转化率也就愈高。因此,研究动物的维持需要及影响维持需要的因素,使动物所食营养素最大限度地用于生产,这对于降低生产成本,提高经济效益有重要意义。例如,在畜禽生产潜力允许范围内,增加饲料投入,可相对降低维持需要从而增加生产效益,另外,减少不必要的自由活动,加强饲养管理和注意保温等措施,也是减少维持营养需要提高经济效益的有效方法。

(3)维持需要的影响因素。

①年龄和性别。维持需要幼龄动物大于成年动物;雄性动物大于雌性动物。

②体重和体型。体重越大,维持需要量愈多。就单位体重而言,体小的维持需要较体大的为高。按单位体重需要计算,鸡 > 猪 > 马 > 牛、羊。

③种类、品种和生产水平。按生产水平相对量,高产 > 低产乳牛;不同品种维持需要也不同。

④环境温度。畜禽都是恒温动物,当气温下降到临界温度且风速大时,畜禽的散热量显著增加,为了维持体温恒定,维持的能量需要成倍增加,当气温达到过高温度时,畜体的散热受阻,使呼吸与循环加速,也会增加代谢消耗。不同畜禽及同种畜禽的不同年龄个体,都有各自的等热区,处于等热区内,其代谢率最低,维持能量消耗最小,故维持营养需要量最低。因此,生产中要给予适当温度,冬季防寒,夏季防暑。

⑤活动量。由于维持状态下的能量需要是基础代谢产热量与自由活动产热量的总和。因此,自由活动量愈大,则用于维持的能量就愈多;反之若活动量愈小,则用于维持的能量愈少,所以饲养肉用畜禽适当限制其活动,可节省维持需要的消耗。

⑥被毛厚度。动物的被毛状况对维持能量需要的影响亦颇为明显,如绵羊在剪毛前,其临界温度为 0 ℃左右,而剪毛后即迅速增高,甚至可达 30 ℃左右,因此,避免在寒冷季节为绵羊剪毛。

⑦饲养管理制度。个体饲养的家畜受低温影响较大,家畜在寒冷季节,加大饲养密度可互相挤聚以保持体温,减少体表热能散发,从而节省能量消耗。生产中,冬季肥猪大圈群饲对保温是有效的。厚而干燥的垫草和保温性能良好的地面也可以减少能量消耗。

2）维持的营养需要

（1）维持的能量需要。维持状态下对能量的需要是用于基础代谢，随意运动及体温调节的能量消耗。基础代谢是指体况良好的动物在适宜温度条件和休息（但非睡眠状态）状态下，禁食24 h的能量代谢。动物的基础代谢量与其体重有关，大量实验证明，它是体重0.75次方的函数，每kg代谢体重每天需要293 kJ能量即：$BM = 293W^{0.75}$。畜禽的维持能量需要，除了包括基础代谢能量消耗外，还包括非生产性随意活动及环境条件变化所引起的能量消耗。此外，还应充分考虑妊娠或高产状态下畜禽基础代谢加强所引起的营养消耗增加的部分。

（2）维持的蛋白质需要。动物维持状态下，氮的消耗包括内源尿氮（绝食时的尿氮），代谢粪氮（采食无氮饲粮时粪中排出的氮）和成年动物毛发、蹄角、皮肤、羽毛的增长，代谢粪氮主要是唾液、消化酶及消化道脱落的细胞所含的氮，羽毛、蹄爪等表皮组织的更新需要蛋白质极微少，一般略去不计；因此，动物维持的蛋白质需要可用内源尿氮和代谢粪氮估算，那么只要计算出内源尿氮和代谢粪氮，就可计算出维持的蛋白质需要。

①内源尿氮。它是指动物在维持生存过程中，必要的最低限度的体蛋白净分解代谢经尿中排出的氮。

②代谢粪氮。它是指动物采食无氮日粮时经粪中排出的氮。代谢粪氮与内源尿氮亦存在一定的比例关系，但这种关系因动物种类而异，猪、鸡等单胃动物的代谢粪氮为其内源尿氮的40%，马、兔等非反刍草食动物为60%，反刍动物牛、羊为80%。

③按基础氮代谢估计维持蛋白质需要。基础氮代谢中氮的损失实际上反映出动物对饲料氮供给的基本要求，即维持氮需要，而且是净氮维持需要。因此，可以用基础氮代谢估计维持蛋白质需要。

其中饲粮蛋白质用于维持的消化率，非反刍动物比反刍动物高。一些动物基础氮代谢排泄量如表3.1所示。

**表3.1　一些畜禽维持的蛋白质需要**

| 动　物 | 基础氮代谢 $/mg(W^{0.75})^{-1}$ | 净蛋白质 $/g(W^{0.75})^{-1}$ | 消化蛋白质 $/g(W^{0.75})^{-1}$ | 粗蛋白质 $/g(W^{0.75})^{-1}$ |
|---|---|---|---|---|
| 育肥猪 | 155～275 | 0.97～1.72 | 1.76～3.13 | 2.20～3.91 |
| 小　猪 | 192～320 | 1.20～2.00 | 2.18～3.64 | 2.63～4.39 |
| 公　猪 | 340 | 2.1 | 3.87 | 4.72 |
| 母　猪 | 176 | 1.19 | 2.00 | 2.54 |
| 肉　鸡 | 195～338 | 1.22～2.11 | 1.88～3.25 | 2.29～3.96 |
| 蛋　鸡 | 173～276 | 1.08～1.73 | 1.96～3.14 | 2.39～3.83 |
| 奶　牛 | 250 | 1.56 | 2.60 | 3.71 |
| 山　羊 | 280 | 1.75 | 2.92 | 4.17 |
| 绵　羊 | 260 | 1.63 | 2.72 | 3.89 |

（3）维持的矿物质需要。在各类动物中，关于Ca和P的研究进行得较多，近年观点认为，Ca，P的维持需要量基本上与所需的能量呈正比。但总的来讲，在缺乏矿物质时，动物可反复

利用矿物质,由于反复循环利用的程度高,所以体内矿物内源损失比较小。

(4)维持的维生素需要。目前一般认为,脂溶性维生素的需要量与体重呈正比。但总的来看,维生素代谢与其他营养素代谢不同,没有内源损失,同时由于维生素的分解与合成的需要受日粮因素影响很大,所以维生素的需要一般不进行维持需要的估算。由此可见,从动物生产角度出发,将维生素维持需要与生产需要分开没有能量蛋白质那样重要。

### 3.1.4 生产营养需要

生产营养需要同维持营养需要一起,构成了畜禽总的营养需要。生产需要是指生长、肥育、繁殖、泌乳、产蛋、产毛和使役等所需的养分与能量,不同畜禽可能在同一时期进行一项或多项生产。如母牛产犊后受孕,其生产包括泌乳与妊娠。

**1)繁殖需要**

(1)繁殖与营养。动物的繁殖过程中包括两性动物的性成熟、性欲与性机能的形成,维持精子与卵子的形成,受精过程,妊娠及雌性动物哺养和产前准备等许多环节,任何一个环节都可因营养不适而受到影响。很多繁殖障碍诸如性成熟期延迟,发情不正常,配种能力差,精液数量少、质量低,排卵少,受胎率低,流产,胚胎发育受阻等都可由营养问题而起。所以,提供适宜的营养条件,是保证和提高动物繁殖能力的基础。

(2)种公畜营养需要。

①能量的需要。正确饲养的种公畜应保持良好的种用体况及较强的配种能力,即精力充沛,性欲旺盛,能产生量多质优的精液。日粮中各种营养物质的含量,无论对幼年公畜的培育或成年公畜的配种能力都有重要作用。

能量供给不足,对幼年公畜的育成或成年公畜的配种性能均会产生不良影响;反之,如能量供应过多则会造成种公畜过肥,其危害性更为严重。通常,种公畜的能量需要大致按其维持需要量的基础上增加20%左右。

②蛋白质的需要。日粮中缺乏蛋白质,会影响公畜精子的形成,致使射精量减少,但日粮中蛋白质过多,会不利于精液品质的提高。合理的蛋白质应是在维持需要基础上增加60%~100%。种公猪对蛋白质的需要实质上是对必需氨基酸的需要,尤其是赖氨酸对改进精液品质十分重要。

③矿物质的需要。种公畜日粮中还要供给各种矿物元素,影响种公畜精液品质的矿物质元素有Ca,P,Na,Cl,Zn,Mn,I,Co,Cu等;特别应注意Cu,Zn的供给。

④维生素的需要。影响繁殖的维生素有Va,Vd,Ve,Vc,必须注意供给。Ve对动物生育至关重要。Vc可以改善精液品质。

(3)繁殖母畜的营养需要。

①动物妊娠前营养需要特点。对配种前的母畜的基本要求是,身体健康,按期发情,正常排卵,受胎率高。

A.后备母畜。后备母畜处于生长阶段,容易因营养不良引起生长缓慢和初情期延迟,从而影响繁殖力的发挥。而高营养水平,可使初情期出现较早,但受胎率低,不育淘汰率较高。

B.经产母畜。经产母畜在配种前应根据不同情况调节营养水平,对于在前一繁殖期中产仔多,泌乳量高,干奶后体况较差的母畜,在配种前可采用"短期优饲"的方法饲养,即在配种前的较短时期内(1~20 d)提高饲粮能量水平,以提高其排卵数。对于体况较好的经产母畜,在配种前可按维持需要的营养水平饲养。避免过肥,因为过于肥胖也会降低其繁殖力。

②妊娠动物营养需要特点。

A.妊娠合成代谢。母体妊娠后,甲状腺和脑下垂体等一些内分泌腺的分泌机能加强,胎儿的生长发育对养分的需要量不断增加。从而使母体的物质和能量代谢明显提高,在整个妊娠期间,母体的代谢率平均增加 11% ~14%,妊娠后期增加的幅度更大,可达 30% ~40%,如图 3.1 所示。

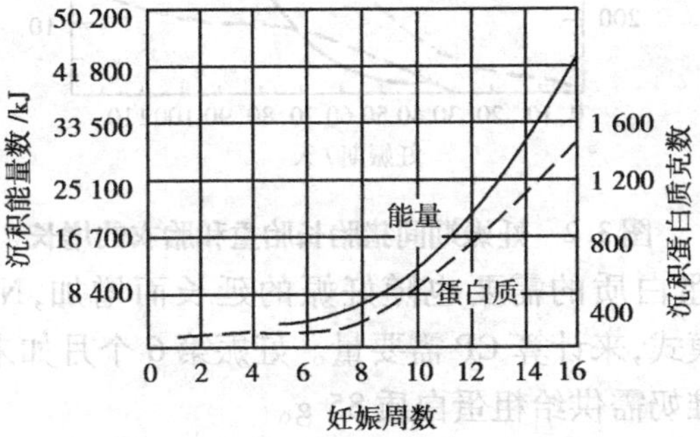


**图 3.1 母猪在妊娠不同阶段内能量和蛋白质的增长**

引自 杨凤(1993).p.167。

妊娠母体内具有较强的贮积营养物质的能力。在饲喂同样饲粮条件下,妊娠母体的增重高于空怀母体,如表 3.2 所示,这种现象称为"孕期合成代谢"。

**表 3.2 在相同采食量下妊娠母猪与空怀母猪的体重变化(kg)**

| 妊娠或空怀 | 采食量 | 配种体重 | 临产体重 | 产后体重 | 净增重 | 相差 |
|---|---|---|---|---|---|---|
| Ⅰ妊娠 | 225 | 230 | 274 | 250 | 20 | 16 |
| 空怀 | 224 | 231 | 235 | 235 | 4 | — |
| Ⅱ妊娠 | 418 | 230 | 308 | 284 | 54 | 15 |
| 空怀 | 419 | 231 | 270 | 270 | 39 | — |
| Ⅲ妊娠 | 233 | 197 | 233 | 211 | 14 | 9 |
| 空怀 | 233 | 196 | 201 | 201 | 5 | — |

引自宋育(1995).p.196。

B.增重内容。动物妊娠的增生内容包括胎儿生长、子宫及其内容物、乳腺及母体增生等。胎儿的生长系非均衡性生长,即妊娠前期胎儿生长缓慢,中期生长逐渐加快,后期生长最快。胎儿重量主要在妊娠后 1/3 或 1/4 时期所增长。子宫及其内容物的增长速率与胎儿生长速率同步,亦系前期慢,后期快,如图 3.2 所示。

③妊娠动物各种养分的需要。

A.能量。我国的猪饲养标准将妊娠期分为前后两个阶段分别对待,日本也是如此。一般前期可在维持需要基础上增加 10% 左右,后期则在前期基础上增加 50%。

妊娠母牛的能量供给量在妊娠期的后几个月予以增加,妊娠的能量需要约为维持能量需要的 30%,妊娠第 6 个月如未干奶,还需加上产奶的需要。

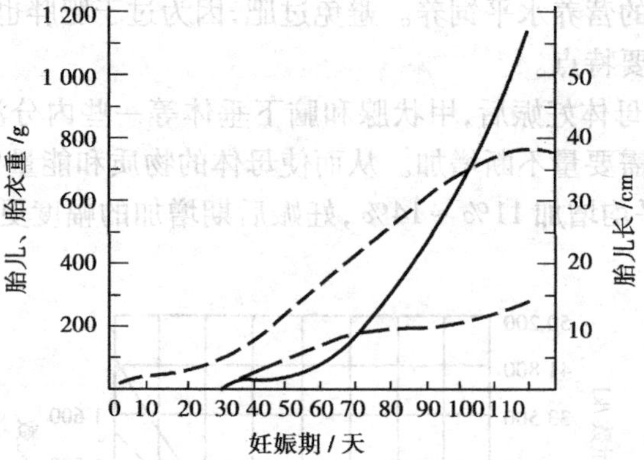


**图 3.2　妊娠期间猪胎长胎重和胎衣的增长**

B. 蛋白质。妊娠期蛋白质的需要也随妊娠的延长而增加，NRC(1998)按维持＋母体增重＋妊娠产物增重的模式，来计算 CP 需要量。妊娠第 6 个月如未干奶还应加产奶需要，每产 1 kg 含脂 4.0% 的标准奶需供给粗蛋白质 85 g。

C. 矿物质。妊娠母畜对钙、磷的需要量随胎儿增长而增加，微量矿物质，如锰、碘、锌、硒、铜、钴等缺乏会影响繁殖性能，因此要注意补充这些矿物质。

D. 维生素。维生素 A，D，E 对繁殖非常重要。母猪达到最佳繁殖性能时对泛酸、$B_2$，$B_6$ 的需要量分别为 12.0～12.5，16，2.1 mg/kg。反刍动物能在瘤胃内合成 B 族维生素，一般不需另外补充。

**2)生长需要**

生长期是指从出生到性成熟为止，包括哺乳和育成两个阶段。在这段时间内，家畜的物质代谢十分旺盛。根据家畜生长发育规律，提供适宜的营养水平，是促进幼畜生长，培养出体型发育和成年后生产性能均良好的后备家畜的重要条件之一。

(1)生长的概念。生长是指动物通过机体的同化作用进行物质积累，细胞数量增多和组织器官体积增大，从而使动物的整体体积及重量增加的过程。

生长过程包括：体尺增长，体重增加；细胞增殖与增大、组织器官发育与功能日趋完善；化学成分积累。

发育则是动物体组织内在特性上的变化，它是以细胞分化为基础的质变过程。生长和发育既不能混淆，亦不能截然分开，生长是发育的物质基础，没有生长即不可能有发育，而发育又促进了生长，并可影响生长的方向。因此，生长乃是动物发挥潜在生产性能的基础，幼龄时期生长发育不良的动物将会直接影响其生产性能包括肥育、繁殖、泌乳、产蛋和使役等的充分发挥。

(2)生长的规律。

①体重。动物在生长过程中，前期生长速度较快，随着年龄的增长，生长速度逐渐转缓，生长速度由快向慢有一转折点，称为生长转缓点。根据动物的生长规律，在饲养实践中应充分利用动物的生长前期，即利用动物达到生长转缓点前生长速度快的特点，加强饲养促进其生长发育，以获得较大的生产效益。其次，应根据公、母畜生长率不同的特点，在饲养上自幼龄时期开始即应区别对待，即公畜的营养水平应略高于母畜。

②体组织、骨骼、肌肉和脂肪。动物体组织、骨骼、肌肉和脂肪的增长与沉积具有一定规

律性,即生长初期以骨骼生长为主,其后肌肉生长加快,接近成熟时脂肪沉积增多乃至生长后期则以沉积脂肪为主。动物体内肌肉、骨骼、脂肪三者的增长阶段并非截然划分,而是相互重叠,同时增长,只是在不同生长阶段其生长重点不同。根据这一规律,在生长早期重点保证供给幼畜生长骨骼所需要的矿物质;生长中期则满足生长肌肉所需要的蛋白质;生长后期必须供给沉积脂肪所需要的碳水化合物。传统畜牧业的"肥育"概念,意指动物体内脂肪的沉积,然而,近代畜牧业的主要任务是生产动物蛋白。例如,肉鸡与瘦肉型猪即是以增长蛋白质为主,应适当限制碳水化合物的供给,并在蛋白质沉积高峰过后屠宰。

③器官。动物内脏器官的生长发育亦具有一定规律。幼龄动物的各种内脏器官生长发育速度不尽相同。例如,犊牛瘤胃和大肠在开始采食植物性饲料后即迅速增大,其速度远较皱胃与小肠为快。因此,在饲养中幼龄反刍家畜提早开始采食粗料,有利于消化器官的发育及其机能的锻炼,增强对粗饲料的消化能力,然而种用和役用家畜则不宜使胃肠早发育,以免形成"草腹"而失去种用价值。

(3)生长家畜的营养需要。

①能量。生长动物能量的需要包括维持需要和生长需要。

②蛋白质　生长的蛋白质需要是指给饲不同水平的蛋白质的日粮,达到最大增重和最大饲料利用率的蛋白质水平。

③矿物质。畜、禽在生长期间,由于骨骼生长最快,对Ca,P的需要也最迫切,其他如Fe,Cu,Mn,I,Co,Zn,S等矿物元素也需要较多。这期间,饲养不合理极易引起营养缺乏症和生长发育不良等。

④维生素。畜、禽在生长期间应注意维生素A、维生素D和维生素B族的供应。在有充足的阳光照射情况下,不需饲粮提供即可保证维生素D的需要。成年家畜肠道微生物能合成维生素K。成年反刍动物能合成足够需要的全部水溶性维生素。工厂化养鸡和养猪应特别注意维生素的补充。在有青绿饲料喂养情况下,维生素的添加量可适当降低。

**3)泌乳需要**

泌乳动物代谢旺盛,从乳汁中排出大量营养物质,1头高产奶牛1年从乳中分泌出的干物质相当于体重的4~5倍,哺乳母猪在短短两个月的哺乳期内从乳中分泌出的干物质约36~54 kg。泌乳所需的营养物质无疑要从饲料中获得,所以了解乳的成分和乳的形成过程,对于掌握泌乳动物营养需要的规律是很有必要的。

(1)乳的成分。乳的成分因动物种类、品种、年龄、个体及泌乳期的不同而有很大差异,大致为干物质10%~26%,蛋白质1.8%~10.4%,脂肪1.3%~12.6%,乳糖1.8%~6.2%,灰分0.4%~2.6%。

母畜分娩后头几天内所分泌的乳汁称为初乳,约5~7 d后转为常乳,务必保证新生仔畜及时吃上初乳。

(2)乳的形成。乳在乳腺内形成。形成乳的各种原料来自于血液,血液中的养分有的不经过任何改变(如维生素、矿物质、乳血清、白蛋白及免疫球蛋白等)而直接扩散到乳中,有的则作为原料在乳腺内经一系列复杂的生化反应合成为乳的成分。如酪蛋白、白蛋白、大部分乳脂、乳糖都是在乳腺细胞内合成的。乳糖是以血中的葡萄糖(猪)和短链脂肪酸丙酸(牛羊)为原料合成的。乳脂的绝大部分是甘油三酯,主要是在乳腺由乙酸、β-羟丁酸(反刍动物)和葡萄糖(非反刍动物)合成的,小部分则直接来自血液。乳中的酪蛋白、白蛋白和球蛋白是在乳腺细胞中由来自血液的氨基酸合成。

(3)泌乳的营养需要。

①能量。泌乳动物的能量需要应是维持和泌乳需要的总和。

A. 泌乳动物的维持能量需要。泌乳期间，动物的代谢率增高，所以其维持需要比干乳期高。

B. 产奶的能量需要。产奶的能量需要主要取决于泌乳量和乳脂率。

②蛋白质。乳中蛋白质的含量是确定泌乳对蛋白质需要量的依据。

③矿物质。奶牛 Ca 和 P 的维持需要分别为每 100 kg 体重 6 g 和 4.5 g，每千克标准乳的 Ca 和 P 需要分别为 4.5 g 和 3 g。食盐的维持需要为 3 g/100 kg 体重，产奶需要为 1.2 g/kg 标准乳；哺乳母猪的泌乳量很难测定，其矿物质需要量也难以估计准确。

④维生素。奶牛可在瘤胃中合成 $V_C$，$V_K$和 B 族维生素，所以，奶牛的维生素需要主要是考虑维生素 A，D 和 E 即可。哺乳母猪除需要维生素 $V_A$，$V_D$和 $V_E$外，还需要维生素 K 及 B 族维生素。

⑤水。动物的乳中水含量在 80% 以上，可见，泌乳动物从乳汁中排出大量的水分，所以，水对泌乳动物显得尤为重要。牛在一般环境下，产乳 1 kg 需水 2 ~ 2.5 kg。

(4)影响泌乳的因素。品种、年龄、胎次、泌乳期、气温和营养水平等都是影响泌乳的因素，其中饲料和营养是重要因素。

①营养水平。产奶量和奶的品质，不仅受现期营养水平的影响，也受前期营养水平的影响。对生长期奶牛饲喂低于饲养标准规定营养水平的日粮虽延迟产犊年龄，但以后产奶量逐胎上升，若按终身生产奶量计算，甚至高于饲喂高营养水平培育的牛，产奶效率也高，乳牛生长期使用高能日粮，会造成乳房沉积脂肪过多，影响分泌组织增生，导致以后产奶量少，利用年限短，产奶效率低。奶牛现期营养水平对产乳量和乳成分也有影响，长期喂低营养水平日粮，影响泌乳量，也降低乳蛋白含量，而高营养水平的日粮则有利于产奶量的提高，但乳脂量减少，一般日粮营养水平适当高于实际泌乳需要，并随泌乳量的提高而不断增加，要充分发挥母畜的泌乳潜力。

②日粮精粗料比例。日粮中精粗料比例可影响瘤胃发酵所产生挥发性脂肪酸的比例，若精料比例大，则产乙酸少，丙酸多，从而影响乳脂合成而增加体脂。乳牛日粮以精料占 40% ~ 60% 为宜。

**4)产蛋禽的营养需要**

(1)蛋的成分。蛋由蛋壳、蛋清、蛋黄 3 部分组成，并且各类禽蛋蛋壳、蛋清和蛋黄的百分含量非常相近，去壳蛋中水分和蛋白质的含量比较稳定。

(2)产蛋的营养需要。

①能量。产蛋禽的能量需要主要包括维持需要和产蛋需要，维持需要取决于体重和环境温度，产蛋能量需要与产蛋水平有关。

母鸡具有根据自身能量需要而调节采食量的本能，在环境温度相同条件下对高能日粮采食较少，对低能日粮采食较多，而在日粮能量浓度相同条件下，高温采食较少，低温采食较多。

②蛋白质需要。产蛋禽的蛋白质需要量取决于产蛋量和体重。

产蛋禽对蛋白质不仅有量的需要，而且有质的要求，所谓质的要求基本上是指对饲粮蛋白质氨基酸组成的要求。蛋鸡对氨基酸的需要，通常是指 10 种必需氨基酸。其中蛋氨酸常为第一限制性氨基酸。

③矿物质需要。蛋鸡需要多种矿物元素,Ca,P 和 Na 的需要量很大。其中,钙3.5%~4%;有效磷0.3%~0.4%;钙磷比为5~6:1;食盐的需要量为0.37%。

④维生素。在正常情况下,标准中规定的维生素需要量可用添加剂形式如数给足甚至显著提高,而自然饲料中原有的各种维生素则作为安全余量来对待。

**5)产毛营养需要**

(1)羊毛的成分和生长发育。羊毛在化学组成上与角和蹄相似,主要是角擀蛋白并含少量脂肪和矿物质,S元素含量较多,绝大部分以胱氨酸的形式存在。

(2)羊毛营养需要。

①能量。产毛的能量需要包括合成羊毛消耗的能量和羊毛所含的能量两部分。绵羊用于产毛的能量需要与维持需要相比量不多,有人介绍在10%左右,然而能量的水平对产毛的数量和质量有明显影响,能量水平提高产毛量增加,毛的直径增大,能量水平降低则恰好相反。

②蛋白质。角蛋白是羊毛的基本成分,羊毛的生长,即角蛋白的合成所需的原料最终都要由饲料提供。在蛋白质品质方面,含S氨基酸即胱氨酸和蛋氨酸对羊毛生长的影响显得较为突出。瘤胃中的微生物可利用NPN合成蛋白质,在绵羊饲料中使用NPN时,应注意S的补充,使微生物有足够的S合成含S的氨基酸。

③矿物质。Cu对羊毛品质有明显的影响,绵羊缺Cu时明显的症状是毛弯曲减少,严重缺Cu时,毛纤维丧失弯曲度,同时引起F必需代谢紊乱,出现贫血、产毛量下降。S是羊毛的重要组分,注意S的补充。

④维生素。$V_A$有保护表皮健康的功能,羊毛是皮肤的衍生物,缺乏$V_A$时,表皮及毛囊出现过度角质化,汗腺及皮脂腺机能失调,分泌减少,皮肤粗糙,从而影响毛的正常生长。夏、秋季节绵羊采食大量青草,获得丰富的胡萝卜素,不仅满足当时对胡萝卜素的需要,而且将多余部分储存在体内,以备冬季利用,但某些羊冬季储存胡萝卜素的能力较低,所以在冬春季节应注意补给$V_A$。核黄素、生物素、泛酸及烟酸对皮肤的健康亦有影响,缺乏这些维生素可妨碍毛的生长,但羊瘤胃微生物可以合成这些维生素,一般情况下不致缺乏,初生羔羊、瘤胃未充分发育应注意补充。

**6)动物使役的营养需要**

动物使役的能量需要与维持需要、工作需要有关。对蛋白质需要,一般情况下,使役动物对蛋白质的需要不会因工作量的增加而增加,使役只会增加能量的需要,也会改变能量与蛋白质的比例,所以随着工作量的增加,日粮的能量浓度与蛋白质的比例要注意改变。矿物质对动物使役很重要,如马在使役时,肌肉活动增强,对磷和钾的消耗增加,同时由于肌肉收缩,产生乳酸和磷酸也需要钠离子来平衡,而且马在使役时,排汗增加,会排出大量的矿物质,因此要注意补充矿物质。

## 3.2 动物的饲养标准

饲养标准是根据动物的不同种类、性别、年龄、体重、生理状态、生产目的与生产水平等,通过生产实践积累的经验,结合物质平衡试验与饲养试验结果,科学地规定每头动物每天应给予的能量和各种营养物质的最低数量。它加有安全系数(保险系数、安全余量)。一般以表格形式出现,以每日每头(只)具体需要量或占日粮的百分含量表示。一个完整的饲养标准应包括两个主要部分,即动物营养需要量表和常用饲料营养价值表。

饲养标准的种类大致可分为两类:一类是国家规定和颁布的饲养标准,称为国家标准;另一类是大型育种公司根据自己培育出的优良品种或品系的特点,制订的符合该品种或品系营养需要的饲养标准,称为专用标准。对我国影响最大的当属美国 NRC 标准。NRC 标准包括家禽、猪、奶牛、肉牛、兔、绵羊、马、狗、猫、实验动物、毛皮兽、鱼虾类等标准,并随着生产与科研的进展不断进行修订,如家禽的饲养标准已修订了 8 次。NRC 标准不仅对我国的动物生产和饲料工业的发展具有重大指导作用,而且对我国修订原有的饲养标准和制订新的饲养标准具有重要参考价值。

### 3.2.1 饲养标准的性质和作用

**1)饲养标准的性质**

(1)饲养标准的科学性、实用性与权威性。动物的饲养标准是以营养科学的理论为基础,以生产实践的结果为依据,它的各项指标及数值都是从大量的科学试验得来,而已经过广泛的中间试验和生产实践的验证,查阅和依据了国内外大量的科学文献。所以动物的饲养标准是近代营养、饲养科学技术发展的总结和生产实践经验的总结的总结。

"标准"的权威性,首先,是由其内容的科学性和先进性决定的。其次,以其制订的过程和颁布机构的地位看,也体现了权威性。"标准"不但是大量科学实验研究成果的总结,而且它的全部资料都要经过有关专家定期或不定期地集中严格审定,其审定结果又以专题报告的文件形式提交有关权威行政部门颁布。这样,"标准"不仅有权威性,其严肃性也是显而易见的。

同时,随着科学技术不断发展、实验方法不断进步、动物营养研究不断深入和定量实验研究更加精确,饲养标准或营养需要也更接近动物对营养物质摄入的实际需要,将更科学、实用和权威。

(2)饲养标准的普遍性、地域性与特殊性。动物的营养需要与饲养标准是一定历史条件下对客观事物和规律的反映,是当时(时期)当地(国家)科学技术发展水平的反映。由于同类动物种质特性的稳衡性、以及科学技术知识的积累和生产条件的改善,在一定时期内是渐进的和连续性的,因此不同时期饲养标准之间的基本原理和不少指标有许多共同之处,前后各版次之间有一定的继承性,具有相对稳定性。由于世界各国制订饲养标准都依据共同的营养、饲养科学的理论基础和实验手段,所以饲养标准的基本原理和基本内容有许多共同之点,一个国家的饲养标准往往被另一些国家所采用,或作为借鉴用以制订自己国家的饲养标准,所以饲养标准又具有普遍性。但是,由于各国的社会制度、生产体系、管理条件、生产目标、饲料资源、动物种类、环境条件等方面存在着不同的差异,各国的饲养标准有许多反映本国特点、适应本国国情的个性,所以饲养标准又具有明显的地域性和特殊性。

(3)饲养标准的原则性和灵活性。饲养标准的提出,一方面使饲料工业生产配合饲料有章可循,另一方面使畜牧工作者饲养动物有据可依,因此在饲养实践中应力求按照饲养标准配置日粮,核计饲粮,进行配合饲料的生产,提高配合饲料质量,坚持饲养标准的原则性;然而,畜牧业生产的条件是非常复杂和千变万化的,影响的因素也很多,因此,在使用饲养标准时，又要掌握灵活性，但是灵活性不是随意性，因为饲养标准的灵活应用是以当代营养饲养科学的理论为依据，以具体实践为根据的。所以使用时应根据生产条件的具体情况和实际应用后的效果加以适当的调整，灵活地应用，不能生搬硬套，从而使饲养标准更加切合当时当地以及某一动物具体的生产实际。

(4)饲养标准的条件性和局限性。"标准"是确切衡量动物对营养物质客观要求的尺度。"标准"的产生和应用都是有条件的，它是以特定动物为对象，在特定环境条件下研制的满足其特定生理阶段或生理状态的营养物质需要的数量定额。但在动物生产实际中，影响饲养和营养需要的因素很多，诸如同品种动物之间的个体差异，各种饲料的不同适口性及其物理特性，不同的环境条件，甚至市场经济形势的变化等，都会不同程度地影响动物的营养需要量和饲养。这种"标准"产生及应用条件的特定性和实际动物生产条件的多样性及变化性决定了"标准"的局限性，即任何饲养标准都只在一定条件下、一定范围内适用。切不可不问时间、地点、条件生搬硬套"标准"。在利用"标准"中的营养定额拟订饲粮、设计饲料配方、制订饲养计划等工作中，要根据不同国家、地区、不同环境情况和对畜禽生产性能及产品质量的不同要求，对"标准"中的营养定额酌情进行适当调整，才能避免其局限性，增强实用性。

**2)饲养标准的作用**

饲养标准的主要用处是作为核计日粮(配合日粮、检查日粮)及产品质量检验的依据，通过核计日粮这个基本环节，对饲料生产计划、饲养计划的拟订和审核起着重要作用。同时，它对促进实际饲养工作的标准化和科学化具有重要作用。总之，无数的生产实践和科学实践证明，饲养标准对于提高动物生产效率、提高饲料资源利用效率、提高科学养殖水平、推动动物生产发展有着极大的作用。

### 3.2.2 饲养标准的指标体系和指标种类

饲养标准中所涉及的养分指标体系和指标种类因动物种类而异。一般猪和家禽饲养标准中所涉及的营养指标比反刍动物多。

**1)能量指标体系**

消化能(DE)、代谢能(ME)或净能(NE)是"标准"确定能量定额常用的能量指标，但是在不同种类动物、不同国家或地区的具体"标准"中，用的能量指标则有所不同。禽用ME，世界各国都比较一致。猪的能量体系各国不完全一致。美国、加拿大等国用DE，也用ME。欧洲各国多用ME，也标出DE。我国只用DE。反刍动物多用NE，也标出DE，ME，我国牛的饲养标准为了突出实用性，用奶牛能量单位(NND)表示奶牛的能量需要，用肉牛能量单位(RND)表示肉牛能量需要。

**2)蛋白质指标体系**

常用粗蛋白质(CP)和可消化粗蛋白质(DCP)。我国各种动物的饲养标准一般都用CP表示蛋白质定额，奶牛两者都标出。NRC在反刍动物CP需要中还标出DIP，UIP。ARC的反刍动物蛋白质需要另外标出RDP，UDP。

蛋白质指标也是饲养标准的一个重要指标。它用于反映动物对总氮的需要。对猪、禽等单胃动物，主要用于反映对真蛋白质的需要。

**3)氨基酸指标体系**

大多数饲养标准一般只涉及必需氨基酸(EAA)，而且采用总必需氨基酸含量体系表示定量需要。氨基酸指标主要用于反映动物对蛋白质质量的要求。对于单胃动物而言,蛋白质营养实际是氨基酸营养,用可利用氨基酸表示动物对蛋白质需要量也将是今后发展的方向。

**4)其他营养指标**

不同种类饲养标准或营养需要,不同国家和地区的"标准"列出的指标多少不同。

(1)采食量。指干物质或风干物质采食量。此指标常见于反刍动物或猪的饲养标准,家禽饲养标准通常无此指标。

(2)维生素。包括脂溶性维生素和水溶性维生素。NRC 和 ARC 猪、禽营养需要中,4 个脂溶性维生素都列出,水溶性维生素只列出 9 个,而反刍动物仅列出部分或全部脂溶性维生素。维生素 C 仅在水生动物营养需要中才列出。

(3)矿物元素。一般按常量元素和微量元素的顺序列出。常量元素中除硫外全部列出,有的饲养标准还列出了有效磷指标。微量元素中不同的标准列出的指标不统一,但大都列出铁、铜、锰、锌、碘、硒等指标,反刍动物还列出了钴的需要量。

(4)脂肪酸。"标准"中主要列出必需脂肪酸(EFA),一般只列出亚油酸指标。亚油酸已作为鸡的必需脂肪酸列入饲养标准。

### 3.2.3 饲养标准的选用原则

饲养标准是发展动物生产、制订生产计划、组织饲料供给、设计饲粮配方、生产平衡饲粮、对动物实行标准化饲养管理的技术指南和科学依据。但是,照搬"标准"中数据,把"标准"看成是解决有关问题的现成答案,忽视"标准"的条件性和局限性,则难以达到预期目的。因此,应用任何一个饲养标准,充分注意以下基本原则相当重要。

(1)选用"标准"的适合性。"标准"都是有条件的"标准",是具体的"标准"。所选用的"标准"是否适合被应用的对象,必须认真分析"标准"对应用对象的适合程度,重点把握"标准"所要求的条件与应用对象实际条件的差异,尽可能选择最适合应用对象的"标准"。

选用任何一个"标准",首先应考虑"标准"所要求的动物与应用对象是否一致或比较近似,若品种之间差异太大则难使"标准"适合应用对象,例如,NRC 猪的营养需要则难适合于我国地方猪种。除了动物遗传特性以外,绝大多数情况下均可以通过合理设定保险系数使"标准"规定的营养定额适合应用对象的实际情况。

(2)应用标准定额的灵活性。"标准"规定的营养定额一般只对具有广泛或比较广泛的共同基础的动物饲养有应用价值,对共同基础小的动物饲养则只有指导意义。要使"标准"规定的营养定额变得可行,必须根据不同的具体情况对营养定额进行适当调整。选用按营养需要原则制订的"标准",一般都要增加营养定额。选用按"营养供给量"原则制订的"标准",营养定额增加的幅度一般比较小,甚至不增加。选用按"营养推荐量"原则制订的"标准",营养定额可适当增加。

(3)"标准"与效益的统一性。应用"标准"规定的营养定额,不能只强调满足动物对营养物质的客观要求,而不考虑饲料生产成本。必须贯彻营养、效益(包括经济、社会和生态等效益)相统一的原则。"标准"中规定的营养定额实际上显示了动物的营养平衡模式,按此模式向动物供给营养,可使动物有效利用饲料中的营养物质。在饲料或动物产品的市场价格变化的情况下,可以通过改变饲粮的营养浓度,不改变平衡,而达到既不浪费饲料中的营养物质又实现调节动物产品的量和质的目的,从而体现"标准"与效益统一性原则。只有注意"标准"

的适合性和应用定额的灵活性，才能做到“标准”与实际生产的统一，获得良好的结果。此外，效益也是一个重要问题。

## 本章小结

通过本章动物营养需要和饲养标准知识的学习，掌握了营养需要和饲养标准的基本概念，了解了营养需要与饲养标准的指标，并能正确运用这些指标来指导生产，掌握了动物在不同生理阶段对营养物质需要的依据以及营养水平与畜禽各项生产性能之间关系；根据这些理论知识和相应的营养需要指标、饲养标准就能够确定不同动物、不同生理阶段的主要养分的维持需要量和生产需要，以便更好地进行饲料配合和组织畜禽生产。

## 复习思考题

1. 名词解释

维持、维持需要量、孕期合成代谢、代谢体重、营养需要、饲养标准

2. 填空题

(1)家禽饲养标准中能量用(　　)体系；猪饲养标准能量体系是(　　)和(　　)兼用。

(2)我国奶牛饲养标准能量选用(　　)体系。

(3)家畜骨骼、肌肉、脂肪等组织的增长，在不同阶段各有侧重。家畜出生后(　　)生长首先达到高峰，其次是(　　)，(　　)增长高峰最后出现。

(4)妊娠母畜在妊娠期间内，营养需要量前期比后期(　　)。

(5)在猪、鸡饲养标准中，维生素A,D,E的需要量以(　　)表示。维生素K和水溶性维生素以(　　)表示；微量元素以(　　)表示。

(6)在猪、鸡饲养标准中蛋白质、钙、磷和食盐的需要量均以(　　)表示。

3. 问答题

(1)生产中如何正确运用饲养标准指导实践？

(2)饲养标准中数值的表达方式有哪些？

(3)比较分析单胃动物与反刍动物营养需要标准中主要营养指标的异同点和实际含义。

(4)论述“维持营养需要”在实际生产中的意义。

# 第4章　饲料配方设计技术及饲养试验

**本章导读**：主要阐述了饲料配方设计的基础知识；全价配合饲料配方、浓缩饲料配方和预混合饲料的配方设计要求；饲养试验。通过学习，使学生初步学会全价配合饲料、浓缩饲料和预混合饲料配方的设计方法；熟悉各种饲料的特点和使用要求。

## 4.1　饲料配方设计的基础知识

### 4.1.1　配合饲料的定义及类型

配合饲料指用两种以上饲料原料，根据畜禽营养需要，按照一定的饲料配方，经过工业生产的，成分平衡、齐全，混合均匀的商品性饲料。根据所得产品的使用方法不同，配合饲料可分为：完全（配合）饲料、浓缩饲料、预混合饲料和补充饲料等，此即广义的配合饲料。

(1)完全（配合）饲料，亦称“全价配合饲料”。理论上讲，完全饲料应是根据动物的品种、生长阶段和生产水平对各种营养成分的需要量和不同动物消化生理的特点，把多种饲料原料和添加成分按照规定的加工工艺制成的均匀一致、营养价值完全的饲料产品。其所含的营养成分在种类和数量上均能很好地满足畜禽的需要，达到一定的生产水平。实际生产中，由于科学技术水平等方面的限制，不少完全饲料并没有达到营养上的“全价”。为此，通常又根据饲料配合的水平将完全饲料进一步划分为“全价配合饲料”与“混合饲料”。

(2)混合饲料。一种仅能在能量、蛋白质、钙、磷等几个主要营养指标上基本达到要求的饲料产品，又叫初级配合饲料。与全价配合饲料相比，混合饲料的营养成分之间比例相差较大，营养水平低，饲养效果差，饲料报酬也较低。它是目前生产条件下较多的一种饲料产品形式。

(3)浓缩饲料。从完全饲料的配方中去掉玉米、高粱等能量饲料后生产出的配合饲料，有时亦称之为“蛋白质补充饲料”，其中包括蛋白质饲料、矿物质及各种添加剂。我国习惯上叫做浓缩料或“料精”。从浓缩料的定义中可以看出，主要将浓缩料按一定比例与能量饲料混合，即成为完全（配合）饲料，供直接饲喂畜禽用。通常，浓缩料料约占完全饲料的20% ~40%。

(4)添加剂预混料。即通常所说的“预混料”,是由一种或多种具有生物活性微量成分,如维生素、微量元素、氨基酸和非营养性饲料添加剂,如药物、抗氧化剂等组成,并吸附在载体或某种稀释剂上,搅拌均匀的混合物。也可以将它看成是在浓缩料的基础上进一步去掉主要的蛋白质饲料,如各种粕粕类、鱼粉等,所生产出的配合饲料。添加剂预混料在全价配合饲料中所占比例很小,从0.25%~5%不等,但却是构成配合饲料额的精华,是配合饲料的“心脏”。

(5)精料混合料。又叫补充饲料,主要由能量饲料、蛋白质饲料和矿物质饲料组成,是专门供放牧或舍饲反刍动物直接饲用;因此,在药物性添加剂的配合浓度上,必须严格掌握,确保安全。

### 4.1.2　饲料配方设计的基本原则

配方设计应基本遵循以下几个大的原则。

**1)营养原则**

(1)家畜家禽的营养需要。根据畜禽的种类、性别、年龄、体重、生产目的和生产水平选择不同的饲养标准,作为营养需要的主要参考依据。结合实际饲养效果确定出日粮的营养浓度,有条件者饲养标准上的养分指标要能全部满足,若条件较差应起码满足能量、蛋白质、钙、磷、食盐、赖氨酸和蛋氨酸这几个营养指标。

(2)饲料的营养价值及其特性。

①饲料的营养价值。在配合饲粮时必须对各类饲料的特性有所了解,对所选饲料的营养成分清楚,只有在这个基础上才能根据饲养标准进行畜禽饲粮配合。有条件的地方应当利用自己分析得到的饲料化学成分数据,否则计算值和实际值不合,计算得再精确,按此配制出来的日粮也不会是全价平衡日粮。如果没有条件分析,必须借助饲料成分表时,需选用和当地相近、加工工艺相同的数据。

②饲料的特性。选择饲料配制日粮时还要注意饲料的有关特性。如适口性、饲料中有毒有害成分的含量、有无霉变、来源是否充足、价格是否合理等,对于那些有不良特性的饲料要有所限制。所以在进行配方设计前,应根据饲料的营养特性和生产实践中的经验,来确定各种饲料可以占畜禽日粮的大致比例。

③日粮的营养浓度和类型。由于不同种类家畜的消化器官结构差异很大,日粮类型必须要适合于使用对象消化器官的特点。反刍家畜通常将青粗饲料作为日粮的基础饲粮,不足的营养物质再用其他的能量蛋白质饲料来补充;而单胃畜禽则不适宜把粗料作为其日粮的主要组成部分,只是在后备种畜禽和育肥后期的瘦肉型猪的饲料中,粗料才可作为稀释物质加入到这些畜禽的日粮内,以抑制其采食过多的营养物质,达到控制后备畜禽早熟,以及猪过多的沉积体脂的目的,对单胃畜禽应以精料型为主。

为了确保畜禽能够吃进每天所需要的营养物质,我们必须考虑畜禽采食量与饲料容积及饲料养分浓度之间的关系。如果配出的日粮容积过大,养分浓度低,一天的饲料量畜禽吃不完,就会造成营养物质的不满足;若是容积过小,养分浓度高,这样在限制饲喂时,畜禽食后没有饱感;而在自由采食时,畜禽又会出现过饲的情况,因此效果也不好。正常的情况应当是通过配合后供给畜禽每日的饲料不仅能够吃得下去,而且养分也要能够满足需要,各种畜禽每日所需干物质的数量可参考下列数据(按 100 kg 体重计算):猪 2.5 ~ 4.5 kg,乳牛 2.5 ~ 3.5 kg,役牛 2 ~ 3 kg,役马 1.8 ~ 2.8 kg,羊 2.5 ~ 3.5 kg,鸡每天每只 90 ~ 140 g。

④饲料的组成。饲料的组成应坚持多样化的原则,这样可以发挥各种饲料原料之间的营养互补作用。如目前提倡多粕配合使用,以保证营养物质的完善,从而提高了饲料的利用率。一般日粮中除矿物质微量元素、氨基酸和维生素添加剂以外,其他包含的精料种类不应少于 3 ~ 5 种,粗料种类不应少于 2 ~ 3 种。

饲料的组成应相对稳定。如果必须改变饲料种类时,应逐渐更换,否则会导致畜禽的消化系统疾病,影响畜禽的生产性能。

泌乳家畜的日粮结构最好能终年保持夏季饲料状态,如奶牛夏季的饲料有幼嫩的青草和南瓜等多汁饲料。冬季除晒制的青干草外,还必须要有青贮料、胡萝卜等块根块茎类饲料。在给奶牛配制日粮时,应考虑其粗料和多汁料的用量占整个日粮的 60% ~ 70%,每日使用大容积(低营养浓度)饲料提供的干物质数量可按每 kg 乳牛体重 1.5 ~ 2 kg 计算。用其他大容积饲料代替干草时可按如下比例进行替换:3 kg 青贮料或 4 kg 块根块茎饲料代替 1 kg 干草。实际配料时,可按每 100 kg 体重喂 1 kg 干草和 3 kg 青贮料(或 4 kg 块根块茎多汁饲料)。

**2)经济性原则**

经济性即考虑经济效益与社会效益。在追求高质量的同时,往往会付出成本上的代价。配方必须在这两方面之间进行权衡,既要求符合营养等方面的要求,又需要以尽可能少的成本来实现。不断提高产品设计质量、降低成本是配方设计人员的责任,长期的目标自然是为企业追求最大收益。新的配方方法、软件的引入使设计者在追求经济指标方面有了巨大进步。在西方发达国家,配方设计已综合考虑产品对环境的影响,尽量减少动物废弃物中氮、磷、药物等对人类生态环境的不利影响。

**3)可操作性原则**

即生产上的可行性原则。配方在原材料选用的种类、质量稳定程度、价格及数量上都应与市场情况及企业条件相配套。产品的种类与阶段划分应符合养殖业的生产要求。

**4)市场性原则**

产品设计必须以市场为目标。与其他商品一样,设计配方时必须明确产品的定位,例如,应明确产品的档次、客户范围、现在与未来市场对本产品可能的认可与接受前景等。另外,还应特别注意同类竞争产品的特点。如给农户散养放牧的牛、羊设计精料配方时照搬集约化牛场的模式是不当的。

**5)合法与安全性原则**

合法性即按配方设计出的产品应符合国家有关规定,如营养指标、感观指标和卫生等。有的规定不太合理或落后于科学,虽可以利用合理渠道与方法超越限制,但在一些关键性的强制性指标上必须注意执行,因产品要接受质量监督部门的管理。企业标准应通过合法途径注册并遵照执行。

## 4.2　全价配合饲料配方设计

### 4.2.1　代数法

又叫公式法、联立方程法，此法是利用数学上联立方程求解法来计算饲料配方。它可以用两种饲料（单一的或混合的）达到两个指标。优点是条理清晰、方法简单。缺点是饲料种类多时，需按经验先组合成两种饲料，计算比较复杂。

例4.1　在奶牛的混合料中，每天尚缺32.05 MJ的产奶净能，缺1.216 kg的粗蛋白质，准备用大麦和豆粕给以补充，查饲料成分表已知大麦含粗蛋白质11.6%，含产奶净能为7.95 MJ/kg，豆粕含粗蛋白质45.8%，含产奶净能为7.70 MJ/kg，问大麦和豆粕各用多少 kg？

解：设大麦需 $X$ kg，豆粕需 $Y$ kg

列方程

$0.116X + 0.458Y = 1.216$

$17.95X + 7.70Y = 32.05$

得 $X = 1.934\,4$ kg　　$Y = 2.165\,1$ kg

即：饲喂此奶牛，每天尚需补充1.934 4 kg的大麦和2.165 1 kg的豆粕，即可满足营养需要。

### 4.2.2　交叉法

交叉法（又叫方形法、对角线法、四边形法）。这个方法是美国的一个营养专家提出的，他把化学分析中溶液稀释的原理应用于畜禽的饲料配方设计中，此法简单易学，一般在饲料种类不多及考虑的营养指标少的情况下采用。其具体方法如下：

**1）两种饲料的配合**

这是最简单的一种，适用于农户饲养少量的家畜。

例4.2　用玉米和豆粕为50～110 kg瘦肉型生长育肥猪配混合饲料，其配方设计的步骤为：

第一步　查猪的饲养标准（美国 NRC 标准）得知，要求混合饲料的消化能为14.23 MJ/kg，粗蛋白质13%。

第二步　经分析或查饲料成分表得知，玉米含粗蛋白质为8.72%，消化能14.23 MJ/kg；豆粕含粗蛋白质为44.14%，消化能14.23 MJ/kg。从能值看都刚好满足猪的营养需要（虽然有时不会刚好都是14.23 MJ/kg，也相差不多），这样只需根据蛋白质的需要量来确定玉米和豆粕的用量。

第三步　作十字交叉图，把混合料需要达到的粗蛋白质含量13%放在交叉处，玉米和豆粕的粗蛋白质含量分别放在左上角和左下角；然后以左方上、下角为出发点，各向对角通过中心作交叉，大数减小数，所得的数分别记在右上角和右下角。

玉米　　　　8.72　　31.14(44.14 - 13)(玉米的份数)
\　　/
13
/　　\
豆粕　　　　44.14　　4.28(13 - 8.72)(豆粕的份数)

第四步　换算成百分含量，将上面所计算的各差数，分别除以这两差数的和，就得两种饲料混合的百分比。

玉米 = 31.14/(31.14 + 4.28) × 100% = 88%

豆粕 = 4.28/(31.14 + 4.28) × 100% = 12%

由此得知，50 ~ 110 kg 瘦肉型生长育肥猪的混合饲料由 88% 的玉米和 12% 的豆粕所组成。

注意：应用此法时，两种饲料养分含量必须分别高于和低于所要求达到的数值。

**2）两种以上饲料分组的配合**

有些地区饲料资源较丰富，为了利用饲料中养分互补的作用，常常利用两种以上的饲料；有些畜禽生产目的相同，对能量的要求一致，但在不同阶段或不同的生产水平下仅对蛋白质的要求有差异，这样我们就可以生产两种能值以及其他养分相同、而蛋白质差异较大的饲料，用时根据蛋白质的需要进行混合，这在小型饲养场应用很方便。

例 4.3　用玉米、麸皮、豆饼、鱼粉、菜籽饼、骨粉、石粉为产蛋鸡调制日粮（该场有不同产蛋水平的鸡若干项）。

我们可用甲料、乙料法配制。甲料称为能量混合料，主要由谷实或糠麸类饲料组成；乙料称为蛋白质补充料，主要由饼粕、动物性蛋白质饲料以及谷类或糠麸类所组成。具体配制方法如下：

第一步　查蛋用鸡的饲养标准如表 4.1 所示。

**表 4.1　蛋用鸡的饲养标准**

| 产蛋率 | 代谢能/($Mg \cdot kg^{-1}$) | 粗蛋白质/% | 钙/% | 磷/% | 食盐/% |
| --- | --- | --- | --- | --- | --- |
| 小于 65% | 11.51 | 14 | 3.2 | 0.6 | 0.37 |
| 产蛋率 65% ~ 80% | 11.51 | 15 | 3.4 | 0.6 | 0.37 |
| 大于 80% | 11.51 | 16.5 | 3.5 | 0.6 | 0.37 |

第二步　查饲料成分表如表 4.2 所示。

**表 4.2　饲料成分表**

| 饲　料 | 代谢能/($MJ \cdot kg^{-1}$) | 粗蛋白质/% | 钙/% | 磷/% |
| --- | --- | --- | --- | --- |
| 玉　米 | 13.72 | 8.6 | 0.02 | 0.27 |
| 麸　皮 | 6.82 | 15.7 | 0.11 | 0.92 |
| 豆　饼 | 10.54 | 43.0 | 0.32 | 0.92 |
| 鱼　粉 | 11.67 | 62.0 | 3.87 | 2.76 |

续表

| 饲 料 | 代谢能/（MJ·kg⁻¹） | 粗蛋白质/% | 钙/% | 磷/% |
|---|---|---|---|---|
| 菜籽饼 | 8.16 | 34.3 | 0.62 | 0.96 |
| 骨 粉 | | | 31.82 | 13.39 |
| 石 粉 | | | 35 | |

第三步 配制甲料和乙料。

首先组成甲料。选用玉米和麸皮为原料，设 $X$ 为玉米用量，$Y$ 为麸皮用量，用二元一次方程组求解。让玉米和麸皮的用量不超过90%，留出10%的比例添加矿物质饲料，并使其代谢能值达到11.5 MJ/kg。

$$\begin{cases}X+Y=0.90\\13.72X+6.82Y=11.51\end{cases}$$

用插入法计算得 $X=0.78$，$Y=0.12$，即甲料中玉米用量占78%，麸皮用量占12%。

补磷。先计算出玉米和麸皮可提供的磷量$(0.27\times0.78+0.92\times0.12)\%=0.321\%$，和饲养标准相比，尚差 $0.6\%-0.321\%=0.279\%$，用骨粉补充，骨粉用量为 $0.279\%\div0.133\,9=2.08\%$。

补钙。先计算出现有饲料中可提供的钙量$(0.02\times0.78+0.11\times0.12+31.82\times0.002\,08)\%=0.691\,8\%$，和饲养标准相比也不能达到要求，三种不同生产水平对钙的需要量不同，但比较相近，按3.4%算尚差2.708 2%，用石粉补充，石粉用量为 $2.708\,2\%\div0.35=7.74\%$。

补充食盐，需添加0.37%。

以上配比相加，超过100%，稍作调整即可。

甲料配方为：玉米78%，麸皮12%，骨粉2%，石粉7.7%，食盐0.3%。该料每千克含代谢能11.52 MJ，粗蛋白8.592%，钙3.36%，磷59%，食盐0.3%。

乙料的原料有豆饼、鱼粉、菜籽饼。根据经验先把这三种原料按比例组合起来。豆饼70%，鱼粉15%，菜籽饼15%，按此比例混合起来的料含代谢能10.35 MJ/kg，蛋白质44.55%，钙69%，磷0.9%。由于该混合料能值较低，为使乙料能值也能达到11.51 MJ/kg，需再加入玉米，仍用二元一次方程组求解：

设 $X$ 为玉米用量，$Y$ 为混合料用量

$$\begin{cases}X+Y=0.90\\43.72X+10.35Y=11.51\end{cases}$$

得 $X=0.65$，$Y=0.25$。即乙料中玉米用量为65%，混合料用量25%。

补磷。先计算出玉米和混合料可提供的磷量：$(0.27\times0.65+0.9\times0.25)\%=0.4\%$，和饲养标准比尚差 $0.6\%\sim0.4\%=0.2\%$，用骨粉补充，需骨粉 $0.2\div0.133\,9\%=1.49\%$。

补钙。先计算出现有饲料中可提供的钙量：$(0.02\times0.65+0.185\times0.25+31.82\times0.014\,9)\%=0.714\%$，和饲养标准相比也不能达要求。尚差 $3.4\%-0.714\,1\%=2.685\,9\%$，用石粉补充，需石粉 $2.685\,9\div0.35\%=7.67\%$。

补充食盐，需添加0.37%。

以上配比相加，不足100%，也需少作调整。

乙料配方为：

玉米65%；豆饼25×0.70%＝17.5%；鱼粉25×0.15%＝3.75%；菜籽饼25×0.15%＋0.2%（调干）＝3.95%；骨粉1.5%；石粉7.92%；食盐0.38%。

乙料每千克含代谢能11.53 MJ，粗蛋白16.79%，钙3.49%，磷0.61%。

第四步　根据营养需要，用交叉法确定甲料和乙料的用量。

如产蛋率大于80%，要求粗蛋白水平为16.5%，把16.5%写在交叉图的中心；甲料的蛋白质含量写在左上角；乙料的蛋白质含量写在左下角，画交叉线，大数减小数，所得数分别记在右上角和右下角。

8.592　　0.29(16.79－16.5)（甲料份数）

16.5

16.79　　7.908(16.5－8.592)（乙料份数）

$$甲料应占比例=\frac{0.29}{0.29+7.908}\times100\%=3.54\%$$

$$乙料应占比例=\frac{7.980}{0.29+7.908}\times100\%=96.46\%$$

产蛋率为65%～80%，要求粗蛋白15%。

8.592　　1.79(16.79－15)

15

16.78　　6.408(15－8.592)

$$甲料应占比例=\frac{1.79}{1.79+6.408}\times100\%=21.83\%$$

$$乙料应占比例=\frac{6.408}{1.79+6.408}\times100\%=78.17\%$$

产蛋率小于65%，要求粗蛋白14%。

8.592　　2.79(16.79－14)

14

16.79　　5.408(15－8.592)

$$甲料应占比例=\frac{2.79}{2.79+5.408}\times100\%=34\%$$

$$乙料应占比例=\frac{5.408}{2.79+5.408}\times100\%=66\%$$

**3）蛋白质混合料的连续配合**

此法设计蛋白质混合料极为方便。

例4.4　用棉籽饼、菜籽饼、豆饼、血粉配制一种粗蛋白质含量为40%的蛋白质混合料。以上几种原料的粗蛋白质含量分别为38.5%，34.3%，43%，78%。

这种饲料的配合比例用交叉法计算如下：

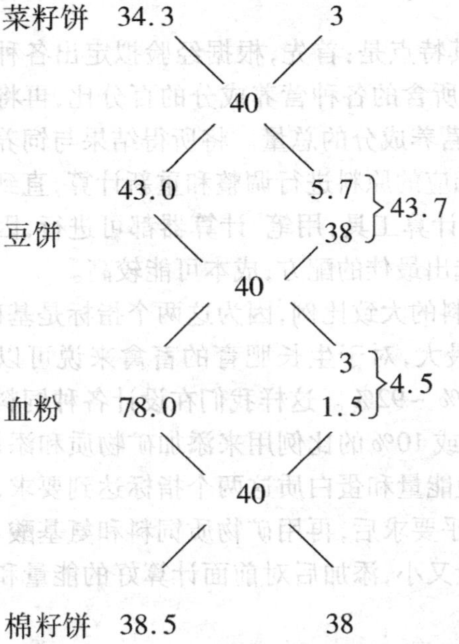


$$\frac{3}{3+43.7+4.5+38}\times 100\%=3.36\%$$

$$\frac{43.7}{3+43.7+4.5+38}\times 100\%=49.00\%$$

$$\frac{4.5}{3+43.7+4.5+38}\times 100\%=5.04\%$$

$$\frac{38}{3+43.7+4.5+38}\times 100\%=42.60\%$$

用这个方法计算时，粗蛋白质含量不同的饲料间的排列顺序使算出各种饲料的百分数也不同，一般应把打算用量最多的一种饲料放在粗蛋白质含量最多的饲料的上面和下面，例如，把棉籽饼放在血粉的上下位置，则混合料可体现以豆饼和棉籽饼为主。如果换个排列，其结果肯定不同，比如，

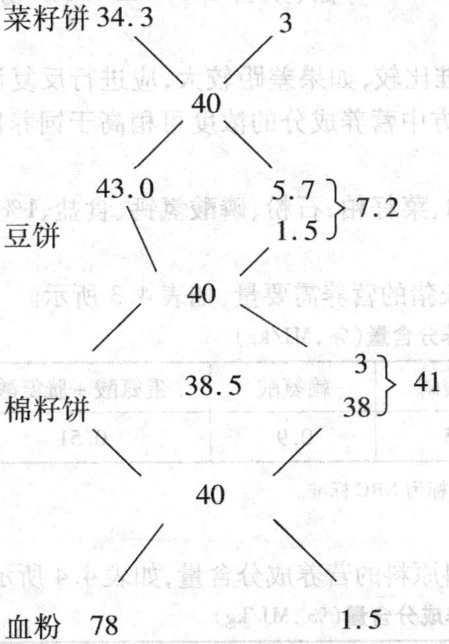


$$\frac{3}{3+7.2+41+1.5}\times 100\%=5.69\%$$

$$\frac{7.2}{3+7.2+41+1.5}\times 100\%=13.66\%$$

$$\frac{41}{3+7.2+41+1.5}\times 100\%=77.8\%$$

$$\frac{1.5}{3+7.2+41+1.5}\times 100\%=2.85\%$$

这样棉籽饼就成为主要的蛋白质来源了，从氨基酸平衡上看，这样的蛋白质混合料如不添加赖氨酸，质量显然不好。再者棉籽饼用量过高，棉酚含量也会较高，如不去毒，还可能造成畜禽中毒。所以这一方法需要靠知识和经验去应用。

### 4.2.3 试差法

这是目前最常用的一种饲料配方设计方法。其特点是:首先,根据经验拟定出各种饲料原料的大致比例,然后用各自的比例去乘该种原料所含的各种营养成分的百分比,再将各种原料的同种营养成分之积相加,即得该配方的每种营养成分的总量。将所得结果与饲养标准比较,如有任一营养成分不足或超过,可通过增减相应的原料进行调整和重新计算,直到相当接近饲养标准为止。此法简单易学,不需要特殊的计算工具,用笔、计算器都可进行,因而使用较为广泛。缺点是计算量大,盲目性大,不能筛选出最佳的配方,成本可能较高。

应用试差法设计配方,先确定能量和蛋白质饲料的大致比例,因为这两个指标是基础、是骨干,因为满足这两个指标所用的饲料占的比例最大,对于生长肥育的畜禽来说可以占到97% ~98.5%,对于产蛋的家禽来说也可以占到90% ~92%。这样我们在设计各种饲料的配比时,前者设计到98%,后者设计到90%,留出2%或10%的比例用来添加矿物质和添加剂。计算时就在这98%或90%的范围内进行调整,以使能量和蛋白质这两个指标达到要求,这可避免多指标一起算所带来的麻烦,待这两个指标合乎要求后,再用矿物质饲料和氨基酸、微量元素添加剂给以补充,它们的成分比较单一,添加量又小,添加后对前面计算好的能量和蛋白质的量没有多大的影响。

对于单胃畜禽,谷物是其能量的主要来源,可用到50% ~80%;糠麸类含有一定的能量和一定的调养作用,但因粗纤维较多,且矿物质不平衡,因此只需用5% ~20%,不宜过多;植物性蛋白质可用15% ~30%;动物性蛋白质因价格高,一般只用3% ~15%。反刍家畜应考虑日粮的容积和应具有疏松的特性,并稍具轻泻性,所以要求它们以草料为主,辅之以精料。一般青、粗饲料占日粮的60% ~70%,籽实占15% ~30%,糠、麸占5% ~25%,矿物质占1% ~3%。

配方草拟好之后进行计算,计算结果和饲养标准比较,如果差距较大,应进行反复调整,直到计算结果和饲养标准接近。值得注意的是,配方中营养成分的浓度可稍高于饲养标准,一般控制在高出2%以内。

例4.5 用玉米、糙米、麸皮、鱼粉、豆粕、棉籽粕、菜籽粕、石粉、磷酸氢钙、食盐、1%的复合预混料,为体重20 ~35 kg生长猪设计配合饲料。

第一步 查饲养标准,确定体重20 ~35 kg生长猪的营养需要量,如表4.3所示。

**表4.3 20 ~35 kg 生长猪日粮养分含量(%,MJ/kg)**

| 消化能 | 粗蛋白质 | 钙 | 非植酸磷 | 赖氨酸 | 蛋氨酸+胱氨酸 |
|---|---|---|---|---|---|
| 13.39 | 17.8 | 0.62 | 0.25 | 0.9 | 0.51 |

注:消化能和粗蛋白质为中国瘦肉型生长肥育猪饲养标准;其他指标为NRC标准。

第二步 查饲料营养成分表,列出所用各种饲料原料的营养成分含量,如表4.4所示。

**表4.4 所用各种饲料原料的营养成分含量(%,MJ/kg)**

| 饲料原料 | 消化能 | 粗蛋白 | 钙 | 非植酸磷 | 赖氨酸 | 蛋+胱 |
|---|---|---|---|---|---|---|
| 玉 米 | 14.27 | 8.7 | 0.02 | 0.12 | 0.24 | 0.38 |

续表

| 饲料原料 | 消化能 | 粗蛋白 | 钙 | 非植酸磷 | 赖氨酸 | 蛋+胱 |
|---|---|---|---|---|---|---|
| 糙 米 | 14.39 | 8.8 | 0.03 | 0.15 | 0.32 | 0.34 |
| 麸 皮 | 9.37 | 15.7 | 0.11 | 0.24 | 0.58 | 0.39 |
| 鱼 粉 | 12.97 | 62.5 | 3.96 | 3.05 | 5.12 | 2.21 |
| 豆 粕 | 14.26 | 44.2 | 0.33 | 0.18 | 2.68 | 1.24 |
| 棉籽粕 | 9.68 | 43.5 | 0.28 | 0.36 | 1.97 | 1.26 |
| 菜籽粕 | 10.59 | 38.6 | 0.65 | 0.35 | 1.30 | 1.50 |
| 石 粉 | — | — | 36.0 | — | — | — |
| 磷酸氢钙 | | | 23.29 | 18 | | |

注:摘自《中国饲料成分及营养价值表》2005年第16版。

第三步 根据设计者经验初拟配合饲料配方。生长猪配合饲料中各种饲料原料的比例一般为:能量饲料60%~80%,蛋白质饲料15%~30%,矿物质饲料与预混料共占3%。据此,先初步拟定蛋白质饲料原料的用量为21%,其中由于棉籽粕和菜籽粕适口性差并含有毒素,配合饲料中总用量一般不宜超过8%,故暂定为棉籽粕2%、菜籽粕各占3%,猪配合饲料中,鱼粉主要起着平衡氨基酸和补充未知生长因子的作用,暂定为2%,则豆粕可拟订为14%(21%-3%-2%-2%);能量饲料麸皮有轻度泻性,在饲料中暂定为4%,糙米暂定为20%,则玉米为52%(100%-3%-20%-4%-21%)。

第四步 计算初拟配方营养成分含量(不含矿物质与预混料,如表4.5、表4.6所示)。

**表4.5 初拟饲料配方及营养成分含量(%,MJ/kg)**

| 饲料原料 | 拟定比例/% | 消化能 | 粗蛋白 | 钙 | 非植酸磷 | 赖氨酸 | 蛋+胱 |
|---|---|---|---|---|---|---|---|
| 玉 米 | 52 | 0.52×14.27<br>=7.420 4 | 0.52×8.7<br>=4.524 | 0.52×0.02<br>=0.010 4 | 0.52×0.12<br>=0.062 4 | 0.52×0.24<br>=0.124 8 | 0.52×0.38<br>=0.197 6 |
| 糙 米 | 20 | 0.2×14.39<br>=2.878 | 0.2×8.8<br>=1.76 | 0.2×0.03<br>=0.006 | 0.2×0.15<br>=0.03 | 0.2×0.32<br>=0.064 | 0.2×0.34<br>=0.068 |
| 麸 皮 | 4 | 0.04×9.3 7<br>=0.374 8 | 0.04×15.7<br>=0.628 | 0.04×0.11<br>=0.002 2 | 0.04×0.24<br>=0.009 6 | 0.04×0.58<br>=0.023 2 | 0.04×0.39<br>=0.015 6 |
| 鱼 粉 | 2 | 0.02×12.97<br>=0.259 4 | 0.02×62.5<br>=1.25 | 0.02×3.96<br>=0.079 2 | 0.02×3.05<br>=0.061 | 0.02×5.12<br>=0.102 4 | 0.02×2.21<br>=0.044 2 |
| 豆 粕 | 14 | 0.14×14.26<br>=1.996 4 | 0.14×44.2<br>=6.188 | 0.14×0.33<br>=0.046 2 | 0.14×0.18<br>=0.025 2 | 0.14×2.6<br>=0.364 | 0.14×1.24<br>=0.173 6 |
| 棉籽粕 | 2 | 0.02×9.68<br>=0.193 6 | 0.02×43.5<br>=0.87 | 0.02×0.28<br>=0.005 6 | 0.02×0.36<br>=0.007 2 | 0.02×1.97<br>=0.039 4 | 0.02×1.26<br>=0.025 2 |
| 菜籽粕 | 3 | 0.03×10.5<br>=0.315 | 0.03×38.6<br>=1.158 | 0.03×0.65<br>=0.019 5 | 0.03×0.35<br>=0.010 5 | 0.03×1.30<br>=0.039 | 0.03×1.50<br>=0.045 |

表 4.6 初拟饲料配方及营养成分含量

| 饲料配方组分 | 拟定比例/% | 营养成分 | 含量/（$mg \cdot kg^{-1}$） | 与标准的差值 |
|---|---|---|---|---|
| 玉 米 | 52 | 消化能 | 13.44 | 0.05 |
| 糙 米 | 20 | 粗蛋白质 | 16.38 | -1.42 |
| 麸 皮 | 4 | 钙 | 0.169 | -0.451 |
| 鱼 粉 | 2 | 非植酸磷 | 0.206 | -0.044 |
| 豆 粕 | 14 | 赖氨酸 | 0.757 | -0.143 |
| 棉籽粕 | 2 | 蛋＋胱 | 0.569 | 0.059 |
| 菜籽粕 | 3 | | | |

第五步 调整配合饲料配方。根据初拟配方营养成分含量与饲养标准要求之差额，适当调整部分原料配合比例，使配方中各种营养成分含量逐步符合饲养标准。方法是，用一定比例的某一原料替代同比例的另一原料。通常首先考虑调整能量和蛋白质的含量。

由表 4.6 可知，配方中粗蛋白质含量比饲养标准低 1.42 个百分点，消化能含量高 0.05 MJ/kg，需要用蛋白质含量较高的饼粕类饲料替代能量含量较高的玉米，蛋白质饲料中棉籽粕、菜籽粕的适口性差且含有毒素，不宜再增加它们的比例，考虑用豆粕替代玉米。每使用 1% 的豆粕替代同比例的玉米可使能量含量降低 0.01 MJ/kg（14.26～14.27），而蛋白质含量提高 35.5%（44.2～8.7）。要使粗蛋白质含量达到标准中的 17.8%，需增加豆粕比例为 4%（1.42/35.5），玉米相应降低 4%。

按此调整后，玉米用量为 48%（52% －4%），豆粕为 18%（14% ＋4%），其余饲料含量暂时不变，重新计算第一次调整后配方的营养成分含量及其与饲养标准之差额，如表 4.7 所示。

表 4.7 第一次调整后配方组成及各种营养成分的含量

| 饲料配方组分 | 比 例/% | 营养成分 | 含 量/（$MJ \cdot kg^{-1}$） | 与标准的差值 |
|---|---|---|---|---|
| 玉 米 | 48 | 消化能 | 13.439 6 | 0.049 6 |
| 糙 米 | 20 | 粗蛋白质 | 17.8 | 0 |
| 麸 皮 | 4 | 钙 | 0.181 4 | -0.438 6 |
| 鱼 粉 | 2 | 非植酸磷 | 0.208 4 | -0.041 6 |
| 豆 粕 | 18 | 赖氨酸 | 0.851 4 | -0.048 6 |
| 棉籽粕 | 2 | 蛋＋胱 | 0.603 4 | 0.093 4 |
| 菜籽粕 | 3 | | | |

由表 4.7 知，经第一次调整后粗蛋白质含量已达到饲养标准，消化能含量略高于饲养标准

但不到 2%(0.049 6/13.39),钙、有效磷、赖氨酸等的含量低于饲养标准,用石粉、磷酸氢钙和合成赖氨酸(效价按 78% 计)进行调整。先满足磷的需要,则磷酸氢钙用量为 0.231%(0.041 6/18),则钙的含量增加了 0.054%(0.002 31×23.29),仍需补钙 0.385%(0.438 6%-0.054%),则石粉用量为 1.07%(0.385/36)。赖氨酸用量为 0.063%(0.048 6/78)。蛋氨酸和胱氨酸的含量稍高于标准值,由于多余氨基酸不可能除去,且超量不高,故不作调整。消化能含量略高于标准 0.37%(0.049 6/13.39),在允许范围内,可不调整。

**表 4.8　第二次调整后配方组成及各种养分含量**

| 饲料配方组分 | 比　例/% | 营养成分 | 含　量/(MJ · kg$^{-1}$) | 与标准的差值 |
|---|---|---|---|---|
| 玉　米 | 48 | 消化能 | 13.439 6 | 0.049 6 |
| 糙　米 | 20 | 粗蛋白质 | 17.8 | 0 |
| 麸　皮 | 4 | 钙 | 0.620 4 | 0.004 |
| 鱼　粉 | 2 | 有效磷 | 0.251 | 0.001 |
| 豆　粕 | 18 | 赖氨酸 | 0.900 5 | 0.001 |
| 棉籽粕 | 2 | 蛋 + 胱 | 0.603 4 | 0.093 4 |
| 菜籽粕 | 3 | | | |
| 磷酸氢钙 | 0.231 | | | |
| 石　粉 | 1.07 | | | |
| 赖氨酸 | 0.063 | | | |
| 食　盐 | 0.30 | | | |
| 预混料 | 1.00 | | | |

由表 4.8 知,配方中各种养分含量均略高于标准值,且都在允许范围内,达到了预期的目标,但各种组分总和(99.664%)符合要求。

最后设计出的体重 20 ~ 50 kg 生长猪配合饲料配方,如表 4.9 所示。

**表 4.9　体重 20 ~ 35 kg 生长猪配合饲料配方(%)**

| 饲料配方组分 | 比　例 | 配方组合 | 比　例 |
|---|---|---|---|
| 玉　米 | 48 | 菜籽粕 | 3.00 |
| 糙　米 | 20 | 磷酸氢钙 | 0.231 |
| 麸　皮 | 4 | 石　粉 | 1.07 |
| 鱼　粉 | 2 | 赖氨酸 | 0.063 |
| 豆　粕 | 18 | 食　盐 | 0.30 |
| 棉籽粕 | | 预混料 | 1.00 |

## 4.3 浓缩饲料配方设计

### 4.3.1 浓缩饲料的概念及分类

**1)浓缩饲料的概念**

浓缩饲料是全价配合饲料生产过程中间部分的饲料成分,它由3部分组成:

①添加剂预混料。

②常用矿物质饲料(包括钙、磷饲料和食盐)。

③蛋白质饲料。

**2)浓缩饲料的分类**

根据能量饲料的特点所配用的浓缩饲料一般可分为两大类:

(1)单胃动物用浓缩饲料。

(2)反刍动物用浓缩饲料。根据浓缩饲料使用的对象分类,可包括猪用浓缩饲料、鸡用浓缩饲料、鱼用浓缩饲料等。按浓缩饲料使用对象的不同生理阶段再分,又可分为雏鸡用浓缩饲料、青年鸡用浓缩饲料、蛋鸡用浓缩饲料、生长猪用浓缩饲料、种猪用浓缩饲料等。

**3)发展浓缩饲料的意义**

我国地域辽阔,饲料原料种类繁多,饲料条件差异较大,根据地区饲料资源,发展浓缩饲料具有以下优点:

①可以集中人力、物力、财力生产优质、混合均匀度高的浓缩饲料,以供应条件较差的饲料加工厂或养殖场加工配合饲料,以提高经济效益,促进养殖业的发展。

②可以就近利用当地蛋白质饲料资源,减少大量饲料往返运输的费用。

③有利于促进地区性能量饲料和青粗饲料地有效利用。

### 4.3.2 浓缩饲料的配方设计

**1)单胃动物浓缩饲料配方设计方法**

主要有两种方法,即由全价配合饲料配方推算浓缩饲料配方,以及由浓缩饲料与能量饲料的已知搭配比例推算浓缩饲料配方。

(1)由全价配合饲料配方推算浓缩饲料配方设计。此配方的基本步骤包括:

①首先设计全价配合饲料的配方。

②根据浓缩饲料的定义从全价配合饲料中减去全部能量饲料的比例。

③由剩余饲料占原全价配合饲料的总百分比及各自百分比计算出浓缩饲料的配方。

④标明浓缩饲料的使用方法。

例4.6 设计体重20~35 kg生长育肥猪的浓缩饲料配方。

按全价配合饲料配方设计方法设计出体重20~35 kg生长育肥猪的全价配合饲料的配方(见4.2.3、例4.5)。

第一步　把全价配合饲料配方中的所有能量饲料去掉72%（玉米48%、糙米20%、麸皮4%），其余属浓缩饲料部分占全价料27%（100 % −48% −20 % −4%），并将鱼粉、豆粕、棉籽粕、菜籽粕、磷酸氢钙、石粉、赖氨酸、食盐及添加剂预混料在全价料中的含量分别除以27%，即得体重20～35 kg生长猪浓缩饲料配方，如表4.10所示。

表4.10　体重20～50 kg 生长猪浓缩饲料配方（%）

| 原料名称 | 比例 | 原料名称 | 比例 |
|---|---|---|---|
| 鱼　粉 | 7.41 | 石　粉 | 3.96 |
| 豆　粕 | 66.7 | 赖氨酸 | 0.23 |
| 棉籽粕 | 7.41 | 食　盐 | 1.1 |
| 菜籽粕 | 11.1 | 预混料 | 3.7 |
| 磷酸氢钙 | 0.86 | | |

第二步　采用这种浓缩饲料配制全价饲料时，产品说明书上可注明每27份浓缩饲料加48份的玉米、4份麸皮和20份的糙米混合均匀即成为体重20～35 kg生长育肥猪用全价配合饲料。

（2）由浓缩饲料与能量饲料已知的搭配比例推算浓缩饲料配方。这种方法一般适用于专门从事浓缩饲料生产的厂家。此法原料选择的余地较宽，有利于饲料资源的开发利用和降低饲料成本，便于饲料厂规模化生产，但在设计时需要有一定的实践经验，对浓缩饲料的使用比例、方法有一定的了解。设计配方的基本步骤是：

①首先根据实际经验确定全价饲料中浓缩饲料与能量饲料的比例（一般为30% ～40% ：60% ～70%），以及能量饲料的组成。

②由能量饲料的组成计算其中所含营养成分含量，并与饲养标准相比，计算出需由浓缩饲料补充的营养成分量。

③根据需由浓缩饲料补充的营养成分量和浓缩饲料所占日粮的比例，计算浓缩饲料中各种营养成分含量。

④通过试差法、交叉法，或计算机平衡法，设计浓缩饲料的配方（原料主要是蛋白质饲料、常量矿物质饲料、微量矿物质元素预混料、维生素预混料及其他饲料添加剂等）。

⑤标明使用方法。

**2）反刍动物浓缩饲料的配制**

（1）以常规蛋白质饲料制作反刍动物浓缩饲料。以常规蛋白质饲料制作反刍动物浓缩饲料时，其配方组成与计算方法基本与单胃动物相同。为了保证瘤胃的正常活动，浓缩饲料中应含有常量元素和微量元素，还应含有维生素A和维生素D等。常量元素如钙、磷、钠、钾、氯、镁、硫等，微量元素如铁、铜、锰、锌、碘、硒、钴、钼等。由于瘤胃对高铜饲料较敏感，故不考虑使用高铜。

（2）非蛋白质类含氮化合物浓缩饲料。当使用非蛋白质类含氮化合物来配制反刍动物浓缩饲料时，应考虑把这类化合物的含氮量折算成粗蛋白质的量，还应考虑其进入瘤胃后分解释放出氨的速度，应与其他原料（包括浓缩料本身或精料混合料中原料）相匹配，即考虑提供合成氨基酸的碳架的化合物组成。这一方面可设法延缓氨的释放速度，另一方面选用能较快提供碳架的碳水化合物或脂肪类饲料。

使用非蛋白质类含氮化合物主要是借助于瘤胃内微生物的作用来进行氨基酸和蛋白质的合成,因此在饲料配合时应首先考虑增强微生物活动所需的条件,并适当补充必需的营养素,如硫、磷、钙、维生素 A、维生素 D 等。

### 4.3.3 使用浓缩饲料时应注意的事项

使用浓缩饲料时,必须严格按照产品说明中补充能量饲料的种类和比例,使用前各种原料必须混合均匀。储藏浓缩饲料时,要注意通风、阴凉、避光,严防潮湿、雨淋和暴晒。超过保质期的浓缩饲料要慎用。

## 4.4 预混合饲料配方设计

### 4.4.1 预混合饲料的作用及分类

预混合饲料即一种或多种饲料添加剂在加入到饲料前与适当比例的载体或稀释剂配制而成的均匀混合物。预混合饲料是配合饲料生产中的中间产品,在饲料加工生产中。

**1)预混合饲料的作用**

①通过添加剂的预混合,可以使添加剂的微量成分在配合饲料中均匀分布。

②通过预混合工艺处理,可以补偿和改进微量成分的不理想特性。

③预混合饲料可使配合饲料中添加剂的添加水平标准化。

④可以简化一般饲料加工厂的生产工序,减少生产的投资。

**2)预混合饲料的分类**

生产实际中饲料添加剂预混料包含营养性和非营养性微量添加成分,主要针对需要与载体(或稀释剂)进行预混合后用于全价料配制的物质,包括矿物质饲料、维生素饲料、工业化生产的氨基酸及所有非营养性添加物。

(1)单项预混合饲料。即预混剂,指一种饲料添加剂与适当比例的载体或稀释剂混合配制成的均匀混合物。如1%亚硒酸钠、2%的生物素。

(2)微量矿物元素预混合饲料。指由多种微量矿物元素添加剂按一定的比例与适当比例的载体或稀释剂混合配制成的均匀混合物。

(3)维生素预混合饲料。即复合多维,指由多种维生素添加剂按一定的比例与适当比例的载体或稀释剂混合配制成的均匀混合物。

(4)复合预混合饲料。除了含多种微量矿物元素、维生素外,一般还含氨基酸添加剂、保健促生长剂、甚至常量矿物元素等成分。只需与适当比例的能量饲料和蛋白质饲料配合就能制成全价配合饲料。

### 4.4.2 预混合饲料中活性成分需要量与添加量确定的原则

制作预混合饲料的规格要求和影响因素很多,但均要遵循如下几个原则:必须保证微量活性组分的稳定性、保证微量活性组分的均匀一致性，以及保证人和动物的安全性。

在预混料中，除了添加剂外，还有载体与稀释剂。

**1）需要量与添加量的概念**

预混合饲料活性成分主要指维生素、微量矿物元素、药物等。

（1）活性成分的需要量。活性成分的需要量主要指动物对维生素、微量矿物元素、氨基酸、药物等成分的需要量。它包括两层涵义，即最低需要量和最适需要量。

最低需要量是指在试验条件下，为预防动物出现某种维生素或微量矿物元素缺乏症时，对该维生素或微量矿物元素的需要量。现行的饲养标准中推荐的维生素或微量矿物元素的需要量都是指最低需要量。

最适需要量是指能取得最佳生产效益和饲料利用率时活性成分的供给量。最适需要量一般高于最低需要量。

（2）活性成分的添加量。实际供给动物的某种活性成分量称为活性成分的总供给量。它包括两部分，即基础饲料中的含量和通过预混合饲料添加的部分，后者称为活性成分的添加量。

**2）影响活性成分添加量的主要因素**

（1）动物因素。动物的不同物种、不同品种、不同生理状况、不同年龄、不同健康状况、不同生产水平对维生素、微量矿物元素的需要量不同，同样，活性成分的添加量也不同。

（2）活性成分因素。各种活性成分的稳定性和生物学效价差异很大，在加工、储藏、运输过程中，有的比较稳定，有的很容易失去活性，使需要量与添加量相差的程度不同。

（3）饲养环境和饲养技术。集约化封闭式的饲养，一方面使动物的生产性能得以充分发挥，降低了劳动成本，提高了经济效益，另一方面给动物的生长、发育、生产带来了负面影响，使动物产生了一系列应激反应，减少了动物从自然界和粪便中获取维生素、微量矿物元素的机会。提高了这些养分的需要量。

（4）基础饲料。由于不同原料中所含的维生素、微量矿物元素量不同，有的原料中还含有抗营养因子，这些都影响了预混合饲料中活性成分的添加量。

（5）活性成分的配伍禁忌。在预混合饲料中多种活性成分并存，它们之间存在复杂的关系，如烟酸容易引起泛酸钙损失，氯化胆碱对维生素A、胡萝卜素、维生素D、泛酸钙等有破坏作用。微量矿物元素之间存在着复杂的协同和颉颃作用。这些都影响了活性成分的添加量。

（6）原料成本和产品规格。各种饲料添加剂的有效含量和成本不同，在预混合饲料中所占比例不同。在确定活性成分的添加量时也应该有所区别。

**3）确定预混合饲料中活性成分添加量的原则**

（1）维生素的添加量。由于维生素本身的稳定性差异较大，且动物对维生素的耐受量与需要量的差异也较大，因此维生素的添加量差异很大。总的趋势是忽略基础饲料中维生素的含量，直接以饲养标准推荐的最低需要量作为添加量。另外，适当考虑维生素在储藏、运输过程中的损失而增加用量。

（2）微量矿物元素的添加量。理论上微量矿物元素的添加量应该是动物的需要量与基础饲料中的含量之差。但在生产中，往往将基础饲料中微量矿物元素的含量作为安全量忽略不计，直接以动物的需要量作为添加量。但在确定毒性较大的微量矿物元素（如硒、砷）的添加量时需考虑基础饲料中的含量,尤其是富含这些元素的地区。

(3)药物成分的添加量。在预混合饲料中添加药物成分时必须严格遵守国家有关的药物添加剂的用量和使用方法的规定,同时要注意药物的配伍禁忌。

### 4.4.3 预混合饲料配方的设计

**1)载体、稀释剂和吸附剂的概念及其质量要求**

(1)载体。载体是一种能够承载或吸附微量活性添加成分的微粒。微量成分被载体所承载后,其本身的若干物理特性发生改变或不再表现出来,而所得“混合物”的有关物理特性(如流动性、粒度等)基本取决于或表现为载体的特性。

常用的载体有2类,即有机载体与无机载体。有机载体又分为2种:一种指含粗纤维多的物质,如次粉、小麦粉、玉米粉、脱脂米糠粉、稻壳粉、玉米穗轴粉、大豆壳粉、大豆粕粉等,由于这种载体均来自于植物,所以含水量最好控制在8%以下;另一种为含粗纤维少的物料,如淀粉、乳糖等,这类载体多用于维生素添加剂或药物性添加剂。无机载体则为碳酸钙、磷酸钙、硅酸盐、二氧化硅、食盐、陶土、滑石、蛭石、沸石粉、海泡石粉等,这类载体多用于微量元素预混料的制作。制作添加剂预混料可选用有机载体,或二者兼有之,可视需要而定。

(2)稀释剂。所谓稀释剂指混合于一组或多组微量活性组分中的物质。它可将活性微量组分的浓度降低,并把它们的颗粒彼此分开,减少活性成分之间的相互反应,以增加活性成分稳定性。稀释剂与微量活性成分之间的关系是简单的机械混合,它不会改变微量成分的有关物理性质。

稀释剂也可分为有机物与无机物两大类。有机物常用的有去胚的玉米粉、右旋糖(葡萄糖)、蔗糖、豆粕粉、烘烤过的大豆粉、带有麸皮的粗小麦粉等,这类稀释剂要求在粉碎之前经干燥处理,含水量低于10%。无机物类主要指石粉、碳酸钙、贝壳粉、高岭土(白陶土)等,这类稀释剂要求在无水状态下使用。

(3)吸附剂。吸附剂也称吸收剂。这种物质可使活性成分附着在其颗粒表面,使液态微量化合物添加剂变为固态化合物,有利于实施均匀混合。其特性是吸附性强,化学性质稳定。

吸附剂一般也分为有机物和无机物2类,有机物类如小麦胚粉、脱脂的玉米胚粉、玉米芯碎片、粗麸皮、大豆细粉以及吸水性强的谷物类等。无机物类则包括二氧化硅、蛭石、硅酸钙等。

实际上载体、吸附剂、稀释剂大多是相互混用的,但从制作预混合饲料工艺的角度出发来区别它们,对于正确选用载体、稀释剂、吸附剂是有必要的。

可作为载体和稀释剂的物料很多,性质各异。对添加剂预混料的载体和稀释剂的要求如表4.11所示。

**表4.11 对载体和稀释剂物料的要求**

| 项 目 | 含水率/% | 粒度/目 | 容 重 | 表面特性 | 吸湿结块 | 流动性 | pH | 静电 |
|---|---|---|---|---|---|---|---|---|
| 载 体<br>稀释剂 | <10% | 30~80<br>80~200 | 接近承载或<br>被稀释物料 | 粗糙吸附性好<br>光滑流动性好 | 不易吸湿<br>防结块 | 差<br>好 | 接近中性 | 低 |

**2)原料与载体的选择**

(1)原料的选择。维生素原料的选择主要考虑原料的稳定性和生物学可利用性,并兼顾考虑价格、气候、环境等因素的影响。

微量矿物元素化合物有无机物和有机螯合物两大类。选择原料时,应考虑原料的生物学利用率、稳定性、生产成本三者的关系。目前,我国普遍使用铁、铜、锌、锰的硫酸盐,亚硒酸钠,碘化钾等原料。

药物饲料添加剂的选择,要求使用高效、低毒、低残留的药物作为添加量,严禁使用任何国家违禁药物。

(2)载体的选择。

①维生素预混合饲料载体的选择。选择含水量少、容重与维生素原料接近、黏着性好、酸碱度接近中性、化学性质稳定的载体。以有机载体为好,常用淀粉、乳糖、脱脂米糠、细麸皮、尾粉等。其中以脱脂米糠使用效果最好。

②微量矿物元素预混合饲料载体的选择。要求不与微量矿物元素活性成分发生化学反应,且化学性质稳定,不易变质,流动性好。适宜的载体有轻质碳酸钙(石粉)、沸石粉等。

③复合预混合饲料载体的选择。复合预混合饲料的载体应对维生素、微量矿物元素和药物等组分都有很好的承载能力,对那些用量少,容易在加工过程中丢失的微量成分也能很好承载。在实际生产中往往采用根据维生素、微量矿物元素和药物等分别选用不同的载体和稀释剂,分别预混后再混合在一起。

**3)添加剂预混料配方设计的一般方法和步骤**

饲料添加剂的使用量一般相对固定,预混料配方的设计过程比全价料简单,一般方法和步骤如下:

①根据饲养标准和饲料添加剂使用指南确定各种饲料添加剂原料的用量。为计算方便,通常以饲养标准中规定的微量元素和维生素需要量作为添加量,还可参考确实可靠的研究和使用实践进行权衡,修订添加的种类和数量。

氨基酸的添加量按下式计算:

某种氨基酸添加量 = 某种氨基酸需要量 - 非氨基酸添加剂物和其他饲料提供的某种氨基酸量

②原料选择。综合原料的生物效价、价格和加工工艺的要求选择原料。

③根据原料中微量元素、维生素及有效成分含量或效价、预混料中的需要量等计算在预混料中所需商品原料量。其计算方法是:

纯原料量 = 某微量元素需要量 ÷ 纯品中元素含量(%)

商品原料量 = 纯原料量 ÷ 商品原料有效含量(或纯度)

④确定载体用量。根据预混料在配合饲料中的比例,计算载体用量。一般认为预混料占全价配合饲料的0.1% ~0.5%为宜。载体用量为预混料量与商品添加剂原料量之差。

⑤列出添加剂预混料的生产配方。

**4)维生素添加剂预混料配方设计举例**

例4.7 为20 ~50 kg生长猪设计维生素添加剂预混料配方过程如下:

第一步 需要量和添加量的确定。查NRC(1998)猪饲养标准可得20 ~50 kg生长猪在自由采食情况下对维生素的需要量，同时根据饲养管理水平、工作经验等进行调整给出添加量。维生素 C 的添加量根据经验可设为 100 mg/kg。如表 4.12 所示。

**表 4.12 20 ~ 50 kg 生长猪每千克饲粮维生素需要量及添加量**

| 维生素 | 需要量 | 添加量 |
|---|---|---|
| 维生素 A/IU | 1 300 | 2 500 |
| 维生素 D/IU | 150 | 200 |
| 维生素 E/IU | 11 | 20 |
| 维生素 K/mg | 0.50 | 1.30 |
| 生物素/mg | 0.05 | 0.10 |
| 胆碱/g | 0.30 | 0.55 |
| 叶酸/mg | 0.30 | 0.50 |
| 可利用尼克酸/mg | 10.00 | 15.00 |
| 泛酸/mg | 8.00 | 12.00 |
| 核黄素/mg | 2.50 | 4.00 |
| 维生素 $B_1$/mg | 1.00 | 4.00 |
| 维生素 $B_6$/mg | 1.00 | 2.00 |
| 维生素 $B_{12}$/μg | 10.00 | 20.00 |
| 维生素 C/mg | — | 100.00 |

第二步 根据维生素商品原料的有效成分含量计算原料用量。从市场上选择适宜的维生素原料并确定其有效成分含量，按下列计算式折算：

商品维生素原料用量 = 某维生素添加量 ÷ 原料中某维生素有效含量

计算结果如表 4.13 所示。

**表 4.13 20 ~ 50 kg 生长猪每千克饲粮维生素添加量及商品原料用量**

| 维生素 | 添加量 | 原料中有效成分含量 | 商品维生素原料用量/g |
|---|---|---|---|
| 维生素 A | 2 500 IU | 500 000 IU/g | 2 500 ÷ 500 000 = 0.005 0 |
| 维生素 D | 200 IU | 500 000 IU/g | 200 ÷ 500 000 = 0.000 4 |
| 维生素 E | 20 IU | 50% | 20 ÷ 50% ÷ 1 000 = 0.040 0 |
| 维生素 K | 1.30 mg | 47% | 1.3 ÷ 47% ÷ 1 000 = 0.002 77 |
| 生物素 | 0.1 mg | 2% | 0.1 ÷ 2% ÷ 1 000 = 0.005 |
| 叶酸 | 0.5 mg | 98% | 0.5 ÷ 98% ÷ 1 000 = 0.000 51 |
| 尼克酸 | 15.00 mg | 95% | 15 ÷ 95% ÷ 1 000 = 0.015 789 |
| 泛酸 | 12.00 mg | 80% | 12 ÷ 80% ÷ 1 000 = 0.015 |
| 核黄素 | 4.0 mg | 96% | 4 ÷ 96% ÷ 1 000 = 0.004 17 |

续表

| 维生素 | 添加量 | 原料中有效成分含量 | 商品维生素原料用量/g |
|---|---|---|---|
| 维生素 $B_1$ | 4.00 mg | 98% | 4 ÷ 98% ÷ 1 000 = 0.004 08 |
| 维生素 $B_6$ | 2.00 mg | 98% | 2 ÷ 98% ÷ 1 000 = 0.002 04 |
| 维生素 $B_{12}$ | 20.00 μg | 1% | 20 ÷ 1% ÷ 1 000 000 = 0.002 |
| 维生素 C | 100.0 mg | 96% | 100 ÷ 96% ÷ 1 000 = 0.104 17 |

第三步 计算载体用量并列出生产配方。载体用量根据设定的维生素添加剂预混料(多维)在全价料中的用量确定,在此设多维用量为400 g/t,配方结果如表4.14所示。

**表4.14 维生素预混料生产配方**

| 商品维生素原料 | 每千克全价料中用量/g | 每吨全价料中用量/g | 预混料配比/% | 每吨维生素预混料中用量/kg |
|---|---|---|---|---|
| 维生素 A | 0.005 0 | 5.00 | 1.25 | 12.5 |
| 维生素 D | 0.000 4 | 0.40 | 0.10 | 1 |
| 维生素 E | 0.040 0 | 40.00 | 10.00 | 100 |
| 维生素 K | 0.002 77 | 2.77 | 0.692 5 | 6.925 |
| 生物素 | 0.005 | 5.00 | 1.25 | 12.5 |
| 叶　酸 | 0.000 51 | 0.51 | 0.127 5 | 1.275 |
| 尼克酸 | 0.015 789 | 15.789 | 3.947 25 | 39.472 5 |
| 泛　酸 | 0.015 | 15 | 3.75 | 37.5 |
| 核黄素 | 0.004 17 | 4.17 | 1.042 5 | 10.425 |
| 维生素 $B_1$ | 0.004 08 | 4.08 | 1.02 | 10.2 |
| 维生素 $B_6$ | 0.002 04 | 2.04 | 0.51 | 5.1 |
| 维生素 $B_{12}$ | 0.002 | 2 | 0.50 | 5.0 |
| 维生素 C | 0.104 17 | 104.17 | 26.042 5 | 260.425 |
| 小　计 | — | 200.929 | — | — |
| 抗氧化剂 BHT | — | 0.80 | 0.20 | 2.0 |
| 载　体 | — | 198.271 | 49.567 75 | 495.677 5 |
| 合　计 | — | 400 | 100 | 1 000 |

**5)微量矿物元素预混合饲料的配方设计示例**

例4.8 以产蛋鸡的微量元素预混料的配方为例说明微量元素预混料的配方设计过程。

第一步 根据饲养标准确定微量元素用量。由我国鸡饲养标准中查出产蛋鸡的微量元素需要量,即每千克饲粮中的添加量为铜3 mg,碘0.3 mg,铁50 mg,锰25 mg,硒0.1 mg,锌

50 mg。

第二步　微量元素原料选择。实际生产中有许多微量元素饲料添加剂，其相应的化学结构、分子式、元素含量、纯度等均有差别，可根据实际情况进行选择。表 4.15 列出了常用的微量元素饲料添加剂无机盐的规格。

表 4.15　商品微量元素盐的规格

| 商品微量元素盐 | 分子式 | 纯品中元素含量/% | 商品原料纯度/% |
|---|---|---|---|
| 硫酸铜 | $CuSO_4 \cdot H_2O$ | Cu:25.5 | 96 |
| 碘化钾 | KI | I:76.4 | 98 |
| 硫酸亚铁 | $FeSO_4 \cdot 7H_2O$ | Fe:20.1 | 98.5 |
| 硫酸锰 | $MnSO_4 \cdot H_2O$ | Mn:32.5 | 98 |
| 亚硒酸钠 | $Na_2SeO_3 \cdot 5H_2O$ | Se:30.0 | 95 |
| 硫酸锌 | $ZnSO_4 \cdot 7H_2O$ | Zn:22.7 | 99 |

第三步　计算商品原料量。将需要添加的各微量元素折合为每千克风干全价配合饲料中的商品原料量。即：

商品原料量 = 某微量元素需要量 ÷ 纯品中该元素含量 ÷ 商品原料纯度

按此计算方法，得以上 6 种商品原料在每千克全价配合饲料中的添加量，如表 4.16 所示。

表 4.16　每千克全价配合饲料中微量元素盐商品原料用量

| 商品原料 | 计算式 | 商品原料量/mg · kg$^{-1}$ |
|---|---|---|
| 硫酸铜 | 3 ÷ 25.5% ÷ 96% | 12.3 |
| 碘化钾 | 0.3 ÷ 76.4% ÷ 98% | 0.4 |
| 硫酸亚铁 | 50 ÷ 20.1% ÷ 98.5% | 252.5 |
| 硫酸锰 | 25 ÷ 32.5% ÷ 98% | 78.5 |
| 亚硒酸钠 | 0.1 ÷ 30% ÷ 95% | 0.35 |
| 硫酸锌 | 50 ÷ 22.7% ÷ 99% | 222.5 |
| 合　计 | | 566.55 |

第四步　计算载体用量。若预混料在全价配合料中占 0.2%（即每吨全价配合饲料中含预混料 2 kg）时，则预混料中载体用量等于预混料量与微量元素盐商品原料量之差。即：2 kg - 0.566 55 kg = 1.433 45 kg。

第五步　给出生产配方，如表 4.17 所示。

表 4.17　微量元素添加剂预混料配方单

| 原　料 | 每吨全价料中用量/g | 预混料配方/% | 每吨预混料中用量/kg |
|---|---|---|---|
| 5 水硫酸铜 | 12.3 | 0.615 | 6.15 |
| 碘化钾 | 0.4 | 0.02 | 0.2 |
| 7 水硫酸亚铁 | 252.5 | 12.625 | 126.25 |
| 5 水硫酸锰 | 78.5 | 3.925 | 39.25 |
| 亚硒酸钠 | 0.35 | 0.017 5 | 0.175 |
| 7 水硫酸锌 | 222.5 | 11.125 | 111.25 |
| 载体 | 1 433.45 | 71.672 5 | 716.725 |
| 合　计 | 2 000 | 100 | 1 000 |

### 6)复合预混料配方设计示例

分别设计出维生素、微量矿物元素预混合饲料的配方，生产出相应的预混合饲料。然后，根据维生素预混合饲料、微量矿物元素预混合饲料及其他组分在全价配合饲料中的添加量，以及复合预混合饲料在全价配合饲料中的用量，计算出各组分在复合预混合饲料中的比例，即得出复合预混合饲料的配方。

复合预混料设计步骤与设计微量元素或维生素预混料配方时基本相似，即确定添加量、选择原料、并确定其中有效成分含量、计算各原料和载体用量及百分比。此仅给出一例，如表 4.18 所示。

表 4.18　1% 生长肥育猪复合预混料配方设计示例

| 原　　料 | 有效成分含量 | 添加量（每千克全价料） | 有效成分含量（每千克预混料） | 百分比/% | 原料批次用量（批量 1 000 kg） |
|---|---|---|---|---|---|
| 维生素部分 | | | | | |
| 维生素 A 醋酸酯 | 50 万 IU/g | 5 000 IU | 50 万 IU | 0.10 | 1 000 g |
| 维生素 $D_3$ | 50 万 IU/g | 1 000 IU | 10 万 IU | 0.02 | 200 g |
| 维生素 E 醋酸酯 | 50% | 10 mg | 1 000 mg | 0.2 | 2 000 g |
| 维生素 $K_3$ | 50% | 2 mg | 200 mg | 0.04 | 400 g |
| 维生素 $B_1$ | 98% | 1 mg | 100 mg | 0.010 2 | 102 g |
| 维生素 $B_2$ | 96% | 2 mg | 200 mg | 0.020 8 | 208 g |
| 维生素 $B_{12}$ | 1% | 0.01 mg | 1 mg | 0.01 | 100 g |
| 叶酸 | 80% | 0.10 mg | 10 mg | 0.001 25 | 12.5 g |
| 烟酸 | 98% | 20 mg | 2 000 mg | 0.204 | 2 040 g |
| 泛酸钙 | 98% | 10 mg | 1 000 mg | 0.102 | 1 020 g |
| 小计 | | | | 0.708 | 7 082.5 g |

续表

| 原　　料 | 有效成分含量 | 添加量（每千克全价料） | 有效成分含量（每千克预混料） | 百分比/% | 原料批次用量（批量 1 000 kg） |
|---|---|---|---|---|---|
| 在上述原料加入一定量的载体，先进行预混合，再与下面的原料混合 | | | | | |
| 微量元素部分 | | | | | |
| $FeSO_4 \cdot 7H_2O$ | 20.1% ×98% | 100 mg | 10 000 mg | 5.07 | 50.7 kg |
| $MnSO_4 \cdot 5H_2O$ | 22.8% ×98% | 69 mg | 6 000 mg | 2.686 | 26.86 kg |
| $CuSO_4 \cdot 5H_2O$ | 25.5% ×98% | 6 mg | 600 mg | 0.24 | 2.4 kg |
| $ZnSO_4 \cdot 7H_2O$ | 22.7% ×99% | 145 mg | 14 500 mg | 6.52 | 65.2 kg |
| 1%碘化钾 | 1% ×76.4% | 0.5 mg | 50 mg | 0.654 4 | 6.54 4 kg |
| 1%亚硒酸钠 | 1% ×45.65% | 0.3 mg | 30 mg | 0.659 2 | 6.592 kg |
| 微量元素小计 | | | | 15.83 | 158.3 kg |
| 氯化胆碱 | 50% | 250 mg | 25 000 mg | 5 | 50 kg |
| 黄霉素 | 4% | 5mg | 500 mg | 1.25 | 12.5 kg |
| 赖氨酸 | 78% | 700 mg | 70 000 mg | 8.88 | 88.8 kg |
| BHT | 50% | | 250 mg | 0.05 | 0.50 kg |
| 小　计 | | | | 15.888 | 158.88 kg |
| 累　计 | | | | 31.718 | 317.18 kg |
| 载　体 | | | | 62.282 | 622.82 kg |
| 油　脂 | | | | 2 | 20 kg |
| 总　计 | | | | 100 | 1 000 kg |

### 4.4.5 预混合饲料的使用

预混合饲料是全价配合饲料的核心部分，用预混合饲料作原料配制全价配合饲料时应注意以下问题：

①配制全价配合饲料时要严格按照推荐配方选择原料和按比例配制。

②用时应与其他原料混合均匀，超过有效期的预混合饲料不能使用。

③预混合饲料开封后要尽快使用，不能暴露在空气中久放。

④储藏预混合饲料时，要注意通风、阴凉、避光、防潮湿。

⑤不宜加入饮水中使用。

⑥尽量减少搬动，以防止出现分级现象。

# 4.5　饲养试验

饲养试验是在生产(或模拟生产)条件下,把畜禽分为二组或几组,喂以不同种类或不同数量的某一饲料(或添加剂),也可实施某一饲养技术等,经过一段时间的饲养后,比较各组畜禽的生产性能,以探讨与畜禽饲养有关因子作用的一种研究方法。

饲养试验是畜禽饲养研究中最常用的一种试验方法。由于试验是在畜牧生产现场中进行,所以,测出的饲料或日粮的营养价值,其重要之处是便于在畜牧生产实践中推广应用。同时,在畜牧生产和推广工作中,它被更多地用于:

①验证或测定某种饲料的营养价值,为调整和优化日粮配方提供较准确的科学依据。

②探讨新引入饲料添加剂的使用效果、利用价值和一定条件下的最佳用量,为开发饲料资源提供准确试验数据。

③比较各种饲养方式、管理因素和技术措施的优劣,以促进畜禽健康和生产力的发挥。

④验证和测定畜禽某品种或杂交组合的生产性能。

总之,饲养试验可为改善饲养和提高生产水平提供有价值的数据。

## 4.5.1　饲养试验的原则

**1)要有明确的试验目的和周密的计划**

进行饲养试验必须目的明确,计划周密,以便达到预期的目的。同时试验项目一定要切合实际,必须是生产实践中迫切需要解决的问题,以做到试验工作有效地为生产服务。试验项目确定后,还应做出周密详细的试验设计,使试验有所遵循并得出科学的结论。饲养试验设计一般可包括以下内容:

①研究题目应一目了然,符合科技论文数字要求。

②前言讨论题目研究的内容,对前人研究所获得的结果、存在问题等作简要的综述,避免重复别人的劳动,并阐明本次试验所希望解决的问题及达到的经济效益。

③研究方法包括试验设计方案,试验日粮的组成及营养水平;试畜规格及分组;试验设备条件及饲养管理条件;试验期的划分;试验数据要求等内容。

**2)要有对照组与试验组**

各种试验是在相互比较的情况下分出高低的,无论是组间对比或前后期对比,都要安排好对比条件,以便在取得试验资料及比较资料的基础上,得出试验结果优劣的正确结论。一般设一个对照组;一个或数个试验组,当然要根据试验要求来确定具体个数。对照组可用不含试验因子的基础日粮(或现行日粮);试验组使用含试验因子的试验日粮。

**3)要选择好供试畜禽**

试畜要求尽量一致,在品种、血缘、性别、日龄、体重等相同或相似;试畜分配到各处理组时,要采用随机分配的原则,以消除人为的偏差,如果个体数量较少,为避免组间差异可两两配对,然后将其随机分配在两个组;一般不应有意选择高产或低产个体,以免缺乏代表性;为了排除个体差别或偶然事故,各组畜禽的头数,一般以大家畜、猪和禽类分别不少于3头、10

头和 30 羽为宜。对某些畜禽如肉仔鸡,有条件时可选用现成的平行饲养群。

**4)要做好供试个体及圈舍的准备**

对选出的试畜经过去势、驱虫、免疫、称重和个体编号等几项工作后,按试验设计要求分组,开始正式饲养试验。在试验前,圈舍、料槽、水槽等设施及消毒工作均准备好。

**5)要划分好试验期**

试验期可划分为:

(1)预试期。正式试验开始前,应有 10 d 左右的预试期。此间,各组都采食基础日粮,其目的是使试畜适应试验期的条件,淘汰不良个体,并对出现的显著组间差异进行调整。预试期开始和结束时均应测试畜禽体重。

(2)正试期。预试期结束即为正式试验的开始,故预试期结束时的体重,就是正试期开始的体重。正式试验一开始,就要按设计要求,严格进行试验,不能再变料、饲养方式等。试验期的长短,依试验目的而定,必须事先明确,以因子充分体现出有关量化指标(日增重、饲料转化率等)为原则。一般来说,肉牛、奶牛和猪为 60 d、蛋鸡为 160 d、肉鸡 28 d。

**6)要做好有关资料的记录和处理**

应准确无误地记录称重、饲料消耗,试验前准备好试验期间使用的各种表格,并定期获取有关数据。称重时,应(早晨空腹)连续 3 d,取其平均值。试验结束后,用生物统计的方法对原始数据进行处理,得出科学结论。

## 4.5.2 饲养试验的方法

有分组试验法、分期试验法、交叉试验法和屠宰试验法等。

**1)分组法**

分组试验设计,如表 4.19 所示。

**表 4.19 分组试验设计**

| 组 别 | 预 试 期 | 正式试验期 |
|---|---|---|
| 对照组 | 基础日粮 | 基础日粮 |
| 试验组 1 | 基础日粮 | 供试日粮 |
| 试验组 2 | 基础日粮 | 供试日粮 |

分组试验法的特点:

①试畜选择的条件,要求相同或相似。

②根据试验目的,随机分成两组或更多的组;用一组作为对照组,以供比较而显示试验的效果。

③所得的试验数据,通常是以增重、产品率、饲料转化率、经济效益等为指标。

④由于试验组与对照组,是处在同一条件下进行饲养试验,可不考虑环境对每一个体的影响。当然,个体间的差异,若供试个体数量充足,可忽略不计。

⑤所取得的结果,具有较高的置信度。

**2)分期法**

分期试验设计,如表 4.20 所示。

表4.20　分期试验设计

| 组别＼期别 | 第一期 | 第二期 | 第三期 |
|---|---|---|---|
| 试验组 | 基础日粮 | 供试日粮（基础日粮+被测饲料） | 基础日粮 |

3）交叉法

交叉试验设计，如表4.21所示。

表4.21　交叉试验设计

| 组别＼期别 | 第一期 | 第二期 | 第三期 |
|---|---|---|---|
| 试验组Ⅰ | 基础日粮 | 基础日粮+被测饲料甲 | 基础日粮+被测饲料乙 |
| 试验组Ⅱ | 基础日粮 | 基础日粮+被测饲料乙 | 基础日粮+被测饲料甲 |

## 本章小结

通过本章饲料配方设计技术及饲养试验的学习，掌握了各种饲料及相关的基本概念，初步学会全价配合饲料、浓缩饲料和预混合饲料配方的设计方法，熟悉各种饲料的特点和使用要求，以及饲养试验的设计方法。

## 复习思考题

1. 名词解释：日粮、饲粮、全价饲料、浓缩料、预混料、载体、稀释剂、吸附剂、需要量与添加量。
2. 简述饲料配方设计的基本原则。
3. 影响活性成分添加量的主要因素有哪些？
4. 饲养试验设计的原则是什么？
5. 通过调查研究，写一篇饲养试验的开题报告。

## 实训

1. 用试差法以饲料原料：玉米、豆饼、花生饼、鱼粉、骨粉、石粉及食盐、添加剂预混料，为产蛋率65% ~80%的母鸡配合饲粮。

2. 选8种以上本地区常用的饲料原料，为体重140 kg的初产妊娠后期的母猪配合日粮，要求所设计的配方每日每头提供的消化能CP，Ca，有效P，蛋+赖与饲养标准的差值为±5%。

3. 选6种以上本地区常用的饲料原料，为体重470 kg，妊娠8个月，日产奶22 kg，乳脂率3.4%的奶牛设计配方。母牛配合日粮要求CP，NE，Ca，P等比饲养标准高5%。

4. 为产蛋率65% ~80%的母鸡设计维生素预混料。

5. 为体重140 kg的初产妊娠后期的母猪设计微量元素预混料。

6. 为体重470 kg、妊娠8个月、日产奶22 kg、乳脂率3.4%的奶牛设计浓缩料。

# 第 5 章　配合饲料的生产加工技术

**本章导读**：主要就配合饲料的生产加工技术的相关知识进行阐述，内容包括配合饲料的生产加工工艺和配合饲料的质量控制两大部分。通过学习，要求熟悉配合饲料生产加工的工艺和配合饲料的质量控制的基本概念；清楚配合饲料生产加工的工艺特点和配合饲料质量控制的指标；掌握配合饲料生产中所使用的设备，了解不同配合饲料质量体系和饲料生产中法律法规的要求，以便更好地指导和服务于生产实际。

## 5.1　配合饲料的生产加工工艺

### 5.1.1　配合饲料生产工艺特点

**1）全价配合饲料生产工艺**

商品配合饲料的加工一般分为原料的接收和清理、原料的粉碎、配料、混合、压制颗粒、成品包装（散装）等工序。

配合饲料生产厂家根据原料的资源情况、产品的质量要求以及建厂条件、机械设备等因素设计相应的配合饲料生产工艺。我国目前较大型的配合饲料厂均采用重量式配料、间歇混合、分批式生产工艺。这种工艺的优点是配料准确、混合均匀、质量稳定、自动化程度高，同时也便于清仓管理和经济核算。

重量式配料、间歇混合、分批式生产工艺，目前实践中可分为两类。一类是先粉碎后配料再混合的生产工艺；另一类是先配料后粉碎再混合的生产工艺。两类方法各有优缺点。

(1)先配合后粉碎工艺。就是先将各种需要粉碎的原料，包括谷物籽实类饲料和饼粕类饲料等，按饲料配方要求比例计量，稍加混合后一起粉碎；然后在粉碎后的混合料中按配方比例加入其他不需要粉碎的原料；再经混合机充分混合均匀，成为粉状全价配合饲料。也可以进一步压制成颗粒饲料。这种工艺较适合于原料品种多、投资少的小型饲料厂或颗粒饲料生产车间，目前我国只有少数厂家是这种生产工艺。生产工艺流程如图 5.1 所示。

这种工艺的优点是：先行配料统一粉碎，故混合前饲用原料组分粒度均匀一致，便于生产

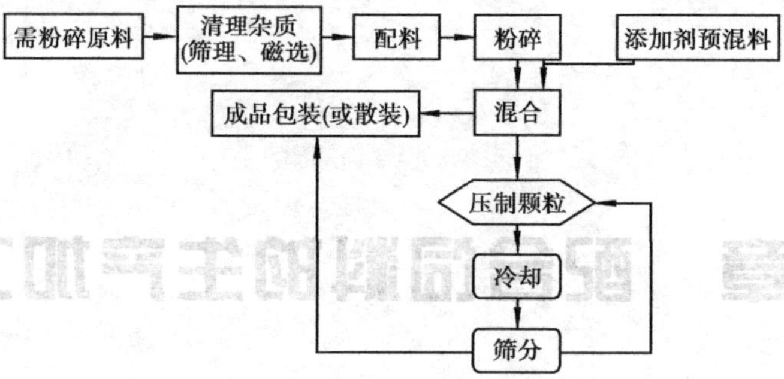


**图 5.1　先配合后粉碎工艺**

颗粒饲料;其次,可以节省料仓,因为这种工艺的配料仓就是原料和辅料的储存仓,这种工艺的粉碎仓只是起缓冲作用;再次,工艺的连续性要求设备配套性能好,技术水平高,在配料后设筛理工序可以将不需要粉碎的粉状原料与辅料筛出直达搅拌机混合。缺点在于:对于技术较差的饲料厂(工艺流程中缺少筛理环节),易造成某些原料(主要是粉碎的饲料原料)粉碎过度的现象;粒度、容重不同的物料,容易发生分级,配料误差大。产品质量不易保证。

(2)先粉碎后配合工艺。先将不同原料分别粉碎,储入配料仓,然后按照配方比例计量,进行充分混合均匀,成为粉状全价配合饲料,也可以进一步压制成颗粒饲料。其生产工艺流程如图 5.2 所示。

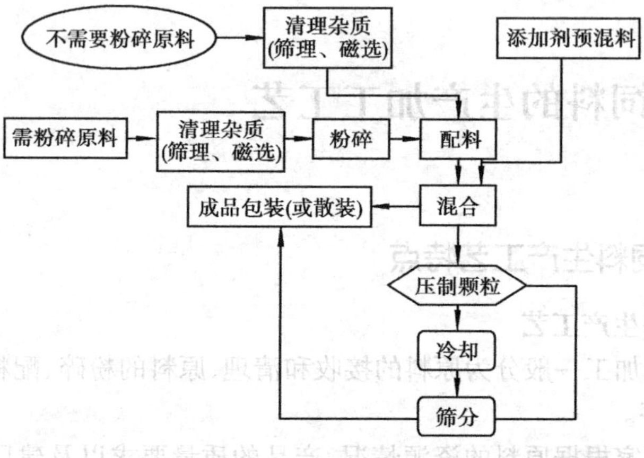


**图 5.2　先粉碎后配合工艺**

这种工艺的优点是:原料可分品种进行粉碎,有利于充分发挥粉碎机的效能,减少能耗和设备磨损,提高产量,降低成本;可按物料特性及养殖对象生理要求选择粉碎粒度;配料准确;易保证产品质量。缺点在于:需要较多的配料仓;生产工艺较复杂;设备投资较大。

一般国产饲料加工机组都是先粉碎后配料的成套设备。我国引进的瑞士布勒兄弟公司的成套配合饲料生产机组是先配料后粉碎的成套设备。

(3)先配合后粉碎二次配合加工工艺。将需要粉碎的主要原料和不需要粉碎的副原料分别配合,需要粉碎的主要原料配合后进入粉碎机粉碎,不需要粉碎的副原料配合后直接进入混合机混合,这种加工工艺称为改进型先配合后粉碎加工工艺,即先配合后粉碎二次配合加工工艺。这种加工工艺具有可以节省部分动力和原料仓,以及操作简单等特点,适合于小型饲料加工厂。流程图如图 5.3 所示。

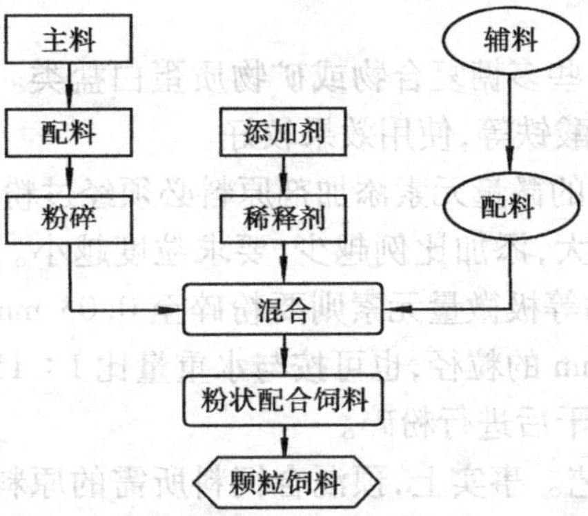


**图5.3 改进型先配合后粉碎加工工艺**

**2)预混合饲料生产工艺**

预混合饲料的生产是将畜禽所需要的微量成分如维生素、微量元素、氨基酸、抗氧化剂、防腐剂、生长促进剂等,分别或一起与一定数量的载体或稀释剂进行均匀混合。所需要的原料主要由各种饲料添加剂和载体或稀释剂构成。

(1)原料的预处理。各种添加剂一般都在添加剂生产厂进行过预处理,对达不到预混料生产要求的原料,预混料生产厂要进行预处理。

①载体、稀释剂的预处理。载体是接受和承载活性微量组分的非活性物质。载体与活性微量组分混合后,微量组分能够被吸附或镶嵌在载体上面,同时改变微量成分的混合特性和外观形状。稀释剂是一类能改变微量组分浓度,但不能改变其混合特性的可饲物质,其主要作用是稀释微量组分的浓度。载体与稀释剂一般在预混料生产厂进行预处理,其方法主要有烘干和粉碎。

A. 烘干。载体、稀释剂的水分含量越低越好,若水分含量超过10%,就需要烘干去水。

B. 粉碎与分级。载体粒度在30目(590 μm)到80目(170 μm)之间比较理想,与被承载的物料粒度比为(3~6):1。对于稀释剂可在30目(590 μm)到200目(74 μm)之间,推荐稀释剂的粒度为其稀释活性成分的2倍。要求载体、稀释剂的粒度较为集中、均匀,而经有筛粉碎机粉碎的物料,粒度分布范围较大,即粒度不均匀,很难满足上述要求,故粉碎后必须经过分级。分级是使用分级筛将粒度大的和粒度小的物料分离出来,粒度大的再回到粉碎机粉碎,符合要求的载体或稀释剂用于预混料的生产。

②微量元素添加剂原料的预处理。由于微量元素添加剂大多为氧化物及盐类,其中以硫酸盐居多,而硫酸盐的最大缺点就是吸湿返潮,会影响后续的加工、设备寿命和维生素等养分的稳定性,所以必须经过预处理。常用的处理方法有:

A. 烘干。通过烘干去除全部游离水及部分结晶水。最好将物料分子降至一个结晶水。

B. 添加防结块剂。在某些特别容易吸湿结块的矿物原料中可添加少量吸水性差、流动性好、对畜禽无害的某些防结块剂,如氧化硅、硅酸镁、硅酸铝钙、硬脂酸镁等,以防止其结块。但防结块剂的用量不得超过2%。

C. 涂层包被。对物料进行“隔水屏障”处理,从而达到包被保护的目的。

主要方法有:一是矿物油包被:将矿物油按0.06%的比例,直接添加在混合机内与微量元素混合,即可保证干燥的微量元素不再吸湿返潮;二是石蜡包被:主要用蜂蜡和巴西棕榈蜡,作用与矿物油相同。

D. 络合或螯合。使用一些多糖复合物或矿物质蛋白盐类。目前使用的单一的氨基酸螯合物产品,如蛋氨酸锌、蛋氨酸铁等,使用效果较好。

E. 粉碎。经过上述处理的微量元素添加剂原料必须经过粉碎,才能达到粒度要求。各种矿物元素的添加比例差异较大,添加比例越少,要求粒度越小。一般的微量元素添加剂要达到0.1 mm 的细度,碘、硒、钴等极微量元素则要粉碎至 0.03 mm。如果碘、硒、钴等极微量元素添加剂不能粉碎至0.03 mm 的粒径,也可按与水重量比 1∶15 ~1∶20 溶解于水,均匀喷洒在 10 倍量的载体上,快速烘干后进行粉碎。

(2)预混合饲料生产工艺。事实上,预混合饲料所需的原料,如维生素添加剂、微量矿物质元素添加剂、药物添加剂等一般都在添加剂生产厂进行过预处理,所以预混合饲料生产厂一般都不需要预处理而直接使用。预混合饲料生产工艺如下:

原料接收→载体预处理→配料→稀释混合→主混合→计量打包

预混合饲料原料种类多,用量差异大。因此,为了提高配料精度,一般采用分组配料:即大料用大秤,小料用小秤。对于微量组分,先按一定配比稀释混合后再参与主配料;混合时,配比量小的原料先用小混合机进行稀释预混合,然后参与大混合机进行主混合。混合机进料顺序为:先加载体、油脂,混合均匀后再加微量组分进行充分混合。混合时间根据产品类型、混合机机型、配料比不同确定,一般可先在生产过程中测出各种料型的最佳混合时间,然后按最佳混合时间进行生产,以避免过度混合。混合后的成品直接进入成品库,计量打包封口,应尽量减少输送、提升次数,不要散装储存。

**3)配合饲料生产加工的主要设备**

配合饲料加工厂的主要设备可分为清理设备、粉碎设备、配料设备、混合设备、制粒设备、液体添加(或喷涂)设备、打包设备、输送设备及通风除尘设备。现简要叙述如下。

①清理设备。清理设备的主要功用是清除原料中的各种夹杂物,如砂石、绳头、布片、木块木棍、螺钉螺帽、铁钉铁片等,以保护机械设备免受损害及保证产品品质。常用的清理设备主要有振动筛、初清筛、滚筒及吸铁装置等。

②粉碎设备。这是饲料加工的关键设备。因为粉碎的情况与配合饲料质量、产量、电耗和成本有密切关系。这种设备的功用是将原料中粒度不合要求的物料粉碎成符合需要的粒度,以便于均匀混合和改善养殖对象对饲用原料的消化和吸收。我国饲料加工厂常用的粉碎设备有锤片式、爪式、对辊磨式、冲击式等粉碎机。根据产品的要求、功率和耗电确定相应的粒度后,选择适宜孔径的筛板。

③配料设备。配料工序是保证配比正确的重要生产环节,是配合饲料厂的心脏。配料设备包括喂料机和配料秤。喂料机是用以将各配料仓中的物料均匀输送到配料秤进行计量的设备。喂料机分螺旋式、叶轮式和振动式等。配料秤有机械配料秤、机械电气配料秤和传感器电子配料秤三种,都可以按输入配方调整控制装置,使其按配方要求比例将各种原料自动称量并输入混合机。配料秤应经常检查维护,以保证其精确度。

④混合设备。混合设备是配合饲料生产的关键设备。它是使配合饲料中各种物料得到均匀混合、确保配合饲料质量的重要环节,也是决定配合饲料厂生产规模的工序。目前我国配合饲料厂所用的混合机有卧式螺带混合机、立式行星绞龙混合机和特纳方型混合机等。

混合时间是影响混合均匀度的重要因素。在一定限度内,混合均匀度与混合时间成正比。但混合均匀后,继续延长混合时间,则能造成物料的再分离,降低均匀度。因而对不同混合机的最佳混合时间,应通过试验确定。此外,物料在混合机中的充满系数也影响混合均匀度,充满系数过高或过低都能降低混合均匀度。通常认为,卧式混合机装料量不低于主轴上方10 cm,最高不超过外螺带的内径,可获得最佳混合均匀度。立式混合机的一般充满系数在0.8左右,可实验测定混合时间短、均匀度好、生产率又高时的充满系数。其他如物料的物理特性等对混均度也有影响,应在生产实践中注意。

⑤膨化设备。膨化又称结构化或组织化,膨化可使淀粉糊化,破坏原料中的抗营养因子和具有消灭沙门氏菌的作用。利用膨化原理对饲料原料进行预处理,在膨化加工过程中营养损失少,可以达到提高蛋白质消化率的目的,有利于动物消化吸收,因此一些廉价原料经过膨化处理,可以代替贵重原料,而不影响饲料的质量,降低了成本,对开发饲料资源起到了重要作用。在实际生产中,根据需要可膨化全脂大豆、玉米、小米、油粕(用于养狐、貂、水獭),宠物饲料(用于养狗、猫),水产饲料及观赏类动物饲料(用于虾、蟹、金鱼和蛙类等漂浮饲料),和幼畜饲料(比如膨化小猪料)等。

⑥制粒设备。颗粒饲料的优点已在养殖业中充分体现出来,它可以防止动物挑食、浪费饲料和采食营养物质不均衡,从而使饲料效率明显提高以及易于运输、储存等。因而虽然颗粒饲料成本高于粉料,但由于其优点明显,已逐渐被广大养殖业者接收。

制粒设备包括调制器、压粒机、冷却器、破碎机和分级筛。制粒机有环模和平模两种,平模更适合于粗饲料的制粒,因而目前配合饲料厂使用的多是环模式压粒机。压制颗粒,简单说就是一个挤压热塑过程。粉状饲料在调制器里与蒸气混合调剂,饲料中的蛋白质和淀粉受热并混入一定水汽增加了可塑性,粗纤维受湿热软化。此时,饲料中含水量达15%~16%,被压辊由环模孔挤压成型,由切刀断成需要大小的颗粒。此时颗粒温度为75~85 ℃。热颗粒被送入冷却器中通过冷空气使之冷却干燥和硬化后,经分级筛筛去碎粉即为成品。根据所需颗粒大小选择不同孔径的环模板。

为了提高机时产量,有时用大孔环模制粒,然后再经辊式破碎机破碎筛分出需要粒度的颗粒料,细粉送回压粒机再制粒。雏鸡用颗粒饲料常是采用这种方法制造的。

⑦打包机。配合饲料厂生产的产品(粉状配合饲料和颗粒饲料)以两种形式出厂。一种是包装出厂,另一种是散装出厂。我国配合饲料厂有以麻布袋包装循环使用,也有以罐车散装直接送入养殖厂家的料塔或料仓的。先进厂家使用一次性覆膜编织袋包装出售,虽然提高了饲料成本,但避免了疫病的交叉感染。

目前用于饲料产品的定量打包机,有半自动机械定量打包机和电脑定量包装秤。实际生产中许多厂家采用人工称重和装袋,用封口机封口。大型饲料厂采用了自动打包流水线,使打包的工作效率大大提高。

### 5.1.2　配合饲料的发展方向

随着市场经济体制的逐步完善和信息时代的到来,人民卫生保健意识不断提高,中国加入WTO后与国际间贸易活动日益频繁,这些都给配合饲料的发展注入了新的内涵。

**1)提高配合饲料产品的科技含量,不断开发新产品,是配合饲料配方设计的发展方向**

在市场经济时代,不断提高配合饲料配方的科技含量,研制开发适销对路的新产品是企业立于不败之地的根本保证。新产品开发的方向应该是以下几点。

(1)绿色环保高效型饲料。随着人们卫生保健意识的提高,绿色动物食品越来越受到青睐,而生产绿色动物食品离不开绿色饲料;畜牧业的环境污染问题备受人们关注,保护环境,减少畜牧业的污染,离不开环保型饲料。随着高科技的发展和生物技术在饲料产业中的应用不断深入,生物肥料、生物农药、生物添加剂、中草药添加剂及各类环保型饲料代用品(如丝兰属植物提取物、酶制剂和微生态添加剂、有机矿物质微量元素化合物、植物理想蛋白饲料等)纷纷问世,为绿色环保型配合饲料的开发与生产提供了有利的条件。

(2)功能食品和功能饲料。人们对于食品的要求越来越高,近年来被提倡的功能食品越来越多。所谓功能食品就是某些在人体内发挥特殊功能的食品。如富含多元不饱和脂肪酸、天然抗氧化剂、低胆固醇含量、高硒、高锌等畜产品,而这些独特功能的食品,是通过富含特殊功能成分的饲料经动物体吸收转化沉积到动物产品中的,而这种饲料就成为具有特殊功能的饲料。据报道,蛋鸡补饲碘酸钙有利于高碘蛋的开发;饲料中添加甲醛保护性酪蛋白—红花油复合物可生产富含亚油酸的牛肉;应用甜菜碱的配合饲料可以增加动物产品鲜度。随人们对自然规律的认识和对天然食品要求的提高,功能食品将在畜牧养殖业中越显重要,因此相应的要有功能独特的饲料产品满足需求。

(3)适合我国国情,科技含量高的浓缩饲料和预混合饲料。现阶段我国养殖经营类型大致可分为传统农户、专业生产农户、国营城郊菜篮子工程三类,据近年统计,我国的养殖产品(肉、蛋、奶)年总量的80%左右由传统农户生产提供,而专业生产农户、国营城郊菜篮子工程来源仍居次要位置。这说明,虽然我国农户养殖的专业程度一直在稳步提高,但传统农户生产依然是养殖业的主体,农家养殖(包括传统农户和绝大部分专业户养殖)的饲料使用方式主要以自有饲料粮和农副产品为基础料进行自己配料。这种小规模大群体的农家生产方式在今后一个较长时期内仍是我国养殖业与饲料加工业的发展主流。因此,必须结合我国国情实际,重视农家型饲料添加剂和预混料的研制和生产,以农家基础饲料为背景,根据其真正的客观营养需要和饲养管理特点,开发科技含量高的浓缩饲料或预混合饲料具有十分重要意义和广阔的发展前景。

(4)猪鸡以外其他动物配合饲料产品。目前,猪鸡配合饲料是饲料企业的主导产品,其他动物配合饲料生产还处于薄弱环节。随着猪鸡配合饲料生产相对过剩和其他动物养殖的兴起,猪鸡以外的动物配合饲料的生产潜力巨大。主要包括牛、羊、兔、鸭、鹅预混合饲料和浓缩饲料以及肉鸽、肉狗等特种动物配合饲料与鱼、虾等水产动物饵料等。

(5)能极大提高动物生产性能的饲料产品。我国的饲料质量和发达国家相比还有一定的差距。随着计算机技术向饲料行业的渗透,饲料配方设计更加科学合理;动物营养学和生物技术研究的深入,新的饲料资源及绿色营养调控剂将被开发,这些都为进一步提高动物的生产性能,不断降低生产成本,生产质优价廉动物产品的配合饲料提供了理论和技术保障。

**2)集团化专业化生产是配合饲料生产的发展方向**

许多小型企业由于受资金不足、技术研发水平不高、饲料原料价格剧烈波动等因素影响,逐渐被市场淘汰。相比之下,集团化专业化生产有利于集中人才,有利于科学技术的研究和推广应用,合理配置资源,发挥各方面优势的规模效应;另一方面随着全球经济一体化时代的到来,有利于增强企业经济实力,增强企业的市场竞争力。

**3)加强法制建设,强化法制管理是配合饲料管理的发展方向**

1999年国务院发布实施的《饲料和饲料添加剂管理条例》,2000年农业部颁布的《新饲料和新饲料添加剂管理办法》等已经或将要出台的若干公告、办法及相应法规，制定或修订了若干标准等，使我国饲料管理法制更加完善，标志着我国的饲料和饲料添加剂管理进入了法制化管理的轨道。

## 5.2　配合饲料的质量控制

### 5.2.1　配合饲料的质量标准

配合饲料是饲料工业生产的主要产品。在商品市场竞争意识日益增强的条件下，各饲料生产厂家为了使自己的产品在市场竞争中占有优势，都规定有自己的企业标准，用以控制产品质量及保证厂家的信誉。为控制配合饲料原料及产品的质量，国家技术监督局及有关部门自1986年以来陆续制订和发布了100余项原料及产品标准。

**1）衡量配合饲料质量的指标**

衡量配合饲料质量的指标主要包括感官指标、水分指标、加工质量指标、营养指标和卫生指标等。

①感官指标。感官指标主要指配合饲料的色泽、气味、滋味和手感等，通过这些指标可对某些原料或配合饲料产品进行初步的质量鉴定。

②水分指标。水分含量是判断配合饲料质量的重要指标之一。如果配合饲料水分太高，不仅会使配合饲料的营养成分浓度相对降低，更主要的是容易引起饲料发热霉变。配合饲料中水分含量一般要求北方不超过14%，南方不超过12.5%。

③加工质量指标。加工质量指标主要是指为了保证配合饲料质量，满足动物营养生理的需要，平衡供给养分，而确定的必须达到的质量要求。主要有配合饲料的粉碎粒度、混合均匀度、杂质含量以及颗粒饲料的硬度、粉化度、糊化度等。

④营养指标。营养指标是配合饲料质量的最主要指标，主要包括配合饲料中的能量、粗蛋白质、粗脂肪、钙、磷、必需氨基酸以及维生素、微量矿物元素等。

⑤卫生质量指标。卫生指标主要指配合饲料中各自有毒有害物质及微生物等，如重金属元素砷、汞、铅等的含量，农药残留量，黄曲霉毒素等。

**2）饲料原料质量标准**

自1986年以来，国家有关部门已制订和发布了饲料工业原料的质量标准40余项，标准名称及标准编号如表5.1所示。

**表 5.1 饲料工业原料标准**

| 序号 | 标准名称 | 标准编号 | 序号 | 标准名称 | 标准编号 |
|---|---|---|---|---|---|
| 1 | 饲料用玉米 | GB 17890—99 | 24 | 饲料用蚕豆 | NY/T 138—89; GB 10387—89 |
| 2 | 饲料用高粱 | NY/T 115—89; GB 10364—89 | 25 | 饲料用木薯叶粉 | NY/T 139—89; GB 10388—89 |
| 3 | 饲料用稻谷 | NY/T 116—89; GB 10365—89 | 26 | 饲料用苜蓿草粉 | NY/T 140—89; GB 10389—89 |
| 4 | 饲料用小麦 | NY/T 117—89; GB 10366—89 | 27 | 饲料用白三叶草粉 | NY/T 141—89; GB 10390—89 |
| 5 | 饲料用皮大麦 | NY/T 118—89; GB 10367—89 | 28 | 饲料用甘薯叶粉 | NY/T 142—89; GB 10391—89 |
| 6 | 饲料用小麦麸 | NY/T 119—89; GB 10368—89 | 29 | 饲料用蚕豆茎叶粉 | NY/T 143—89; GB 10392—89 |
| 7 | 饲料用木薯干 | NY/T 120—89; GB 10369—89 | 30 | 骨粉和肉骨粉 | GB 8836—88 |
| 8 | 饲料用甘薯干 | NY/T 121—89; GB 10370—89 | 31 | 饲料用裸大麦 | NY/T 210—92 |
| 9 | 饲料用米糠 | NY/T 122—89; GB 10371—89 | 32 | 饲料用次粉 | NY/T 211—92 |
| 10 | 饲料用米糠饼 | NY/T 123—89; GB 10372—89 | 33 | 饲料用碎米 | NY/T 212—92 |
| 11 | 饲料用米糠粕 | NY/T 124—89; GB 10373—89 | 34 | 饲料用粟(谷子) | NY/T 213—92 |
| 12 | 饲料用菜籽饼 | NY/T 125—89; GB 10374—89 | 35 | 饲料用胡麻籽饼 | NY/T 214—92 |
| 13 | 饲料用菜籽粕 | NY/T 126—89; GB 10375—89 | 36 | 饲料用胡麻籽粕 | NY/T 215—92 |
| 14 | 饲料用向日葵仁粕 | NY/T 127—89; GB 10376—89 | 37 | 饲料用亚麻仁饼 | NY/T 216—92 |
| 15 | 饲料用向日葵仁饼 | NY/T 128—89; GB 10377—89 | 38 | 饲料用亚麻仁粕 | NY/T 217—92 |
| 16 | 饲料用棉籽饼 | NY/T 129—89; GB 10378—89 | 39 | 饲料用桑蚕蛹 | NY/T 218—92 |
| 17 | 饲料用大豆饼 | NY/T 130—89; GB 10379—89 | 40 | 饲料用低硫苷菜籽饼/粕 | NY/T 417—2000 |
| 18 | 饲料用大豆粕 | NY/T 131—89; GB 10380—89 | 41 | 饲料用血粉 | SB/T 10212—94 |
| 19 | 饲料用花生饼 | NY/T 132—89; GB 10381—89 | 42 | 饲料用螺旋藻粉 | GB/T 17243—98 |
| 20 | 饲料用花生粕 | NY/T 133—89; GB 10382—89 | 43 | 饲料用甜菜碱盐酸盐 | NY 399—2000 |
| 21 | 饲料用黑大豆 | NY/T 134—89; GB 10383—89 | 44 | 鱼粉 | SC/T 3501—1996 |
| 22 | 饲料用大豆 | NY/T 135—89; GB 10384—89 | 45 | 饲料级酵母 | QB/T 1940—1994 |
| 23 | 饲料用豌豆 | NY/T 136—89; GB 10385—89 | 46 | 饲料级预糊化淀粉 | HG 3634—1999 |

3)**配合饲料质量标准**

饲料工业产品中常规营养指标的检测方法与饲料原料相同。粉碎粒度则依照配合饲料粉碎粒度测定法 GB 5917—86 中规定款项执行。混合均匀度的检测,按配合饲料混合均匀度测定法 GB 5918—97 中规定执行。有关配合质量标准如表5.2所示。

**表5.2　配合饲料质量标准**

| 标准名称 | 编　号 | 标准名称 | 编　号 |
| --- | --- | --- | --- |
| 仔猪、生长肥育猪配合饲料 | GB/T 5915—93 | 中国对虾配合饲料 | SC 2002—94 |
| 产蛋后备鸡、产蛋鸡、肉用仔鸡配合饲料 | GB/T 5916—93 | 牙鲆配合饲料 | SC/T 2006—2001 |
| 奶牛精料补充料 | SB/T 10261—96 | 真鲷配合饲料 | SC/T 2007—2001 |
| 生长鸭、产蛋鸭、肉用仔鸭配合饲料 | SB/T 10262—96 | 中华鳖配合饲料 | SC/T 1047—2001 |
| 肉兔配合饲料 | SB/T 10247—95 | 虹鳟配合饲料 | SC/T 1030.7—99 |
| 后备母猪、妊娠猪、哺乳母猪、种公猪配合饲料 | SB/T 10075—92 | 实验动物配合饲料通用质量标准 | GB 14924—2001 |
| 瘦肉型生长肥育猪配合饲料 | SB/T 10076—92 | 产蛋鸡、肉仔鸡、仔猪、生长育肥猪微量元素预混合饲料 | GB 8830—88 |
| 水貂配合饲料 | SB/T 10077—92 | 产蛋鸡、肉用仔鸡维生素预混合饲料 | GB 8831—88 |
| 长毛兔配合饲料 | SB/T 10078—92 | 产蛋鸡、肉仔鸡、仔猪、生长育肥猪复合预混合饲料 | GB 8832—88 |
| 肉牛精料补充料 | SB/T 10079—92 | 产蛋鸡、肉仔鸡、仔猪、生长育肥猪浓缩饲料 | GB 8833—88 |
| 肉用仔鹅精料补充料 | SB/T 10080—92 | | |

## 5.2.2　饲料和饲料添加剂管理法规

近年来我国饲料工业正在迅速发展,在国民经济中已占有重要位置,2005年我国饲料产量首次突破1亿吨大关,稳居世界第二位。但当前商品饲料的制造、销售与使用等环节,还存在不少问题,情况比较混乱。商品饲料及原料中假冒、伪劣现象严重,而且多数饲料产品(特别是添加剂预混料)在技术保密的招牌下,不公开有效成分,甚至编造假说明书,含药饲料滥制、滥用。因此,如果没有权威性的饲料法规监督,既不能保护和保证正规生产的饲料企业,也不能制止和惩办制造和经销假、劣的不法之徒。在当前的生产实践中,无论商品配合饲料加工企业还是养殖业者都已迫切感到制定和实施饲料法规的必要性。

饲料法规也称饲料法。它和国家其他法规一样具有法律效力。制定和实施饲料法规的基本目的是行使法律的强制手段来确保饲料(包括饲料添加剂)的饲用品质及饲用安全,使饲料的生产、加工、使用、销售、储存、运输、进口、出口等环节都置于法律的监督之下,确保饲料品质有利养殖业的发展,同时,禁用某些危及人类健康和安全的饲料,以保障人类食用畜产品的安全。还需说明的是法规与质量标准不同,它除包括质量标准的内容外,还规定了对违法行为的惩处以及监测机关和评定、检验人员的资格,并由政府权力机关发布实施的。如1999年国务院颁布《饲料和饲料添加剂管理条例》,是我国第一部针对饲料和饲料添加剂产品的法律,是经过近20年才出台的一部法律,它对于我国饲料和饲料添加剂的质量、产品和环境安全,起到指导和规范作用。

### 5.2.3 配合饲料全面质量管理措施

全面质量管理简称TQC(total quality control),是企业全员与有关部门齐心协力,综合运用管理技术、专业技术和科学方法,经济地开发、研制、生产和销售用户满意产品的管理活动。具有全面性、服务性、预防性和科学性等特征。对质量管理全过程的每个环节按“计划—实施—检查—处理”四个阶段(即PDCA循环)周而复始地进行,使质量逐步提高,以达到用户对产品和服务都满意的效果。

**1)配合饲料生产前的准备工作**

(1)加强质量教育工作。配合饲料厂推行全面质量管理,提高企业的整体素质,首先要提高职工的素质,认真开展质量教育工作,使全体职工尤其是领导者要有牢固的质量意识,树立“质量第一”的思想观念,明确饲料产品的质量与自己的收入和福利待遇紧密相关,质量是企业生存、发展和兴旺发达的根本所在。企业要有计划地组织职工学习质量管理方法和饲料生产操作技术,不断提高职工的业务管理素质和操作技术水平,从而从思想上和业务能力上确保配合饲料的质量。

国内外饲料厂的经验证明,工厂经理与工作人员素质对于保证饲料厂产品质量和经济效益至为重要。搞好人员培训、提高素质是办好工厂、确保质量的中心环节。

(2)建立健全质量管理制度体系。配合饲料质量管理工作要顺利开展,必须建立严格的质量管理制度,明确规定每一个职工在质量管理工作中的具体任务、职责和权限,以此加强职工的责任心,使每个职工对自己的工作质量负责。配合饲料质量管理制度通常包括配方设计管理制度、生产管理制度、产品质量保证制度、产品留样观察制度和原料、产品质量检测化验制度等。

(3)加强原料质量管理。俗话说:“巧妇难为无米之炊”,再科学的饲料配方,再先进的生产工艺和设备,再高的管理水平,如果没有高质量的原料作保证,也不可能生产出高质量的产品,所以原料质量管理是保证产品质量的关键。原料质量管理包括原料采购管理、原料入库管理和原料保管管理等环节。原料采购必须严格按照原料标准进行采购;原料进厂后,保管人员必须立即通知质量管理部门取大样检测,质量管理部门原则上在3~7天内出具检测报告,并对原料做出判断性结论,所有原料必须在收到质量管理部门同意入库的通知后才能办理入库手续;经检测合格的原料入库后,按类别、品种、批次分类存放,堆码整齐,并填好原料入库卡,标明品种、数量、规格、生产厂家、经营单位、生产日期和购货日期等,然后将入库卡挂在原料上;原料在原料库内要注意防漏、防潮、防晒、防虫、防霉等,对于特殊原料(如维生素、氨基酸、药物等)要专门保管;此外要做好原料采购计划工作,原则上要求在原料发放时按入库先后顺序发放,做到先购先用,当某种原料用到一定数量时,要及时通知采购部门准备购进下一批原料。

(4)优化配合饲料配方设计。饲料配方是配合饲料生产的依据。饲料配方要随营养学、饲料学、饲料生产工艺等的发展不断改进,以保证配合饲料产品的质量。科学合理地优化饲料配方设计是提高产品质量、降低成本、提高饲料报酬、增加养殖业经济效益的重要途径。科学合理的配合饲料配方设计主要表现在:达到规定的营养指标和良好的适应性;符合饲料卫生标准;产品价格合理;充分利用当地饲料资源;符合生产工艺要求。

**2)配合饲料生产加工过程中的质量控制和管理**

饲料生产过程是生产优质饲料的重要环节。配合饲料全面质量管理主要包括:投料、粉碎与输送、称量、配料搅拌、制粒、膨化、包装和仓储等过程的控制。

(1)投料过程质量控制。

①原料的核实与验质。投料是生产加工环节中的第一步,投料前进行原料的核实与验质非常重要,严禁错投和误投,否则会造成配料原料仓中的原料混仓,从而造成配方执行错误,饲料质量就无从保证。投料时还应注意原料是否结块、变质或有异味,杜绝不合格原料投入生产线。

②地坑格栅与振动筛。大中型饲料厂大都是通过地下刮板输送投入原料的,所以投料前应检查地坑的格栅是否安全就位,以防止原料中大块杂质或结块投入刮板机,影响饲料质量或损坏刮板输送机及其他设备。振动筛是在投料生产线上把不用粉碎的原料绕过粉碎机进入下一工序,筛上物进入粉碎机粉碎,因而筛上物和筛下物有严格区分界限。振动筛一般根据对物料的不同要求安装不同规格的筛网,每班必须检查筛网的完好程度,如发生破损,应马上更换。

③磁选与初清筛。磁选装置是饲料加工设备的保护神。原料中不可避免地有铁质杂质,而进入生产线时就会毁坏粉碎机筛网,还会打坏粉碎机锤片或粉碎机,甚至会对制粒机造成破坏性毁坏。因而磁选装置必须定期清理干净,一般每班至少清除1~2次。磁选装置不仅在投料线上有,在整个饲料加工设备中一般有多处,如粉碎机上口、制粒机上口、提升机下口等,都必须定期检查。初清筛主要是除去原料中较大的块状成分、绳头、纸片、木屑等,避免发生堵料现象。一般每班清理一次。

④原料仓。原料仓是配料过程中电子秤直接领取原料的缓冲仓,原料仓中原料的品质是配合饲料质量好坏的关键。操作人员要对原料仓进行定期(如每两个月)清扫和检查,以防止物料在仓中发生结块后不下料,影响生产,或发霉结块后进入饲料中影响饲料质量。若某一仓中改放另一种原料时,必须将该料仓中原料放净,再放入新的原料。

(2)粉碎与输送过程质量控制。

①粉碎机。粉碎机是饲料加工过程中减小原料粒度的加工设备,应定期检查粉碎机锤片是否磨损,筛网有无漏洞、漏缝、错位等,一般每班一次。粉碎中操作人员应经常注意观察粉碎机的粉碎能力和粉碎机排出的物料粒度,发现异常要及时进行修理。还应检查粉碎机有无积料现象(如粉碎机堵料),避免毁坏粉碎机或对物料造成不良影响。

②转向阀、分配器。转向阀与分配器是改变或控制物料流动方向的装置,前者控制物料的工序流程,后者控制投入原料进入不同料仓中。工作人员在操作中应注意检查转向阀和分配器的方向是否正确、到位。

③溜管。溜管虽留有溜角,不易发生堵料现象,但使用时间过长,容易锈蚀或磨损而漏

料,应及时更换或补漏。

④提升和输送。提升和输送设备很多,功能是把物料送至指定部位。应定期检查有无漏料或散落现象,同时检查提升和输送过程的磁铁口是否关紧。

(3)称量系统的质量控制。称量是执行配方的首要环节,操作人员必须有很强的责任心,严格按配方执行,不得任意变动。在称量过程中,要把握住4点:

①称量工具要合格有效,定期对称量工具进行校准和保养。

②称量后全部转移,不要遗留。

③忌用容器来计量,否则准确度太差。

④要有正确的称量次序。

另外,在配料称量过程中,原料的使用和库存要每批每日有记录,专人负责并定期对生产和库存情况进行核查。手工配料时,应使用不锈钢料铲,并做到专料专用,以免发生混料而污染。

(4)配料搅拌过程的质量控制。饲料原料均匀混合是饲料中营养成分均匀分布的前提。饲喂混合不均的饲料,一方面造成动物营养物质缺乏;另一方面会使动物采食药物过量,甚至引起中毒。

①原料的添加顺序。在搅拌机中加入原料时,应当首先加入量大的原料,量越少的原料越应在后面添加,如维生素、矿物质和药物预混料,否则微量成分会落到缝隙或搅拌机的死角处,不能与其他原料充分混合。有时需在饲料中加油等液体原料,加入时最好经由搅拌机上部的喷嘴喷洒,让液体原料以雾状喷入搅拌机中。不具备喷嘴装置的搅拌机,液体原料应先用部分量大的原料进行人工预混合,并打碎所形成的饲料团,再投到搅拌机中(北方冬季多以此法混合液体原料),含有液体原料的饲料需要相应延长搅拌时间,以便液体原料在饲料中均匀分布。

②混合均匀度。混合均匀度指搅拌机搅拌饲料能达到的均匀程度,一般用变异系数(CV)来表示。饲料的变异系数越小,说明饲料搅拌越均匀。生产成品饲料时,要求变异系数不大于10%;生产预混料添加剂时,要求变异系数不大于7%。

③搅拌时间。搅拌时间应以搅拌均匀为限,这主要取决于搅拌机的类型(卧式或立式)和原料的性质(粒度、形状、形态、容重及流散性等)。一般搅拌机的搅拌时间为:卧式搅拌机3 ~ 7 min;立式搅拌机 8 ~15 min。搅拌时间不够,饲料搅拌不均匀,影响饲料质量;搅拌时间过长,不仅浪费时间和能源,还可能能造成物料的再分离,降低均匀度。

④配料搅拌过程应注意的问题:

A. 卧式搅拌机饲料的最大装入量应不高于螺带高度,最小装入量不低于搅拌机主轴 10 cm 的高度。

B. 立式搅拌机残留料较多,容易混料。更换配方时,应将搅拌机中残留的饲料清理干净。

C. 加药饲料的生产,根据药物类型,先生产药物含量低的饲料,再依次生产药物含量高的饲料。

D. 生产一种加药饲料后,不应生产不加药的奶牛饲料,以防药物残留。

⑤搅拌机维护和检查:

A. 检查搅拌机螺旋或桨叶是否开焊。

B. 检查搅拌机螺旋或桨叶是否磨损,卧式搅拌机的工作料面是否平整,料面差距大时说明桨叶已磨损。

C. 卧式搅拌机在打开下口排料时，是否能完全将料排入缓冲仓。

D. 在搅拌机工作时，检查搅拌机下口是否漏料进入缓冲仓。

E. 定期清除搅拌机轴和桨叶上的绳头等杂物。

F. 检查油或其他液体添加系统是否打开，流量是否正常。

(5)制粒过程的质量控制。

①制粒前对设备的要求：

A. 制粒机上口的磁铁要每班清理一次，防止饲料中的铁质进入制粒机环模。

B. 定时给压辊加润滑脂，保证压辊的正常工作，并注意检查环模和压辊的磨损情况。

C. 检查冷却器是否有物料积压，检查冷却器内的冷却盘或筛面是否损坏。

D. 破碎机辊筒要定期检查，若辊筒波纹齿磨损变钝，会降低破碎能力，降低产品质量。

E. 每班检查分级筛筛面是否有破洞、堵塞和黏结现象，筛面必须完整无破损，以达到正确的颗粒分级效果。

F. 检查制粒机切刀，切刀磨损过钝会使饲料粉末增加。

G. 检查蒸气的汽水分离器，以保证进入调质器的蒸气质量。

另外，换料时，检查制粒机上方的缓冲仓和成品仓是否完全排空，防止发生混料。

②调质。猪鸡饲料一般含有较多的玉米，淀粉含量高，而粗纤维含量较低。因此，颗粒饲料的结构和强度全靠调质技术，用热和蒸气来软化原料，以提高饲料的制粒性能。在调质过程中，饲料中的淀粉会发生部分糊化，糊化的淀粉起黏合作用，提高了饲料的颗粒成型率。通常调质器的调质时间为10～20 s，生产颗粒饲料可根据实际操作的需要，调整饲料的水分在16%～18%，温度在75～85 ℃，并注意控制蒸气压力。

③压辊间隙。将压辊调到环模低速旋转时，压辊只碰到环模的高点，这个间隙使环模和压辊间的金属接触减到最小，减少磨损，又存在足够的压力使压辊转动，这样可以延长环模和压辊的使用寿命，提高生产效率和颗粒质量。

④制粒原料的粉碎粒度。应根据颗粒产品的粒度，决定原料粉碎的粒度要求。粒度要求太细，加工速度低，生产率下降；粒度太粗，颗粒成型率下降，颗粒易破损。可根据用途的不同来调整饲料的粒度，如肉鸡饲料的粒度可大些，在0.95～1.30 mm(15～20目)即可；鱼虾饲料的粒度要求细度高，一般在0.30～0.44 mm(40～60目)；一些特殊饲料的粒度要求更高，在0.13～0.216 mm(80～120目)。

⑤对颗粒的要求：

A. 颗粒成型率。用小于粒径20%的丝网筛筛分颗粒饲料，如颗粒饲料的粒径为5.0 mm，则用4.0 mm的丝网筛筛分。筛上物占总量的百分比即可代表颗粒成型率。畜禽饲料的颗粒成型率要求大于95%，鱼虾饲料的颗粒成型率要求大于98%。

B. 颗粒长度。直径在4 mm以下的饲料颗粒长度为其粒径的2～5倍，直径在4 mm以上的饲料颗粒长度为其粒径的1.5～3倍。

(6)膨化过程的质量控制。膨化是利用膨化机内的螺杆和螺杆套筒对物料的挤压、剪切作用使其升温、加压，并将高温、高压的物料挤出模孔，使之因骤然降压实现体积胀大的工艺。膨化可分干、湿两种加工方法，干法膨化加工无需在原料中添加水分，原料在进入膨化腔以前不进行调质处理，膨化过程中产生的热量全部由原料在机械能作用下通过螺杆、剪切板和膨化腔内壁产生。湿式膨化机的结构比干式膨化机更复杂,原料进入膨化腔以前先进行调质,以提高熟化程度,为了加强对熟化过程的控制,膨化腔外还附有导入蒸汽和加水的装置,以辅助加热或降温。

①粉碎粒度。饲料的调质效果和膨化效果与饲料的粉碎粒度有密切关系。谷物及饼粕等基础原料应采用筛板孔径为 1.5 ~2.0 mm 的锤片式粉碎机进行粉碎,其粒度以控制在孔径为 1 mm(16 目)筛上物低于 9% 为宜。生产幼小水产动物饲料应对原料进行微粉碎,通常要求粉碎粒度控制在 1 mm 以下。

②调质。各种干粉料经配料混合后,即可送入调质器内进行调质处理。其目的是对原料进行调湿调温,使物料有良好的挤压膨化加工性能,提高膨化机的产量。通常将饱和水蒸气注入调质器中进行调温调湿,同时还可将调味剂、色素、油脂及肉浆等一类液体加入调质器中,调质器回转桨叶的搅拌混合,使物料各部分的温度和湿度均匀一致。调质的温度、湿度视原料的性质、产品类型、膨化机的型号及运行操作参数等因素而定。对于干膨化饲料,物料经调质后的湿基含水量为 20% ~30% ,常在 25% ~28% ,温度在 60 ~90 ℃为宜。另外,要加以说明的是,在这个阶段只可加入少量的油脂,物料中含有一定量的油脂可起到润滑剂的作用,有利于物料在膨化机内的流动,但油脂过多则会降低挤出产品的膨化程度。油脂添加量超过 5% 的饲料,大部分油脂应在干燥冷却后的颗粒产品上喷涂补加。

挤压膨化机的运行操作参数有螺杆转速、喂料器转速、原料特性、调质后物料状态、物料的输送量和夹套加热温度等,它们是相互关联的变量。与调质操作参数的选取一样,需对特定型产品进行试验,从中获取优化的操作参数。应该注意,物料在挤压腔的高温区段不宜停留过长(应小于 20 s),以免一些热敏性的营养组分遭到破坏。

③干燥与冷却。挤压膨化后的粒状物料送入干燥冷却系统,物料干燥到什么程度才适宜储存,取决于储存环境及相对湿度,干膨化饲料的含水率应低于 12%(湿基)。目前多采用连续输送式干燥机,干燥介质为热风,常取热风温度为 90 ~200 ℃。干燥后的料温比较高,然而后续的油脂喷涂工段要求物料温度在 30 ~38 ℃。为了使生产连续化,干燥后常采用强冷却的措施,目前多采用通风冷却的方法。为了提高热能利用率,普遍采用干燥、冷却组合装置来完成干燥和冷却操作。干燥冷却机组多采用多层连续输送的结构。

④喷涂。干燥冷却后的膨化饲料经过筛理,筛下的细小颗粒和粉末送回膨化机再次加工,筛上符合规格的颗粒送至喷涂机进行油脂、维生素、香味剂及色素的喷涂,经过喷涂,不仅补充了必要的饲料成分,饲料的表面感观质量亦有明显提高,鱼、虾饵料还可提高抗水稳定性。喷涂后的膨化饲料成品经称重包装,即可入库储存。

(7)包装过程质量控制。包装是饲料加工过程最后一道工序。包装前应注意检查如下项目:

①被包装的饲料与包装袋及饲料标签应一致。

②包装秤的工作是否正常及所设定的数量是否与要求的重量一致。

③由质检人员进行待包装饲料的检验,检查饲料的颜色、粒度、气味,以及颗粒饲料的长度、光滑度、颗粒成型率等,并按规定要求对饲料取样。

在包装过程中,应使包装饲料的重量在规定的范围之内,一般误差应控制在 ±1% 以内。缝包人员要保证缝包质量,不得将漏缝和掉线的包装饲料放入下一工序。打包人员应随时注意饲料的外观,发现异常及时报告质检人员,质检人员亦应定时抽查检验,其中包括包装的外观质量和包重。散装饲料一般比袋装饲料简单，但需注意定期检查卡车地秤的称量精度和运料车是否有残留饲料，防止不同饲料间的相互污染。

(8)仓储过程质量控制。成品饲料在库房中应放置齐整，合理安排使用库房空间。建立“先进先出”制，因为码放在下面和后面的饲料会由于存放时间过长而变质。在同一库房中存放多种饲料时，要留有足够的距离，以防发生混料或发错料。要保持库房的清洁，对于因破袋而散落的饲料应及时重新装袋并包装，放入原来的料垛上。如果散落饲料发生混料或被污染，就应及时处理，不得再与原来的饲料放在一起。经常检查库房的顶部和窗户是否有漏雨现象。尤其要注意定期对饲料成品库进行清理，发现变质或过期饲料，及时请有关人员进行处理。另外，对防鼠、防火、防盗等方面也要采取妥善措施。

**3)配合饲料生产后质量管理**

(1)严格质量检测化验管理。质量检测化验是判定和保证产品质量的重要手段，对建立产品信誉和企业形象有重要保证。产品出厂前，应对其规定成分进行检测，要求检测化验结果准确，并具有代表性。经取样化验达到保证值方可签发合格证出厂。不合格产品不能出厂。

(2)配合饲料使用过程管理。配合饲料不同于一般商品，配合饲料销售出去，并不等于管理工作结束，要作好售后服务工作和市场调研，由此可以判定产品的适用性，根据市场的要求进而对产品的质量进一步改进。配合饲料的质量好坏与用户使用是否得当密切相关。优质的配合饲料只有科学的使用，才能充分发挥其优质的效果，才能给用户带来满意的经济效益，才能树立良好的产品信誉和企业形象，才能建立相对稳定的供求关系，只有这样才有相对稳定的市场。另一方面通过用户使用，不断提出改进意见；根据用户反馈的信息，不断改进配方，改进工艺，提高质量，使产品始终立于不败之地。所以，配合饲料生产厂家要认真对待售后服务工作，定期或不定期地探访用户，指导用户正确使用配合饲料，使配合饲料优越性充分表现出来。

### 5.2.4 配合饲料ISO 9000质量体系简介

**1)国际标准化组织**

ISO是世界上最大的国际标准化组织。ISO宣称它的宗旨是“在世界上促进标准化及相关活动的发展，以便于商品和服务的国际交流，在智力、科学、技术和经济领域开展合作。”ISO的最高权力机构是每年1次的“全体大会”，其日常办事机构是中央秘书处，设在瑞士的日内瓦。ISO现有117个成员，包括117个国家和地区。

为适应质量管理的发展和国际贸易的要求，ISO标准自制订以来经过了多次修订完善。1979年成立了质量管理和质量保证委员会，1986年发布了ISO 8402，1987年发布了ISO 9000、ISO 9001、ISO 9002、ISO 9003、ISO 9004，这6项标准称为1987版ISO 9000系列国际标准。1994年ISO/TC 176(ISO中第176个技术委员会)完成了对87版标准的第一次“有限”修改，发布了1994版ISO 9000系列国际标准，2000年12月15日ISO/TC 176完成了对87版标准的第二次“彻底”修改，发布了2000版ISO 9000系列国际标准。

ISO国际标准主要涉及各行业产品(包括服务产品、知识产品等)的技术规范。ISO制订出来的国际标准除了有规范的名称外，还有编号，编号的格式是：ISO+标准号+[杠+分标准号]+冒号+发布年号(方括号中的内容可有可无)，例如：ISO 8402:1987，ISO 9000—1:2000

等，分别是某个标准的编号。但是，“ISO 9000”不是指一个标准，而是一族标准的统称。

2）ISO 9000 简介

1999 年 9 月召开的 ISO/TC 176 第 17 届年会，提出了 2000 版 ISO 9000 族标准。2000 版 ISO 9000 族标准由核心标准和其他支持性的标准和文件组成，其中核心标准包括：ISO 9000、ISO 9001、ISO 9004、ISO 19011，在这里需要说明的是 2000 版的系列标准提出了过程方法，将原有的 ISO 9001、ISO 9002、ISO 9003 合并为 ISO 9001，并以过程方法模式代替了 94 版 ISO 9001 的 20 个要素。我国自 1998 年 12 月国家技术监督局开始跟踪和转化标准的研究工作，在 2000 年 12 月 28 日批准等同使用 ISO 9000：2000 族标准为国家标准，并在 2001 年 6 月 1 日正式实施。

①ISO 9000：2000《质量管理体系——基础和术语》对应的国家标准 GB/T 19000：2000。此标准表述了 ISO 9000 族标准中质量管理体系的基础知识，并规定质量管理体系术语，用于支持下面几个标准。标准首先明确了质量管理的八项原则（详见 ISO 质量管理标准）是组织改进其业绩的框架，能帮助组织获得持续成功，也是 ISO 9000 族质量管理体系标准的基础。标准还表述了建立和运行质量管理体系应遵循的 12 个方面的质量管理体系基础知识。标准给出了有关质量的术语共 80 个词条，分成 10 个部分，并用较通俗的语言阐明了质量管理领域所用术语的概念。在提示的附录中，用概念图表达了每一部分概念中各术语的相互关系，帮助使用者形象地理解相关术语之间的关系，系统地掌握其内涵。

②ISO 9001：2000《质量管理体系——要求》对应的国家标准 GB/T 19001：2000。标准规定了对质量管理体系的要求，供组织需要证实其具有稳定地提供顾客要求和适用法律法规要求产品的能力时应用。组织可通过体系的有效应用，包括持续改进体系的过程及确保符合顾客与适用法规的要求，增强顾客满意度。

该标准可用于内部和外部（第二方或第三方）评价组织提供满足组织自身要求和顾客、法律法规要求的产品的能力。标准是通用的，适用于各行各业，各种类型产品，但由于组织及其产品的特点对此标准的某些条款不适用，可以考虑对标准中的要求进行删减，删减仅限于该标准的“产品实现”中那些不影响组织提供满足顾客和适用法律法规要求的产品的能力或责任的要求，否则不能声称符合此标准。标准的名称中不用“质量保证”一词，这反映了标准规定的质量管理体系要求除了产品质量保证之外，还旨在增强顾客的满意度。

标准应用了以过程为基础的质量管理体系模式的结构，鼓励组织在建立、实施和改进质量管理体系及提高其有效性时，采用过程方法，通过满足顾客要求增强顾客满意度。

③ISO 9004：2000《质量管理体系业绩改进指南》对应的国家标准为 GB/T 19004：2000。此标准以八项质量管理原则为基础，帮助组织用有效和高效的方式识别并满足顾客和其他相关方的需求和期望，实现、保持和改进组织的整体业绩，从而使组织获得成功。该标准提供了超出 ISO 9001 要求的指南和建议，不用于认证或合同的目的，也不是 ISO 9001 的实施指南。标准也应用了以过程为基础的质量管理体系模式的结构，鼓励组织在建立、实施和改进质量管理体系及提高其有效性和效率时，采用过程方法，以便满足相关方要求来提高对相关方的满意程度。

标准还给出了自我评价和持续改进过程的示例，用于帮助组织寻找改进的机会；通过 5 个等级来评价组织质量管理体系的成熟程度；通过给出的持续改进方法，提高组织的业绩并使相关方受益。

④ISO 19011《质量和环境管理体系审核指南》。该标准是ISO/TC 176与ISO/TC 207(环境管理技术委员会)联合制订的,以遵循"不同管理体系可以有共同管理和审核要求"的原则。标准对于质量管理体系和环境管理体系审核的基本原则、审核方案的管理、环境和质量管理体系审核的实施以及对环境和质量管理体系审核员的资格要求提供了指南。它适用于所有运行质量或环境管理体系的组织,指导其内审和外审的管理工作。该标准在术语和内容方面兼容了质量管理体系和环境管理体系的特点。在对审核员的基本能力及审核方案的管理中,均提出了了解及确定法律和法规的要求。

**3)饲料工业实施ISO 9000族标准的意义**

饲料的质量直接影响畜禽的健康和生产性能,进而影响养殖企业的经济效益和广大消费者的生活质量。饲料企业开展质量认证工作是入世后参与国际竞争的当务之急。首先,饲料企业在市场中要求得到生存和发展,只能以质量和信誉求胜,质量认证是对外宣传的最好承诺。其次,市场竞争的两大支柱是价格和质量,价格随着市场的成熟将趋于平衡和逐渐弱化,质量将越来越成为竞争的主要手段。饲料业起步较迟,质量管理历史较短,不少企业负责人感到提高质量管理水平既是重点又是难点,而ISO 9000族标准正是一套实用性很强的规范化管理标准,在咨询机构的培训和指导下能很快建立并有效运行。再次,饲料企业采用ISO 9000族标准,推行质量认证工作,可实现企业管理从粗放经营向现代集约化管理方向转化。最后,企业在规模扩张的同时,企业领导应考虑如何规避风险。"管理先行"是规避风险的重要手段,而ISO 9000标准则是人类目前共同承认的一套集各国现代企业管理精华为一体的管理标准。

当前,不少饲料企业家把第二次创业的着力点放在质量管理上,称为"管理创业",一批知名企业已经通过了ISO 9000质量体系认证并从中受益,更多的企业在准备开展认证工作,通过实施ISO 9000族标准将全面改善我国饲料企业的质量管理水平,提高产品质量和企业效益,增强市场竞争力,实现饲料工业的可持续发展。

### 5.2.5 配合饲料HACCP管理体系简介

危害分析与关键控制点(Hazard Analysis Critical Control Point,HACCP)计划,是目前全世界最有权威的食品安全质量保护体系——HACCP体系的核心,是用来保护整个生产过程中免受可能发生的生物、化学、物理因素的危害,保证食品安全的系统操作指南。其宗旨是将这些可能发生的安全危害消除在生产过程中,而不是靠事后检验来保证产品的可靠性,是以预防为主、行之有效的食品安全控制体系。HACCP已被国际权威结构认可,并被世界许多国家接受的食品安全操作规则。中国入世后,国际市场大门打开,世界经济一体化发展,规则趋于统一。面对严峻的新形式,仅以终产品检验是不够的,必须建立与食品生产相衔接的饲料与畜产品生产安全体系,在中国推行国际通行、普遍接受的HACCP管理系统,势在必行。

**1)饲料企业运行HACCP需要遵守的原则**

①确认各个生产环节的潜在危害。评估危害发生的可能性,制订相应的预防性控制措施。

②确认可以被控制以减少危害或其发生可能性的点/程序/操作步骤(关键控制点)。

③确立目标控制值和临界值,以使关键控制点得到控制。

④建立监测系统,通过有计划地检测或观测确保关键控制点得到控制。

⑤制订针对监测过程中失控关键控制点的纠偏措施。

⑥建立核实程序,包括额外的检测和操作程序,确保 HACCP 体系的有效运行。

⑦编制所有符合这些原则和方法的程序和记录文件。

**2)饲料企业 HACCP 的有效选择**

饲料企业生产流程中工序繁多,能不能在这中间有效选择出 HACCP,不仅折射出企业生产管理水平之高下,某种程度上还决定了饲料企业推行 HACCP 认证的成败。

(1)饲料企业原料采购、贮藏过程中的危害分析及关键控制点。

①原料采购。饲料原料是影响饲料企业最终产品质量的关键。由于饲料原料来源较复杂,有进口有国产,加上贸易商和运输储存等环节,往往存在货源、批次的质量差异,甚至造成严重污染。控制饲料原料采购关键点的措施是:首先要有完整的企业内部原料质量验收标准,包括取样方法。原料进厂必须做到严格按质量标准验收,杜绝各种人情关系,对进厂原料首先按规定方法取样,进行水分及感官指标的验收,不符合标准直接退货。合格的填写质检报告单,质检报告单随车过磅,杜绝农兽药污染的原料、有毒有害物质污染的原料、发霉变质的原料等,合格的方可入库。同时,根据不同原料还要做相应的营养指标检测,不符合标准的退货。入库原料由品管部门及时挂上质量标志牌。

②原料贮藏。由于饲料原料在贮藏时常常受到微生物污染,使原料质量下降,严重影响了后续的加工生产。因此,饲料企业对原料贮藏关键点的检测与控制应给予足够的重视。

饲料原料的微生物危害主要指有害细菌和产毒霉菌。有害细菌是指饲料中可以造成饲料腐败或由饲料传染疾病的细菌。其危害主要有三方面,一是含有致病性细菌(如沙门氏菌、肉毒梭菌)的饲料将使动物产生疾病;二是细菌的繁殖使某些饲料营养成分(如脂肪、动物蛋白)产生腐败作用;三是非致病性细菌寄生于饲料中,消耗饲料中的养分,使饲料营养价值下降。产毒霉菌在自然界中分布广泛、种类繁多。从原料生产到配合饲料被动物食入,每个环节都有污染产毒霉菌的可能性。为了防止饲料原料的微生物污染,原料入库必须按规定的要求进行堆放,做好防潮、防霉变、通风等措施。同时,在储存过程中,由品管部门定期有步骤地对原料进行质量检查,发现问题及时解决,不留质量隐患。坚持先进先出、推陈出新原则。

(2)产品加工过程中的危害分析及关键控制点。

①加工设备管理。只有一流的设备,才能生产出一流的产品,加强设备管理对生产出高质量的饲料极为重要,规范设备操作程序,做好设备的例行维护保养和润滑工作,并定期维护检修,将有助于减少设备各种问题的发生,确保生产正常进行。由于加工设备(颗粒机的冷却装置、膨化机、制粒机等)与饲料接触部分的间隙会残留饲料残渣,给霉菌和沙门氏菌等有害微生物提供污染的可能。加工设备表面要经过喷漆处理,而且还应进行喷砂和化学处理,确保漆料稳固地附着在输送机上,以防止其混入饲料中造成污染。因此,饲料企业应定期对设备的维护程序进行检查,对其中的关键点和孔径部更应频繁检查,每周对排料门、提升斗进行清扫,并检查磨损和渗漏情况。每周至少检查一次转头,刮板及原料清洁设备。

②粉碎工艺。粉碎工艺中受污染最严重的是物理危害,如饲料原料中混入金属、石头、塑料、玻璃等杂质,都会给后续工艺带来无法弥补的严重后果。因此,在投料前应对原料进行除杂处理和专人监控,同时粉碎机的工作状态和磨损也必须每天检查。每轮班还应检查粉碎的均匀度和粒度。此外还要注意粉碎后料的冷却过程,因为粉碎过程产热将导致水分漂移,造成局部水分偏高,使中间仓内易发霉变质。

③配料工艺。配料控制是饲料企业生产过程中最主要的关键控制点，药物、微量元素、菜籽饼粕等添加过量都会带来严重污染。这就要求配料时必须在检查核对配方无误后，方可进行正常配料，最好有专人监督检查各种添加剂及饲料配制是否正确，定期校验各种配料秤，确保配料计量准确。另外要随时检查配料仓的进料情况，不得换错仓。

④混合工艺。不论生产何种料都必须严格按照规定的混合时间进行混合生产，若混合不均匀，产品的局部会出现上述物质过量，也会造成一定的污染。所以混合时不得随意缩短混合时间，同时应定期进行混合均匀度的测定，以确保混合质量。

⑤制粒工艺。目前主要是通过调控调质室温度、冷却温度、水分、破碎率及颗粒持久性来控制颗粒质量。调质是制粒中最关键的步骤，充分调质有助于提高颗粒质量，并减少有害微生物量。压粒后应充分冷却，否则由于颗粒内部较热的水分外移到表面，霉菌污染和料仓腐蚀等问题都会发生。控制制粒工艺的关键点是要随时检查颗粒料水分增加量、温度、粒度、硬度、粉化率、含粉率、气味和色泽等。根据季节或原料含水量调节蒸汽压力和蒸汽温度，以保证达到一定的调质效果，从而提高和保证颗粒料的质量。

⑥打包工艺。重点对成品的感官、粒度、色泽、气味等监督，同时还要检查饲料标签是否符合《饲料标签》标准和《饲料和饲料添加剂管理条例》，如发现不符合要求的应及时处理。

(3)成品管理、运输和销售过程中的危害分析及关键控制点。

①成品管理：

A. 成品检测。成品入库前，必须进行感官检验，合格方可入库，有异常必须通知品管人员到场核实解决。入库成品必须由品管部门按照检验规程批检。不符合标准的要及时处理，并查明原因，不得出库，以避免造成更大的损失。

B. 成品保管。入库的成品，必须按规范、品种及生产日期分区(合格区、不合格区、待检区)堆放，并保证通风、干燥，以保证饲料的新鲜度及不发生霉变。

②成品的运输和销售。在成品进入市场流通的过程中，应尽量减少尘土和各种有害微生物的污染，以保证成品饲料的质量。

此外，员工素质对整个加工过程影响都很大，企业应对员工进行岗位技能培训和企业精神教育，不仅使他们熟练掌握操作技能，还要使他们明确自己岗位对整个生产质量的重要性，提高员工质量意识和工作质量。

## 本章小结

本章主要讲述了配合饲料生产加工的工艺和配合饲料的质量控制的基本概念；配合饲料生产加工的工艺特点和配合饲料质量控制的指标；配合饲料生产加工的设备与质量控制要求；配合饲料使用过程及管理；介绍了配合饲料 ISO 9000 质量体系、配合饲料 HACCP 管理体系和配合饲料生产的法律法规。

# 复习思考题

1. 名词解释：清理设备、粉碎设备、混合设备、制粒设备、膨化设备、混合匀度、HACCP 管理体系、ISO 9000 质量体系。

2. 一饲料厂想聘请你负责整个饲料质量检验工作，那么你应如何安排日常的饲料质量管理工作？

3. 目前，我国与饲料有关的最新质量标准有哪些？通过网络或相关资料查阅，收集我国目前通过这些标准的饲料(集团)公司？

4. 我国饲料加工流程工艺有哪些类型，各有何特点？

# 实训

### 配合饲料厂的参观

1. 材料

配合饲料加工机组、饲料原料等。

2. 方法与步骤

(1) 通过参观配合饲料厂，首先，请饲料企业有关人员介绍建厂情况、生产规模、生产任务、设计与设备等。

(2) 参观项目：

①配合饲料加工厂的厂址选择、施工、安装及工艺设计等情况。规划、土建、设备选择和安装所存在的问题和教训。

②饲料加工工艺流程和生产设备配套情况，如先粉碎后配合的工艺流程。

③电子计算机在配合饲料生产中的应用情况，如控制系统与组件、作业内容与操作技术。

④主、副原料的接收形式、过磅、检验等工艺、设备。

⑤主、副原料的储备情况。

⑥在产品售后服务中如何为用户解决问题。

# 第6章 饲料的常规检测与分析

**本章导读**：主要任务是学习国家有关饲料标准的基本内容和饲料营养价值评定的研究方法，了解饲料法规和全面质量管理的主要内容。通过学习熟悉并学会饲料常用物理检测分析、常规成分分析、快速检测分析仪器设备的使用和操作方法，为从事饲料分析、质量检测、营养价值评定打下坚实的基础。

## 6.1 饲料样本的采集、制备及保存

### 6.1.1 饲料样本采集的目的与原则

**1) 样本采集的目的与要求**

采样是饲料分析的第一步。采样的根本目的是通过对样品的理化指标的分析，客观地反映受检饲料原料或产品的品质。因此，所采取的样本必须具有代表性，即能够代表全部被分析的原料物品。否则，即使以后的分析方法和处理无论多么严谨、精确，所得出的分析结果都毫无科学性、公证性和实用价值。可见正确采样是至关重要的分析步骤，只有遵循一定的采样方法才能符合上述要求。饲料生产和质量控制人员的许多决策问题也都是以采集样本的化学分析指标为依据。样本的采集将直接关系到饲料分析的准确性，并进而影响他们对问题的决策，所以，正确地采集和制备样本是用化学方法评定饲料营养价值的首要环节，其重要性不亚于化学分析。

**2) 样本采集的原则**

饲料组分的可变性很大，饲料的品种、生长阶段、栽培技术、土壤、气候条件以及加工调制技术和储存方法等因素均会影响饲料的化学组成，甚至同一植株的不同部位，其化学组成也存在着很大的差异。因此，采集的样本必须要能代表全部被分析的原料。如果样本不代表整批饲料，那么，无论分析了多少个样本的数据，其意义都不大。采样的方法应根据饲料的性质、均匀程度、批号、数量、分析项目以及对分析误差的要求而定。首先，应注意要有足够的采样点和采样量。一般地说，采样点和采样量愈多，混合后所得的平均样品愈具有代表性。在饲料分析中，采样点最低不少于5个，采样量不低于200 g。饲料量愈多，均匀程度愈差，采样

点和采样量也应相应增加。但过多的采样点和采样量不仅没有必要,还会增加操作手续,故应合理控制。另外,采样点的分布要合理。采样点应分布于饲料堆垛的各个部位,包括上下层、四角、中心。在田间采集新鲜样品时,还应注意边角优势的影响。而且采样应是随机的,除遇个别与样品无关的杂物外,不应带主观意识的挑选。当杂物较多时,应计算其在饲料中所占比例。因此,正确采样应该尽可能采取被分析物品的各不同部位,将其磨碎至相当程度,然后把这些样本充分混合,使成为整个饲料的代表样本,然后再从中分出一小部分作为分析样本用。最后进行化学分析,所得数据就作为代表整个被采样本饲料的最终结果。

**3)常用样本类别与定义**

(1)标准样本。是指由权威实验室仔细分析化验后的样本。如再由其他实验室进行分析化验,可用标准样本来校正或确定某一测定方法或某种仪器的准确性。

(2)商业样本。是指由卖方发货时,一同送往买方的样本。

(3)参考样本。指具有特定性质的样本,在购买原料时可作为参考比较,或用于鉴定成品与之有无颜色、结构及其他表现特征上的区别。

(4)备用样本。指在发货后留下的样品,供急需时备用。

(5)仲裁样本。指由公正的采样员所采取的样本。然后送仲裁实验室分析化验,以有助于买卖双方在商业贸易工作中达成协议。

(6)化验样本。指送往化验室或检验站分析的样本。

(7)原始样本。指由生产现场如田间、牧地、仓库、青贮窖、试验场等大量分析对象中采集的样本。采样量依区域大小、饲料均匀程度和性质等而异。

(8)初级样本。是指对于不均匀的物料如粗饲料、块茎、块根饲料、家畜屠体等,需利用复杂的采样技术,分别在不同的位置(点)和深度(层次)取样,将这些样品混合的样本。对于均匀物料,原始样本与初级样本无明显区别。

(9)次级样本。是指初级样本经充分混合后,按一定的方法进行缩减,以供实验室分析用。如此取样多次,得到的一系列逐渐减少的样本分别叫"次级"、"三级"、"四级"……等样本。一般饲料样本缩分至500 g左右即可。

(10)分析样本。是指次级样本经剪短、切碎等初步处理后,测定湿样中干物质,并制成风干样,然后磨碎、过筛、装瓶即得实验室分析样本。

### 6.1.2 饲料样本采集的方法

**1)粉料与颗粒料**

对于磨成粉末的各种谷物和糠麸以及配合饲料或混合饲料、预混料等饲料的采样,由于储存的方式不同,又分为散装、袋装、仓装三种。所选用的取样器探棒,又称探管或探枪,可以是有槽的单管或双管,具有锐利的尖端,如图6.1所示。

(1)散装。散装的原料应在机械运输过程的不同场所(如滑运道、供送带等处)取样。如果在机械运输过程中未能取样,可用探棒取样,但应该避免因饲料原料不匀而造成的错误取样。

①散装车厢原料及产品。使用抽样锥自每车至少10不同角落处采样。方法是使用短柄大锥的探棒,从距离边缘0.5 m和中间5个不同的地方,不同的深度选取。将从汽车运输散状和颗粒产品中采取的原始样本置于样本容器后,并以"四分法"缩样。

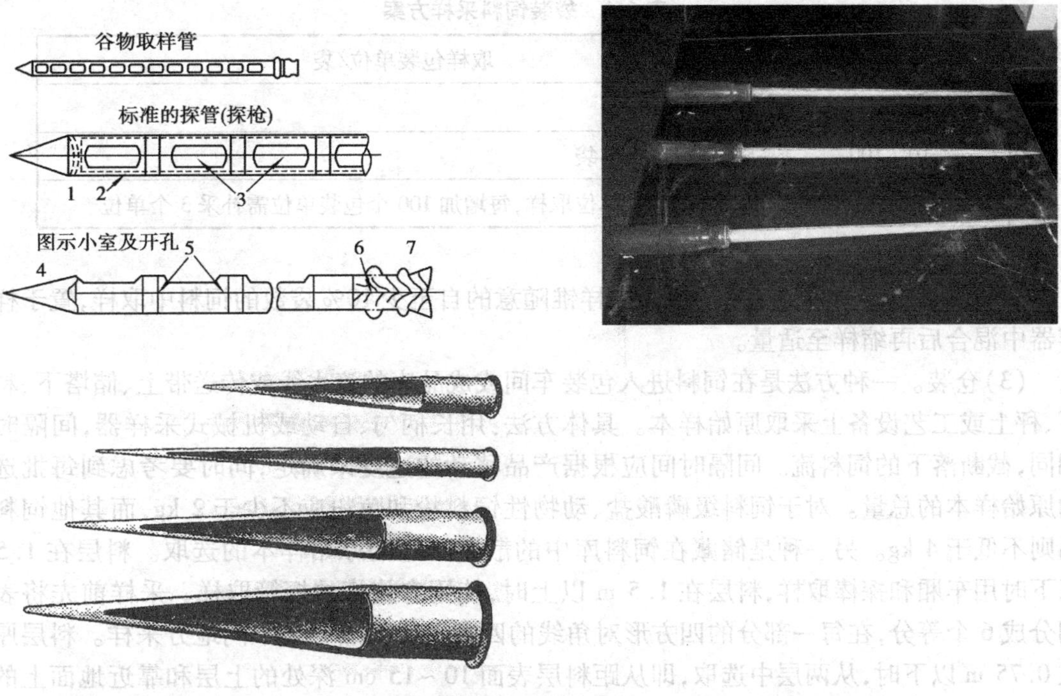


图 6.1　取样器

②散装货柜车原料及产品。从专用汽车和火车车厢里采取散装和颗粒状产品的原始样本可使用抽样锥,自货柜车 5 ~8 个不同角落处抽取样品,也可以卸车时用长柄勺、自动选样器或机械选样器等,间隔相同时间,截断落下的料流,置于样本容器中混合后,再按“四分法”缩样至适量。散装料的取样如图 6.2 所示。

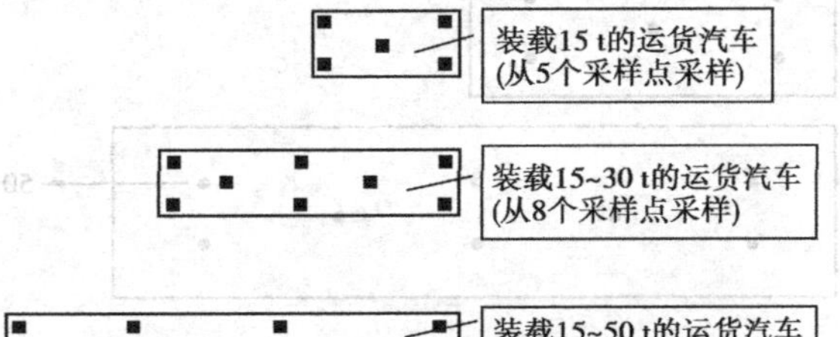


图 6.2　散装料取样示意图

(2)袋装(包装)。关于袋装原料的取样,可以在货运时应用探棒从几个袋中取样,以获得混合的样品。一般可按原料总袋数的 10% 采取原始样本。

①袋装车厢原料及产品。用抽样锥随意的自至少 10% 袋数的饲料中取样。方法是对编织袋包装的散状或颗粒状饲料的原始样本,用取样器从料袋的上下两个部位取样,或将料袋放平,从料袋的头到底,斜对角插入取样器。插取样器前用软刷刷净选定的位置,插入时应使槽口向下,然后旋转 180°,再取出。取完样本后将袋口封好;而用聚乙烯衬的纸袋或编织袋包装的散装成品的原始样本,则用短柄锥形袋式大号取样器从拆了线的料袋内上、中、下 3 个部位采样。对颗粒状产品的原始样本,是用勺子在拆了线的口袋取样。将采取的原始样本置于样本容器中混合后,按“四分法”缩样至适量。袋装饲料采样方案如表 6.1 所示。

表 6.1　袋装饲料采样方案

| 饲料包装单位/袋 | 取样包装单位/袋 |
| --- | --- |
| 10 以下 | 每袋取样 |
| 10～100 | 随机化选取 10 袋 |
| 100 以上 | 从 10 个包装单位取样，每增加 100 个包装单位需补采 3 个单位 |

②袋装货柜车原料及产品。使用抽样锥随意的自至少 10% 袋数的饲料中取样，置于样本容器中混合后再缩样至适量。

(3)仓装。一种方法是在饲料进入包装车间或成品库的流水线或传送带上、储塔下、料斗下、秤上或工艺设备上采取原始样本。具体方法：用长柄勺、自动或机械式采样器，间隔时间相同，截断落下的饲料流。间隔时间应根据产品移动的速度来确定，同时要考虑到每批选取的原始样本的总量。对于饲料级磷酸盐、动物性饲料粉和鱼粉应不少于 2 kg，而其他饲料产品则不低于 4 kg。另一种是储藏在饲料库中的散装产品的原始样本的选取。料层在 1.5 m 以下时用车厢和探棒取样，料层在 1.5 m 以上时，使用有旋杆的探管取样。采样前先将表面划分成 6 个等分，在每一部分的四方形对角线的四角和交叉点 5 个不同地方采样。料层厚度在 0.75 m 以下时，从两层中选取，即从距料层表面 10～15 cm 深处的上层和靠近地面上的下层选取；当料层厚度在 0.75 m 时，从三层中选取，即从距料层表面 10～15 cm 深处的上层、中层和靠近地面的下层选取。在任何情况下，原始样本都是先从上层，然后是中层，下层依次采取的。颗粒状产品的原始样本使用长柄勺或短柄大号锥形探管，在不少于 30 cm 深处选取的。如图 6.3 所示。

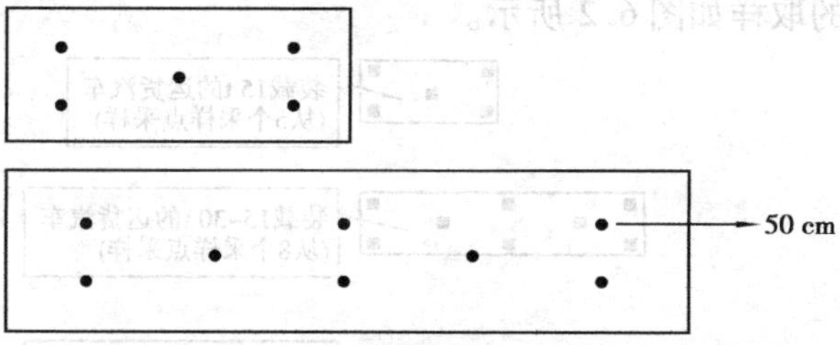


图 6.3　散装料取样示意图

圆仓按高度分层，每层按仓直径分内（中心）、中（半径的一半处）、外（距仓边 30 cm）三圈。圆仓直径 <8 m，每层按内、中、外分别采 1,2,4 个点，共 7 个点采样。直径 >8 m，每层按内、中、外分别设 1,4,8 个点，共 13 个点。如图 6.4 所示。

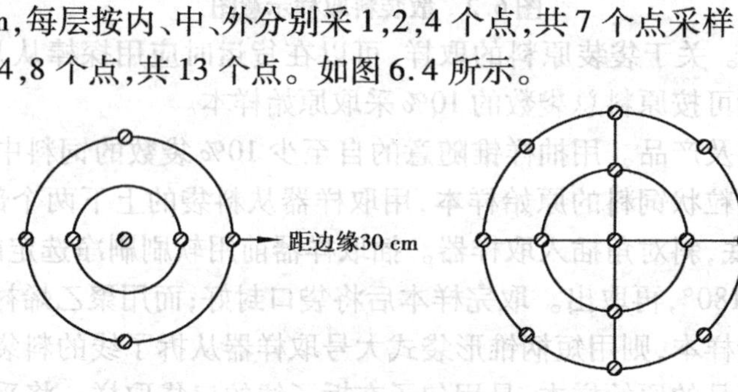


图 6.4　圆仓采样部位示意图

储藏在储塔中的散状或颗粒状产品的原始样本的取样，是在其移入另一储塔或仓库时采集的。

将所采取的原始样本(包括散装、袋装和仓装)混合搅拌均匀，用四分法采取500 g样品，用粉碎机粉碎过1 mm筛网，混合均匀后盛于两个样品瓶中，一份供鉴定或分析化验用，另一份供检查用(注意封闭，放置干燥洁净处保存一个月)。如为不易粉碎的样品，则应尽量磨碎。尤其要注意的是，如果所采取的样本为添加剂预混料，由于其粒度较小，故制备时应避免样品中小颗粒的丢失。

**2)液体原料**

(1)动物性油脂。在一批饲料中由10%的包装单位中采集平均样本，最少不低于3个包装单位。在每一包装单位(如桶)中的上、中、下三层分别取样，由一批饲料中采取的平均样本为600 g左右。所使用的取样工具是空心探针(这种取样器是一个镀镍或不锈钢的金属管子)，直径为25 mm，长度为750 mm，管壁具有长度为715 mm、宽度为18 mm的孔，孔的边缘应为圆滑的，管的下端应为圆锥形的，与内壁成15°角，管上端装有把柄如图6.5所示。采样时先打开装有饲料油脂的容器，然后在距油脂层表面深约50 cm处取样。油脂样本应放在清洁干燥的罐中，通过热水浴加热至油膏状充分搅拌均匀。

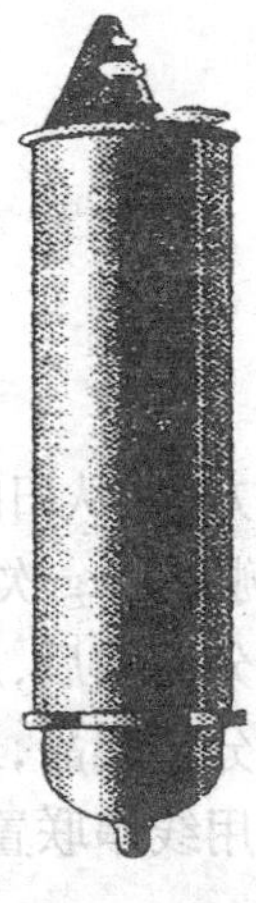

**图6.5 炸弹式液体取样器**

(2)糖蜜。糖蜜等浓稠饲料由于富有黏性或含有固形物，故其取样方法特殊。一般可在其卸料过程中采用抓取法采样，可定时用勺等器皿随机取样(约500 g)即可。例如，分析用糖蜜平均样本可直接由工厂的铁路槽车或仓库采集。用特制的采样器通过槽车和仓库上面的舱口在上、中、下三层采集。所采集的样本体积为每吨糖蜜至少1 L。原始样本用木铲充分搅拌后即可作为平均样本。

**3)副食及酿造加工副产品**

这类饲料包括酒糟、醋糟、粉渣、豆渣等。其采样方法是：在木桶、储藏池或贮堆中分上、中、下三层取样，视桶、池或堆的大小每层取5~10个点，每个采样点取100 g放入瓷桶内充分混合随机取分析样本约1 500 g，用其中200 g测定初水分，其余放入大瓷盘中，在60~65 ℃恒温干燥箱中干燥供制风干样品用。对豆渣和粉渣等含水较多的样本，在采样过程中应注意勿使汁液损失，及时测定干物质百分含量。为避免腐败变质，可滴加少量氯仿或甲苯等防腐剂。

**4)块(油)饼类**

大块的油饼类采样，一般可以从堆积油饼的不同部位选取不少于5大块，然后从每块中切取对角的小三角形如图6.6所示，将全部小三角形块锤碎混合后，再用“四分法”取分析样本约500 g左右，经粉碎机粉碎后装入样本瓶中。小块的油饼，要选取具有代表性者数10片，粉碎后充分混合，用“四分法”取供分析的样本约200 g。

**5)块根、块茎和瓜类**

此类饲料因其含水分多和不均匀性，采样时应由多个单独样本采取以消除每个样本间的差异。样本个数的多少，根据成熟均匀与否，以及所测定的营养成分而定，如表6.2所示。

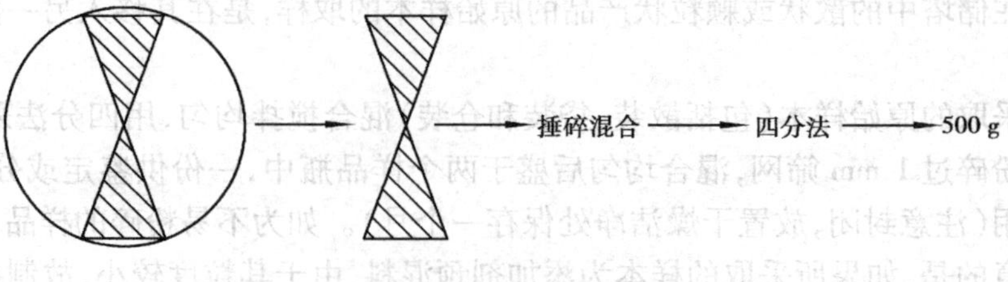


图6.6　块(油)饼类饲料采样示意图

表6.2　块根、块茎和瓜类取样数量

| 种　类 | 个　数/个 |
| --- | --- |
| 一般的块根、块茎饲料 | 10~20 |
| 马铃薯 | 50 |
| 胡萝卜 | 20 |
| 南　瓜 | 10 |

采样方法:从田间或贮藏窖内随机分点采取原始样本 15 kg,按大、中、小分堆称重求出比例,按比例取 5 kg 次级样品。先用水洗干净,洗涤时注意勿损伤样本的外皮,洗涤后用布拭去表面的水分。然后,从各个块根的顶端至根部纵切具有代表性的对角 1/4,1/8 或 1/16……直至适量的分析样品,迅速切碎后混合均匀,取 300 g 左右测定出水分,其余样本平铺于洁净的瓷盘内或用线串联置于阴凉通风处风干 2~3 天,然后在 60~65 ℃ 的恒温干燥箱中烘干备用。

**6)新鲜青绿饲料及水生饲料**

新鲜青绿饲料包括天然牧草、蔬菜类、作物的茎叶和藤蔓等,一般取样是在天然牧地或田间。在大面积的牧地上应根据牧地类型划区分点采样,如图 6.7 所示。每区选 5 个以上的采样点,每点 1 $m^2$ 的范围,在此范围内离地面 3~4 cm 处割取牧草,除去不可食草,将各点原始样品剪碎,混合均匀后取分析样品 500~1 000 g。栽培的青绿饲料应视田地面积的大小按上述方法等距离分点,每点采 1 至数株,切碎混合后取分析样本,如图 6.7 所示。此法也适用于水生饲料,但应注意采样后要晾干样品外表游离水分,然后切碎取分析样品。

图6.7　草地及田间采样示意图

**7)青贮饲料**

青贮饲料饲料的样品一般在圆形窖、青贮塔或长形青贮壕内采样。取样前应除去覆盖的泥土、秸秆以及发霉变质的青贮料。然后按图6.8和图6.9中所示的采样点分层取样，原始样品质量500～1 000 g。长形青贮壕的采样点视青贮壕长度大小可分为若干段，每段设采样点分层取样。

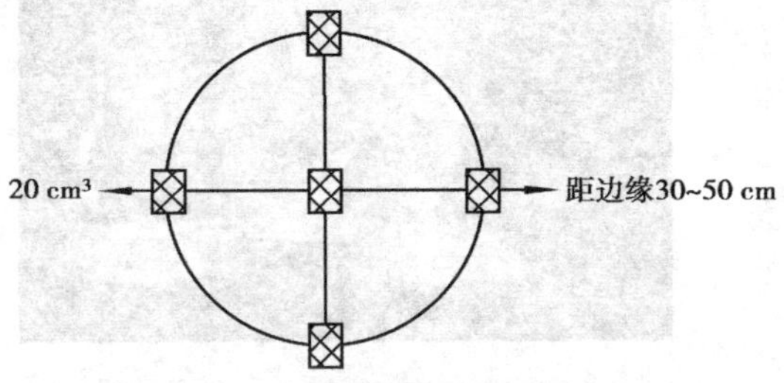


图6.8　圆形青贮窖采样部位示意图

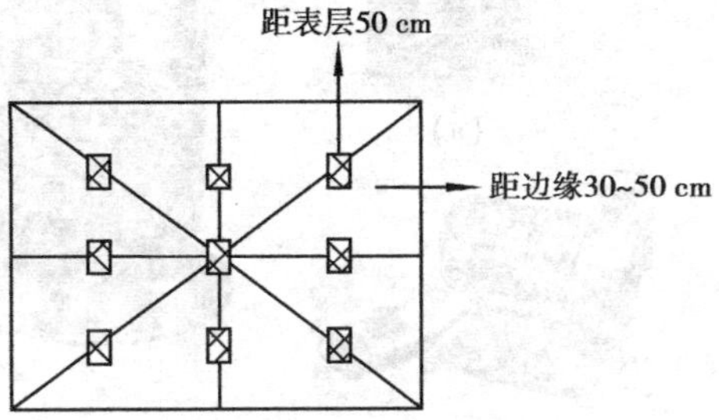


图6.9　长形青贮窖采样部位示意图

**8)粗饲料**

应用“几何法”在秸秆或干草的堆垛中选取5个以上不同部位的点采样，每个点采样约200 g左右，作为原始样品。然后将采取的原始样品放在纸或塑料布上，剪成1～2 cm长度，充分混合后取分析样品约300 g，粉碎过筛装瓶。应当注意的是，在采取原始样本和分析样本过程中，应尽量避免叶片的脱落损失，影响其营养成分的含量，制备样品时少量难以粉碎的秸秆渣屑应当捶碎弄细均匀混入全部分析样品中，决不能丢弃，保持样品的完整性或具有代表性。

### 6.1.3　饲料样本制备与保存

**1)样本制备**

将采集的原始样本或次级样品经粉碎、干燥等处理，制成易于保存、符合化验要求的化验样本的过程称为样本的制备。

(1)风干样本的制备。饲料中的水分有3种存在形式：游离水、吸附水(吸附在蛋白质、淀粉及细胞膜上的水)、结合水(与糖和盐类结合的水)。风干样本是指饲料样本中除去游离水，且吸附水含量在15%以下的样本。一般分析样本均为风干样本。主要有籽实类、糠麸类、干草类、秸秆类、乳粉、血粉、鱼粉、肉骨粉及配合饲料等。这类饲料样本制备的方法是：

①缩减样本。将原始样本按“四分法”取得化验样本。

②粉碎。将所得的化验样本经一定处理(如剪碎、捶碎等)后用样本粉碎机粉碎，如图6.10所示。

③过筛。按照检验要求，将粉碎后的化验样本全部过筛。用于常规营养成分分析时要求全部通过0.44 mm(40目)标准分析筛；用于微量矿物质元素、氨基酸分析时要求全部通过0.172～0.30 mm(60～100目)标准分析筛，使其具备均质性，便于溶样。对于不易粉碎过筛的渣屑类亦应剪碎，混入样本中，不可抛弃，避免引起误差。粉碎完毕的样本约200～500 g，装入磨口广口瓶内保存。

(2)新鲜样本的制备。对于新鲜样本，如果直接用于分析可将其匀质化，用匀浆机或超声破碎仪破碎、混匀，再取样，装入塑料袋或瓶内密闭，冷冻保存后测定。若需干燥处理的新鲜样本，则应先测定样本的初水分(所谓初水分，是指首先将新鲜样本置于60～65 ℃的恒温干燥箱中烘8～12 h，除去部分水分，然后回潮使其与周围环境的空气湿度保持平衡，在这种条

(a) (b) (c) (d)

**图6.10　分析样品粉碎磨类型**

(a)旋风磨　(b)、(d)植物样本粉碎机　(c)咖啡磨

件下所失去的水分称为初水分)，制成半干样本(测定初水分之后的样本称为半干样本)，再粉碎装瓶保存。

**2)样本的登记与保存**

经粉碎后的分析样本，可用“四分法”缩小至200~250 g，装入磨口广口瓶或塑料瓶中保存。瓶中装填的样本不得超过其容积的一半，以便在采取化学分析样本前能很好地进行混合。

制备好的样本装入磨口广口瓶或塑料瓶后，将瓶编号，贴好标签，注明样本名称、采样地点、采样日期、制样日期、分析日期。并应在记录本上详细描述样本，注明下列内容：

①样本名称(一般名称，学名和俗名)和种类(必要时需注明品种、质量等级)。

②生长期(成熟程度)、收获期、茬次。

③调制和加工方法及储存条件。

④外观性状及混杂度。

⑤采样地点及采集部位。

⑥生产厂家及出厂日期。

⑦重量。

⑧采样人、制样人和分析人姓名。

饲料样本都由专人采取、登记、粉碎与保管。如需测氨基酸和矿物质等项目的原料(样本)应用高速粉碎机，粉碎粒度为0.172 mm(100目)，其他样本可用圆环式或自制链片式粉碎机，粒度0.30~0.44 mm(40~60目)，样本量一般在500~1 000 g。

样本的保存应注意保持其稳定性，保存于干燥通风、不受阳光直射的地方。易变质的样本或在盛夏季节，应将样本低温保存。样本保存时间的长短应有严格规定，一般情况下原料样本应保留2周，成品样本在分析之后应保留2~3个月，以备复查和仲裁分析用。有时为了特殊目的某些饲料样本需保管1~2年，这时可用锡铝纸软包装，经抽真空充氮气(高纯氮气)后密封，并于冷库中保存备用。

样本保存或送检过程中，须保持样本原有的状态和性质，减少样本离开总体后发生的各种可能变化，如污染、损失、变质等。接触样本的器具应洁净，容器密闭，防止水分蒸发。

样本制备后,应尽快完成分析化验。

## 实训作业及思考题

1. 组织学生到配合饲料厂进行配合饲料原料和产品现场采样,在实验室按"四分法"将饲料样品缩减成化验样本,并制备风干样本,做好登记、保存工作,以备以后分析检测,并写出实训报告。

2. 组织学生到田间进行新鲜青绿饲料或水生饲料采样,将采集的新鲜青绿饲料或水生饲料样本制成新鲜样本和半风干样本,做好登记、保存工作,以备以后分析检测,并写出实训报告。

3. 在采样过程中怎样才能正确获得所需有代表性样品? 采样的目的是什么? 对于不同的原样及不同形状、形态的原料应如何采样?

4. 什么是半干样品、风干样品? 如何制备半干样品及风干样品?

# 6.2　饲料的物理学鉴定方法

## 6.2.1　饲料感官鉴定及显微镜检

**1)目的要求**

通过实训,初步掌握饲料感官鉴定和显微镜检的目的、要求和基本内容,学会感官鉴定和显微镜检的基本方法。

**2)材料用具**

(1)仪器设备。

①带有底座的放大镜:放大3~10倍。

②体视显微镜:放大5~40倍,可变倍,配备照明装置。

③生物显微镜:放大40~400倍,配备照明装置。

④样品筛:规格1.63 mm,0.95 mm,0.44 mm,0.30 mm,0.172 mm(10,20,40,60,100目)。

⑤电热板或酒精灯。

⑥点滴板:黑色和白色。

⑦镊子:有细尖头的弯曲式镊子。

⑧滴瓶:琥珀色,30 mL,用于分装试剂。

⑨微型刮勺:用玻棒拉制的微型搅棒和小勺。

⑩天平:普通天平,分析天平。

⑪其他:手术刀,手术剪,载玻片,盖玻片,吸管,烧杯,洗瓶等。

(2)样品。各种常用的单一饲料或饲料原料的纯品、劣质品、污染品和掺杂品。饲料中常见的杂草种子,主要是有毒或有害的植物种子。

3）试剂

①四氯化碳或氯仿：工业级预先进行过滤和蒸馏处理。

②水合氯醛。

③甘油。

④硫酸：$H_2SO_4$（1∶1）；1.25%硫酸溶液；50%硫酸溶液。

⑤氢氧化钠：1.25%氢氧化钠溶液；50%氢氧化钠溶液。

4）方法步骤

（1）饲料的感官鉴定。

①含义。饲料的感官鉴定是指通过视觉、味觉、嗅觉、触觉所进行的鉴定。

②方法：

A. 视觉鉴定。观察饲料的形状、色泽，有无结块、虫子、霉变、异物、夹杂物等。

B. 味觉鉴定。通过舌舔感觉饲料的涩、甜、苦、辣、香等滋味；通过齿嚼感觉饲料的硬度。

C. 嗅觉鉴定。通过鼻子嗅饲料的气味，判断饲料霉变、腐败、焦味，脂肪酸败、氧化等情况。

D. 触觉鉴定。通过手抓、指头捻，感触饲料的粒度的大小、硬度、温度、含水量、结块、黏稠性，有无夹杂物等情况。

（2）物理鉴定。

①筛别法。分别用不同的孔径的分样筛，仔细分别饲料颗粒的大小，分别判断饲料的种类和混入的东西。用这个方法可以分辨出用肉眼看不出的异物混入。

②容重法。容重是指单位体积的饲料所具有的质量，通常以1 L体积的饲料质量计。各种饲料原料均有其一定的容重。测定饲料样品的容重，并与标准纯品的容重进行比较，可判断有无异物混入和饲料的质量。精料和其他饲料有一定容积，其质量也是一定的。常见饲料的容重如表6.3所示。

表6.3 常见饲料的容重（$g \cdot L^{-1}$）

| 饲料名称 | 容重 | 饲料名称 | 容重 | 饲料名称 | 容重 |
|---|---|---|---|---|---|
| 麦（皮麦） | 580 | 玉米 | 730 | 大麦混合糠 | 290 |
| 大麦（碎的） | 460 | 玉米（碎的） | 580 | 豆饼 | 340 |
| 黑麦 | 730 | 盐 | 830 | 豆饼（粉末） | 520 |
| 燕麦 | 440 | 麸 | 350 | 棉籽饼 | 480 |
| 粟 | 630 | 米糠 | 360 | 亚麻籽饼 | 500 |
| 脱脂米糠 | 426 | 鱼粉 | 700 | 贝壳粉（细） | 600 |
| 淀粉糟 | 340 | $CaCO_3$ | 850 | 贝壳粉（粗） | 630 |

容重的测定方法：有排气式容重器测定法和简易测定法。下面介绍简易测定法：

A. 仪器与设备：粗天平（感量0.1 g）；1 000 mL量筒；药匙等。

B. 测定步骤：

a. 取代表性试样，然后仔细将试样放入1 000 mL的量筒中，用药匙调整容积，直到正好达1 000 mL刻度为止。

b. 将样品从量筒中倒出并称重。

c. 反复测量3次,取平均值,即为该饲料的容重。

③比重鉴别法。比重鉴别法是根据饲料样品在一定比重的溶剂中的沉浮情况来鉴别是否混入异物、异物种类和混入比例。该方法比较简单有效,在实际中易于应用。常用比重液的种类及比重如表6.4所示。

**表6.4　常用比重液的种类及比重**

| 比重液名称 | 比　重 | 比重液名称 | 比　重 |
|---|---|---|---|
| 低汽油 | 0.64 | 氯仿 | 1.47 |
| 甲苯 | 0.88 | 四氯化碳 | 1.58 |
| 水 | 1.00 | 三溴甲烷 | 2.90 |

该法简单有效,用上述液体就能鉴别出鱼粉及其他种饲料中混杂的土砂等异物。

混入土砂的鉴别方法:用试管或细长的玻璃杯盛上饲料样品,加入4~5倍的蒸馏水(或干净的自来水等),充分振荡混合,放置一段时间后,因为土砂等异物的比重大,所以沉降在试管的最底部,很容易鉴别出来。

(3)饲料的显微镜检,如图6.11所示。

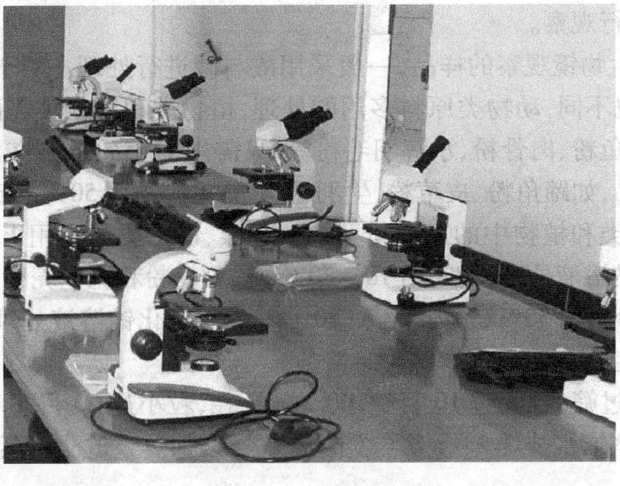

图6.11　显微镜

①被检样品的检前处理。取有代表性的分析样品10~15 g,进行以下工作:

A. 记录外部特征。将取好的待测样品平铺于纸上,仔细观察,记录颜色、粒度、软硬程度、气味、霉变、异物等情况。观察中应特别注意细粉粒,因为掺假、掺杂物往往被分得很细。

B. 筛分处理。镜检之前应对样品进行筛分,通常用20~40目筛子将样品分成3组,然后观察。此过程对熟练的检测人员可以省略,如图6.12所示。

C. 脱脂。对高脂含量的样品,脂肪溢于样品表面,往往粘上许多细粉,使观察产生困难。用乙醚、四氯化碳等有机溶剂脱脂,然后烘箱干燥5~15 min或室温干燥后,可使样品清晰可辨。

②被检样品的体视镜观察。将筛分好的各组样品分别平铺于纸上或培养皿中,置于体视显微镜下,从低倍(7倍)至高倍(20~40倍)进行检查。从上到下,从左到右顺序逐粒观察,

图 6.12 标准筛

先粗粒,后细粒,边检查边用探针将识别的样品分类,同时探测各种颗粒的硬度、结构、表面特征,如色泽、形状等,并做记载。

将检出的结果与生产厂家出厂记录上的成分相对照,即可对掺假、掺杂、污染等质量情况做出初步测定。

③被检样品的生物镜观察。当某种异物掺入较少且磨得很细时,在体视显微镜下很难辨认,需通过生物镜进行观察。

A. 样品处理。生物镜观察的样品,一般采用酸与碱进行处理。对于不同的原料,所用酸碱浓度和处理时间也不同,动物类原料多用酸处理,植物类和甲壳类需酸和碱处理。对于动物中的单纯蛋白,如鱼粉、肉骨粉、水解羽毛粉等,只需用 1.25% 的硫酸溶液处理 5 ~ 15 min;而对含角蛋白的样品,如蹄角粉、皮革粉、生羽毛粉、猪毛等需用 50% 的硫酸溶液处理,时间也稍长;动物中的甲壳类和植物中的玉米粉、麸皮、米糠、饼粕类等先用 1.25% 硫酸溶液,再用 1.25 g/L 的氢氧化钠溶液处理,时间约 10 ~ 30 min。稻壳粉和花生壳粉等硅质化程度高和含纤维较高的样品需分别用 50% 硫酸溶液和 50 g/L 的氢氧化钠溶液处理,对各种样品的处理时间可根据经验而定。

处理步骤如下:过筛(粒大过 10 目/2.00 mm 孔径,粒小过 20 目/0.84 mm 孔径)→酸处理(加热)→过滤→蒸馏水冲洗 2 ~ 3 次(必要时碱处理,加热→过滤→蒸馏水冲洗 2 ~ 3 次)→制作。

B. 制片与观察。取少量处理好的样品于载玻片上,加适量载液并将样品铺平,力求薄而匀,载液可用 1 : 1 : 1 的蒸馏水:水合氯醛:甘油;也可以用矿物油,单纯用蒸馏水也较普遍。

观察时,应注意样片的每个部位,而且至少要检查 3 个样片后再做综合判断。

(4)常见饲料原料的显微特征。

①谷物类原料:

A. 玉米及制品。整粒玉米形似牙齿,黄色或白色,主要由玉米皮、胚乳、胚芽 3 部分组成。胚胎包括糊粉层、角质淀粉和粉质淀粉。

玉米粉碎后各部分特征明显。体视显微镜下玉米表皮为薄而半透明,略有光泽,呈不规则片状、较硬,其上有较细的条纹。角质淀粉为黄色(白玉米为白色),多边,有棱,有光泽,较硬;粉质淀粉为疏松,不定型颗粒,白色,易破裂,许多粉质淀粉颗粒和糊粉层的细粉末常粘附于角质淀粉颗粒和玉米皮表面,另外还可见漏斗状帽盖和质轻而薄的红色片状颖花。

生物镜下可见玉米表皮细胞,长形,壁厚,相互连接排列紧密,如念珠状。角质淀粉的淀粉粒为多角形;粉质淀粉的淀粉粒为圆形,多成对排列。每个淀粉粒中央有一个清晰的脐点,脐点中心向外有放射性裂纹。

B. 小麦及制品。整粒小麦为椭圆形,浅黄色至黄褐色,略有光泽。在其腹面有一条较深的腹沟,背部有许多细微的波状皱纹。主要由种皮、胚乳、胚芽 3 部分组成。

小麦麸皮多为片状结构,其片大小、形状依制粉程度不同而不同,通常可分为大片麸皮和小片麸皮。大片麸皮片状结构大,表面上保留有小麦粒的光泽和细微横向纵纹,略有卷曲,麸皮内表面附有许多淀粉颗粒。小片麸皮片状结构小,淀粉含量高。小麦的胚芽扁平,浅黄色,含有油脂,粉碎时易分离出来。

高倍镜下可见小麦麸皮由多层组成,具有链珠状的细胞壁,仅一层管状细胞,在管细胞上整齐地排列一层横纹细胞。链珠状的细胞壁清晰可见。小麦淀粉颗粒较大,直径达 30 ~ 40 μm,圆形,有时可见双凸透镜状,没有明显的脐点。

C. 高粱及制品。整粒高粱为卵圆形至圆形,端部不尖锐,在胚芽端有一个颜色加深的小点,从小点向四周颜色由深至浅,同时有向外的放射状细条纹,高粱外观色彩斑驳,由棕、浅红棕及黄白等多色混杂,外壳有较强的光泽。

在体视镜下可见皮层紧紧附在角质淀粉上,粉碎物粒度大小参差不齐,呈圆形或不规则形状,颜色因品种而异,可为白、红褐、淡黄等。角质淀粉表面粗糙,不透明;粉质淀粉色白,有光泽,呈粉状。

在高倍镜下,高粱种皮和淀粉颗粒的特征在鉴定上尤为重要。其种皮色彩丰富,细胞内充满了红色、橘红、粉红和黄色的色素颗粒,淡红棕色的色素颗粒常占优势。高粱的淀粉颗粒与玉米淀粉颗粒极为相似,也为多边形,中心有明显的脐点并向外呈放射状裂纹。

②饼粕类原料:

A. 大豆饼粕。大豆饼粕主要由种皮、种脐、子叶组成。

在体视镜下可见明显的大块种皮和种脐,种皮表面光滑,坚硬且脆,向内面卷曲。在 20 倍放大条件下,种皮外表面可见明显的凹痕和针状小孔,内表面为白色多孔海绵状组织,种脐明显,长椭圆形,有棕色、黑色、黄色(浸出粒中子叶颗粒大小较均匀,形状不规则,边缘锋利,硬而脆,无光泽不透明,呈奶油色或黄褐色,由豆饼粉碎后的粉碎物中子叶挤压而成团,近圆形,边缘浑圆,质地粗糙,颜色外深内浅)。

高倍镜下大豆种皮是大豆饼粕的主要鉴定特征。在处理后的大豆种皮表面可见多个凹陷的小点及向四周呈现辐射状的裂纹,犹如一朵朵小花,同时还可看见表面的“工”字形细胞。

B. 花生饼粕。花生饼粕以碎花生仁为主,但仍有不少花生种皮、果皮存在,体视镜下能找到破碎外壳上的成束纤维脊,或粗糙的网络状纤维,还能看见白色柔软有光泽的小块,种皮非常薄,呈粉红色、红色或深紫色,并有纹理,常附着籽仁的碎块上。

生物镜下,花生壳上交错排列的纤维更加明显,内果皮带有小孔,中果皮为薄壁组织,种皮的表皮细胞有四至五个边的厚壁,壁上有孔,由正面观可看到细胞壁上有许多指状突起物。籽仁的细胞大、壁多孔、含油脂高。

C. 棉籽饼粕。棉籽饼粕主要由棉籽仁、少量的棉籽壳、棉纤维构成,在体视显微镜下,可见棉籽壳和短绒毛粘附在棉籽仁颗粒中,棉纤维中空、扁平、卷曲;棉籽壳为略凹陷的块状物,呈弧形弯曲,壳厚、棕色、红棕色。棉仁碎粒为黄色或黄褐色,含有许多黑色或红褐色的棉酚色素腺。棉籽压榨时将棉仁碎片和外壳都压在一起了,看起来颜色较暗,每一碎片的结构难以看清。

生物镜下可见棉籽种皮细胞壁厚,似纤维,带状,呈不规则的弯曲,细胞空腔较小,多个相邻的细胞排列呈花瓣状。

D. 菜籽饼粕。在体视镜下,菜籽饼粕中的种皮仍为主要的鉴定特征。一般为很薄的小块状,扁平,单一层,黄褐色至红棕色,表面有油光泽,可见凹陷刻窝。种皮和籽仁碎片不连在一起,易碎;种皮内表面有柔弱的半透明白色薄片附着,子叶为不规则小碎片,黄色无光泽,质脆。

生物镜下,菜籽饼最典型的特征是种皮上的栅栏细胞,有褐色色素,为 4 ~ 5 边形,细胞壁深褐色,壁厚,有宽大的细胞内腔,其直径超过细胞壁宽度,从表面观察,这些栅栏细胞在形状、大小上都较近似,相邻两细胞间总以较长的一边相对排列,细胞间连接紧密。

E. 向日葵粕。其中存在着未除净葵花籽壳是主要的鉴别特征。向日葵粕为灰白色,壳为白色,其上有黑色条纹,由于壳中含有较高的纤维素、木质素,通常较坚韧,呈长条形,断面也呈锯齿状。籽仁的粒度小,形状不规则,黄褐色或灰褐色,无光泽。高倍镜下可见种皮表皮细胞长,有"工"字形细胞壁,而且可见双毛,即两根毛从同一个细胞长出。

③常见动物性原料:

A. 鱼粉。鱼粉一般将鱼加压、蒸煮、干燥粉碎加工而成。多为棕黄色或黄褐色,粉状或颗粒状,有烤鱼香味。在体视显微镜下,鱼肉颗粒较大,表面粗糙,用小镊子触之有纤维状破裂,有的鱼肌纤维呈短断片状。鱼骨是鱼粉鉴定中的重要依据,多为半透明或不透明的碎片,仔细观察可找到鱼体各部位的鱼骨如鱼刺、鱼脊、鱼头等。鱼眼球为乳白色玻璃状物,较硬,鱼鳞是一种薄平而卷曲的片状物,半透明,有圆心环纹。鱼粉等级和感观、物理、化学指标,如表 6.5 所示。

**表 6.5 鱼粉等级和感观、物理、化学指标**

| | 一级品 | 二级品 | 三级品 |
|---|---|---|---|
| 颜 色 | 黄棕色 | 黄褐色 | 黄褐色 |
| 气 味 | 具有鱼粉的正常气味,无异臭及焦灼味 | | |
| 颗粒细度 | 至少 98% 能通过筛孔宽度为 2.8 mm 的标准筛网 | | |
| 蛋白质/%,不低于 | 55 | 50 | 45 |
| 脂肪/%,不超过 | 10 | 12 | 14 |
| 水分/%,不超过 | 12 | 12 | 12 |
| 盐分/%,不超过 | 4 | 4 | 5 |
| 砂分/%,不超过 | 4 | 4 | 5 |

B. 虾壳粉。虾壳粉是对虾或小虾脱水干燥加工而成的,在显微镜下的主要特征是触角、虾壳及复眼。虾触须以片断存在,呈长管状,常有 4 个环节相连;虾壳薄而透明,头部的壳片则厚而不透明,壳表面有平行线,中间有横纹,部分壳有十字形线纹或玫瑰花形线纹;虾眼为

复眼，多为皱缩的小片，深紫色或黑色，表面上有横影线。

C. 蟹壳粉。蟹壳粉鉴别的主要依据是蟹壳在体视镜下的特征。蟹壳为小的无规则几丁质壳形状，壳外表多为橘红色，而且多孔，有时蟹壳可破裂成薄层，边缘较卷曲，褐色如麦皮，在蟹壳粉中常可见到断裂的蟹螯枝头部。

D. 贝壳粉。体视镜下贝壳粉多为小的颗粒状物，质硬，表面光滑，多为白色至灰色，光泽暗淡，有些颗粒的外表面具有同心或平行的线纹。

E. 骨粉及肉骨粉。在肉骨粉中的肉的含量一般较少，颗粒具油腻感，浅黄至深褐色，粗糙，可见肌纤维，骨为不定型块状，一般较鱼骨、禽骨大，边缘浑圆，灰白色，具有明显的松质骨，不透明。肉骨粉及骨粉中还常有动物毛发，长而稍卷曲，黑色或白色。

F. 血粉。喷雾干燥的血粉多为血红色小珠状，晶亮；滚筒干燥的血粉为边缘锐利的块状，深红色，厚的地方为黑色，薄的地方为血红色，透明，其上可见小血细胞亮点。

G. 水解羽毛粉。其多为碎玻璃状或松香状的小块状。透明易碎，浅灰、黄褐至黑色，断裂时常呈扇状边缘。在水解羽毛粉中仍可找到未完全水解的羽毛残枝。

### 实训作业及思考题

1. 写出实训报告，列表报告观察结果，并与标准比较，说明被检测饲料在显微镜下的组织特征。

2. 感官方法可以鉴定饲料有哪些特征？如何运用感官方法鉴定饲料的品质？饲料鉴别中常用的物理和化学方法有哪些？如何运用？

3. 体视镜观察与生物镜观察有何不同？为什么对试样进行试前处理？

## 6.2.2　配合饲料粉碎粒度的测定(GB 5917—86)

本测定法适用于用规定的标准编织筛测定配合饲料成品的粉碎粒度。

**1)仪器**

①标准编织筛：

筛目(目/2.54 cm)：4，6，8，12，16。

净孔边长(mm)：5.00，3.20，2.50，1.60，1.25。

②摇筛机。统一型号电动摇筛机，如图6.13所示。

③天平。感量为0.01 g。

图6.13　摇筛机

**2)测定步骤**

从原始样品中称取试样100 g，放入规定筛层的标准编织筛内，开动电动机连续筛10 min，筛完后将各层筛上物分别称重，计算：

$$\text{该筛层上留存百分率} = \frac{\text{该筛层上留存粉料的重量}}{\text{试样重量}} \times 100\%$$

检验结果计算到小数点后第一位，第二位四舍五入。

过筛的损失量不得超过1%，双试验允许误差不超过1%，求其平均数即为检验结果。

3)注意事项

①测定结果以统一型号的电动摇筛机为准,在该摇筛机未定型与普及前,各地暂用测定面粉粗细度的电动筛筛理(或手工筛5 min计算结果)。

②筛分时若发现有未经粉碎的谷粒与种子时,应加以称重并记载。

## 实训作业及思考题

1. 测定配合饲料成品的粉碎粒度,并写出实训报告。
2. 比较配合饲料成品的粉碎粒度对所对应动物消化率的影响。
3. 分析预测所测试样的消化状况。

### 6.2.3 配合饲料混合均匀度的测定(GB/T 5918—1997)

1)适用范围

本标准规定了配合饲料混合均匀度的两种测定方法,即氯离子选择性电极法和甲基紫法。

本标准适用于各种配合饲料的质量检测,也适用于混合机和饲料加工工艺中混合均匀度的测试。

2)氯离子选择性电极法

(1)方法原理。本法通过氯离子选择性电极的电位对溶液中氯离子的选择性响应来测定氯离子的含量,以饲料中氯离子含量的差异来反映饲料的混合均匀度。

(2)仪器。

①氯离子选择性电极。

②双盐桥甘汞电极。

③酸度计或电位计:精度0.2 mV,如图6.14所示。

图6.14 酸度计

图6.15 磁力搅拌器

④磁力搅拌器,如图6.15所示。

⑤烧杯:100 mL,250 mL。

⑥移液管:1 mL,5 mL,10 mL。

⑦容量瓶:50 mL。

⑧分析天平:分度值,0.000 1 g。

(3)试剂与溶液。本标准所用试剂和水,在没有注明其他要求时,均指分析纯试剂和GB/T 6682 中规定的三级水。

①0.5 mol/L 硝酸(GB 626—78)溶液:吸取浓硝酸 35 mL,用水稀释至 1 000 mL。

②2.50 mol/L 硝酸钾(GB 647—77)溶液:称取 252.75 g 的硝酸钾于烧杯中,加水加热溶解,用水稀释至 1 000 mL。

③氯离子标准液:称取经 500 ℃灼烧 1 h 冷却后的氯化钠(GB 1253—89)8.244 0 g 于烧杯中,加水微热溶解,转入 1 000 mL 容量瓶中,用水稀释至刻度,摇匀,溶液中含氯离子 5 mg/mL。

(4)样品的采集与制备。

①本法所需的样品系配合饲料成品,必须单独采制。

②每一批饲料至少抽取 10 个有代表性的样品。每个样品的数量应以畜禽的平均日采食量为准,即肉用仔鸡前期饲料取样 50 g;肉用仔鸡后期饲料与产蛋鸡饲料取样 100 g;生长育肥猪饲料取样 500 g。样品的布点必须考虑各方位深度、袋数或料流的代表性,但每一个样品必须由一点集中取样。取样时不允许有任何翻动或混合。

③将上述每个样品在化验室充分混匀,以“四分法”从中分取 10 g 试样进行测定。对颗粒饲料与较粗的粉状饲料需将样品粉碎后再取试样。

(5)测定步骤。

①标准曲线的绘制。吸取氯离子标准液 0.1,0.2,0.4,0.6,1.2,2.0,4.0,6.0 mL,分别加入 50 mL 容量瓶中,加入 5 mL 硝酸溶液,10 mL 硝酸钾溶液,用水稀释至刻度,摇匀,即可得到 0.50 mg/50 mL,1.00 mg/50 mL,2.00 mg/50 mL,3.00 mg/50 mL,6.00 mg/50 mL,10.00 mg/50 mL,20.00 mg/50 mL,30.00 mg/50 mL 的氯离子标准系列溶液,将它们分别倒入 100 mL 的干燥烧杯中,放入磁性搅拌子一粒,以氯离子选择性电极为指示电极,双盐桥甘汞电极为参比电极,用磁力搅拌器搅拌 3 min(转速恒定),在酸度计或电位计上读取指示值(mV),以溶液的电位值(mV)为纵坐标,氯离子浓度为横坐标,在半对数坐标纸上绘制标准曲线。

②试样的测定。称取试样 10 g(准确至 0.000 2 g)置于 250 mL 烧杯中,准确加入 100 mL 水,搅拌 10 min,静置 10 min 后用干燥的中速定性滤纸过滤。吸取试样滤液 10 mL 置于 50 mL 容量瓶中,加入 5 mL 硝酸溶液及 10 mL 硝酸钾溶液,用水稀释至刻度,摇匀,按标准曲线的操作步骤进行测定,读取电位值,从标准曲线上求得氯离子含量的对应值。

③混合均匀度的计算。以各次测定的氯离子含量的对应值为 $X_1,X_2,X_3,\cdots,X_{10}$,其平均值$\overline{X}$,标准差 $S$ 与变异系数 CV 按式(6.1)~式(6.5)计算。

$$\overline{X} = \frac{X_1 + X_2 + \cdots + X_{10}}{10} \tag{6.1}$$

其标准差 $S$ 为:

$$S = \frac{\sqrt{(X_1 - \overline{X})^2 + (X_2 - \overline{X})^2 + (X_3 - \overline{X})^2 + \cdots + (X_{10} - \overline{X})^2}}{10 - 1} \tag{6.2}$$

或

$$S = \frac{\sqrt{X_1^2 + X_2^2 + X_3^2 + \cdots + X_n^2 - 10\,\overline{X}^2}}{10 - 1} \tag{6.3}$$

由平均值$\overline{X}$与标准差 $S$ 计算变异系数 CV：

$$CV = \frac{S}{\overline{X}} \times 100\% \tag{6.4}$$

若需求得饲料中的氯离子质量分数时，可按式(6.5)计算。

$$\omega(Cl^-) = \frac{m_1}{m \times \frac{V_1}{V} \times 1\,000} \tag{6.5}$$

式中，$m_1$为从标准曲线上求得的氯离子($Cl^-$)含量，mg；

$m$ 为测定时试样的质量，g；

$V_1$为测定时试样滤液的用量，mL；

$V$ 为试样溶液的总体积，mL；

注：配合饲料的混合均匀度(CV)不超过 10%。

3)**甲基紫法**

(1)方法原理。本法以甲基紫色素作为示踪物，将其与添加剂一起加入，预先混合于饲料中，然后以比色法测定样品中甲基紫含量，以饲料中甲基紫含量的差异来反映饲料的混合均匀度。本法主要适用于混合机和饲料加工工艺中混合均匀度的测试。

(2)仪器。

①分光光度计：有 5 mm 比色皿。

②标准铜丝网筛：筛孔基本尺寸 100 μm。

(3)试剂。

①甲基紫(生物染色剂)。

②无水乙醇(GB 678—90)。

(4)示踪物的制备与添加。将测定用的甲基紫混匀并充分研磨，使其全部通过 100 μm 标准筛。按照配合饲料成品量十万分之一的用量，在加入添加剂的工段投入甲基紫。

(5)样品的采集与制备。样品的采集与制备和氯离子选择电极法相同。

(6)测定步骤。称取试样 10 g(准确至 0.000 2 g)，放在 100 mL 的小烧杯中，加入 30 mL 无水乙醇，不时地加以搅动，烧杯上盖一表面玻璃，30 min 后用滤纸过滤(定性滤纸，中速)。以无水乙醇作空白调节零点，用分光光度计，以 5 mm 比色皿在 590 nm 的波长下测定滤液的吸光度。

以各次测定的吸光度值为 $X_1, X_2, X_3, \cdots, X_{10}$，其平均值$\overline{X}$，标准差 $S$ 与变异系数 CV 按氯离子选择电极法中式(6.1)~式(6.4)计算。

4)**注意事项**

①同一批饲料的 10 个样品测定时应尽量保持操作的一致性，以保证测定值的稳定性和重复性。

②由于出厂的各批甲基紫的甲基化程度不同，色调可能有差别，因此，则定混合均匀度所用的甲基紫必须用同一批次的并加以混匀，才能保持同一批饲料中各样品测定值的可比性。

③配合饲料中若添加苜蓿草粉、槐叶粉等含有色素的组分时，则不能用甲基紫法测定混合均匀度。

## 实训作业与思考题

1. 分别用两种方法测定产蛋鸡配合粉料的混合均匀度,并写出实训报告。

2. 为什么若在配合饲料中添加有苜蓿粉、槐叶粉等含有叶绿素的组分,则不能用甲基紫法进行测定?

3. 分析所测试样的匀度状况,评价混合机的混合质量,预测动物的消化状况。

# 6.3　饲料中化学成分的测定

## 6.3.1　饲料中水分的测定(GB 6435—86)

**1)适用范围**

本标准适用于测定配合饲料和单一饲料中水分含量。但用作饲料的奶制品、动物和植物油脂、矿物质除外。

**2)原理**

试样在 105 ℃ ±2 ℃烘箱内,在 1 个大气压下烘干,直至恒重,逸失的重量为水分。

**3)仪器设备**

①实验室用样品粉碎机或研钵。

②分样筛:孔径 0.45 mm(40 目)。

③分析天平:感量 0.000 1 g。

④电热式恒温烘箱:可控制温度为 105 ℃ ±2 ℃,如图 6.16 所示。

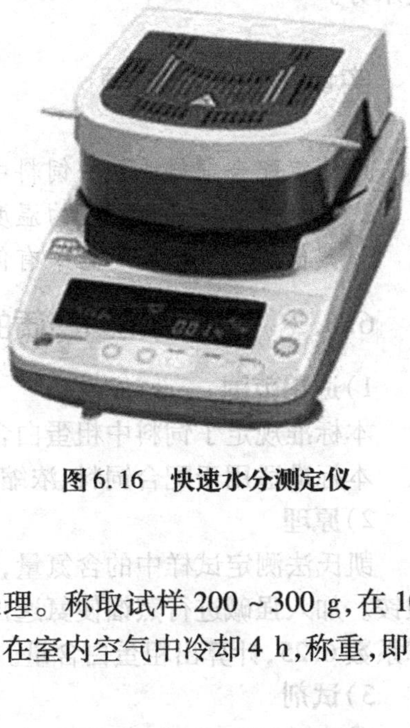

图 6.16　快速水分测定仪

⑤称样皿:玻璃或铝质,直径 40 mm 以上,高 25 mm 以下。

⑥干燥器:用氯化钙(干燥试剂)或变色硅胶作干燥剂。

**4)试样的选取和制备**

①选取有代表性的试样,其原始样量应在 1 000 g 以上。

②用“四分法”将原始样品缩至 500 g,风干后粉碎至 40 目,再用“四分法”缩至 200 g,装入密封容器,于阴凉干燥处保存。

③如试样是多汁的鲜样,或无法粉碎时,应预先干燥处理。称取试样 200 ~300 g,在 105 ℃烘箱中烘 15 min,立即降至 65 ℃,烘干 5 ~6 h。取出后,在室内空气中冷却 4 h,称重,即得风干试样。

5）测定步骤

洁净称样皿，在105 ℃ ±2 ℃烘箱中烘1 h，取出，在干燥器中冷却30 min，称准至0.000 2 g，再烘干30 min，同样冷却，称重，直至两次重量之差小于0.000 5 g为恒重。

用已恒重称样皿称取两份平行试样，每份2～5 g（含水重0.1 g以上，样品厚度4 mm以下）。准确至0.000 2 g，不盖称样皿盖，在105 ℃ ±2 ℃烘箱中烘3 h（以温度到达105 ℃开始计时），取出，盖好称样皿盖，在干燥器中冷却30 min，称重。

再同样烘干1 h，冷却，称重，直至两次称重之重量差小于0.002 g。

6）测定结果的计算

（1）计算：

$$水分 = \frac{m_1 - m_2}{m_1 - m_0} \times 100\%$$

式中，$m_1$为105 ℃烘干前试样及称样皿重，g；

$m_2$为105 ℃烘干后试样及称样皿重，g；

$m_0$为已恒重的称样皿重，g。

（2）重复性。每个试样，应取两个平行样进行测定，以其算术平均值为结果。两个平行样测定值相差不得超过0.2%，否则重做。

（3）注意事项。

①如果试样已进行过预先干燥处理，应按下式计算原来试样中所含水分总量：

原试样总水分（%）= 预干燥减重（%）+［100 - 预干燥减重（%）］× 风干试样水分（%）

②某些含脂肪高的样品，烘干时间长反而重量增加，乃脂肪氧化所致，应以增重前那次重量为准。

③含糖分高的易分解或易焦化试样，应使用减压干燥法（70 ℃，80 kPa以下，烘干5 h）测定水分。

## 实训作业与思考题

1. 测定配合饲料或单一饲料中水分的含量，并写出实训报告。
2. 初水分与吸附水测定的温度比要求温度高或低对结果有何影响？
3. 试样的烘干时间对结果有何影响？为什么？

### 6.3.2 饲料中粗蛋白质的测定（GB/T 6432—94）

1）适用范围

本标准规定了饲料中粗蛋白含量的测定方法。

本标准适用于配合饲料、浓缩饲料和单一饲料。

2）原理

凯氏法测定试样中的含氮量，即在催化剂作用下，用硫酸破坏有机物，使含氮物转化成硫酸铵。加入强碱进行蒸馏使氨逸出，用硼酸吸收后，再用酸滴定，测出氮含量，将结果乘以换算系数6.25，计算出粗蛋白含量。

3）试剂

①硫酸（GB 625）：化学纯，含量为98%，无氮。

②混合催化剂:0.4 g硫酸铜,5个结晶水(GB 665),6 g硫酸钾(HG 3—920)或硫酸钠(HG 3—908),均为化学纯,磨碎混匀。

③氢氧化钠(GB 629):化学纯,40%水溶液(W/V)。

④硼酸(GB 628):化学纯,2%水溶液(W/V)。

⑤混合指示剂:甲基红(HG 3—958)0.1%乙醇溶液,溴甲酚绿(HG 3—1220)0.5%乙醇溶液,两溶液等体积混合,在阴凉处保存期为3个月。

⑥盐酸标准溶液:邻苯二甲酸氢钾法标定,按GB 601制备。

A. 盐酸标准溶液:c(HCl)=0.1 mol/L。8.3 mL盐酸(GB 622,分析纯),注入1 000 mL蒸馏水中。

B. 盐酸标准溶液:c(HCl)=0.02 mol/L。1.67 mL盐酸(GB 622,分析纯),注入1 000 mL蒸馏水中。

⑦蔗糖(HG 3—1001):分析纯。

⑧硫酸铵(GB 1396):分析纯,干燥。

⑨硼酸吸收液:1%硼酸水溶液1 000 mL,加入0.1%溴甲酚绿乙醇溶液10 mL,0.1%甲基红乙醇溶液7 mL,4%氢氧化钠水溶液0.5 mL,混合,置阴凉处保存期为1个月(全自动程序用)。

**4)仪器设备**

①实验室用样品粉碎机或研钵。

②分样筛:孔径0.45 mm(40目)。

③分析天平:感量0.000 1 g。

④消煮炉或电炉。

⑤滴定管:酸式,10 mL,25 mL。

⑥凯氏烧瓶:250 mL。

⑦凯氏蒸馏装置:常量直接蒸馏式或半微量水蒸气蒸馏式。

⑧锥形瓶:150 mL,250 mL。

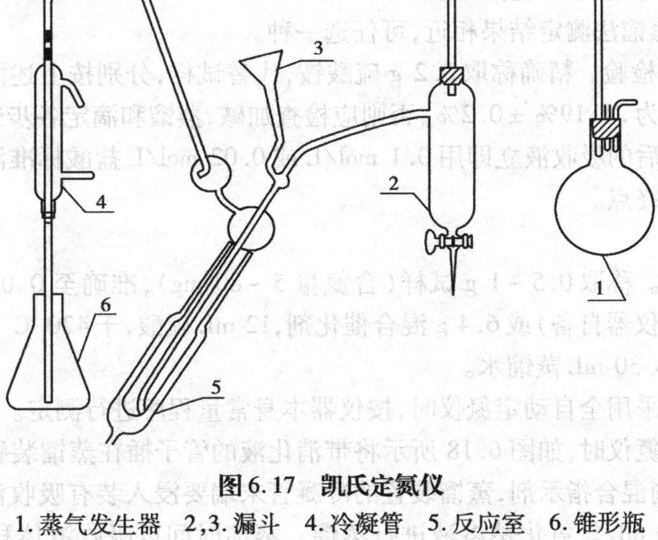


**图6.17　凯氏定氮仪**

1.蒸气发生器　2,3.漏斗　4.冷凝管　5.反应室　6.锥形瓶

⑨容量瓶:100 mL。

⑩消煮管:250 mL。

⑪定氮仪:以凯氏原理制造的各类型半自动、全自动蛋白质测定仪,如图6.17所示。

**5)试样的选取和制备**

选取具有代表性的试样用“四分法”缩减至200 g,粉碎后全部通过40目筛,装于密封容器中,防止试样成分的变化。

**6)分析步骤**

(1)仲裁法。

①试样的消煮。称取试样0.5~1 g(含氮量5~80 mg),准确至0.000 2 g,放入凯氏烧瓶中,加入6.4 g混合催化剂,与试样混合均匀,再加入12 mL硫酸和2粒玻璃珠,将凯氏烧瓶置于电炉上加热,开始小火,待样品焦化,泡沫消失后,再加强火力(360~410 ℃)直至呈透明的蓝绿色,然后再继续加热,至少2 h。

②氨的蒸馏:

A.常量蒸馏法。将试样消煮液冷却,加入60~100 mL蒸馏水,摇匀,冷却。将蒸馏装置的冷凝管末端浸入装有25 mL硼酸吸收液和2滴混合指示剂的锥形瓶内。然后小心地向凯氏烧瓶中加入50 mL氢氧化钠溶液,轻轻摇动凯氏烧瓶,使溶液混匀后再加热蒸馏,直至流出液体体积为100 mL。降下锥形瓶,使冷凝管末端离开液面,继续蒸馏1~2 min,并用蒸馏水冲洗冷凝管末端,洗液均需流入锥形瓶内,然后停止蒸馏。

B.半微量蒸馏法。将试样消煮液冷却,加入20 mL蒸馏水,转入100 mL容量瓶中,冷却后用水稀释至刻度,摇匀,作为试样分解液。将半微量蒸馏装置的冷凝管末端浸入装有20 mL硼酸吸收液和2滴混合指示剂的锥形瓶内。蒸汽发生器的水中应加入甲基红指示剂数滴,硫酸数滴,在蒸馏过程中保持此液为橙红色,否则需补加硫酸。准确移取试样分解液10~20 mL注入蒸馏装置的反应室中,用少量蒸馏水冲洗进样入口,塞好入口玻璃塞,再加10 mL氢氧化钠溶液,小心提起玻璃塞使之流入反应室,将玻璃塞塞好,且在入口处加水密封,防止漏气。蒸馏4 min降下锥形瓶使冷凝管末端离开吸收液面,再蒸馏1 min,用蒸馏水冲洗冷凝管末端,洗液均流入锥形瓶内,然后停止蒸馏。

注:上述两种蒸馏法测定结果相近,可任选一种。

C.蒸馏步骤的检验。精确称取0.2 g硫酸铵,代替试样,分别按上述两种步骤进行操作,测得硫酸铵含氮量为21.19%±0.2%,否则应检查加碱、蒸馏和滴定各步骤是否正确。

③滴定。蒸馏后的吸收液立即用0.1 mol/L或0.02 mol/L盐酸标准溶液滴定,溶液由蓝绿色变成灰红色为终点。

(2)推荐法。

①试样的消煮。称取0.5~1 g试样(含氮量5~80 mg),准确至0.000 2 g,放入消化管中,加2片消化片(仪器自备)或6.4 g混合催化剂,12 mL硫酸,于420 ℃下在消煮炉上消化1 h。取出放凉后加入30 mL蒸馏水。

②氨的蒸馏。采用全自动定氮仪时,按仪器本身常量程序进行测定。

采用半自动定氮仪时,如图6.18所示将带消化液的管子插在蒸馏装置上,以25 mL硼酸为吸收液,加入2滴混合指示剂,蒸馏装置的冷凝管末端要浸入装有吸收液的锥形瓶内,然后向消煮管中加入50 mL氢氧化钠溶液进行蒸馏。蒸馏时间以吸收液体积达到100 mL时为宜。降下锥形瓶,用蒸馏水冲洗冷凝管末端,洗液均需流入锥形瓶内。

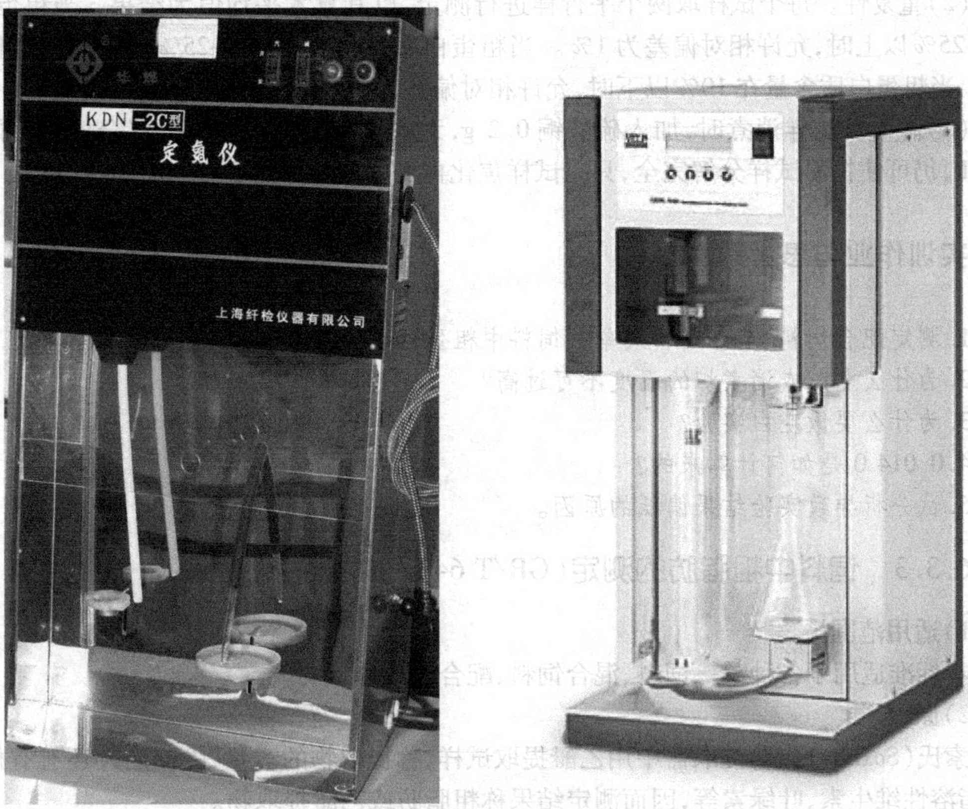


图6.18　半自动粗蛋白测定仪

③滴定。用0.1 mol/L的标准盐酸溶液滴定吸收液,溶液由蓝绿色变成灰红色为终点。

**7)空白测定**

称取蔗糖0.5 g,代替试样,进行空白测定,消耗0.1 mol/L盐酸标准溶液的体积不得超过0.2 mL。消耗0.02 mol/L盐酸标准溶液体积不得超过0.3 mL。

**8)分析结果的表述**

(1)计算见下式:

$$粗蛋白质 = \frac{(V_2 - V_1) \times c \times 0.014\,0 \times 6.25}{m \times \frac{V'}{V}} \times 100\%$$

式中,$V_2$为滴定试样时所需标准酸溶液体积,mL;

$V_1$为滴定空白时所需标准酸溶液体积,mL;

$c$为盐酸标准溶液浓度,mol/L;

$m$为试样质量,g;

$V$为试样分解液总体积,mL;

$V'$为试样分解液蒸馏用体积,mL;

0.0140为与1.00 mL盐酸标准溶液[c(HCl) =1.000 0 mol/L]相当的、以克表示的氮的质量;

6.25 为氮换算成蛋白质的平均系数。

(2)重复性。每个试样取两个平行样进行测定,以其算术平均值为结果。当粗蛋白质含量在25%以上时,允许相对偏差为1%。当粗蛋白质含量在10%~25%时,允许相对偏差为2%。当粗蛋白质含量在10%以下时,允许相对偏差为3%。

(3)附录。试样消煮时,加入硫酸铜0.2 g,无水硫酸钠3 g,与试样混合均匀,再加硫酸10 mL,仍可使饲料试样分解完全,只是试样焦化再变为澄清所需要时间略长些。

## 实训作业与思考题

1. 测定配合饲料、浓缩饲料或单一饲料中粗蛋白质的含量,并写出实训报告。
2. 为什么电炉或消煮炉的温度不可过高?
3. 为什么要做空白实验?
4. 0.014 0是如何计算来的?
5. 试分析导致实验结果偏低的原因。

### 6.3.3 饲料中粗脂肪的测定(GB/T 6433—94)

**1)适用范围**

本标准适用于各种单一饲料、混合饲料、配合饲料和预混料。

**2)原理**

索氏(Soxhlet)脂肪提取器中用乙醚提取试样,称提取物的重量,除脂肪外还有有机酸、磷脂、脂溶性维生素、叶绿素等,因而测定结果称粗脂肪或乙醚提取物。

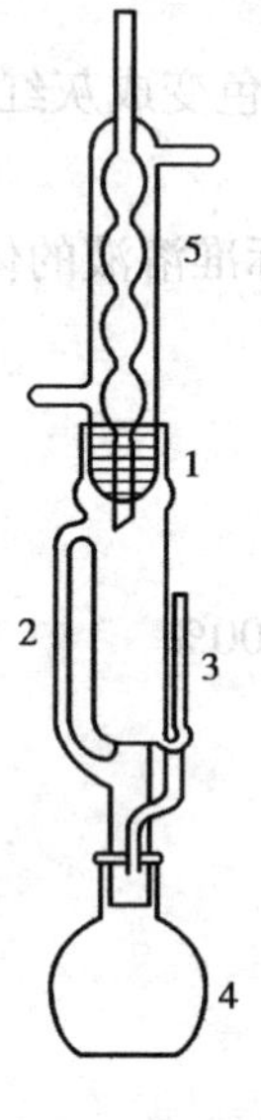


**图6.19 索氏脂肪提取器**

1.抽提管 2.乙醚挥发管 3.虹吸管 4.抽提瓶 5.冷凝管

**3)试剂**

本方法试剂为无水乙醚(分析纯)。

**4)仪器设备**

①实验室用样品粉碎机或研钵。
②分样筛:孔径0.45 mm。
③分析天平:感量0.000 1 g。
④电热恒温水浴锅:室温至100 ℃。
⑤恒温烘箱:50~200 ℃。
⑥索氏脂肪提取器(带球形冷凝管):100 mL或150 mL,如图6.19所示。
⑦索氏脂肪提取仪。
⑧滤纸或滤纸筒:中速,脱脂。
⑨干燥器:用氯化钙(干燥级)或变色硅胶为干燥剂。

**5)试样的制备**

选取有代表性的试样,用“四分法”将试样缩减至500 g,粉碎至0.45 mm(40目),再用“四分法”缩减至200 g,于密封容器中保存。

6)分析步骤

(1)仲裁法使用索氏脂肪提取器测定。索氏提取器应干燥无水。抽提瓶(内有沸石数粒)在105 ℃ ±2 ℃烘箱中烘干60 min,干燥器中冷却30 min,称重。再烘干30 min,同样冷却称重,两次重量之差小于0.000 8 g为恒重。

称取试样1~5 g(准确至0.000 2 g),于滤纸筒中,或用滤纸包好,放入105 ℃ ±2 ℃烘箱中,烘干120 min(或称测水分后的干试样,折算成风干样重),滤纸筒应高于提取器虹吸管的高度,滤纸包长度应以可全部浸泡于乙醚中为准。将滤纸筒或包放入抽提管,在抽提瓶中加无水乙醚60~100 mL,在60~75 ℃的水浴(用蒸馏水)上加热,使乙醚回流,控制乙醚回流次数为每小时约10次,共回流约50次(含油高的试样约70次)或检查抽提管流出的乙醚挥发后不留下油迹为抽提终点。

取出试样,仍用原提取器回收乙醚直至抽提瓶全部收完,取下抽提瓶,在水浴上蒸去残余乙醚。擦净瓶外壁。将抽提瓶放入105 ℃ ±2 ℃烘箱中烘干120 min,干燥器中冷却30 min称重,再烘干30 min,同样冷却称重,两次重量之差小于0.001 g为恒重。

(2)结果计算:

$$\text{粗脂肪} = \frac{m_2 - m_1}{m} \times 100\%$$

式中,$m$为风干试样重量,g;

$m_1$为已恒重的抽提瓶重量,g;

$m_2$为已恒重的盛有脂肪的抽提瓶重量,g。

(3)推荐法。

①鲁氏残留法:

A. 操作步骤:

a. 将脱脂滤纸裁成$10 \times 10\ cm^2$大小,叠成一边不封口的纸包,用铅笔编号,按顺序排列于培养皿上,置于105 ℃ ±2 ℃烘箱中烘2 h,取出放于干燥器中冷却至室温,分别放入同一称量瓶中称重($m_0$,g)。

b. 将2~5 g风干样品(通过40目筛)用小药匙小心装入已经称重的纸包中,封上包口。按顺序排列于培养皿中。置于105 ℃ ±2 ℃烘箱中烘3 h,取出放入干燥器中冷却至室温,分别放入原称量瓶中,称至恒重($m_1$,g)。将样品包放入抽提管中,倒入无水乙醚,使之刚超过样品包高度,浸泡过夜。然后将浸泡过样品的无水乙醚放入抽提瓶中,再重新向抽提管中倒入无水乙醚,使之完全浸没样品包。连接装置,接通冷凝水,在70~80 ℃水浴锅中回流6~8 h,回流速度以每分钟20 mL左右为宜。抽提完毕,取出样品包,在通风处挥干乙醚,剩余乙醚可进行回收。

c. 将样品包仍按原序号排列在培养皿中,置于105 ℃ ±2 ℃烘箱中烘2 h,取出放入干燥器中冷却至室温,再将样品包放回原称量瓶中,称至恒重($m_2$,g)。

B. 结果计算:

$$\text{粗脂肪} = \frac{m_1 - m_2}{m_1 - m_0} \times 100\%$$

式中,$m_0$为滤纸+称量瓶重,g;

$m_1$为提取前样品包+称量瓶重,g;

$m_2$为提取后样品包+称量瓶重,g。

上述两种方法都是以乙醚为溶剂的提取方法,其优点是具有较好的准确度和精密度,尤其是测定粗脂肪含量在5%以下的样品,用此法比较可靠。缺点是费工费时,反复提取需8~16 h;另外乙醚不能将样品中的全部脂肪提尽。这是因为部分脂肪常与蛋白质或碳水化合物等非脂肪成分结合,成为结合态脂类,如脂蛋白、糖脂、磷脂等,同时样品也必须是烘干的,因乙醚难以渗入含水样品的组织内部。在烘干样品时,又应考虑到脂肪在高温下易被空气氧化等情况。

②脂肪测定仪,如图6.20所示。

图6.20 索氏脂肪提取仪

A.操作步骤:

a.打开恒温加热装置开关,控制工作温度为75 ℃。

b.用万分之一分析天平称2 g左右的样品(准确至0.000 2 g)($m_1$),放入滤纸筒内烘干。

c.用套筒夹将6个滤纸套筒装入浸提冷凝管内,当确信套筒已被磁铁吸牢后取下套筒夹。

d.用分析天平称浸提杯重量($m_2$),然后加入约50 mL无水乙醚,用杯托将6个浸提杯放在加热板上,再将冷凝管提升机构搬下,使浸提杯与冷凝管连接好。

e.事先接通浸提冷凝管的冷却水,将滤纸筒置于“沸腾”位置。冷凝管应有良好的冷凝作用。

f.无水乙醚沸腾15 min或30 min(依样品含油量而异)后,将滤纸筒提升到“冲洗”位置,冲洗30 min或45 min。

g.冲洗结束后,关闭冷凝管旋塞阀,回收乙醚。

h.松开冷凝管提升机构,取下浸提杯,并放入烘箱烘干。

i.在干燥器中冷却浸提杯,然后用分析天平称重($m_3$)。

j.按以下公式计算样品中粗脂肪含量。

B.测定结果的计算:

$$\text{粗脂肪} = \frac{m_3 - m_2}{m_1} \times 100\%$$

式中,$m_1$为风干试样重量,g;

$m_2$为已恒重的浸提杯重量,g;

$m_3$为已恒重的盛有脂肪的浸提杯重量,g。

重复性每个试样取两平行样进行测定，以其算术平均值为结果。粗脂肪含量在 10% 以上（含 10%）允许相对偏差为 3%。粗脂肪含量在 10% 以下时，允许相对偏差为 5%。

## 实训作业与思考题

1. 测定混合饲料、配合饲料、浓缩饲料或单一饲料中粗脂肪的含量，并写出实训报告。
2. 脂肪包的高度超过虹吸高度对测定结果有何影响？为什么？
3. 脂肪测定仪对饲料脂肪的测定有何优点？
4. 对测定最后放入 105 ℃ ±2 ℃ 烘箱中需干燥的包、瓶或杯有何要求？
5. 测定最后包、瓶或杯在 105 ℃ ±2 ℃ 烘箱内的干燥时间为什么不能过长？过长是否会影响测定结果？

### 6.3.4　饲料中粗纤维的测定（GB/T 6434—94）

**1）适用范围**

本标准适用于各种混合饲料、配合饲料、浓缩饲料及单一饲料。

**2）原理**

用浓度准确的酸和碱，在特定条件下消煮样品，再用乙醇除去可溶物，经高温灼烧扣除矿物质的量，所余量为粗纤维。它不是一个确切的化学实体，只是在公认强制规定的条件下测出的概略成分，其中以纤维素为主，还有少量半纤维素和木质素。

**3）试剂**

本方法试剂使用分析纯，水为蒸馏水。标准溶液按 GB 601 制备。

①硫酸（GB 625）溶液，0.128 ±0.005 mol/L。应用氢氧化钠标准溶液标定，GB 601。

②氢氧化钠（GB 629）溶液，0.313 ±0.005 mol/L。应用邻苯二甲酸氢钾法标定，GB 601。

③酸洗石棉（HG 3—1062）：市售或自制（中等长度酸洗石棉在 1∶3 的盐酸中煮沸 45 min，过滤后于 550 ℃灼烧 16 h，用 0.128 mol/L 硫酸浸泡且煮沸 30 min，过滤，用少量硫酸溶液洗一次，再用水洗净，烘干后于 550 ℃灼烧 2 h），其空白试验结果为每克石棉含粗纤维值小于 1 mg。

④95% 乙醇（GB 679）。

⑤乙醚（HG 3—1002）。

⑥正辛醇（防泡剂）。

**4）仪器设备**

①实验室用样品粉碎机。

②分样筛：孔径 1 mm（18 目）。

③分析天平：感量 0.000 1 g。

④电加热器（电炉）：可调节温度。

⑤电热恒温箱（烘箱）：可控制温度在 130 ℃。

⑥高温炉：有高温计可控制温度在 500 ~600 ℃。

⑦消煮器：有冷凝球的 600 mL 高型烧杯或有冷凝管的锥形瓶。

⑧抽滤装置：抽真空装置，吸滤瓶和漏斗（滤器使用 200 目不锈钢网或尼龙滤布）。

⑨古氏坩埚:30 mL,预先加入酸洗石棉悬浮液 30 mL(内含酸洗石棉 0.2 ~0.3 g)再抽干,以石棉厚度均匀,不透光为宜。上下铺两层玻璃纤维有助于过滤。

⑩干燥器:以氯化钙或变色硅胶为干燥剂。

⑪粗纤维测定仪器:国内外生产的符合本标准测定原理,且测定结果一致的仪器。

**5)试样制备**

将样品用"四分法"缩减至 200 g,粉碎,全部通过 1 mm 筛,放入密封容器。

**6)分析步骤**

(1)仲裁法。称取 1 ~2 g 试样,准确至 0.000 2 g,用乙醚脱脂(含脂肪大于 10% 必须脱脂,含脂肪不大于 10%,可不脱脂),放入消煮器,加浓度准确且已沸腾的硫酸溶液 200 mL 和 1 滴正辛醇,立即加热,应使其在 2 min 内沸腾,调整加热器,使溶液保持微沸,且连续微沸 30 min,注意保持硫酸浓度不变。试样不应离开溶液沾到瓶壁上。随后抽滤,残渣用沸蒸馏水洗至中性后抽干。用浓度准确且已沸腾的氢氧化钠溶液将残渣转移至原容器中并加至 200 mL,同样准确微沸 30 min,立即在铺有石棉的古氏坩埚上过滤,先用 25 mL 硫酸溶液洗涤,残渣无损失地转移到坩埚中,用沸蒸馏水洗至中性,再用 15 mL 乙醇洗涤,抽干。将坩埚放入烘箱,于 130 ℃ ±2 ℃下烘干 2 h,取出后在干燥器中冷却至室温,称重,再于 550 ℃ ±25 ℃高温炉中灼烧 30 min,取出后于干燥器中冷却至室温后称重。

(2)推荐法。称 1 ~2 g 试样(脱脂步骤同手工方法)于 G2 玻璃沙漏斗中,用坩埚夹将漏斗插入热萃取器;从顶部加入预先煮沸的硫酸溶液 200 mL 和两滴正辛醇,将加热旋扭开到最大位置,待溶液沸腾后,将旋钮调到合适位置,使溶液保持微沸 30 min,抽滤,用沸蒸馏水洗至中性,加入预先煮沸的氢氧化钠溶液 200 mL,同样准确微沸 30 min,抽滤,用沸蒸馏水洗至中性,将坩埚转移至冷萃取器,加入 25 mL95% 乙醇,抽干,将漏斗转移到烘箱,于 130 ℃ ±2 ℃下烘干 2 h,取出后在干燥器中冷却至室温,称重。再放入 500 ℃ ±25 ℃高温炉中灼烧 1 h,干燥器中冷却至室温后称重。型号不同的仪器具体操作步骤见该仪器使用说明书,如图 6.21 所示。

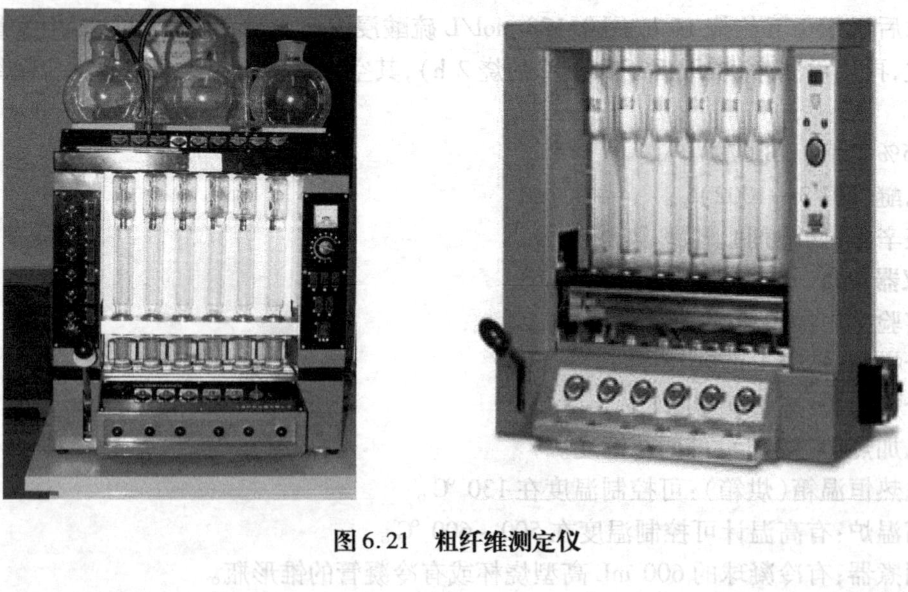

**图 6.21 粗纤维测定仪**

**7)测定结果的计算**

(1)计算公式:

$$粗纤维 = \frac{m_1 - m_2}{m} \times 100\%$$

式中,$m_1$为 130 ℃烘干后坩埚及试样残渣重,g;

$m_2$为 550 ℃(或 500 ℃)灼烧后坩埚及试样残渣重,g;

$m$ 为试样(未脱脂)质量,g。

(2)重复性。每个试样取两平行样进行测定,以算术平均值为结果。粗纤维含量在 10% 以下,绝对值相差 0.4。粗纤维含量在 10% 以上,相对偏差为 4%。

## 实训作业与思考题

1. 测定混合饲料、配合饲料、浓缩饲料或单一饲料粗纤维的含量,并写出实训报告。
2. 硫酸和氢氧化钠溶液的浓度过高或过低对测定结果有何影响? 为什么?
3. 高温炉的温度为什么要控制在 500 ~600 ℃?
4. 正辛醇在煮沸的过程中起什么作用?
5. 为什么用 95% 乙醇进行最后洗涤?
6. 酸碱法测定粗纤维的缺点是什么?

### 6.3.5　饲料中粗灰分的测定(GB/T 6438—92)

**1)适用范围**

本标准适用于配合饲料、浓缩饲料及各种单一饲料中粗灰分测定。

**2)原理**

试样在 550 ℃灼烧后所得残渣,用质量百分率来表示。残渣中主要是氧化物、盐类等矿物质,也包括混入饲料中的砂石、土等,故称粗灰分。

**3)仪器与设备**

①实验室用样品粉碎机或研钵。

②分样筛:孔径 0.45 mm(40 目)。

③分析天平:分度值 0.000 1 g。

④高温炉:有高温计且可控制炉温在 550 ℃ ±20 ℃,如图 6.22 所示。

⑤坩埚:瓷质,容积 50 mL。

⑥干燥器:用氧化钙(干燥试剂)或变色硅胶作干燥剂。

**4)试样的选取和制备**

取具有代表性试样,粉碎至 0.45 mm(40 目)。用"四分法"缩减至 200 g,装于密封容器,防止试样的成分变化或变质。

**5)测定步骤**

将干净坩埚放入高温炉,在 550 ℃ ±20 ℃下灼热 30 min。取出,在空气中冷却约 1 min,放入干燥器冷却 30 min,称重。再重复灼热、冷却、称重,直至两次质量之差小于 0.000 5 g 为恒重。

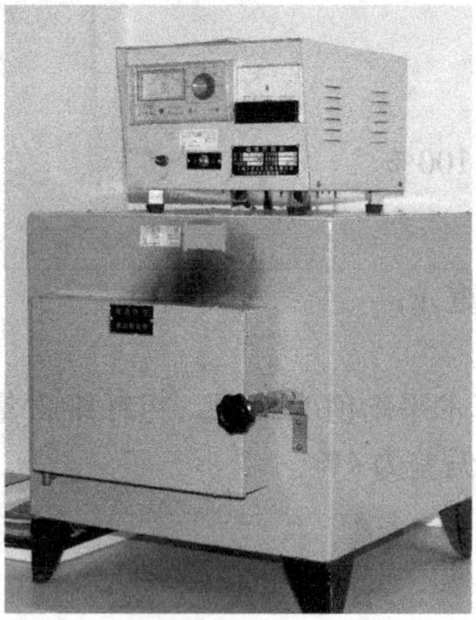

图 6.22 高温炉

在已恒重的坩埚中称取 2 ~ 5 g 试样(灰分质量 0.05 g 以上),准确至 0.000 2 g,在电炉上小心炭化。在炭化过程中,应将试样在较低温状态加热灼烧至无烟,而后升温灼烧至样品无炭粒,再放入高温炉,于 550 ℃ ±20 ℃下灼烧 3 h。取出,在空气中冷却约 1 min,放入干燥器中冷却至 30 min,称取质量。再同样灼烧 1 h,冷却,称重,直至两次质量之差小于 0.001 g 为恒重。

**6)分析结果计算和表述**

粗灰分含量 (%)按下式计算:

$$粗灰分 = \frac{m_2 - m_0}{m_1 - m_0} \times 100\%$$

式中,$m_0$为恒重空坩埚质量,g;

$m_1$为坩埚加试样的质量,g;

$m_2$为灰化后坩埚加灰分的质量,g。

所得结果应表示至 0.01% 。

**7)允许差**

每个试样应取两个平行样进行测定,以其算术平均值为分析结果。

粗灰分含量在5% 以上,允许相对偏差为1% ;粗灰分含量在5% 以下,允许相对偏差5% 。

**8)注意事项**

①用电炉炭化时应小心,以防止炭化过快,试样飞溅。

②灼烧残渣颜色与试样中各元素含量有关,含铁高时为红棕色,含锰高时为淡蓝色。灰化后如果还能观察到炭粒须加蒸馏水或过氧化氢进行处理。

## 实训作业及思考题

1. 测定配合饲料、浓缩饲料或单一饲料灰分的含量,并写出实训报告。
2. 电炉炭化的温度为什么不可过高?
3. 饲料灰分测定时高温炉的温度为什么要控制在 550 ℃ ±20 ℃? 温度过高与过低对测

定结果有何影响？

4. 为什么要预热取坩埚的坩埚钳？

### 6.3.6　饲料中钙的测定（GB/T 6436—92）

**1）主题内容与适用范围**

本标准规定了饲料中钙的测定方法。

本标准适用于配合饲料、单一饲料和浓缩饲料。

**2）方法原理**

将试样中有机物破坏，钙变成溶于水的离子，用草酸铵定量沉淀，用高锰酸钾法间接测定钙含量。

**3）试剂**

①盐酸：1 + 3（$V_1 + V_2$）。

②硫酸：1 + 3（$V_1 + V_2$）。

③氨水：1 + 1（$V_1 + V_2$）。

④草酸铵水溶液：42 g/L。

⑤高锰酸钾：$c\left(\frac{1}{5}KMnO_4 = 0.05\ mol/L\right)$。

A. 配制。称取高锰酸钾（GB 643）约 1.6 g，溶于 1 000 mL 蒸馏水中煮沸 10 min，冷却且静置 1 ~ 2 d，用烧结玻璃滤器过滤，保存于棕色瓶中。

B. 标定。称取草酸钠（GB 1289 基准物，105 ℃干燥 2 h，存于干燥器中）0.1 g，准确到 0.000 2 g，溶于 50 mL 水中，再加硫酸溶液[1 + 3（$V_1 + V_2$）]10 mL，将此溶液加热至 75 ~ 85 ℃，用配制好的 0.05 mol/L 高锰酸钾标准溶液滴定，溶液呈现粉红色且 1 min 不褪色为终点，滴定结束时，溶液温度在 60 ℃以上，同时做空白试验。

高锰酸钾标准溶液浓度按下式计算：

$$c\left(\frac{1}{5}KMnO_4\right) = \frac{m}{(V_1 - V_2) \times 0.067\ 00}$$

式中，$c\left(\frac{1}{5}KMnO_4\right)$为高锰酸钾标准溶液的浓度（mol/L）；

$m$ 为草酸钠之质量，g；

$V_1$为高锰酸钾之用量，mL；

$V_2$为空白试验高锰酸钾溶液之用量，mL；

0.067 00 为与 1.00 mL 高锰酸钾标准溶液$\left[c\left(\frac{1}{5}KMnO_4\right) = 1.000\ mol/L\right]$相当的以克表示的草酸钠质量。

⑥甲基红指示剂：0.1 g 甲基红溶于 100 mL95% 乙醇中。

**4）仪器和设备**

①实验室用样品粉碎机或研钵。

②分样筛：孔径 0.45 mm（40 目）。

③分析天平：感量 0.000 1 g。

④高温炉：电加热，可控温度在 550 ℃ ±20 ℃。

⑤坩埚：瓷质。

⑥容量瓶：100 mL。

⑦滴定管：酸式，25 mL 或 50 mL。

⑧玻璃漏斗：6 cm 直径。

⑨定量滤纸：中速，7 ~ 9 cm。

⑩移液管：10 mL，20 mL。

⑪烧杯：200 mL。

⑫凯氏烧瓶：250 mL 或 500 mL。

**5）试样制备**

取具有代表性试样，粉碎至 0.45 mm（40 目），用“四分法”缩分至 200 g，装于密封容器，防止试样成分变化或变质。

**6）测定步骤**

（1）试样的分解。

①干法。称取试样 2 ~ 5 g 于坩埚中，精确至 0.000 2 g，在电炉上小心炭化，再放入高温炉于 550 ℃下灼烧 3 h（或测定粗灰分后连续进行），在盛灰坩埚中加入盐酸溶液$[1+3(V_1+V_2)]$10 mL 和浓硝酸数滴，小心煮沸，将此溶液转入容量瓶，冷却至室温，用蒸馏水稀释至刻度，摇匀，为试样分解液。

②湿法。称取试样 2 ~ 5 g 于凯氏烧瓶中，精确至 0.000 2 g，加入硝酸（GB 623，分析纯）10 mL，加热煮沸，至二氧化氮黄烟逸尽，冷却后加入 70% ~ 72% 高氯酸（GB 623 分析纯）10 mL，小心煮沸至溶液无色，不得蒸干（危险！），冷却后加蒸馏水 50 mL，且煮沸驱逐二氧化氮，冷却后转入容量瓶，蒸馏水稀释至刻度，摇匀，为试样分解液。

（2）试样的测定。准确移取试样液 10 ~ 20 mL（含钙量 20 mg 左右）于烧杯中，加蒸馏水 100 mL，甲基红指示剂 2 滴，滴加氨水溶液$[1+1(V_1+V_2)]$至溶液呈橙色，再加盐酸溶液$[1+3(V_1+V_2)]$使溶液恰变红色（pH 为 2.5 ~ 3.0），小心煮沸，慢慢滴加已配制好的草酸铵溶液 10 mL，且不断搅拌，如溶液变橙色，应补滴盐酸溶液至红色，煮沸数分钟，放置过夜使沉淀陈化（或在水浴上加热 2 h）。

用滤纸过滤，用 1∶50 的氨水溶液洗沉淀 6 ~ 8 次，至无草酸根离子（接滤液数毫升加硫酸溶液数滴，加热至 80 ℃，再加高锰酸钾溶液 1 滴，呈微红色，0.5 min 不褪色）。将沉淀和滤纸转入原烧杯，加硫酸溶液$[1+3(V_1+V_2)]$10 mL，蒸馏水 50 mL，加热至 75 ~ 80 ℃，用 0.05 mol/L 高锰酸钾溶液滴定，溶液呈粉红色且 0.5 min 不褪色为终点。同时进行空白溶液的测定。

**7）测定结果的计算**

（1）计算：

$$\mathrm{Ca} = \frac{(V-V_0)\times c\times 0.02}{m\times \frac{V'}{100}}\times 100\% = \frac{(V-V_0)\times c\times 200}{m\times V'}$$

式中，$V$ 为 0.05 mol/L 高锰酸钾溶液之用量，mL；

$V_0$ 为测空白时 0.05 mol/L 高锰酸钾溶液之用量，mL；

$c$ 为高锰酸钾标准溶液的浓度，mol/L；

$V'$为滴定时移取试样分解液体积,mL;

$m$ 为试样质量,g;

0.02 为与 1.00 mL 高锰酸钾标准溶液$\left[c\left(\frac{1}{5}KMnO_4\right)=1.000\ mol/L\right]$相当的以克表示的钙的质量。

(2)重复性。每个试样取两个平行样进行测定,以其算术平均值为结果。

含钙量在5%以上,允许相对偏差3%;含钙量1%～5%时,允许相对偏差5%;含钙量1%以下,允许相对偏差10%。

### 实训作业及思考题

1.测定配合饲料、单一饲料或浓缩饲料中钙的含量,并写出实训报告。

2.测定钙的高锰酸钾为什么不能放置过久?

3.为什么在洗涤草酸钙沉淀时,必须沿滤纸边缘向下洗且洗液的体积不可超过漏斗体积的2/3?

4.试分析导致高锰酸钾法钙测定结果偏高或偏低的原因。

## 6.3.7　饲料中总磷量的测定(GB/T 6437—92)

**1)主题内容与适用范围**

本标准规定了用钼黄显色光度法测定饲料中总磷量的方法。

本标准适用于配合饲料、浓缩饲料、预混合饲料和单一饲料。测定范围磷含量0～20 μg/mL。

**2)方法原理**

将试样中的有机物破坏,使磷游离出来,在酸性溶液中,用钒钼酸铵处理,生成黄色的$(NH_4)_3PO_4NH_4VO_3\cdot16MoO_3$,在波长420 nm下进行比色测定。

**3)试剂**

本标准中所用试剂,除特殊说明外,均为分析纯。实验室用水为蒸馏水或同等纯度的水。

①盐酸:1+1水溶液。

②硝酸。

③高氯酸。

④钒钼酸铵显色剂:称取偏钒酸铵1.25 g,加硝酸250 mL,另称取钼酸铵25 g,加水400 mL溶解之,在冷却的条件下,将两种溶液混合,用水定容1 000 mL,避光保存,若生成沉淀,则不能继续使用。

⑤磷标准液:将磷酸二氢钾在105 ℃干燥1 h,在干燥器中冷却后称取0.219 5 g溶解于水,定量转入1 000 mL容量瓶中,加硝酸3 mL,用水稀释至刻度,摇匀,即为50 μg/mL的磷标准液。

**4)仪器和设备**

①实验室用样品粉碎机或研钵。

②分样筛:孔径0.45 mm(40目)。

③分析天平：感量 0.000 1 g。

④分光光度计：有 10 mm 比色池，可在 420 nm 下测定吸光度，如图 6.23 所示。

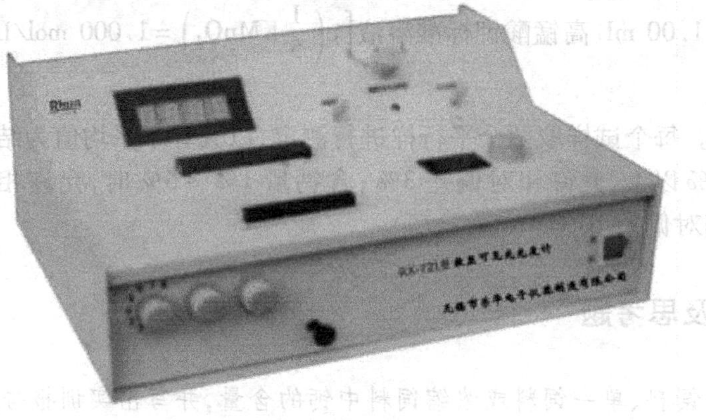

图 6.23 分光光度计

⑤高温炉：可控温度在 550 ℃ ±20 ℃。

⑥瓷坩埚：50 mL。

⑦容量瓶：50 mL，100 mL，1 000 mL。

⑧刻度移液管：1.0 mL，2.0 mL，3.0 mL，5.0 mL，10 mL。

⑨凯氏烧瓶：125 mL，250 mL。

⑩可调温电炉：1 000 W。

**5）试样制备**

取有代表性试样，粉碎至 0.45 mm（40 目），用“四分法”将试样缩分至 200 g 装入密封容器，防止试样成分变化或变质。

**6）测定步骤**

（1）试样的分解。

①干法[不适用含 $Ca(H_2PO_4)_2$ 的饲料]。称取试样 2～5 g（精确至 0.000 2 g）于坩埚中，在电炉上小心炭化，再放入高温炉，在 550 ℃灼烧 3 h（或测粗灰分后继续进行），取出冷却，加入 10 mL 盐酸（1＋1 水溶液）溶液和硝酸数滴，小心煮沸约 10 min，冷却后转入 100 mL 容量瓶中，用水稀释至刻度，摇匀，为试样分解液。

②湿法。称取试样 0.5～5 g（精确至 0.000 2 g）于凯氏烧瓶中，加入硝酸 30 mL，小心加热煮沸至黄烟逸尽，稍冷，加入高氯酸 10 mL，继续加热至高氯酸冒白烟（不得蒸干），溶液基本无色，冷却，加水 30 mL，加热煮沸，冷却后，用水转移至 100 mL 容量瓶中，并稀释至刻度，摇匀，为试样分解液。

（2）准确移取磷酸标准液。准确取磷酸标准液 0 mL，1.0 mL，2.0 mL，5.0 mL，10.0 mL，15.0 mL 于 50 mL 容量瓶中，各加钒钼酸铵显色剂 10 mL，用水稀释至刻度，摇匀，常温下放置 10 min 以上，以 0 mL 溶液为参比，用 10 mm 比色池，在 420 nm 波长下，用分光光度计测定各溶液的吸光度。以磷含量为横坐标，吸光度为纵坐标绘制标准曲线。

（3）试样的测定。准确移取试样分解液 1～10 mL（含磷量 50～750 μg）于 50 mL 容量瓶中，加入钒钼酸铵显色剂 10 mL，按上述方法显色和比色测定，测得试样分解液的吸光度，用标准曲线查得试样分解液的含磷量。

7）**测定结果的计算**

样品中总磷的含量（$P\%$）按下式计算：

$$P = \frac{X}{m \times V \times 100} \times 100\%$$

式中，$m$ 为试样的质量，g；

$X$ 为由标准曲线查得试样分解液总磷含量，μg；

$V$ 为移取试样分解液的体积，mL。

所得到的结果应精确到0.01%。

8）**允许差**

每个试样称取两个平行样品进行测定，以其算术平均值为测定结果。其间分析结果的相对偏差总磷含量低于0.5%，不超过10%；总磷含量大于或等于0.5%，不超过3%。

## 实训作业及思考题

1. 测定配合饲料、浓缩饲料、预混合饲料或单一饲料中总磷的含量，并写出实训报告。
2. 为什么在比色时，待测液磷的含量不易过浓？对测定结果如何影响？
3. 为什么待测液在加入试液后要静置10 min再进行比色，但不可静置过久？
4. 试分析导致钼黄显色光度法总鳞测定结果偏高或偏低的的原因。

### 6.3.8　饲料中的可溶性氯化物的测定（GB/T 6439—92）

1）**主题内容与适用范围**

本标准规定了用硫氰酸盐反滴定测定饲料可溶性氯化物的方法。

本标准适用于各种配合饲料、浓缩饲料和单一饲料。检测范围氯元素含量为0～60 mg。

2）**方法原理**

溶液澄清，在酸性条件下，加入过量硝酸银溶液使样品溶液中的氯化物形成氯化银沉淀，除去沉淀后，用硫氰酸铵回滴过量的硝酸银，根据消耗的硫氰酸铵的量，计算出其氯化物的含量。

3）**试剂**

实验室用水应符合GB 6682中三级用水的规格。使用试剂除特殊规定外应为分析纯。

①硝酸。

②硫酸铁（60 g/L）：称取硫酸铁[$Fe_2(SO_4)_3 \cdot xH_2O$]60 g加水微热溶解后，调成1 000 mL。

③硫酸铁指示剂：250 g/L的硫酸铁水溶液，过滤除去不溶物，与等体积的浓硝酸混合均匀。

④氨水：1+19水溶液。

⑤硫氰酸铵[$c(NH_4CNS)$=0.02 mol/L]：称取硫氰酸铵1.52 g溶于1 000 mL水中。

⑥0.100 0 mol/L氯化钠标准贮备溶液：基准级氯化钠于500 ℃灼烧1 h，干燥器中冷却保存，称取5.845 4 g溶解于水中，转入1 000 mL容量瓶中，用水稀释至刻度，摇匀。此氯化钠标准贮备液的浓度为0.100 0 mol/L。

⑦0.020 0 mol/L 氯化钠标准工作液：准确吸取 0.100 0 mol/L 氯化钠标准贮备溶液 20.00 mL于100 mL容量瓶中，用水稀释至刻度，摇匀。此氯化钠标准溶液的浓度为0.020 0 mol/L。

⑧硝酸银标准溶液[$c(AgNO_3)=0.02$ mol/L]：称取3.4 g硝酸银溶于1 000 mL水中，储于棕色瓶中。

A. 体积比。吸取硝酸银溶液20.00 mL，加硝酸4 mL，指示剂2 mL，在剧烈摇动下用硫氰酸铵溶液滴定，滴至终点为持久的淡红色，由此计算两溶液的体积比 $F$：

$$F=\frac{20.00}{V_2}$$

式中，$F$ 为硝酸银与硫氰酸铵溶液的体积比；

20.00 为硝酸银溶液的体积，mL；

$V_2$ 为硫氰酸铵溶液的体积，mL。

B. 标定。准确移取氯化钠标准溶液10.00 mL，于100 mL容量瓶中加硝酸4 mL，硝酸银标准溶液25.00 mL，振荡使沉淀凝结，用水稀释至刻度，摇匀，静置5 min，干过滤入干锥形瓶中，吸取滤液50.00 mL，加硫酸铁指示剂2 mL，用硫氰酸铵溶液滴定出现淡红棕色，且30 s不褪色即为终点。硝酸银标准溶液浓度的计算：

$$c(AgNO_3)=\frac{m'\times\left(\frac{20}{1\,000}\right)\times\left(\frac{10}{100}\right)}{0.058\,45\times\left(V_1-F\times V_2\times\frac{100}{50}\right)}$$

式中，$c(AgNO_3)$ 为硝酸银标准溶液摩尔浓度，mol/L；

$m'$ 为氯化钠质量，g；

$V_1$ 为硝酸银标准溶液体积，mL；

$V_2$ 为硫氰酸铵溶液体积，mL；

$F$ 为硝酸银与硫氰酸铵溶液的体积比；

0.058 45 为与1.00 mL硝酸银标准溶液[$c(AgNO_3)=1.000\,0$ mol/L]相当的以克表示的氯化钠质量。

所得结果应表示至4位小数。

**4）仪器设备**

①实验室用样品粉碎机或研钵。

②分样筛：孔径0.45 mm(40目)。

③分析天平：分度值0.1 mg。

④刻度移液管：10 mL，2 mL。

⑤移液管：50 mL，25 mL。

⑥滴定管：酸式，25 mL。

⑦容量瓶：100 mL，1 000 mL。

⑧烧杯：250 mL。

⑨滤纸：快速，直径15.0 cm；慢速，直径12.5 cm。

**5）样品的选取和制备**

选取有代表性的样品，粉碎至0.45 mm(40目)，用“四分法”缩减至200 g，密封保存，以防止样品组分的变化或变质。

**6）测定步骤**

（1）氯化物的提取。称取样品适量（氯含量在0.8%以内，称取样品5 g左右；氯含量在0.8%～1.6%，称取样品3 g左右；氯含量在1.6%以上，称取样品1 g左右），准确至0.000 2 g，准确加入硫酸铁溶液50 mL，氨水溶液100 mL，搅拌数分钟，放置10 min，用干的快速滤纸过滤。

（2）测定。准确吸取滤液50.00 mL，于100 mL容量瓶中加浓硝酸10 mL、硝酸银标准溶液25.00 mL，用力振荡使沉淀凝结，用水稀释至刻度，摇匀。静置5 min，干过滤入150 mL干锥形瓶中或静置（过夜）沉化，吸取滤液（澄清液）50.00 mL，加硫酸铁指示剂10 mL，用硫氰酸铵溶液滴定，出现淡橘红色，且30 s不褪色即为终点。

**7）测定结果的计算**

氯化物含量用氯元素的百分含量来表示：

$$\mathrm{Cl} = \frac{\left(V_1 - V_2 \times F \times \frac{100}{50}\right) \times c \times 150 \times 0.035\,5}{50 \times m} \times 100\%$$

式中，$m$为样品质量，g；

$V_1$为硝酸银溶液体积，mL；

$V_2$为滴定消耗的硫氰酸铵溶液体积，mL；

$F$为硝酸银与硫氰酸铵溶液体积比；

$C$为硝酸银的摩尔浓度，mol/L；

0.035 5为与1.00 mL硝酸银标准溶液[$c(AgNO_3)=1.000$ mol/L]相当的以克表示的氯元素的质量。

所得结果以表示至2位小数。

**8）允许差**

每个样品应取两份平行样进行测定，以其算术平均值为分析结果。氯含量在3%以下（含3%），允许绝对差0.05；氯含量在3%以上，允许相对偏差3%。

附注：水溶性氯化物快速测定法

称取5～10 g样品，准确至0.001 g，准确加蒸馏水200 mL，搅拌15 min，放置15 min，准确移取上清液20 mL，加蒸馏水50 mL，10%铬酸钾指示剂1 mL，用硝酸银标准溶液滴定，呈现砖红色，且1 min不褪色为终点。

计算公式：

$$\mathrm{Cl} = \frac{V_2 \times c \times 200 \times 0.035\,5}{20 \times m} \times 100\%$$

式中，$V_2$为滴定消耗的硫氰酸铵溶液体积，mL；

$c$为硝酸银的摩尔浓度，mol/L；

0.035 5为与1.00 mL硝酸银标准溶液[$c(AgNO_3)=1.000$ mol/L]相当的以克表示的氯元素的质量。

**实训作业及思考题**

1. 测定配合饲料、浓缩饲料或单一饲料中可溶性氯化物的含量,并写出实训报告。
2. 导致饲料中可溶性氯化物的含量测定结果偏低的原因有哪些?
3. 为什么要用快速滤纸过滤已处理的试样?

## 6.3.9 脲酶活性的测定(GB 8622—88)

**1)适用范围**

本标准适用于由大豆制得的产品和副产品中尿素酶活性的测定。

本法可确认大豆制品的湿热处理程度。

**2)定义**

本标准所指尿素酶活性定义如下:

在 30 ℃ ±0.5 ℃和 pH7 条件下,每分钟每克大豆制品分解尿素所释放的氨态氮的毫克数。

**3)原理**

将粉碎的大豆制品与中性尿素缓冲溶液混合,在 30 ℃保持 30 min,尿素酶催化尿素水解产生氨的反应。用过量盐酸中和所产生的氨,再用氢氧化钠标准溶液回滴。

**4)仪器设备**

①样品筛:孔径 100 μm。

②酸度计:精度 0.02pH,附有磁力搅拌器和滴定装置。

③恒温水浴:可控温 30 ℃ ±0.5 ℃。

④试管:直径 18 mm,长 150 mm,有磨口塞子。

⑤精密计时器。

⑥粉碎机:粉碎时应不产生强热(如球磨机)。

⑦分析天平:感量 0.1 mg。

⑧移液管:10 mL。

**5)试剂和溶液**

①尿素(GB 696—77):分析纯。

②磷酸二氢钾(GB 1274—77),磷酸氢二钠(GB 1263 —77)均为分析纯。

③尿素缓冲溶液(pH6.9 ~7.0):4.45 g 磷酸氢二钠和 3.40 g 磷酸二氢钠溶于水并稀释至 1 000 mL,再将 30 g 尿素溶在此溶液中,可保存 1 个月。

④盐酸(GB 622—77):分析纯,0.1 mol/L 溶液。

⑤氢氧化钠(GB 629—77):分析纯,0.1 mol/L 标准溶液,按 GB 601 标准溶液制备方法的规定配制。

**6)试样的制备**

用粉碎机将 10 g 试样粉碎,使之全部通过样品筛。对特殊试样(水分或挥发物含量较高而无法粉碎的产品)应先在实验室温度下进行预干燥,再进行粉碎,当计算结果时应将干燥失重计算在内。

7）**测定步骤**

称取约0.2 g已粉碎的试样，称准至0.1 mg，转入试管中（如活性很高只称0.05 g试样），移入10 mL尿素缓冲溶液，立即盖好试管并剧烈摇动，马上置于30 ℃ ±0.5 ℃恒温水浴中，准确计时保持30 min。即刻移入10 mL盐酸溶液，迅速冷却到20 ℃。将试管内容物全部转入烧杯，用5 mL水冲洗试管两次，立即用氢氧化钠标准溶液滴定至pH值为4.7。

另取试管作空白试验，移入10 mL尿素缓冲液，10 mL盐酸溶液。称取与上述试样量相当的试样，也称准至0.1 mg，迅速加入此试管中。立即盖好试管并剧烈摇动。将试管置于30 ℃ ±0.5 ℃的恒温水浴，同样准确保持30 min，冷却至20 ℃，将试管内容物全部转入烧杯，用5 mL水冲洗试管两次，并用氢氧化钠标准溶液滴定至pH值为4.7。

8）**测定结果的计算**

（1）计算方法。以每分钟每克大豆制品释放氮的毫克量表示的尿素酶活性$U$，按下式计算：

$$U = \frac{14 \times c \times (V_0 - V)}{30 \times m}$$

式中，$c$为氢氧化钠标准溶液浓度，mol/L；

$V_0$为空白试验消耗氢氧化钠溶液体积，mL；

$V$为测定试样消耗氢氧化钠溶液的体积，mL；

$m$为试样质量，g。

注：若试样经粉碎前的预干燥处理时，则

$$U = \frac{14 \times c \times (V_0 - V)}{30 \times m} \times (1 - S)$$

式中，$S$为预干燥时试样失重的百分率。

（2）重复性。同一分析人员用相同方法，同时或连续两次测定结果之差不超过平均值的10%，以其算术平均值报告结果。

## 实训作业与思考题

1. 测定豆粕中脲酶的活性，并判断湿热处理是否合适，写出实训报告。
2. 为什么对粗脂肪含量超过10%的试样进行不加热脱脂处理？
3. 导致测定结果偏高与偏低的原因有哪些？

## 6.3.10　饲料中无氮浸出物（NFE）计算——差值计算

1）**原理**

饲料中无氮浸出物（NFE）主要由易被动物利用的淀粉、菊糖、双糖、单糖等可溶性碳水化合物组成。常规饲料分析不能直接分析饲料中无氮浸出物的含量，仅根据饲料中其他养分的分析结果，进行差值计算。

2）**计算方法**

无氮浸出物（%）=100% -［水分（%）+灰分（%）+粗蛋白质（%）+粗脂肪（%）+粗纤维（%）］

或　　无氮浸出物(%)=干物质(%)-[灰分(%)+粗蛋白质(%)+粗脂肪(%)+粗纤维(%)]

饲料样品具有风干、绝干及原样等不同基础来表示分析结果,因此在计算无氮浸出物,各养分的质量分数应换算在同一基础上。此外,动物性饲料如鱼粉、血粉、羽毛粉等可不计算此项。

## 实训作业与思考题

1. 计算所测定饲料样品的无氮浸出物?
2. 分析计算结果误差。

# 附　录

## 附录一　饲料卫生标准（GB 13078—2001）

### 1. 主题内容与适用范围

本标准规定了饲料卫生标准。

本标准适用于加工、经销、储运和进出口中的鸡配合饲料，猪配合、混合饲料和饲料原料。

### 2. 饲料卫生标准

附表 1　饲料卫生标准（GB 13078—2001）

| 序号 | 卫生指标项目 | 产品名称 | 指　标 | 试验方法 | 备　注 |
|---|---|---|---|---|---|
| 1 | 砷（以总砷计）的允许量（每千克产品中）/mg | 石粉 | ≤2.0 | GB/T 13079 | 不包括国家主管部门批准使用的有机砷制剂中的砷含量 |
| | | 硫酸亚铁、硫酸镁 | | | |
| | | 磷酸盐 | ≤20.0 | | |
| | | 沸石粉、膨润土、麦饭石 | ≤10.0 | | |
| | | 硫酸铜、硫酸锰、硫酸锌、碘化钾、碘酸钙、氯化钴 | ≤5.0 | | |
| | | 氧化锌 | ≤10.0 | | |
| | | 鱼粉、肉粉、肉骨粉 | ≤10.0 | | |
| | | 家禽、猪配合饲料 | ≤2.0 | | |
| | | 牛、羊精料补充料 | ≤10.0 | | |
| | | 猪、家禽浓缩饲料 | | | 以在配合饲料中 20% 的添加量计 |
| | | 猪、家禽添加剂预混合饲料 | | | 以在配合饲料中 1% 的添加量计 |

续表

| 序号 | 卫生指标项目 | 产品名称 | 指标 | 试验方法 | 备注 |
|---|---|---|---|---|---|
| 2 | 铅(以 Pb 计)的允许量(每千克产品中)/mg | 生长鸭、产蛋鸭、肉鸭配合饲料，鸡配合饲料，猪配合饲料 | ≤5 | GB/T 13080 | |
| | | 奶牛、肉牛精料补充料 | ≤8 | | |
| | | 产蛋鸡、肉用仔鸡浓缩饲料，仔猪、生长肥育猪浓缩饲料 | ≤13 | | 以在配合饲料中20%的添加量计 |
| | | 骨粉、肉骨粉、鱼粉、石粉 | ≤10 | | |
| | | 磷酸盐 | ≤30 | | |
| | | 产蛋鸡、肉用仔鸡复合预混合饲料，仔猪、生长肥育猪复合预混合饲料 | ≤40 | | 以在配合饲料中1%的添加量计 |
| 3 | 氟(以 F 计)的允许量(每千克产品中)/mg | 鱼粉 | ≤500 | GB/T 13083 | 高氟饲料用 HG 2636—1994 中 4.4 条 |
| | | 石粉 | ≤2 000 | | |
| | | 磷酸盐 | ≤1 800 | HG 2636 | |
| | | 肉用仔鸡、生长鸡配合饲料 | ≤250 | GB/T 13083 | |
| | | 产蛋鸡配合饲料 | ≤350 | | |
| | | 猪配合饲料 | ≤100 | | |
| | | 骨粉、肉骨粉 | ≤1 800 | | |
| | | 生长鸭、肉鸭配合饲料 | ≤200 | | |
| | | 产蛋鸭配合饲料 | ≤250 | | |
| | | 牛(奶牛、肉牛)精料补充料 | ≤50 | | |
| | | 猪、禽添加剂预混合饲料 | ≤1 000 | GB/T 13083 | 以在配合饲料中1%的添加量计 |
| | | 猪、禽浓缩饲料 | 按添加比例折算后，与相应猪、禽配合饲料规定值相同 | | |
| 4 | 霉菌的允许量(每克产品中)，霉菌数/×$10^3$ 个 | 玉米 | <40 | GB/T 13092 | 限量饲用:40～100<br>禁用:>100 |
| | | 小麦麸、米糠 | | | 限量饲用:40～80<br>禁用:>80 |
| | | 豆饼(粕)、棉籽饼(粕)、菜籽饼(粕) | <50 | | 限量饲用:50～100<br>禁用:>100 |
| | | 鱼粉、肉骨粉 | <20 | | 限量饲用:20～50<br>禁用:>50 |
| | | 鸭配合饲料 | <35 | | |
| | | 猪、鸡配合饲料 | <45 | | |
| | | 猪、鸡浓缩饲料 | | | |
| | | 奶、肉牛精料补充料 | | | |

续表

| 序 号 | 卫生指标项目 | 产品名称 | 指 标 | 试验方法 | 备 注 |
| --- | --- | --- | --- | --- | --- |
| 5 | 黄曲霉毒素 $B_1$ 允许量(每千克产品中)/μg | 玉米 | ≤50 | GB/T 17480 或 GB/T 8381 | |
| | | 花生饼(粕)、棉籽饼(粕)、菜籽饼(粕) | | | |
| | | 豆粕 | ≤30 | | |
| | | 仔猪配合饲料及浓缩饲料 | ≤10 | | |
| | | 生长肥育猪、种猪配合饲料及浓缩饲料 | ≤20 | | |
| | | 肉用仔鸡前期、雏鸡配合饲料及浓缩饲料 | ≤10 | | |
| | | 肉用仔鸡后期、生长鸡、产蛋鸡配合饲料及浓缩饲料 | ≤20 | | |
| | | 肉用仔鸭前期、雏鸭配合饲料及浓缩饲料 | ≤10 | | |
| | | 肉用仔鸭后期、生长鸭、产蛋鸭配合饲料及浓缩饲料 | ≤15 | | |
| | | 鹌鹑配合饲料及浓缩饲料 | ≤20 | | |
| | | 奶牛精料补充料 | ≤10 | | |
| | | 肉牛精料补充料 | ≤50 | | |
| 6 | 铬(以 Cr 计)的允许量(每千克产品中)/mg | 皮革蛋白粉 | ≤200 | GB/T 13088 | |
| | | 鸡、猪配合饲料 | ≤10 | | |
| 7 | 汞(以 Hg 计)的允许量(每千克产品中)/mg | 鱼粉 | ≤0.5 | GB/T 13081 | |
| | | 石粉 | ≤0.1 | | |
| | | 鸡配合饲料,猪配合饲料 | | | |
| 8 | 镉(以 Cd 计)的允许量(每千克产品中)/mg | 米糠 | ≤1.0 | GB/T 13082 | |
| | | 鱼粉 | ≤2.0 | | |
| | | 石粉 | ≤0.75 | | |
| | | 鸡配合饲料,猪配合饲料 | ≤0.5 | | |
| 9 | 氰化物(以 HCN 计)的允许量(每千克产品中)/mg | 木薯干 | ≤100 | GB/T 13084 | |
| | | 胡麻饼、粕 | ≤350 | | |
| | | 鸡配合饲料,猪配合饲料 | ≤50 | | |

续表

| 序号 | 卫生指标项目 | 产品名称 | 指标 | 试验方法 | 备注 |
|---|---|---|---|---|---|
| 10 | 亚硝酸盐(以 $NaNO_2$ 计)的允许量(每千克产品中)/mg | 鱼粉 | ≤60 | GB/T 13085 | |
| | | 鸡配合饲料,猪配合饲料 | ≤15 | | |
| 11 | 游离棉酚的允许量(每千克产品中)/mg | 棉籽饼、粕 | ≤1 200 | GB/T 13086 | |
| | | 肉用仔鸡、生长鸡配合饲料 | ≤100 | | |
| | | 产蛋鸡配合饲料 | ≤20 | | |
| | | 生长肥育猪配合饲料 | ≤60 | | |
| 12 | 异硫氰酸酯(以丙烯基异硫氰酸酯计)的允许量(每千克产品中)/mg | 菜籽饼、粕 | ≤4 000 | GB/T 13087 | |
| | | 鸡配合饲料 | ≤500 | | |
| | | 生长肥育猪配合饲料 | | | |
| 13 | 噁唑烷硫酮的允许量(每千克产品中)/mg | 肉用仔鸡、生长鸡配合饲料 | ≤1 000 | GB/T 13089 | |
| | | 产蛋鸡配合饲料 | ≤500 | | |
| 14 | 六六六的允许量(每千克产品中)/mg | 米糠 | ≤0.05 | GB/T 13090 | |
| | | 小麦麸 | | | |
| | | 大豆饼、粕 | | | |
| | | 鱼粉 | | | |
| | | 肉用仔鸡、生长鸡配合饲料 | ≤0.3 | | |
| | | 产蛋鸡配合饲料 | | | |
| | | 生长肥育猪配合饲料 | ≤0.4 | | |
| 15 | 滴滴涕的允许量(每千克产品中)/mg | 米糠 | ≤0.02 | GB/T 13090 | |
| | | 小麦麸 | | | |
| | | 大豆饼、粕 | | | |
| | | 鱼粉 | | | |
| | | 鸡配合饲料,猪配合饲料 | ≤0.2 | | |
| 16 | 沙门氏杆菌 | 饲料 | 不得检出 | GB/T 13091 | |
| 17 | 细菌总数的允许量(每克产品中),细菌总数/$\times 10^6$个 | 鱼粉 | <2 | GB/T 13093 | 限量饲用:2~5<br>禁用:>5 |

注:①所列允许量均为以干物质含量为88%的饲料为基础计算。

②浓缩饲料、添加剂预混合饲料添加比例与本标准备注不同时,其卫生指标允许量可进行折算。

# 附录二　允许使用的饲料添加剂品种目录

附表2　允许使用的饲料添加剂品种目录

| 类　别 | 饲料添加剂名称 |
| --- | --- |
| 饲料级氨基酸7种 | L-赖氨酸盐;DL-蛋氨酸;DL-羟基蛋氨酸;DL-羟基蛋氨酸钙;N-羟甲基蛋氨酸;L-色氨酸;L-苏氨酸 |
| 饲料级维生素26种 | β-胡萝卜素;维生素A;维生素A乙酸酯;维生素A棕榈酸酯;维生素$D_3$;维生素E;维生素E乙酸酯;维生素$K_3$(亚硫酸氢钠甲萘醌);二甲基嘧啶亚硫酸甲萘醌;维生素$B_1$(硝酸硫胺);维生素$B_2$(核黄素);维生素$B_6$;烟酸胺;D-泛酸钙;DL-泛酸钙;叶酸;维生素$B_{12}$(氰钴胺);维生素C(L-抗坏血酸);L-抗坏血酸钙;L-抗坏血酸-2-磷酸脂;D-生物素;氯化胆碱;L-肉碱盐酸盐;肌醇 |
| 饲料级矿物质、微量元素43种 | 硫酸钠;氯化钠;磷酸二氢钠;磷酸氢二钠;磷酸二氢钾;碳酸钙;氯化钙;磷酸氢钙;磷酸二氢钙;磷酸三钙;乳酸钙;七水硫酸镁;一水硫酸镁;氧化镁;氯化镁;七水硫酸亚铁;一水硫酸亚铁;三水乳酸亚铁;六水柠檬酸亚铁;富马酸亚铁;甘氨酸铁;蛋氨酸铁;五水硫酸铜;一水硫酸铜;蛋氨酸铜;七水硫酸锌;一水硫酸锌;无水硫酸锌;氧化锌;蛋氨酸锌;一水硫酸锰;氯化锰;碘化钾;碘酸钾;碘酸钙;六水氯化钴;一水氯化钴;亚硒酸钠;酵母铜;酵母铁;酵母锰;酵母硒 |
| 饲料能酶制剂12类 | 蛋白酶(黑曲霉,枯草芽孢杆菌);淀粉酶(地衣芽孢杆菌,黑曲霉);支链淀粉酶(嗜酸乳杆菌);果胶酶(黑曲霉);脂肪酶;纤维素酶(reesei木霉);麦芽糖酶(枯草芽孢杆菌);木聚糖酶(insolens腐质霉);β-聚葡糖酶(枯草芽苞杆菌,黑曲霉);甘露聚糖酶(缓慢芽孢杆菌);植酸酶(黑曲酶,米曲霉);葡萄糖氧化酶(青酶) |
| 饲料能微生物添加剂12种 | 干酪乳杆菌;植物乳杆菌;粪链球菌;屎链球菌;乳酸片球菌;枯草芽孢杆菌;钠豆芽孢杆菌;嗜酸乳杆菌;乳链球菌;啤酒酵母菌;产朊假丝酵母;沼泽红假单胞菌 |
| 饲料级非蛋白氮9种 | 尿素;硫酸铵;液氨;磷酸氢二铵;磷酸二氢铵;缩二脲;异丁叉二脲;磷酸脲;羟甲基脲 |
| 抗氧剂4种 | 乙氧基喹啉;二丁基羟基甲苯(BHT);丁基羟基茴醚(BHA);没食子酸丙酯 |
| 防腐剂、电解质平衡剂25种 | 甲酸;甲酸铵;甲酸钙;乙酸;双乙酸钠;丙酸;丙酸钙;丙酸钠;丙酸铵;丁酸;乳酸;苯甲酸;苯甲酸钠;山梨酸;山梨酸钾;富马酸;柠檬酸;酒石酸;苹果酸;磷酸;氢氧化钠;碳酸氢钠;氯化钾;氢氧化铵 |
| 着色剂6种 | β-阿朴-8′-胡萝卜素醛;辣椒红;β-阿朴-8′-胡萝卜素酸乙酯;是虾青素;β,β-胡萝卜素-4,4-二酮(斑蝥黄);叶黄素(万寿菊花提取物) |
| 调味剂、香料6种(类) | 糖精钠;谷氨酸钠;5′-肌苷酸二钠;5′-鸟苷酸二钠;血根碱;食品用香料均可作饲料添加剂 |
| 粘结剂、抗结块剂和稳定剂13种 | α-淀粉;海藻酸钠;羧甲基纤维素钠;丙二醇;二化硅;硅酸钙;三氧化二铝;蔗糖脂肪酸酯;山梨醇酐脂肪酸酯;甘汕脂肪酸酯;硬脂酸钙;聚氧乙烯20山梨醇酐单汕酯酯;聚丙烯酸树脂II |
| 其他10种 | 糖萜素;甘露低聚糖;肠膜蛋白素;果寡糖;乙酰氧肟酸;天然类固醇萨洒皂角苷(YUCCA);大蒜素;甜菜碱;聚乙烯聚吡咯烷酮(PVPP);葡萄糖山梨醇 |

# 附录三　猪的饲养标准

## 1. 中国猪饲养标准(NY/T 65—2004)

附表 3　瘦肉型生长肥育猪每千克饲粮养分含量(自由采食,88%干物质)[a]

| 体重/kg | 3~8 | 8~20 | 20~35 | 35~60 | 60~90 |
|---|---|---|---|---|---|
| 平均体重/kg | 5.5 | 14.0 | 27.5 | 47.5 | 75.0 |
| 日增重/($kg \cdot d^{-1}$) | 0.24 | 0.44 | 0.61 | 0.69 | 0.80 |
| 采食量/($kg \cdot d^{-1}$) | 0.30 | 0.74 | 1.43 | 1.90 | 2.50 |
| 饲料/增重 | 1.25 | 1.59 | 2.34 | 2.75 | 3.13 |
| 饲粮消化能含量,MJ/kg($kcal \cdot kg^{-1}$) | 14.02(3 350) | 13.60(3 250) | 13.39(3 200) | 13.39(3 200) | 13.39(3 200) |
| 饲粮代谢能含量,MJ/kg($kcal \cdot kg^{-1}$) | 13.46(3 215) | 13.06(3 120) | 12.86(3 070) | 12.86(3 070) | 12.86(3 070) |
| 粗蛋白质/% | 21.0 | 19.0 | 17.8 | 16.4 | 14.5 |
| 能量蛋白比,MJ/%($kcal \cdot \%^{-1}$) | 668(160) | 716(170) | 752(180) | 817(195) | 923(220) |
| 赖氨酸能量比,g/MJ($g \cdot Mcal^{-1}$) | 1.01(4.24) | 0.85(3.56) | 0.68(2.83) | 0.61(2.56) | 0.53(2.19) |
| 氨基酸,% | | | | | |
| 赖氨酸 | 1.42 | 1.16 | 0.90 | 0.82 | 0.70 |
| 蛋氨酸 | 0.40 | 0.30 | 0.24 | 0.22 | 0.19 |
| 蛋氨酸+胱氨酸 | 0.81 | 0.66 | 0.51 | 0.48 | 0.40 |
| 苏氨酸 | 0.94 | 0.75 | 0.58 | 0.56 | 0.48 |
| 色氨酸 | 0.27 | 0.21 | 0.16 | 0.15 | 0.13 |
| 异亮氨酸 | 0.79 | 0.64 | 0.48 | 0.46 | 0.39 |
| 亮氨酸 | 1.42 | 1.13 | 0.85 | 0.78 | 0.63 |
| 精氨酸 | 0.56 | 0.46 | 0.35 | 0.30 | 0.21 |
| 缬氨酸 | 0.98 | 0.80 | 0.61 | 0.57 | 0.47 |
| 组氨酸 | 0.45 | 0.36 | 0.28 | 0.26 | 0.21 |
| 苯丙氨酸 | 0.85 | 0.69 | 0.52 | 0.48 | 0.40 |
| 苯丙氨酸+酪氨酸 | 1.33 | 1.07 | 0.82 | 0.77 | 0.64 |
| 矿物元素[d],%或每千克饲粮含量 | | | | | |
| 钙/% | 0.88 | 0.74 | 0.62 | 0.55 | 0.49 |
| 总磷/% | 0.74 | 0.58 | 0.53 | 0.48 | 0.43 |

续表

| | | | | | |
|---|---|---|---|---|---|
| 矿物元素[d],%或每千克饲粮含量 | | | | | |
| 非植酸磷/% | 0.54 | 0.36 | 0.25 | 0.20 | 0.17 |
| 钠/% | 0.25 | 0.15 | 0.12 | 0.10 | 0.10 |
| 氯/% | 0.25 | 0.15 | 0.10 | 0.09 | 0.08 |
| 镁/% | 0.04 | 0.04 | 0.04 | 0.04 | 0.04 |
| 钾/% | 0.30 | 0.26 | 0.24 | 0.21 | 0.18 |
| 铜/mg | 6.00 | 6.00 | 4.50 | 4.00 | 3.50 |
| 碘/mg | 0.14 | 0.14 | 0.14 | 0.14 | 0.14 |
| 铁/mg | 105 | 105 | 70 | 60 | 50 |
| 锰/mg | 4.00 | 4.00 | 3.00 | 2.00 | 2.00 |
| 硒/mg | 0.30 | 0.30 | 0.30 | 0.25 | 0.25 |
| 锌/mg | 110 | 110 | 70 | 60 | 50 |
| 维生素和脂肪酸,%或每千克饲粮含量 | | | | | |
| 维生素 A/IU[1] | 2 200 | 1 800 | 1 500 | 1 400 | 1 300 |
| 维生素 $D_3$/IU[2] | 220 | 200 | 170 | 160 | 150 |
| 维生素 E/ IU[h] | 16 | 11 | 11 | 11 | 11 |
| 维生素 K/mg | 0.50 | 0.50 | 0.50 | 0.50 | 0.50 |
| 硫胺素/mg | 1.50 | 1.00 | 1.00 | 1.00 | 1.00 |
| 核黄素/mg | 4.00 | 3.50 | 2.50 | 2.00 | 2.00 |
| 泛酸/mg | 12.00 | 10.00 | 8.00 | 7.50 | 7.00 |
| 烟酸/mg | 20.00 | 15.00 | 10.00 | 8.50 | 7.50 |
| 吡哆醇/mg | 2.00 | 1.50 | 1.00 | 1.00 | 1.00 |
| 生物素/mg | 0.08 | 0.05 | 0.05 | 0.05 | 0.05 |
| 叶酸/mg | 0.30 | 0.30 | 0.30 | 0.30 | 0.30 |
| 维生素 $B_{12}$/μg | 20.00 | 17.50 | 11.00 | 8.00 | 6.00 |
| 胆碱/g | 0.60 | 0.50 | 0.35 | 0.30 | 0.30 |
| 亚油酸/% | 0.10 | 0.10 | 0.10 | 0.10 | 0.10 |

注:a. 瘦肉率高于56%的公母混养猪群(阉公猪和青年母猪各一半)。

b. 假定代谢能为消化能的96%。

c. 3~20 kg 猪的赖氨酸百分比是根据试验和经验数据的估测值,其他氨基酸需要量是根据其与赖氨酸的比例(理想蛋白质)的估测值;20~90 kg 猪的赖氨酸需要量是结合生长模型、试验数据和经验数据的估测值,其他氨基酸需要量是根据其与赖氨酸的比例(理想蛋白质)的估测值。

d. 矿物质需要量包括饲料原料中提供的矿物质量;对于发育公猪和后备母猪,钙、总磷和有效磷的需要量应提高 0.05~0.1 个百分点。

e. 维生素需要量包括饲料原料中提供的维生素量。

f. IIU 维生素 A = 0.344 μg 维生素 A 醋酸酯。

g. IIU 维生素 $D_3$ = 0.025 μg 胆钙化醇。

h. IIU 维生素 E = 0.67 mg D-α-生育酚或 1 mg DL-α-生育酚醋酸酯。

附表 4 瘦肉型生长肥育猪每日每头养分需要量(自由采食,88% 干物质)[a]

| 体重/kg | 3~8 | 8~20 | 20~35 | 35~60 | 60~90 |
|---|---|---|---|---|---|
| 平均体重/kg | 5.5 | 14.0 | 27.5 | 47.5 | 75.0 |
| 日增重/($kg \cdot d^{-1}$) | 0.24 | 0.44 | 0.61 | 0.69 | 0.80 |
| 采食量/($kg \cdot d^{-1}$) | 0.30 | 0.74 | 1.43 | 1.90 | 2.50 |
| 饲料/增重 | 1.25 | 1.59 | 2.34 | 2.75 | 3.13 |
| 饲粮消化能摄入量,MJ/d ($Mcal \cdot d^{-1}$) | 4.21(1 005) | 10.06(2 405) | 19.15(4 575) | 25.44(6 080) | 33.48(8 000) |
| 饲粮代谢能摄入量,MJ/d ($Mcal \cdot d^{-1}$)[b] | 4.04(965) | 9.66(2 310) | 18.39(4 390) | 24.43(5 835) | 32.15(7 675) |
| 粗蛋白质/($g \cdot d^{-1}$) | 63 | 141 | 255 | 312 | 363 |
| 氨基酸/($g \cdot d^{-1}$) | | | | | |
| 赖氨酸 | 4.3 | 8.6 | 12.9 | 15.6 | 17.5 |
| 蛋氨酸 | 1.2 | 2.2 | 3.4 | 4.2 | 4.8 |
| 蛋氨酸+胱氨酸 | 2.4 | 4.9 | 7.3 | 9.1 | 10.0 |
| 苏氨酸 | 2.8 | 5.6 | 8.3 | 10.6 | 12.0 |
| 色氨酸 | 0.8 | 1.6 | 2.3 | 2.9 | 3.3 |
| 异亮氨酸 | 2.4 | 4.7 | 6.7 | 8.7 | 9.8 |
| 亮氨酸 | 4.3 | 8.4 | 12.2 | 14.8 | 15.8 |
| 精氨酸 | 1.7 | 3.4 | 5.0 | 5.7 | 5.5 |
| 缬氨酸 | 2.9 | 5.9 | 8.7 | 10.8 | 11.8 |
| 组氨酸 | 1.4 | 2.7 | 4.0 | 4.9 | 5.5 |
| 苯丙氨酸 | 2.6 | 5.1 | 7.4 | 9.1 | 10.0 |
| 苯丙氨酸+酪氨酸 | 4.0 | 7.9 | 11.7 | 14.6 | 16.0 |
| 矿物元素/g,($mg \cdot d^{-1}$) | | | | | |
| 钙/g | 2.64 | 5.48 | 8.87 | 10.45 | 12.25 |
| 总磷/g | 2.22 | 4.29 | 7.58 | 9.12 | 10.75 |
| 非植酸磷/g | 1.62 | 2.66 | 3.58 | 3.80 | 4.25 |
| 钠/g | 0.75 | 1.11 | 1.72 | 1.90 | 2.50 |
| 氯/g | 0.75 | 1.11 | 1.43 | 1.71 | 2.00 |
| 镁/g | 0.12 | 0.30 | 0.57 | 0.76 | 1.00 |
| 钾/g | 0.90 | 1.92 | 3.43 | 3.99 | 4.50 |
| 铜/mg | 1.80 | 4.44 | 6.44 | 7.60 | 8.75 |

续表

| 矿物元素/g,(mg·d⁻¹) | | | | | |
|---|---|---|---|---|---|
| 碘/mg | 0.04 | 0.10 | 0.20 | 0.27 | 0.35 |
| 铁/mg | 31.50 | 77.70 | 100.10 | 114.00 | 125.00 |
| 锰/mg | 1.20 | 2.96 | 4.29 | 3.80 | 5.00 |
| 硒/mg | 0.09 | 0.22 | 0.43 | 0.48 | 0.63 |
| 锌/mg | 33.00 | 81.40 | 100.10 | 114.00 | 125.00 |
| 维生素和脂肪酸,IU,g,mg,或 μg/d | | | | | |
| 维生素 A/IU[1] | 660 | 1 330 | 2 145 | 2 660 | 3 250 |
| 维生素 $D_3$/IU[2] | 66 | 148 | 243 | 304 | 375 |
| 维生素 E/IU[h] | 5 | 8.5 | 16 | 21 | 28 |
| 维生素 K/mg | 0.15 | 0.37 | 0.72 | 0.95 | 1.25 |
| 硫胺素/mg | 0.45 | 0.74 | 1.43 | 1.90 | 2.50 |
| 核黄素/mg | 1.20 | 2.59 | 3.58 | 3.80 | 5.00 |
| 泛酸/mg | 3.60 | 7.40 | 11.44 | 14.25 | 17.50 |
| 烟酸/mg | 6.00 | 11.10 | 14.30 | 16.15 | 18.75 |
| 吡哆醇/mg | 0.60 | 1.11 | 1.43 | 1.90 | 2.50 |
| 生物素/mg | 0.02 | 0.04 | 0.07 | 0.10 | 0.13 |
| 叶酸/mg | 0.09 | 0.22 | 0.43 | 0.57 | 0.75 |
| 维生素 $B_{12}$/μg | 6.00 | 12.95 | 15.73 | 15.20 | 15.00 |
| 胆碱/g | 0.18 | 0.37 | 0.50 | 0.57 | 0.75 |
| 亚油酸/g | 0.30 | 0.74 | 1.43 | 1.90 | 2.50 |

注:a. 瘦肉率高于56%的公母混养猪群(阉公猪和青年母猪各一半)。

b. 假定代谢能为消化能的96%。

c. 3~20 kg猪的赖氨酸每日需要量是用表1中的百分率乘以采食量的估测值,其他氨基酸需要量是根据其与赖氨酸的比例(理想蛋白质)的估测值;20~90 kg猪的赖氨酸需要量是根据生长模型的估测值,其他氨基酸需要量是根据其与赖氨酸的比例(理想蛋白质)的估测值。

d. 矿物质需要量包括饲料原料中提供的矿物质量;对于发育公猪和后备母猪,钙、总磷和有效磷的需要量应提高0.05~0.1个百分点。

e. 维生素需要量包括饲料原料中提供的维生素量。

f. IIU 维生素 A = 0.344 μg 维生素 A 醋酸酯。

g. IIU 维生素 $D_3$ = 0.025 μg 胆钙化醇。

h. IIU 维生素 E = 0.67 mg D-α-生育酚或1 mg DL-α-生育酚醋酸酯。

NY/T 65—2004

**附表 5 瘦肉型妊娠母猪每千克饲粮养分含量(88% 干物质)[a]**

| 妊娠期 | 妊娠前期 | | | 妊娠后期 | | |
|---|---|---|---|---|---|---|
| 配种体重/kg | 120 ~ 150 | 150 ~ 180 | >180 | 120 ~ 150 | 150 ~ 180 | >180 |
| 预期窝产仔数 | 10 | 11 | 11 | 10 | 11 | 11 |
| 采食量/(kg · d$^{-1}$) | 2.10 | 2.10 | 2.00 | 2.60 | 2.80 | 3.00 |
| 饲粮消化能含量,MJ/kg(kcal · kg$^{-1}$) | 12.75(3 050) | 12.35(2 950) | 12.15(2 950) | 12.75(3 050) | 12.55(3 000) | 12.55(3 000) |
| 饲粮代谢能含量,MJ/kg(kcal · kg$^{-1}$) | 12.25(2 930) | 11.85(2 830) | 11.65(2 830) | 12.25(2 930) | 12.05(2 800) | 12.05(2 880) |
| 粗蛋白质/%[d] | 13.0 | 12.0 | 12.0 | 14.0 | 13.0 | 12.0 |
| 能量蛋白比,kJ/%(kcal · %$^{-1}$) | 981(235) | 1 029(246) | 1 013(246) | 911(218) | 965(231) | 1 045(250) |
| 赖氨酸能量比,g/MJ(g · Mcal$^{-1}$) | 0.42(1.74) | 0.40(1.67) | 0.38(1.58) | 0.42(1.74) | 0.41(1.70) | 0.38(1.60) |
| 氨基酸,% | | | | | | |
| 赖氨酸 | 0.53 | 0.49 | 0.46 | 0.53 | 0.51 | 0.48 |
| 蛋氨酸 | 0.14 | 0.13 | 0.12 | 0.14 | 0.13 | 0.12 |
| 蛋氨酸 + 胱氨酸 | 0.34 | 0.32 | 0.31 | 0.34 | 0.33 | 0.32 |
| 苏氨酸 | 0.40 | 0.39 | 0.37 | 0.40 | 0.40 | 0.38 |
| 色氨酸 | 0.10 | 0.09 | 0.09 | 0.10 | 0.09 | 0.09 |
| 异亮氨酸 | 0.29 | 0.28 | 0.26 | 0.29 | 0.29 | 0.27 |
| 亮氨酸 | 0.45 | 0.41 | 0.37 | 0.45 | 0.42 | 0.38 |
| 精氨酸 | 0.06 | 0.02 | 0.00 | 0.06 | 0.02 | 0.00 |
| 缬氨酸 | 0.35 | 0.32 | 0.30 | 0.35 | 0.33 | 0.31 |
| 组氨酸 | 0.17 | 0.16 | 0.15 | 0.17 | 0.17 | 0.16 |
| 苯丙氨酸 | 0.29 | 0.27 | 0.25 | 0.29 | 0.28 | 0.26 |
| 苯丙氨酸 + 酪氨酸 | 0.49 | 0.45 | 0.43 | 0.49 | 0.47 | 0.44 |
| 矿物元素[d],% 或每千克饲粮含量 | | | | | | |
| 钙/% | 0.68 | | | | | |
| 总磷/% | 0.54 | | | | | |
| 非植酸磷/% | 0.32 | | | | | |
| 钠/% | 0.14 | | | | | |

续表

| 矿物元素[d],% 或每千克饲粮含量 | |
|---|---|
| 氯/% | 0.11 |
| 镁/% | 0.04 |
| 钾/% | 0.18 |
| 铜/mg | 5.0 |
| 碘/mg | 0.13 |
| 铁/mg | 75.0 |
| 锰/mg | 18.0 |
| 硒/mg | 0.14 |
| 锌/mg | 45.0 |
| 维生素和脂肪酸,% 或每千克饲粮含量 | |
| 维生素 A/IU[1] | 3 620 |
| 维生素 $D_3$/IU[2] | 180 |
| 维生素 E/IU[h] | 40 |
| 维生素 K/mg | 0.50 |
| 硫胺素/mg | 0.90 |
| 核黄素/mg | 3.40 |
| 泛酸/mg | 11 |
| 烟酸/mg | 9.05 |
| 吡哆醇/mg | 0.90 |
| 生物素/mg | 0.19 |
| 叶酸/mg | 1.20 |
| 维生素 $B_{12}$/μg | 14 |
| 胆碱/g | 1.15 |
| 亚油酸/% | 0.10 |

注:a. 消化能,氨基酸是根据国内试验报告、企业经验数据和 NRC(1998)妊娠模型得到的。

b. 妊娠前期指妊娠前 12 周,妊娠后期指妊娠后 4 周;“120 ~ 150 kg”阶段适用于初产母猪和因泌乳期过度的经产母猪,“150 ~ 180 kg”阶段适用于自身尚有生长潜力的经产母猪,“180 kg 以上”指达到标准成年体重的经产母猪,其对养分的需要量不随体重增长而变化。

c. 假定代谢能为消化能的 96%。

d. 以玉米—豆粕型日粮为基础确定的。

e. 矿物质需要量包括饲料原料中提供的矿物质量。

f. 维生素需要量包括饲料原料中提供的维生素量。

g. IIU 维生素 A = 0.344 μg 维生素 A 醋酸酯。

h. IIU 维生素 $D_3$ = 0.025 μg 胆钙化醇。

i. IIU 维生素 E = 0.67 mg D-α-生育酚或 1 mg DL-α-生育酚醋酸酯。

NY/T 65—2004

**附表 6　瘦肉型泌乳母猪每千克饲粮养分含量(88% 干物质)[a]**

| 分娩体重/kg | 140~180 | | 180~240 | |
|---|---|---|---|---|
| 泌乳期体重变化/kg | 0.0 | 10.0 | 7.5 | 15 |
| 哺乳窝产仔数/头 | 9 | 9 | 10 | 10 |
| 采食量/(kg·d$^{-1}$) | 5.25 | 4.65 | 5.65 | 2.50 |
| 饲粮消化能含量,MJ/kg(kcal·kg$^{-1}$) | 13.80(3 300) | 13.80(3 300) | 13.80(3 300) | 13.80(3 300) |
| 饲粮代谢能含量,MJ/kg[b](kcal·kg$^{-1}$) | 13.25(3 170) | 13.25(3 170) | 13.25(3 170) | 13.25(3 170) |
| 粗蛋白质/% | 17.5 | 18.0 | 18.0 | 18.5 |
| 能量蛋白比,kJ/%(Mcal·%$^{-1}$) | 789(189) | 767(183) | 767(183) | 767(183) |
| 赖氨酸能量比,g/MJ(g·Mcal$^{-1}$) | 0.64(2.67) | 0.67(2.82) | 0.66(2.76) | 0.68(2.85) |
| 氨基酸,% | | | | |
| 赖氨酸 | 0.88 | 0.93 | 0.91 | 0.94 |
| 蛋氨酸 | 0.22 | 0.24 | 0.23 | 0.24 |
| 蛋氨酸+胱氨酸 | 0.42 | 0.45 | 0.44 | 0.45 |
| 苏氨酸 | 0.56 | 0.59 | 0.58 | 0.60 |
| 色氨酸 | 0.16 | 0.17 | 0.17 | 0.18 |
| 异亮氨酸 | 0.49 | 0.52 | 0.51 | 0.53 |
| 亮氨酸 | 0.95 | 1.01 | 0.98 | 1.02 |
| 精氨酸 | 0.48 | 0.48 | 0.47 | 0.47 |
| 缬氨酸 | 0.74 | 0.79 | 0.77 | 0.81 |
| 组氨酸 | 0.34 | 0.36 | 0.35 | 0.37 |
| 苯丙氨酸 | 0.47 | 0.50 | 0.48 | 0.50 |
| 苯丙氨酸+酪氨酸 | 0.97 | 1.03 | 1.00 | 1.04 |
| 矿物元素[d],%或每千克饲粮含量 | | | | |
| 钙/% | 0.77 | | | |
| 总磷/% | 0.62 | | | |
| 非植酸磷/% | 0.36 | | | |
| 钠/% | 0.21 | | | |
| 氯/% | 0.16 | | | |
| 镁/% | 0.04 | | | |
| 钾/% | 0.21 | | | |

续表

| 矿物元素[d],%或每千克饲粮含量 | | |
|---|---|---|
| 铜/mg | | 5.0 |
| 碘/mg | | 0.14 |
| 铁/mg | | 80.0 |
| 锰/mg | | 20.5 |
| 硒/mg | | 0.15 |
| 锌/mg | | 51.0 |
| 维生素和脂肪酸,%或每千克饲粮含量 | | |
| 维生素 A/IU[1] | | 2 050 |
| 维生素 $D_3$/IU[2] | | 205 |
| 维生素 E/IU[h] | | 45 |
| 维生素 K/mg | | 0.5 |
| 硫胺素/mg | | 1.00 |
| 核黄素/mg | | 3.85 |
| 泛酸/mg | | 12 |
| 烟酸/mg | | 10.25 |
| 吡哆醇/mg | | 1.00 |
| 生物素/mg | | 0.21 |
| 叶酸/mg | | 1.35 |
| 维生素 $B_{12}$/μg | | 15.0 |
| 胆碱/g | | 1.00 |
| 亚油酸/% | | 0.10 |

注:a. 由于国内缺乏哺乳母猪的试验数据,消化能和氨基酸是根据国内一些企业的经验数据和 NRC(1998)泌乳模型得到的。

b. 假定代谢能为消化能的 96%。

c. 以玉米—豆粕型日粮为基础确定的。

d. 矿物质需要量包括饲料原料中提供的矿物质量。

e. 维生素需要量包括饲料原料中提供的维生素量。

f. IIU 维生素 A = 0.344 μg 维生素 A 醋酸酯。

g. IIU 维生素 $D_3$ = 0.025 μg 胆钙化醇。

h. IIU 维生素 E = 0.67 mg D-α-生育酚或 1 mg DL-α-生育酚醋酸酯。

附表 7　配种公猪每千克饲粮和每日每头养分需要量(88% 干物质)[a]

| | | |
|---|---|---|
| 饲粮消化能含量,MJ/kg(kcal·$kg^{-1}$) | 12.95(3 100) | 12.95(3 100) |
| 饲粮代谢能含量,MJ/kg[b](kcal·$kg^{-1}$) | 12.45(2 975) | 12.45(2 975) |
| 消化能摄入量,MJ/kg(kcal·$kg^{-1}$) | 21.70(6 820) | 21.70(6 820) |
| 代谢能摄入量,MJ/kg(kcal·$kg^{-1}$) | 20.85(6 545) | 20.85(6 545) |
| 采食量/(kg·$d^{-1}$)[d] | 2.2 | 2.2 |
| 粗蛋白质/%[c] | 13.50 | 13.50 |
| 能量蛋白比,kJ/%(kcal·$\%^{-1}$) | 959(230) | 959(230) |
| 赖氨酸能量比,g/MJ(g·$Mcal^{-1}$) | 0.42(1.78) | 0.42(1.78) |
| | 需要量 | |
| | 每千克饲粮含量 | 每日需要量 |
| | 氨基酸 | |
| 赖氨酸 | 0.55% | 12.1 g |
| 蛋氨酸 | 0.15% | 3.31 g |
| 蛋氨酸+胱氨酸 | 0.38% | 8.4 g |
| 苏氨酸 | 0.46% | 10.0 g |
| 色氨酸 | 0.11% | 2.4 g |
| 异亮氨酸 | 0.32% | 7.0 g |
| 亮氨酸 | 0.47% | 10.3 g |
| 精氨酸 | 0.00% | 0.0 g |
| 缬氨酸 | 0.36% | 7.9 g |
| 组氨酸 | 0.17% | 3.7 g |
| 苯丙氨酸 | 0.30% | 6.6 g |
| 苯丙氨酸+酪氨酸 | 0.52% | 11.4 g |
| | 矿物元素 | |
| 钙 | 0.70% | 15.4 g |
| 总磷 | 0.55% | 12.1 g |
| 非植酸磷 | 0.32% | 7.04 g |
| 钠 | 0.14% | 3.08 g |
| 氯 | 0.11% | 2.42 g |
| 镁 | 0.04% | 0.88 g |

续表

| 需要量 | | |
|---|---|---|
| | 每千克饲粮含量 | 每日需要量 |
| 矿物元素 | | |
| 钾 | 0.20% | 4.40 g |
| 铜 | 5 mg | 11.0 mg |
| 碘 | 0.15 mg | 0.33 mg |
| 铁 | 80 mg | 176.00 mg |
| 锰 | 20 mg | 44.00 mg |
| 硒 | 0.15 mg | 0.33 mg |
| 锌 | 75 mg | 165 mg |
| 维生素和脂肪酸 | | |
| 维生素 A | 4 000 IU | 8 800 IU |
| 维生素 $D_3$ | 220 IU | 485 IU |
| 维生素 E | 45 IU | 100 IU |
| 维生素 K | 0.50 mg | 1.10 mg |
| 硫胺素 | 1.0 mg | 2.20 mg |
| 核黄素 | 3.5 mg | 7.70 mg |
| 泛酸 | 12 mg | 26.4 mg |
| 烟酸 | 10 mg | 22 mg |
| 吡哆醇 | 1.0 mg | 2.20 mg |
| 生物素 | 0.20 mg | 0.44 mg |
| 叶酸 | 1.30 mg | 2.86 mg |
| 维生素 $B_{12}$ | 15 μg | 33 μg |
| 胆碱 | 1.25 g | 2.75 g |
| 亚油酸 | 0.1% | 2.2 g |

注：a. 需要量的规定以每日采食 2.2 kg 饲粮为基础，采食量需根据公猪的体重和期望的增重进行调整。

b. 假定代谢能为消化能的 96%。

c. 以玉米—豆粕型日粮为基础确定的。

d. 配种前一个月采食量增加 20% ~25%，冬季严寒期采食量增加 10% ~20%。

e. 矿物质需要量包括饲料原料中提供的矿物质。

f. 维生素需要量包括饲料原料中提供的维生素量。

g. 1IU 维生素 A = 0.344 μg 维生素 A 醋酸酯。

h. 1IU 维生素 $D_3$ = 0.025 μg 胆钙化醇。

i. 1IU 维生素 E = 0.67 mg D-α-生育酚或 1 mg DL-α-生育酚醋酸酯。

## 2. 美国 NRC(1998)生长肥育猪的营养标准

附表 8 生长猪日粮氨基酸需要量(自由采食,日粮含 90% 干物质)

| 项 目 | 体重范围,kg | | | | | |
|---|---|---|---|---|---|---|
| | 3~5 | 5~10 | 10~20 | 20~50 | 50~80 | 80~120 |
| 体重范围平均/kg | 4 | 7.5 | 15 | 35 | 65 | 100 |
| 消化能/($MJ \cdot kg^{-1}$) | 14.28 | 14.28 | 14.28 | 14.28 | 14.28 | 14.28 |
| 代谢能/($MJ \cdot kg^{-1}$)[①] | 13.71 | 13.71 | 13.71 | 13.71 | 13.71 | 13.71 |
| 预计消化能日摄入量,MJ | 3.59 | 7.10 | 14.28 | 26.48 | 36.79 | 43.89 |
| 预计代谢能日摄入量,MJ[②] | 3.44 | 6.80 | 13.71 | 25.41 | 35.32 | 42.13 |
| 预计日采食量/g | 250 | 500 | 1 000 | 1 855 | 2 575 | 3 075 |
| 粗蛋白/%[③] | 26.0 | 23.7 | 20.9 | 18.0 | 15.5 | 132 |
| 回肠末段真可消化氨基酸需要量,%[④] | | | | | | |
| 精氨酸 | 0.54 | 0.49 | 0.42 | 0.33 | 0.24 | 0.16 |
| 组氨酸 | 0.43 | 0.38 | 0.32 | 0.26 | 0.21 | 0.16 |
| 异亮氨酸 | 0.73 | 0.65 | 0.55 | 0.45 | 0.37 | 0.29 |
| 亮氨酸 | 1.35 | 1.20 | 1.02 | 0.83 | 0.67 | 0.51 |
| 赖氨酸 | 1.34 | 1.19 | 1.01 | 0.83 | 0.66 | 0.52 |
| 蛋氨酸 | 0.36 | 0.32 | 0.27 | 0.22 | 0.18 | 0.14 |
| 蛋氨酸+胱氨酸 | 0.76 | 0.68 | 0.58 | 0.47 | 0.39 | 0.31 |
| 苯丙氨酸 | 0.80 | 0.71 | 0.61 | 0.49 | 0.40 | 0.31 |
| 苯丙氨酸+酪氨酸 | 1.26 | 1.12 | 0.95 | 0.78 | 0.63 | 0.49 |
| 苏氨酸 | 0.84 | 0.74 | 0.63 | 0.52 | 0.43 | 0.34 |
| 色氨酸 | 0.24 | 0.22 | 0.18 | 0.15 | 0.12 | 0.10 |
| 缬氨酸 | 0.91 | 0.81 | 0.69 | 0.56 | 0.45 | 0.35 |
| 回肠末段表现可消化氨基酸需要量,% | | | | | | |
| 精氨酸 | 0.51 | 0.46 | 0.39 | 0.31 | 0.22 | 0.14 |
| 组氨酸 | 0.40 | 0.36 | 0.31 | 0.25 | 0.20 | 0.16 |
| 异亮氨酸 | 0.69 | 0.61 | 0.52 | 0.42 | 0.34 | 0.26 |
| 亮氨酸 | 1.29 | 1.15 | 0.98 | 0.80 | 0.64 | 0.50 |

续表

| 项 目 | 体重范围,kg | | | | | |
|---|---|---|---|---|---|---|
| | 3~5 | 5~10 | 10~20 | 20~50 | 50~80 | 80~120 |
| 回肠末段表现可消化氨基酸需要量,% | | | | | | |
| 赖氨酸 | 1.26 | 1.11 | 0.94 | 0.77 | 0.61 | 0.47 |
| 蛋氨酸 | 0.34 | 0.30 | 0.26 | 0.21 | 0.17 | 0.13 |
| 蛋氨酸+胱氨酸 | 0.71 | 0.63 | 0.53 | 0.44 | 0.36 | 0.29 |
| 苯丙氨酸 | 0.75 | 0.66 | 0.56 | 0.46 | 0.37 | 0.28 |
| 苯丙氨酸+酪氨酸 | 1.18 | 1.05 | 0.89 | 0.72 | 0.58 | 0.45 |
| 苏氨酸 | 0.75 | 0.66 | 0.56 | 0.46 | 0.37 | 0.30 |
| 色氨酸 | 0.22 | 0.19 | 0.16 | 0.13 | 0.10 | 0.08 |
| 缬氨酸 | 0.84 | 0.74 | 0.63 | 0.51 | 0.41 | 0.32 |
| 总氨基酸需要量,% | | | | | | |
| 精氨酸 | 0.59 | 0.54 | 0.46 | 0.37 | 0.27 | 0.19 |
| 组氨酸 | 0.48 | 0.43 | 0.36 | 0.30 | 0.24 | 0.19 |
| 异亮氨酸 | 0.83 | 0.73 | 0.63 | 0.51 | 0.42 | 0.33 |
| 亮氨酸 | 1.50 | 1.32 | 1.12 | 0.90 | 0.71 | 0.54 |
| 赖氨酸 | 1.50 | 1.35 | 1.15 | 0.95 | 0.75 | 0.60 |
| 蛋氨酸 | 0.40 | 0.35 | 0.30 | 0.25 | 0.20 | 0.16 |
| 蛋氨酸+胱氨酸 | 0.86 | 0.76 | 0.65 | 0.54 | 0.44 | 0.35 |
| 苯丙氨酸 | 0.90 | 0.80 | 0.68 | 0.55 | 0.44 | 0.34 |
| 苯丙氨酸+酪氨酸 | 1.41 | 1.25 | 1.06 | 0.87 | 0.70 | 0.55 |
| 苏氨酸 | 0.98 | 0.86 | 0.74 | 0.61 | 0.51 | 0.41 |
| 色氨酸 | 0.27 | 0.24 | 0.21 | 0.17 | 0.14 | 0.11 |
| 缬氨酸 | 1.04 | 0.92 | 0.79 | 0.64 | 0.52 | 0.40 |

注:①公母按1:1混养,20~120 kg生长阶段每天沉积无脂瘦肉325 g。

②消化能转化为代谢能的效率为96%,在本表中所列玉米—豆粕型日粮的粗蛋白质条件下,消能转化为代谢能的效率为94%~96%。

③本表中所列粗蛋白质含量适用于玉米—豆粕型日粮,对于采食含血浆或奶产品的3~10 kg仔猪,粗蛋白质水平可以降低2%~3%。

④总氨基酸的需要量基于以下日粮:3~5 kg仔猪,玉米—豆粕型日粮,含5%的血浆制品和25%~50%的奶制品;5~10 kg仔猪,玉米—豆粕型日粮,含5%~25%的奶制品;10~20 kg仔猪,玉米—豆粕型日粮。

⑤3~20 kg体重猪的总赖氨酸需要量是根据经验数据计算出来的,其他氨基酸是根据它们和赖氨酸的比例(真可消化基础)计算出来的,不过也有根据经验数据计算出来的。

**附表9　生长猪日粮中矿物质、维生素和亚油酸需要量**

(自由采食,日粮含90%干物质)①

| 项　目 | 体重范围/kg | | | | | |
|---|---|---|---|---|---|---|
| | 3~5 | 5~10 | 10~20 | 20~50 | 50~80 | 80~120 |
| 钙/%③ | 0.90 | 0.80 | 0.70 | 0.60 | 0.50 | 0.45 |
| 总磷/%③ | 0.70 | 0.65 | 0.60 | 0.50 | 0.45 | 0.40 |
| 有效磷/%③ | 0.55 | 0.40 | 0.32 | 0.23 | 0.19 | 0.15 |
| 钠/% | 0.25 | 0.20 | 0.15 | 0.10 | 0.10 | 0.10 |
| 氯/% | 0.25 | 0.20 | 0.15 | 0.10 | 0.08 | 0.08 |
| 镁/% | 0.04 | 0.04 | 0.04 | 0.04 | 0.04 | 0.04 |
| 钾/($mg \cdot kg^{-1}$) | 0.30 | 0.28 | 0.26 | 0.23 | 0.19 | 0.17 |
| 铜/($mg \cdot kg^{-1}$) | 6.00 | 6.00 | 5.00 | 4.00 | 3.50 | 3.00 |
| 碘/($mg \cdot kg^{-1}$) | 0.14 | 0.14 | 0.14 | 0.14 | 0.14 | 0.14 |
| 铁/($mg \cdot kg^{-1}$) | 100 | 100 | 80 | 60 | 50 | 40 |
| 锰/($mg \cdot kg^{-1}$) | 4.00 | 4.00 | 3.00 | 2.00 | 2.00 | 2.00 |
| 硒/($mg \cdot kg^{-1}$) | 0.30 | 0.30 | 0.25 | 0.15 | 0.15 | 0.15 |
| 锌/($mg \cdot kg^{-1}$) | 100 | 100 | 80 | 60 | 50 | 50 |
| 生物素/($mg \cdot kg^{-1}$) | 0.08 | 0.05 | 0.05 | 0.05 | 0.5 | 0.05 |
| 胆碱/$g \cdot kg^{-1}$) | 0.50 | 0.40 | 0.30 | 0.30 | 0.30 | 0.30 |
| 叶酸/$mg \cdot kg^{-1}$) | 0.30 | 0.30 | 0.30 | 0.30 | 0.30 | 0.30 |
| 烟酸,可利用/($m \cdot kg^{-1}$)④ | 20.00 | 15.00 | 12.50 | 10.00 | 7.00 | 7.00 |
| 泛酸/($mg \cdot kg^{-1}$) | 12.00 | 9.00 | 8.00 | 7.00 | 7.00 | 7.00 |
| 核黄素/($mg \cdot kg^{-1}$) | 4.00 | 3.50 | 3.00 | 2.50 | 2.00 | 2.00 |
| 硫胺素/($mg \cdot kg^{-1}$) | 1.50 | 1.00 | 1.00 | 1.00 | 1.00 | 1.00 |
| 维生素 $B_6$/($mg \cdot kg^{-1}$) | 2.00 | 1.50 | 1.50 | 1.00 | 1.00 | 1.00 |
| 维生素 $B_{12}$/($\mu g \cdot kg^{-1}$) | 20.00 | 17.50 | 15.00 | 10.00 | 5.00 | 5.00 |
| 亚油酸/% | 0.10 | 0.10 | 0.10 | 0.10 | 0.10 | 0.10 |

注:①瘦肉生长速度较高(每天无脂瘦肉沉积大于325 g)的猪,对某些矿物元素和维生素的需要量可能比表中数据略高。

②消化能转化为代谢能的效率为96%,对玉米—豆粕型日粮,这一转化率为94%~96%。

③体重50~100 kg的后备公猪和后备母猪日粮中钙、磷和可利用磷的含量应增加0.05%~0.10%。

④玉米、饲用高粱、小麦和大麦中烟酸不能为猪所利用,同样其加工副产品烟酸的利用率也很低。

# 附录四 鸡的饲养标准

## 中华人民共和国农业行业标准(NY/T 33—2004)鸡饲养标准

附表10 生长蛋鸡营养需要

| 营养指标 | 单 位 | 0~8周龄 | 9~18周龄 | 19周龄~开产 |
|---|---|---|---|---|
| 代谢能 | MJ/kg(Mcal·kg$^{-1}$) | 11.91(2.85) | 11.70(2.80) | 11.50(2.75) |
| 粗蛋白质 | % | 19.0 | 15.5 | 17.0 |
| 蛋白能量比 | g/MJ(g·Mcal$^{-1}$) | 15.95(66.67) | 13.25(55.30) | 14.78(61.82) |
| 赖氨酸能量比 | g/MJ(g·Mcal$^{-1}$) | 0.84(3.51) | 0.58(2.43) | 0.61(2.55) |
| 赖氨酸 | % | 1.00 | 0.68 | 0.70 |
| 蛋氨酸 | % | 0.37 | 0.27 | 0.34 |
| 蛋氨酸+胱氨酸 | % | 0.74 | 0.55 | 0.64 |
| 苏氨酸 | % | 0.66 | 0.55 | 0.62 |
| 色氨酸 | % | 0.20 | 0.18 | 0.19 |
| 精氨酸 | % | 1.18 | 0.98 | 1.02 |
| 亮氨酸 | % | 1.27 | 1.01 | 1.07 |
| 异亮氨酸 | % | 0.71 | 0.59 | 0.60 |
| 苯丙氨酸 | % | 0.64 | 0.53 | 0.54 |
| 苯丙氨酸+酪氨酸 | % | 1.18 | 0.98 | 1.00 |
| 组氨酸 | % | 0.31 | 0.26 | 0.27 |
| 脯氨酸 | % | 0.50 | 0.34 | 0.44 |
| 缬氨酸 | % | 0.73 | 0.60 | 0.62 |
| 甘氨酸+丝氨酸 | % | 0.82 | 0.68 | 0.71 |
| 钙 | % | 0.90 | 0.80 | 2.00 |
| 总磷 | % | 0.70 | 0.60 | 0.55 |
| 非植酸磷 | % | 0.40 | 0.35 | 0.32 |
| 钠 | % | 0.15 | 0.15 | 0.15 |
| 氯 | % | 0.15 | 0.15 | 0.15 |
| 铁 | mg/kg | 80 | 60 | 60 |
| 铜 | mg/kg | 8 | 6 | 8 |

续表

| 营养指标 | 单　位 | 0～8 周龄 | 9～18 周龄 | 19 周龄～开产 |
|---|---|---|---|---|
| 锌 | mg/kg | 60 | 40 | 80 |
| 锰 | mg/kg | 60 | 40 | 60 |
| 碘 | mg/kg | 0.35 | 0.35 | 0.35 |
| 硒 | mg/kg | 0.30 | 0.30 | 0.30 |
| 亚油酸 | % | 1 | 1 | 1 |
| 维生素 A | IU/kg | 4 000 | 4 000 | 4 000 |
| 维生素 D | IU/kg | 800 | 800 | 800 |
| 维生素 E | IU/kg | 10 | 8 | 8 |
| 维生素 K | mg/kg | 0.5 | 0.5 | 0.5 |
| 硫胺素 | mg/kg | 1.8 | 1.3 | 1.3 |
| 核黄素 | mg/kg | 3.6 | 1.8 | 2.2 |
| 泛酸 | mg/kg | 10 | 10 | 10 |
| 烟酸 | mg/kg | 30 | 11 | 11 |
| 吡哆醇 | mg/kg | 3 | 3 | 3 |
| 生物素 | mg/kg | 0.15 | 0.10 | 0.10 |
| 叶酸 | mg/kg | 0.55 | 0.25 | 0.25 |
| 维生素 $B_{12}$ | mg/kg | 0.010 | 0.003 | 0.004 |
| 胆碱 | mg/kg | 1 300 | 900 | 500 |

注:根据中型体重鸡制订,轻型鸡可酌减 10%;开产日龄按 5% 产蛋率计算。

**附表 11　产蛋鸡营养需要**

| 营养指标 | 单　位 | 开产—高峰期(>85%) | 高峰后(<85%) | 种　鸡 |
|---|---|---|---|---|
| 代谢能 | MJ/kg(Mcal · $kg^{-1}$) | 11.29(2.70) | 10.87(2.65) | 11.29(2.70) |
| 粗蛋白质 | % | 16.5 | 15.5 | 18.0 |
| 蛋白能量比 | g/MJ(g · $Mcal^{-1}$) | 14.61(61.11) | 14.26(58.49) | 15.94(66.67) |
| 赖氨酸能量比 | g/MJ(g · $Mcal^{-1}$) | 0.64(2.67) | 0.61(2.54) | 0.63(2.63) |
| 赖氨酸 | % | 0.75 | 0.75 | 0.75 |
| 蛋氨酸 | % | 0.34 | 0.32 | 0.34 |
| 蛋氨酸+胱氨酸 | % | 0.65 | 0.56 | 0.65 |
| 苏氨酸 | % | 0.55 | 0.50 | 0.55 |
| 色氨酸 | % | 0.16 | 0.15 | 0.16 |

续表

| 营养指标 | 单 位 | 开产—高峰期( >85%) | 高峰后( <85%) | 种 鸡 |
|---|---|---|---|---|
| 精氨酸 | % | 0.76 | 0.69 | 0.76 |
| 亮氨酸 | % | 1.02 | 0.98 | 1.02 |
| 异亮氨酸 | % | 0.72 | 0.66 | 0.72 |
| 苯丙氨酸 | % | 0.58 | 0.52 | 0.58 |
| 苯丙氨酸 + 酪氨酸 | % | 1.08 | 1.06 | 1.08 |
| 组氨酸 | % | 0.25 | 0.23 | 0.25 |
| 缬氨酸 | % | 0.59 | 0.54 | 0.59 |
| 甘氨酸 + 丝氨酸 | % | 0.57 | 0.48 | 0.57 |
| 可利用赖氨酸 | % | 0.66 | 0.60 | — |
| 可利用蛋氨酸 | % | 0.32 | 0.30 | — |
| 钙 | % | 3.5 | 3.5 | 3.5 |
| 总磷 | % | 0.60 | 0.60 | 0.60 |
| 非植酸磷 | % | 0.32 | 0.32 | 0.32 |
| 钠 | % | 0.15 | 0.15 | 0.15 |
| 氯 | % | 0.15 | 0.15 | 0.15 |
| 铁 | mg/kg | 60 | 60 | 60 |
| 铜 | mg/kg | 8 | 8 | 6 |
| 锰 | mg/kg | 60 | 60 | 60 |
| 锌 | mg/kg | 80 | 80 | 60 |
| 碘 | mg/kg | 0.35 | 0.35 | 0.35 |
| 硒 | mg/kg | 0.30 | 0.30 | 0.30 |
| 亚油酸 | % | 1 | 1 | 1 |
| 维生素 A | IU/kg | 8 000 | 8 000 | 10 000 |
| 维生素 D | IU/kg | 1 600 | 1 600 | 2 000 |
| 维生素 E | IU/kg | 5 | 5 | 10 |
| 维生素 K | mg/kg | 0.5 | 0.5 | 1.0 |
| 硫胺素 | mg/kg | 0.8 | 0.8 | 0.8 |
| 核黄素 | mg/kg | 2.5 | 2.5 | 3.8 |
| 泛酸 | mg/kg | 2.2 | 2.2 | 10 |
| 烟酸 | mg/kg | 20 | 20 | 30 |

续表

| 营养指标 | 单　位 | 开产—高峰期(>85%) | 高峰后(<85%) | 种 鸡 |
|---|---|---|---|---|
| 吡哆醇 | mg/kg | 3.0 | 3.0 | 4.5 |
| 生物素 | mg/kg | 0.10 | 0.10 | 0.15 |
| 叶酸 | mg/kg | 0.25 | 0.25 | 0.35 |
| 维生素 | mg/kg | 0.004 | 0.004 | 0.004 |
| 胆碱 | mg/kg | 500 | 500 | 500 |

**附表 12　生长蛋鸡体重与耗料量**

| 周　龄 | 周末体重/(克·只$^{-1}$) | 耗料量/(克·只$^{-1}$) | 累计耗料量/(克·只$^{-1}$) |
|---|---|---|---|
| 1 | 70 | 84 | 84 |
| 2 | 130 | 119 | 203 |
| 3 | 200 | 154 | 357 |
| 4 | 275 | 189 | 546 |
| 5 | 360 | 224 | 770 |
| 6 | 445 | 259 | 1 029 |
| 7 | 530 | 294 | 1 323 |
| 8 | 615 | 329 | 1 652 |
| 9 | 700 | 357 | 2 009 |
| 10 | 785 | 385 | 2 394 |
| 11 | 875 | 413 | 2 807 |
| 12 | 965 | 441 | 3 248 |
| 13 | 1 055 | 469 | 3 717 |
| 14 | 1 145 | 497 | 4 214 |
| 15 | 1 235 | 525 | 4 739 |
| 16 | 1 325 | 546 | 5 285 |
| 17 | 1 415 | 567 | 5 852 |
| 18 | 1 505 | 588 | 6 440 |
| 19 | 1 595 | 609 | 7 049 |
| 20 | 1 670 | 630 | 7 679 |

注:0～8 周龄为自由采食,9 周龄开始结合光照进行限饲。

附表 13　肉用仔鸡营养需要之一

| 营养指标 | 单　位 | 0～3 周龄 | 4～6 周龄 | 7 周龄～ |
|---|---|---|---|---|
| 代谢能 | MJ/kg(Mcal·$kg^{-1}$) | 12.54(3.00) | 12.96(3.10) | 13.17(3.15) |
| 粗蛋白质 | % | 21.5 | 20.0 | 18.0 |
| 蛋白能量比 | g/MJ(g·$Mcal^{-1}$) | 17.14(71.67) | 15.43(64.52) | 13.67(57.14) |
| 赖氨酸能量比 | g/MJ(g·$Mcal^{-1}$) | 0.92(3.83) | 0.77(3.23) | 0.67(2.81) |
| 赖氨酸 | % | 1.15 | 1.00 | 0.87 |
| 蛋氨酸 | % | 0.50 | 0.40 | 0.34 |
| 蛋氨酸+胱氨酸 | % | 0.91 | 0.76 | 0.65 |
| 苏氨酸 | % | 0.81 | 0.72 | 0.68 |
| 色氨酸 | % | 0.21 | 0.18 | 0.17 |
| 精氨酸 | % | 1.20 | 1.12 | 1.01 |
| 亮氨酸 | % | 1.26 | 1.05 | 0.94 |
| 异亮氨酸 | % | 0.81 | 0.75 | 0.63 |
| 苯丙氨酸 | % | 0.71 | 0.66 | 0.58 |
| 苯丙氨酸+酪氨酸 | % | 1.27 | 1.15 | 1.00 |
| 组氨酸 | % | 0.35 | 0.32 | 0.27 |
| 脯氨酸 | % | 0.58 | 0.54 | 0.47 |
| 缬氨酸 | % | 0.85 | 0.74 | 0.64 |
| 甘氨酸+丝氨酸 | % | 1.24 | 1.10 | 0.96 |
| 钙 | % | 1.0 | 0.9 | 0.8 |
| 总磷 | % | 0.68 | 0.65 | 0.60 |
| 非植酸磷 | % | 0.45 | 0.40 | 0.35 |
| 氯 | % | 0.20 | 0.15 | 0.15 |
| 钠 | % | 0.20 | 0.15 | 0.15 |
| 铁 | mg/kg | 100 | 80 | 80 |
| 铜 | mg/kg | 8 | 8 | 8 |
| 锰 | mg/kg | 120 | 100 | 80 |
| 锌 | mg/kg | 100 | 80 | 80 |
| 碘 | mg/kg | 0.70 | 0.70 | 0.70 |
| 硒 | mg/kg | 0.30 | 0.30 | 0.30 |
| 亚油酸 | % | 1 | 1 | 1 |
| 维生素 A | IU/kg | 8 000 | 6 000 | 2 700 |

续表

| 营养指标 | 单 位 | 0~3周龄 | 4~6周龄 | 7周龄~ |
|---|---|---|---|---|
| 维生素D | IU/kg | 1 000 | 750 | 400 |
| 维生素E | IU/kg | 20 | 10 | 10 |
| 维生素K | mg/kg | 0.5 | 0.5 | 0.5 |
| 硫胺素 | mg/kg | 2.0 | 2.0 | 2.0 |
| 核黄素 | mg/kg | 8 | 5 | 5 |
| 泛酸 | mg/kg | 10 | 10 | 10 |
| 烟酸 | mg/kg | 35 | 30 | 30 |
| 吡哆醇 | mg/kg | 3.5 | 3.0 | 3.0 |
| 生物素 | mg/kg | 0.18 | 0.15 | 0.10 |
| 叶酸 | mg/kg | 0.55 | 0.55 | 0.50 |
| 维生素 | mg/kg | 0.010 | 0.010 | 0.007 |
| 胆碱 | mg/kg | 1 300 | 1 000 | 750 |

**附表14 肉用仔鸡营养需要之一**

| 营养指标 | 单 位 | 0~2周龄 | 3~6周龄 | 7周龄~ |
|---|---|---|---|---|
| 代谢能 | MJ/kg(Mcal·kg$^{-1}$) | 12.75(3.05) | 12.96(3.10) | 13.17(3.15) |
| 粗蛋白质 | % | 22.0 | 20.0 | 17 |
| 蛋白能量比 | g/MJ(g·Mcal$^{-1}$) | 17.25(72.13) | 15.43(64.52) | 12.91(53.97) |
| 赖氨酸能量比 | g/MJ(g·Mcal$^{-1}$) | 0.88(3.67) | 0.77(3.23) | 0.62(2.60) |
| 赖氨酸 | % | 1.20 | 1.00 | 0.82 |
| 蛋氨酸 | % | 0.52 | 0.40 | 0.32 |
| 蛋氨酸+胱氨酸 | % | 0.92 | 0.76 | 0.63 |
| 苏氨酸 | % | 0.84 | 0.72 | 0.64 |
| 色氨酸 | % | 0.21 | 0.18 | 0.16 |
| 精氨酸 | % | 1.25 | 1.12 | 0.95 |
| 亮氨酸 | % | 1.32 | 1.05 | 0.89 |
| 异亮氨酸 | % | 0.84 | 0.75 | 0.59 |
| 苯丙氨酸 | % | 0.74 | 0.66 | 0.55 |
| 苯丙氨酸+酪氨酸 | % | 1.32 | 1.15 | 0.98 |
| 组氨酸 | % | 0.36 | 0.32 | 0.25 |
| 脯氨酸 | % | 0.60 | 0.54 | 0.44 |
| 缬氨酸 | % | 0.90 | 0.74 | 0.72 |

续表

| 营养指标 | 单 位 | 0~2周龄 | 3~6周龄 | 7周龄~ |
|---|---|---|---|---|
| 甘氨酸+丝氨酸 | % | 1.30 | 1.10 | 0.93 |
| 钙 | % | 1.05 | 0.95 | 0.80 |
| 总磷 | % | 0.68 | 0.65 | 0.60 |
| 非植酸磷 | % | 0.50 | 0.40 | 0.35 |
| 钠 | % | 0.20 | 0.15 | 0.15 |
| 氯 | % | 0.20 | 0.15 | 0.15 |
| 铁 | mg/kg | 120 | 80 | 80 |
| 铜 | mg/kg | 10 | 8 | 8 |
| 锰 | mg/kg | 120 | 100 | 80 |
| 锌 | mg/kg | 120 | 80 | 80 |
| 碘 | mg/kg | 0.70 | 0.70 | 0.70 |
| 硒 | mg/kg | 0.30 | 0.30 | 0.30 |
| 亚油酸 | % | 1 | 1 | 1 |
| 维生素A | IU/kg | 10 000 | 6 000 | 2 700 |
| 维生素D | IU/kg | 2 000 | 1 000 | 400 |
| 维生素E | IU/kg | 30 | 10 | 10 |
| 维生素K | mg/kg | 1.0 | 0.5 | 0.5 |
| 硫胺素 | mg/kg | 2 | 2 | 2 |
| 核黄素 | mg/kg | 10 | 5 | 5 |
| 泛酸 | mg/kg | 10 | 10 | 10 |
| 烟酸 | mg/kg | 45 | 30 | 30 |
| 吡哆醇 | mg/kg | 4.0 | 3.0 | 3.0 |
| 生物素 | mg/kg | 0.20 | 0.15 | 0.10 |
| 叶酸 | mg/kg | 1.00 | 0.55 | 0.50 |
| 维生素$B_{12}$ | mg/kg | 0.010 | 0.010 | 0.007 |
| 胆碱 | mg/kg | 1 500 | 1 200 | 750 |

**附表15 肉用仔鸡体重与耗料量**

| 周 龄 | 体重/(克·只$^{-1}$) | 耗料量/(克·只$^{-1}$) | 累计耗料量/(克·只$^{-1}$) |
|---|---|---|---|
| 1 | 126 | 113 | 113 |
| 2 | 317 | 273 | 386 |
| 3 | 558 | 473 | 859 |

续表

| 周　龄 | 体重/(克·只$^{-1}$) | 耗料量/(克·只$^{-1}$) | 累计耗料量/(克·只$^{-1}$) |
|---|---|---|---|
| 4 | 900 | 643 | 1 502 |
| 5 | 1 309 | 867 | 2 369 |
| 6 | 1 696 | 954 | 3 323 |
| 7 | 2 117 | 1 164 | 4 487 |
| 8 | 2 457 | 1 079 | 5 566 |

**附表 16　肉用种鸡营养需要量**

| 营养指标 | 单　位 | 0~6 周龄 | 7~18 周龄 | 19~开产 | 开产至高峰期（产蛋>65%） | 高峰期后（产蛋<65%） |
|---|---|---|---|---|---|---|
| 代谢能 | MJ/kg (Mcal·kg$^{-1}$) | 12.12(2.90) | 11.91(2.85) | 11.70(2.80) | 11.70(2.80) | 11.70(2.80) |
| 粗蛋白质 | % | 18.0 | 15.0 | 16.0 | 17.0 | 16.0 |
| 蛋白能量比 | g/MJ (g·Mcal$^{-1}$) | 14.85(62.07) | 12.59(52.63) | 13.68(57.14) | 14.53(60.71) | 13.68(57.14) |
| 赖氨酸能量比 | g/MJ (g·Mcal$^{-1}$) | 0.76(3.17) | 0.55(2.28) | 0.64(2.68) | 0.68(2.86) | 0.64(2.68) |
| 赖氨酸 | % | 0.92 | 0.65 | 0.75 | 0.80 | 0.75 |
| 蛋氨酸 | % | 0.34 | 0.30 | 0.32 | 0.34 | 0.30 |
| 蛋氨酸+胱氨酸 | % | 0.72 | 0.56 | 0.62 | 0.64 | 0.60 |
| 苏氨酸 | % | 0.52 | 0.48 | 0.50 | 0.55 | 0.50 |
| 色氨酸 | % | 0.20 | 0.17 | 0.16 | 0.17 | 0.16 |
| 精氨酸 | % | 0.90 | 0.75 | 0.90 | 0.90 | 0.88 |
| 亮氨酸 | % | 1.05 | 0.81 | 0.86 | 0.86 | 0.81 |
| 异亮氨酸 | % | 0.66 | 0.58 | 0.58 | 0.58 | 0.58 |
| 苯丙氨酸 | % | 0.52 | 0.39 | 0.42 | 0.51 | 0.48 |
| 苯丙氨酸+酪氨酸 | % | 1.00 | 0.77 | 0.82 | 0.85 | 0.80 |
| 组氨酸 | % | 0.26 | 0.21 | 0.22 | 0.24 | 0.21 |
| 脯氨酸 | % | 0.50 | 0.41 | 0.44 | 0.45 | 0.42 |
| 缬氨酸 | % | 0.62 | 0.47 | 0.50 | 0.66 | 0.51 |

续表

| 营养指标 | 单 位 | 0~6周龄 | 7~18周龄 | 19~开产 | 开产至高峰期（产蛋>65%） | 高峰期后（产蛋<65%） |
|---|---|---|---|---|---|---|
| 甘氨酸+丝氨酸 | % | 0.70 | 0.53 | 0.56 | 0.57 | 0.54 |
| 钙 | % | 1.00 | 0.90 | 2.0 | 3.30 | 3.50 |
| 总磷 | % | 0.68 | 0.65 | 0.65 | 0.68 | 0.65 |
| 非植酸磷 | % | 0.45 | 0.40 | 0.42 | 0.45 | 0.42 |
| 钠 | % | 0.18 | 0.18 | 0.18 | 0.18 | 0.18 |
| 氯 | % | 0.18 | 0.18 | 0.18 | 0.18 | 0.18 |
| 铁 | mg/kg | 60 | 60 | 80 | 80 | 80 |
| 铜 | mg/kg | 6 | 6 | 8 | 8 | 8 |
| 锰 | mg/kg | 80 | 80 | 100 | 100 | 100 |
| 锌 | mg/kg | 60 | 60 | 80 | 80 | 80 |
| 碘 | mg/kg | 0.70 | 0.70 | 1.00 | 1.00 | 1.00 |
| 硒 | mg/kg | 0.30 | 0.30 | 0.30 | 0.30 | 0.30 |
| 亚油酸 | % | 1 | 1 | 1 | 1 | 1 |
| 维生素A | IU/kg | 8 000 | 6 000 | 9 000 | 12 000 | 12 000 |
| 维生素D | IU/kg | 1 600 | 1 200 | 1 800 | 2 400 | 2 400 |
| 维生素E | IU/kg | 20 | 10 | 10 | 30 | 30 |
| 维生素K | mg/kg | 1.5 | 1.5 | 1.5 | 1.5 | 1.5 |
| 硫胺素 | mg/kg | 1.8 | 1.5 | 1.5 | 2.0 | 2.0 |
| 核黄素 | mg/kg | 8 | 6 | 6 | 9 | 9 |
| 泛酸 | mg/kg | 12 | 10 | 10 | 12 | 12 |
| 烟酸 | mg/kg | 30 | 20 | 20 | 35 | 35 |
| 吡哆醇 | mg/kg | 3.0 | 3.0 | 3.0 | 4.5 | 4.5 |
| 生物素 | mg/kg | 0.15 | 0.10 | 0.10 | 0.20 | 0.20 |
| 叶酸 | mg/kg | 1.0 | 0.5 | 0.5 | 1.2 | 1.2 |
| 维生素$B_{12}$ | mg/kg | 0.010 | 0.006 | 0.008 | 0.012 | 0.012 |
| 胆碱 | mg/kg | 1 300 | 900 | 500 | 500 | 500 |

附表 17　肉用种鸡体重与耗料量

| 周　龄 | 体重/(克·只$^{-1}$) | 耗料量/(克·只$^{-1}$) | 累计耗料量/(克·只$^{-1}$) |
|---|---|---|---|
| 1 | 90 | 100 | 100 |
| 2 | 185 | 168 | 268 |
| 3 | 340 | 231 | 499 |
| 4 | 430 | 266 | 765 |
| 5 | 520 | 287 | 1 052 |
| 6 | 610 | 301 | 1 353 |
| 7 | 700 | 322 | 1 675 |
| 8 | 795 | 336 | 2 011 |
| 9 | 890 | 357 | 2 368 |
| 10 | 985 | 378 | 2 746 |
| 11 | 1 080 | 406 | 3 152 |
| 12 | 1 180 | 434 | 3 586 |
| 13 | 1 280 | 462 | 4 048 |
| 14 | 1 380 | 497 | 4 545 |
| 15 | 1 480 | 518 | 5 063 |
| 16 | 1 595 | 553 | 5 616 |
| 17 | 1 710 | 588 | 6 204 |
| 18 | 1 840 | 630 | 6 834 |
| 19 | 1 970 | 658 | 7 492 |
| 20 | 2 100 | 707 | 8 199 |
| 21 | 2 250 | 749 | 8 948 |
| 22 | 2 400 | 798 | 9 746 |
| 23 | 2 550 | 847 | 10 593 |
| 24 | 2 710 | 896 | 11 489 |
| 25 | 2 870 | 952 | 12 441 |
| 29 | 3 477 | 1 190 | 13 631 |
| 33 | 3 603 | 1 169 | 14 800 |
| 43 | 3 608 | 1 141 | 15 941 |
| 58 | 3 782 | 1 064 | 17 005 |

# 附录五　奶牛饲养标准

## 中华人民共和国农业行业标准(NY/T 34—2004)奶牛饲养标准

附表 18　水平行走的维持能量需要量(kJ/头·日)

| 行走距离/km | 行走速度/$(m \cdot s^{-1})$ | |
|---|---|---|
| | 1m/s | 1.5m/s |
| 1 | $364W^{0.75}$ | $368W^{0.75}$ |
| 2 | $372W^{0.75}$ | $377W^{0.75}$ |
| 3 | $381W^{0.75}$ | $385W^{0.75}$ |
| 4 | $393W^{0.75}$ | $398W^{0.75}$ |
| 5 | $406W^{0.75}$ | $418W^{0.75}$ |

附表 19　增重的能量沉积换算成产奶净能的系数

| 体重/kg | 产奶净能 = 增重的能量沉积 × 系数 |
|---|---|
| 150 | ×1.10 |
| 200 | ×1.20 |
| 250 | ×1.26 |
| 300 | ×1.32 |
| 350 | ×1.37 |
| 400 | ×1.42 |
| 450 | ×1.46 |
| 500 | ×1.49 |
| 550 | ×1.52 |

附表 20　用 RDNg/ FOMkg 与 MN/RDN 的回归式计算的 MN/RDN

| RDNg/ FOMkg | 15 | 20 | 25 | 30 | 35 |
|---|---|---|---|---|---|
| MN/RDN | 1.34 | 1.09 | 0.90 | 0.75 | 0.62 |

**附表 21 成年母牛维持的营养需要**

| 体重 /kg | 日粮干物质 /kg | 奶牛能量单位 /NND | 产奶净能 /Mcal | 产奶净能 /MJ | 可消化粗蛋白质 /g | 小肠可消化粗蛋白质 /g | 钙 /g | 磷 /g | 胡萝卜素 /mg | 维生素 A /IU |
|---|---|---|---|---|---|---|---|---|---|---|
| 350 | 5.02 | 9.17 | 6.88 | 28.79 | 243 | 202 | 21 | 16 | 63 | 25 000 |
| 400 | 5.55 | 10.13 | 7.60 | 31.80 | 268 | 224 | 24 | 18 | 75 | 30 000 |
| 450 | 6.06 | 11.07 | 8.30 | 34.73 | 293 | 244 | 27 | 20 | 85 | 34 000 |
| 500 | 6.56 | 11.97 | 8.98 | 37.57 | 317 | 264 | 30 | 22 | 95 | 38 000 |
| 550 | 7.04 | 12.88 | 9.65 | 40.38 | 341 | 284 | 33 | 25 | 105 | 42 000 |
| 600 | 7.52 | 13.73 | 10.30 | 43.10 | 364 | 303 | 36 | 27 | 115 | 46 000 |
| 650 | 7.98 | 14.59 | 10.94 | 45.77 | 386 | 322 | 39 | 30 | 123 | 49 000 |
| 700 | 8.44 | 15.43 | 11.57 | 48.41 | 408 | 340 | 42 | 32 | 133 | 53 000 |
| 750 | 8.89 | 16.24 | 12.18 | 50.96 | 430 | 358 | 45 | 34 | 143 | 57 000 |

注:①对第一个泌乳期的维持需要按上表基础增加 20%,第二个泌乳期增加 10%。

②如第一个泌乳期的年龄和体重过小,应按生长牛的需要计算实际增重的营养需要。

③放牧运动时,须在上表基础上增加能量需要量,按正文中的说明计算。

④在环境温度低的情况下,维持能量消耗增加,须在上表基础上增加需要量,按正文说明计算。

⑤泌乳期间,每增加 1 kg 体重需增加 8 NND 和 325 g 可消化粗蛋白;每减重 1 kg 需扣除 6.56 NND 和 250 g 可消化粗蛋白。

**附表 22 每产 1 kg 奶的营养需要**

| 乳脂率 /% | 日粮干物质 /kg | 奶牛能量单位 /NND | 产奶净能 /Mcal | 产奶净能 /MJ | 可消化粗蛋白质 /g | 小肠可消化粗蛋白质 /g | 钙 /g | 磷 /g | 胡萝卜素 /mg | 维生素 A /IU |
|---|---|---|---|---|---|---|---|---|---|---|
| 2.5 | 0.31 ~ 0.35 | 0.80 | 0.60 | 2.51 | 49 | 42 | 3.6 | 2.4 | 1.05 | 420 |
| 3.0 | 0.34 ~ 0.38 | 0.87 | 0.65 | 2.72 | 51 | 44 | 3.9 | 2.6 | 1.13 | 452 |
| 3.5 | 0.37 ~ 0.41 | 0.93 | 0.70 | 2.93 | 53 | 46 | 4.2 | 2.8 | 1.22 | 486 |
| 4.0 | 0.40 ~ 0.15 | 1.00 | 0.75 | 3.14 | 55 | 47 | 4.5 | 3.0 | 1.26 | 502 |
| 4.5 | 0.43 ~ 0.49 | 1.06 | 0.80 | 3.35 | 57 | 49 | 4.8 | 3.2 | 1.39 | 556 |
| 5.0 | 0.46 ~ 0.52 | 1.13 | 0.84 | 3.52 | 59 | 51 | 5.1 | 3.4 | 1.46 | 584 |
| 5.5 | 0.49 ~ 0.55 | 1.19 | 0.89 | 3.72 | 61 | 53 | 5.4 | 3.6 | 1.55 | 619 |

**附表 23　母牛妊娠最后四个月的营养需要**

| 体重 /kg | 怀孕月份 | 日粮干物质 /kg | 奶牛能量单位 /NND | 产奶净能 /Mcal | 产奶净能 /MJ | 可消化粗蛋白质 /g | 小肠可消化粗蛋白质 /g | 钙 /g | 磷 /g | 胡萝卜素 /mg | 维生素 A /KIU |
|---|---|---|---|---|---|---|---|---|---|---|---|
| 350 | 6 | 5.78 | 10.51 | 7.88 | 32.97 | 293 | 245 | 27 | 18 | 67 | 27 |
| | 7 | 6.28 | 11.44 | 8.58 | 35.90 | 327 | 275 | 31 | 20 | | |
| | 8 | 7.23 | 13.17 | 9.88 | 41.34 | 375 | 317 | 37 | 22 | | |
| | 9 | 8.70 | 15.84 | 11.84 | 49.54 | 437 | 370 | 45 | 25 | | |
| 400 | 6 | 6.30 | 11.47 | 8.60 | 35.99 | 318 | 267 | 30 | 20 | 76 | 30 |
| | 7 | 6.81 | 12.40 | 9.30 | 38.92 | 352 | 297 | 34 | 22 | | |
| | 8 | 7.76 | 14.13 | 10.60 | 44.36 | 400 | 339 | 40 | 24 | | |
| | 9 | 9.22 | 16.80 | 12.60 | 52.72 | 462 | 392 | 48 | 27 | | |
| 450 | 6 | 6.81 | 12.40 | 9.30 | 89.92 | 343 | 287 | 33 | 22 | 86 | 34 |
| | 7 | 7.32 | 13.33 | 10.00 | 41.84 | 377 | 317 | 37 | 24 | | |
| | 8 | 8.27 | 15.07 | 11.30 | 47.28 | 425 | 359 | 43 | 26 | | |
| | 9 | 9.37 | 17.73 | 13.30 | 55.65 | 487 | 412 | 51 | 29 | | |
| 500 | 6 | 7.31 | 13.32 | 9.99 | 41.80 | 367 | 307 | 36 | 25 | 95 | 38 |
| | 7 | 7.82 | 14.25 | 10.69 | 44.73 | 401 | 337 | 40 | 27 | | |
| | 8 | 8.78 | 15.99 | 11.99 | 50.17 | 449 | 379 | 46 | 29 | | |
| | 9 | 10.24 | 18.65 | 13.99 | 58.54 | 511 | 432 | 54 | 32 | | |
| 550 | 6 | 7.80 | 14.20 | 10.65 | 44.56 | 391 | 327 | 39 | 27 | 105 | 42 |
| | 7 | 8.31 | 15.13 | 11.35 | 47.49 | 425 | 357 | 43 | 29 | | |
| | 8 | 9.26 | 16.87 | 12.65 | 52.93 | 473 | 399 | 49 | 31 | | |
| | 9 | 10.72 | 19.53 | 14.65 | 61.30 | 535 | 452 | 57 | 34 | | |
| 600 | 6 | 8.27 | 15.07 | 11.30 | 47.28 | 414 | 346 | 42 | 29 | 114 | 46 |
| | 7 | 8.78 | 16.00 | 12.00 | 50.21 | 448 | 376 | 46 | 31 | | |
| | 8 | 9.73 | 17.73 | 13.30 | 55.65 | 496 | 418 | 52 | 33 | | |
| | 9 | 11.20 | 20.40 | 15.30 | 64.02 | 558 | 471 | 60 | 36 | | |
| 650 | 6 | 8.74 | 15.92 | 11.94 | 49.96 | 436 | 365 | 45 | 31 | 124 | 50 |
| | 7 | 9.25 | 16.85 | 12.64 | 52.89 | 470 | 395 | 49 | 33 | | |
| | 8 | 10.21 | 18.59 | 13.94 | 58.33 | 518 | 437 | 55 | 35 | | |
| | 9 | 11.67 | 21.25 | 15.94 | 66.70 | 580 | 490 | 63 | 38 | | |

续表

| 体重/kg | 怀孕月份 | 日粮干物质/kg | 奶牛能量单位/NND | 产奶净能/Mcal | 产奶净能/MJ | 可消化粗蛋白质/g | 小肠可消化粗蛋白质/g | 钙/g | 磷/g | 胡萝卜素/mg | 维生素A/KIU |
|---|---|---|---|---|---|---|---|---|---|---|---|
| 700 | 6 | 9.22 | 16.76 | 12.57 | 52.60 | 458 | 383 | 48 | 34 | 133 | 53 |
| | 7 | 9.71 | 17.69 | 13.27 | 55.53 | 492 | 413 | 52 | 36 | | |
| | 8 | 10.67 | 19.43 | 14.57 | 60.97 | 540 | 455 | 58 | 38 | | |
| | 9 | 12.13 | 22.09 | 16.57 | 69.33 | 602 | 508 | 66 | 41 | | |
| 750 | 6 | 9.65 | 17.57 | 13.13 | 55.15 | 480 | 401 | 51 | 36 | 143 | 57 |
| | 7 | 10.16 | 18.51 | 13.88 | 58.08 | 514 | 431 | 55 | 38 | | |
| | 8 | 11.11 | 20.24 | 15.18 | 63.52 | 562 | 473 | 61 | 40 | | |
| | 9 | 12.58 | 22.91 | 17.18 | 71.89 | 624 | 526 | 69 | 43 | | |

注:①怀孕牛育奶期间按上表计算营养需要。

②怀孕期间如未育奶,除按上表计算营养需要外,还应加产奶的营养需要。

**附表24 生长母牛的营养需要**

| 体重/kg | 日增重/g | 日粮干物质/kg | 奶牛能量单位/NND | 产奶净能/Mcal | 产奶净能/MJ | 可消化粗蛋白质/g | 小肠可消化粗蛋白质/g | 钙/g | 磷/g | 胡萝卜素/mg | 维生素A/KIU |
|---|---|---|---|---|---|---|---|---|---|---|---|
| 40 | 0 | | 2.20 | 1.65 | 6.90 | 41 | — | 2 | 2 | 4.0 | 1.6 |
| | 200 | | 2.67 | 2.00 | 8.37 | 92 | — | 6 | 4 | 4.1 | 1.6 |
| | 300 | | 2.93 | 2.20 | 9.21 | 117 | — | 8 | 5 | 4.2 | 1.7 |
| | 400 | | 2.23 | 2.42 | 10.13 | 141 | — | 11 | 6 | 4.3 | 1.7 |
| | 500 | | 3.52 | 2.64 | 11.05 | 164 | — | 12 | 7 | 4.4 | 1.8 |
| | 600 | | 3.84 | 2.86 | 12.05 | 188 | — | 14 | 8 | 4.5 | 1.8 |
| | 700 | | 4.19 | 3.14 | 13.14 | 210 | — | 16 | 10 | 4.6 | 1.8 |
| | 800 | | 4.56 | 3.42 | 14.31 | 231 | — | 18 | 11 | 4.7 | 1.9 |
| 50 | 0 | | 2.56 | 1.92 | 8.04 | 49 | — | 3 | 3 | 5.0 | 2.0 |
| | 300 | | 3.32 | 2.49 | 10.42 | 124 | — | 9 | 5 | 5.3 | 2.1 |
| | 400 | | 3.60 | 2.70 | 11.30 | 148 | — | 11 | 6 | 5.4 | 2.2 |
| | 500 | | 3.92 | 2.94 | 12.31 | 172 | — | 13 | 8 | 5.5 | 2.2 |
| | 600 | | 4.24 | 3.18 | 13.31 | 194 | — | 15 | 9 | 5.6 | 2.2 |
| | 700 | | 2.60 | 3.45 | 14.44 | 216 | — | 17 | 10 | 5.7 | 2.3 |
| | 800 | | 4.99 | 3.74 | 15.65 | 238 | — | 19 | 11 | 5.8 | 2.3 |

续表

| 体重/kg | 日增重/g | 日粮干物质/kg | 奶牛能量单位/NND | 产奶净能/Mcal | 产奶净能/MJ | 可消化粗蛋白质/g | 小肠可消化粗蛋白质/g | 钙/g | 磷/g | 胡萝卜素/mg | 维生素A/KIU |
|---|---|---|---|---|---|---|---|---|---|---|---|
| | 0 | | 2.89 | 2.17 | 9.08 | 56 | — | 4 | 3 | 6.0 | 2.4 |
| | 300 | | 3.67 | 2.75 | 11.51 | 131 | — | 10 | 5 | 6.3 | 2.5 |
| | 400 | | 3.96 | 2.97 | 12.43 | 154 | — | 12 | 6 | 6.4 | 2.6 |
| 60 | 500 | | 4.28 | 3.21 | 13.44 | 178 | — | 14 | 8 | 6.5 | 2.6 |
| | 600 | | 4.63 | 3.47 | 14.52 | 199 | — | 16 | 9 | 6.6 | 2.6 |
| | 700 | | 4.99 | 3.74 | 15.65 | 221 | — | 18 | 10 | 6.7 | 2.7 |
| | 800 | | 5.37 | 4.03 | 16.87 | 243 | — | 20 | 11 | 6.8 | 2.7 |
| | 0 | 1.22 | 3.21 | 2.41 | 10.09 | 63 | — | 4 | 4 | 7.0 | 2.8 |
| | 300 | 1.67 | 4.01 | 3.01 | 12.60 | 142 | — | 10 | 6 | 7.9 | 3.2 |
| | 400 | 1.85 | 4.32 | 3.24 | 13.56 | 168 | — | 12 | 7 | 8.1 | 3.2 |
| 70 | 500 | 2.03 | 4.64 | 3.48 | 14.56 | 193 | — | 14 | 8 | 8.3 | 3.2 |
| | 600 | 2.21 | 4.99 | 3.74 | 15.65 | 215 | — | 16 | 10 | 8.4 | 3.4 |
| | 700 | 2.39 | 5.36 | 4.02 | 16.82 | 239 | — | 18 | 11 | 8.5 | 3.4 |
| | 800 | 3.61 | 5.76 | 4.32 | 18.08 | 262 | — | 20 | 12 | 8.6 | 3.4 |
| | 0 | 1.35 | 3.51 | 2.63 | 11.01 | 70 | — | 5 | 4 | 8.0 | 3.2 |
| | 300 | 1.80 | 1.80 | 3.24 | 13.56 | 149 | — | 11 | 6 | 9.0 | 3.6 |
| | 400 | 1.98 | 4.64 | 3.48 | 14.57 | 174 | — | 13 | 7 | 9.1 | 3.6 |
| 80 | 500 | 2.16 | 4.96 | 3.72 | 15.57 | 198 | — | 15 | 8 | 9.2 | 3.7 |
| | 600 | 2.34 | 5.32 | 3.99 | 16.70 | 222 | — | 17 | 10 | 9.3 | 3.7 |
| | 700 | 2.57 | 5.71 | 4.28 | 17.91 | 245 | — | 19 | 11 | 9.4 | 3.8 |
| | 800 | 2.79 | 6.12 | 4.59 | 19.21 | 268 | — | 21 | 12 | 9.5 | 3.8 |
| | 0 | 1.45 | 3.80 | 2.85 | 11.93 | 76 | — | 6 | 5 | 9 | 3.6 |
| | 300 | 1.84 | 4.64 | 3.48 | 14.57 | 154 | — | 12 | 7 | 9.5 | 3.8 |
| | 400 | 2.12 | 4.96 | 3.72 | 15.57 | 179 | — | 14 | 8 | 9.7 | 3.9 |
| 90 | 500 | 2.30 | 5.29 | 3.97 | 16.62 | 203 | — | 16 | 9 | 9.9 | 4.0 |
| | 600 | 2.48 | 5.65 | 4.24 | 17.75 | 226 | — | 18 | 11 | 10.1 | 4.0 |
| | 700 | 2.70 | 6.06 | 4.54 | 19.00 | 249 | — | 20 | 12 | 10.3 | 4.1 |
| | 800 | 2.93 | 6.48 | 4.86 | 20.34 | 272 | — | 22 | 13 | 10.5 | 4.2 |

续表

| 体重/kg | 日增重/g | 日粮干物质/kg | 奶牛能量单位/NND | 产奶净能/Mcal | 产奶净能/MJ | 可消化粗蛋白质/g | 小肠可消化粗蛋白质/g | 钙/g | 磷/g | 胡萝卜素/mg | 维生素A/KIU |
|---|---|---|---|---|---|---|---|---|---|---|---|
| 100 | 0 | 1.62 | 4.08 | 3.06 | 12.81 | 82 | — | 6 | 5 | 10.0 | 4.0 |
| | 300 | 2.07 | 4.93 | 3.70 | 15.49 | 173 | — | 13 | 7 | 10.5 | 4.2 |
| | 400 | 2.25 | 5.27 | 3.95 | 16.53 | 202 | — | 14 | 8 | 10.7 | 4.3 |
| | 500 | 2.43 | 5.61 | 4.21 | 17.62 | 231 | — | 16 | 9 | 11.0 | 4.4 |
| | 600 | 2.66 | 5.99 | 4.49 | 18.79 | 258 | — | 18 | 11 | 11.2 | 4.4 |
| | 700 | 2.84 | 6.39 | 4.79 | 20.05 | 285 | — | 20 | 12 | 11.4 | 4.5 |
| | 800 | 3.11 | 6.81 | 5.11 | 21.39 | 311 | — | 22 | 13 | 11.6 | 4.6 |
| 125 | 0 | 1.89 | 4.37 | 3.55 | 14.86 | 97 | 82 | 8 | 6 | 12.5 | 5.0 |
| | 300 | 2.39 | 5.64 | 4.23 | 17.70 | 186 | 164 | 14 | 7 | 13.0 | 5.2 |
| | 400 | 2.57 | 5.96 | 4.47 | 18.71 | 215 | 190 | 16 | 8 | 13.2 | 5.3 |
| | 500 | 2.79 | 6.35 | 4.76 | 19.92 | 243 | 215 | 18 | 10 | 13.4 | 5.4 |
| | 600 | 3.02 | 6.75 | 5.06 | 21.18 | 268 | 239 | 20 | 11 | 13.6 | 5.4 |
| | 700 | 3.24 | 7.17 | 5.38 | 22.51 | 295 | 264 | 22 | 12 | 13.8 | 5.5 |
| | 800 | 3.51 | 7.63 | 5.72 | 23.94 | 322 | 288 | 24 | 13 | 14.0 | 5.6 |
| | 900 | 3.74 | 8.12 | 6.09 | 25.48 | 347 | 311 | 26 | 14 | 14.2 | 5.7 |
| | 1 000 | 4.05 | 8.67 | 6.50 | 27.20 | 370 | 332 | 28 | 16 | 14.4 | 5.8 |
| 150 | 0 | 2.21 | 5.35 | 4.01 | 16.78 | 111 | 94 | 9 | 8 | 15.0 | 6.0 |
| | 300 | 2.70 | 6.31 | 4.73 | 19.80 | 202 | 175 | 15 | 9 | 15.7 | 6.3 |
| | 400 | 2.88 | 6.67 | 5.00 | 20.92 | 226 | 200 | 17 | 10 | 16.0 | 6.4 |
| | 500 | 3.11 | 7.05 | 5.29 | 22.14 | 254 | 225 | 19 | 11 | 16.3 | 6.5 |
| | 600 | 3.33 | 7.47 | 5.60 | 23.44 | 279 | 248 | 21 | 12 | 16.6 | 6.6 |
| | 700 | 3.60 | 7.92 | 5.94 | 24.86 | 305 | 272 | 23 | 13 | 17.0 | 6.8 |
| | 800 | 3.83 | 8.40 | 6.30 | 26.36 | 331 | 296 | 25 | 14 | 17.3 | 6.9 |
| | 900 | 4.10 | 8.92 | 6.69 | 28.00 | 356 | 319 | 27 | 16 | 17.6 | 7.0 |
| | 1 000 | 4.41 | 9.49 | 7.12 | 29.80 | 378 | 339 | 29 | 17 | 18.0 | 7.2 |
| 175 | 0 | 2.48 | 5.93 | 4.45 | 18.62 | 125 | 106 | 11 | 9 | 17.5 | 7.0 |
| | 300 | 3.02 | 7.05 | 5.29 | 22.14 | 210 | 184 | 17 | 10 | 18.2 | 7.3 |
| | 400 | 3.20 | 7.48 | 5.61 | 23.48 | 238 | 210 | 19 | 11 | 18.5 | 7.4 |
| | 500 | 3.42 | 7.95 | 5.96 | 24.94 | 266 | 235 | 22 | 12 | 18.8 | 7.5 |

续表

| 体重/kg | 日增重/g | 日粮干物质/kg | 奶牛能量单位/NND | 产奶净能/Mcal | 产奶净能/MJ | 可消化粗蛋白质/g | 小肠可消化粗蛋白质/g | 钙/g | 磷/g | 胡萝卜素/mg | 维生素A/KIU |
|---|---|---|---|---|---|---|---|---|---|---|---|
| 175 | 600 | 3.65 | 8.43 | 6.32 | 26.45 | 290 | 257 | 23 | 13 | 19.1 | 7.6 |
| | 700 | 3.92 | 8.96 | 6.72 | 28.12 | 316 | 281 | 25 | 14 | 19.4 | 7.8 |
| | 800 | 4.19 | 9.53 | 7.15 | 29.92 | 341 | 304 | 27 | 15 | 19.7 | 7.9 |
| | 900 | 4.50 | 10.15 | 7.61 | 31.85 | 365 | 326 | 29 | 16 | 20.0 | 8.0 |
| | 1 000 | 4.82 | 10.81 | 8.11 | 33.94 | 387 | 346 | 31 | 17 | 20.3 | 8.1 |
| 200 | 0 | 2.70 | 6.48 | 4.86 | 20.34 | 160 | 133 | 12 | 10 | 20.0 | 8.0 |
| | 300 | 3.29 | 7.65 | 5.74 | 24.02 | 244 | 210 | 18 | 11 | 21.0 | 8.4 |
| | 400 | 3.51 | 8.11 | 6.08 | 25.44 | 271 | 235 | 20 | 12 | 21.5 | 8.6 |
| | 500 | 3.74 | 8.59 | 6.44 | 26.95 | 297 | 259 | 22 | 13 | 22.0 | 8.8 |
| | 600 | 3.96 | 9.11 | 6.83 | 28.58 | 322 | 282 | 24 | 14 | 22.5 | 9.0 |
| | 700 | 4.23 | 9.67 | 7.25 | 30.34 | 347 | 305 | 26 | 15 | 23.0 | 9.2 |
| | 800 | 4.55 | 10.25 | 7.69 | 32.18 | 372 | 327 | 28 | 16 | 23.5 | 9.4 |
| | 900 | 4.86 | 10.91 | 8.18 | 34.23 | 396 | 349 | 30 | 17 | 24.0 | 9.6 |
| | 1 000 | 5.18 | 11.60 | 8.70 | 36.41 | 417 | 368 | 32 | 18 | 24.5 | 9.8 |
| 250 | 0 | 3.20 | 7.53 | 5.65 | 23.64 | 189 | 157 | 15 | 13 | 25.0 | 10.0 |
| | 300 | 3.83 | 8.83 | 6.62 | 27.70 | 270 | 231 | 21 | 14 | 26.5 | 10.6 |
| | 400 | 4.05 | 9.31 | 6.98 | 29.21 | 296 | 255 | 23 | 15 | 27.0 | 10.8 |
| | 500 | 4.32 | 9.83 | 7.73 | 30.84 | 323 | 279 | 25 | 16 | 27.5 | 11.0 |
| | 600 | 4.59 | 10.40 | 7.80 | 32.64 | 345 | 300 | 27 | 17 | 28.0 | 11.2 |
| | 700 | 4.86 | 11.01 | 8.26 | 34.56 | 370 | 323 | 29 | 18 | 28.5 | 11.4 |
| | 800 | 5.18 | 11.65 | 8.74 | 36.57 | 394 | 345 | 31 | 19 | 29.0 | 11.6 |
| | 900 | 5.54 | 12.37 | 9.28 | 38.83 | 417 | 365 | 33 | 20 | 29.5 | 11.8 |
| | 1 000 | 5.90 | 13.13 | 9.83 | 41.13 | 437 | 385 | 35 | 21 | 30.0 | 12.0 |
| 300 | 0 | 3.69 | 8.51 | 6.38 | 26.70 | 216 | 180 | 18 | 15 | 30.0 | 12.0 |
| | 300 | 4.37 | 10.08 | 7.56 | 31.64 | 295 | 253 | 24 | 16 | 31.5 | 12.6 |
| | 400 | 4.59 | 10.68 | 8.01 | 33.52 | 321 | 276 | 26 | 17 | 32.0 | 12.8 |
| | 500 | 4.91 | 11.31 | 8.48 | 35.49 | 346 | 299 | 28 | 18 | 32.5 | 13.0 |
| | 600 | 5.18 | 11.99 | 8.99 | 37.62 | 368 | 320 | 30 | 19 | 33.0 | 13.2 |
| | 700 | 5.49 | 12.72 | 9.54 | 39.92 | 392 | 342 | 32 | 20 | 33.5 | 13.4 |

续表

| 体重/kg | 日增重/g | 日粮干物质/kg | 奶牛能量单位/NND | 产奶净能/Mcal | 产奶净能/MJ | 可消化粗蛋白质/g | 小肠可消化粗蛋白质/g | 钙/g | 磷/g | 胡萝卜素/mg | 维生素A/KIU |
|---|---|---|---|---|---|---|---|---|---|---|---|
| | 800 | 5.85 | 13.51 | 10.13 | 42.39 | 415 | 362 | 34 | 21 | 34.0 | 13.6 |
| 300 | 900 | 6.21 | 14.36 | 10.77 | 45.07 | 438 | 383 | 36 | 22 | 34.5 | 13.8 |
| | 1 000 | 6.62 | 15.29 | 11.47 | 48.00 | 458 | 402 | 38 | 23 | 35.0 | 14.0 |
| | 0 | 4.14 | 9.43 | 7.07 | 29.59 | 243 | 202 | 21 | 18 | 35.0 | 14.0 |
| | 300 | 4.84 | 11.11 | 8.33 | 34.86 | 321 | 273 | 27 | 19 | 36.8 | 14.7 |
| | 400 | 5.13 | 11.76 | 8.82 | 36.91 | 345 | 296 | 29 | 20 | 37.4 | 15.0 |
| | 500 | 5.45 | 12.44 | 9.33 | 39.04 | 369 | 318 | 31 | 21 | 38.0 | 15.2 |
| 350 | 600 | 5.76 | 13.17 | 9.88 | 41.34 | 392 | 338 | 33 | 22 | 38.6 | 15.4 |
| | 700 | 6.08 | 13.96 | 10.47 | 43.81 | 415 | 360 | 35 | 23 | 39.2 | 15.7 |
| | 800 | 6.39 | 14.83 | 11.12 | 46.53 | 442 | 381 | 37 | 24 | 39.8 | 15.9 |
| | 900 | 6.84 | 15.75 | 11.81 | 49.42 | 460 | 401 | 39 | 25 | 40.4 | 16.1 |
| | 1 000 | 7.29 | 16.75 | 12.56 | 52.56 | 480 | 419 | 41 | 26 | 41.0 | 16.4 |
| | 0 | 4.55 | 10.32 | 7.74 | 32.39 | 268 | 224 | 24 | 20 | 40.0 | 16.0 |
| | 300 | 5.36 | 12.28 | 9.21 | 38.54 | 344 | 294 | 30 | 21 | 42.0 | 16.8 |
| | 400 | 5.63 | 13.03 | 9.77 | 40.88 | 368 | 316 | 32 | 22 | 43.0 | 17.2 |
| | 500 | 5.94 | 13.81 | 10.36 | 43.55 | 393 | 338 | 34 | 23 | 44.0 | 17.6 |
| 400 | 600 | 6.30 | 14.65 | 10.99 | 45.99 | 415 | 359 | 36 | 24 | 45.0 | 18.0 |
| | 700 | 6.66 | 15.57 | 11.68 | 48.87 | 438 | 380 | 38 | 25 | 46.0 | 18.4 |
| | 800 | 7.07 | 16.56 | 12.42 | 51.97 | 460 | 400 | 40 | 26 | 47.0 | 18.8 |
| | 900 | 7.47 | 17.64 | 13.24 | 55.40 | 482 | 420 | 42 | 27 | 48.0 | 19.2 |
| | 1 000 | 7.97 | 18.80 | 14.10 | 59.00 | 501 | 437 | 44 | 28 | 49.0 | 19.6 |
| | 0 | 5.00 | 11.16 | 8.37 | 35.03 | 293 | 244 | 27 | 23 | 45.0 | 18.0 |
| | 300 | 5.80 | 13.25 | 9.94 | 41.59 | 368 | 313 | 33 | 24 | 48.0 | 19.2 |
| | 400 | 6.10 | 14.04 | 10.53 | 44.06 | 393 | 335 | 35 | 25 | 49.0 | 19.6 |
| | 500 | 6.50 | 14.88 | 11.16 | 46.70 | 417 | 355 | 37 | 26 | 50.0 | 20.0 |
| 450 | 600 | 6.80 | 15.80 | 11.85 | 49.59 | 439 | 377 | 39 | 27 | 51.0 | 20.4 |
| | 700 | 7.20 | 16.79 | 12.58 | 52.64 | 461 | 398 | 41 | 28 | 52.0 | 20.8 |
| | 800 | 7.70 | 17.84 | 13.38 | 55.99 | 484 | 419 | 43 | 29 | 53.0 | 21.2 |
| | 900 | 8.10 | 18.99 | 14.24 | 59.59 | 505 | 439 | 45 | 30 | 54.0 | 21.6 |
| | 1 000 | 8.60 | 20.23 | 15.17 | 63.48 | 524 | 456 | 47 | 31 | 55.0 | 22.0 |

续表

| 体重/kg | 日增重/g | 日粮干物质/kg | 奶牛能量单位/NND | 产奶净能/Mcal | 产奶净能/MJ | 可消化粗蛋白质/g | 小肠可消化粗蛋白质/g | 钙/g | 磷/g | 胡萝卜素/mg | 维生素A/KIU |
|---|---|---|---|---|---|---|---|---|---|---|---|
| 500 | 0 | 5.40 | 11.97 | 8.98 | 37.58 | 317 | 264 | 30 | 25 | 50.0 | 20.0 |
| | 300 | 6.30 | 14.37 | 10.78 | 45.11 | 392 | 333 | 36 | 26 | 53.0 | 21.2 |
| | 400 | 6.60 | 15.27 | 11.45 | 47.91 | 417 | 355 | 38 | 27 | 54.0 | 21.6 |
| | 500 | 7.00 | 16.24 | 12.18 | 50.97 | 441 | 377 | 40 | 28 | 55.0 | 22.0 |
| | 600 | 7.30 | 17.27 | 12.98 | 54.19 | 463 | 397 | 42 | 29 | 56.0 | 22.4 |
| | 700 | 7.80 | 18.39 | 13.79 | 57.70 | 485 | 418 | 44 | 30 | 57.0 | 22.8 |
| | 800 | 8.20 | 19.61 | 14.71 | 61.55 | 507 | 438 | 46 | 31 | 58.0 | 23.2 |
| | 900 | 8.70 | 20.91 | 15.68 | 65.61 | 529 | 458 | 48 | 32 | 59.0 | 23.6 |
| | 1 000 | 9.30 | 22.33 | 16.75 | 70.09 | 548 | 476 | 50 | 33 | 60.0 | 24.0 |
| 550 | 0 | 5.80 | 12.77 | 9.58 | 40.09 | 341 | 284 | 33 | 28 | 55.0 | 22.0 |
| | 300 | 6.80 | 15.31 | 11.48 | 48.04 | 417 | 354 | 39 | 29 | 58.0 | 23.0 |
| | 400 | 7.10 | 16.27 | 12.20 | 51.05 | 441 | 376 | 30 | 30 | 59.0 | 23.6 |
| | 500 | 7.50 | 17.29 | 12.97 | 54.27 | 465 | 397 | 31 | 31 | 60.0 | 24.0 |
| | 600 | 7.90 | 18.40 | 13.80 | 57.74 | 487 | 418 | 45 | 32 | 61.0 | 24.4 |
| | 700 | 8.30 | 19.57 | 14.68 | 61.43 | 510 | 439 | 47 | 33 | 62.0 | 24.8 |
| | 800 | 8.80 | 20.85 | 15.64 | 65.44 | 533 | 460 | 49 | 34 | 63.0 | 25.2 |
| | 900 | 9.30 | 22.25 | 16.69 | 69.84 | 554 | 480 | 51 | 35 | 64.0 | 25.6 |
| | 1 000 | 9.90 | 23.76 | 17.82 | 74.56 | 573 | 496 | 53 | 36 | 65.0 | 26.0 |
| 600 | 0 | 6.20 | 13.53 | 10.15 | 42.47 | 364 | 303 | 36 | 30 | 60.0 | 24.0 |
| | 300 | 7.20 | 16.39 | 12.29 | 51.43 | 441 | 374 | 42 | 31 | 66.0 | 26.4 |
| | 400 | 7.60 | 17.48 | 13.11 | 54.86 | 465 | 396 | 44 | 32 | 67.0 | 26.8 |
| | 500 | 8.00 | 18.64 | 13.98 | 58.50 | 489 | 418 | 46 | 33 | 68.0 | 27.2 |
| | 600 | 8.40 | 19.88 | 14.91 | 62.39 | 512 | 439 | 48 | 34 | 69.0 | 27.6 |
| | 700 | 8.90 | 21.23 | 15.92 | 66.61 | 535 | 459 | 50 | 35 | 70.0 | 28.0 |
| | 800 | 9.40 | 22.67 | 17.00 | 71.13 | 557 | 480 | 52 | 36 | 71.0 | 28.4 |
| | 900 | 9.90 | 24.24 | 18.18 | 76.07 | 580 | 501 | 54 | 37 | 72.0 | 28.8 |
| | 1 000 | 10.50 | 25.93 | 19.45 | 81.38 | 599 | 518 | 56 | 38 | 73.0 | 29.2 |

附表 25 生长公牛的营养需要

| 体重/kg | 日增重/g | 日粮干物质/kg | 奶牛能量单位/NND | 产奶净能/Mcal | 产奶净能/MJ | 可消化粗蛋白质/g | 小肠可消化粗蛋白质/g | 钙/g | 磷/g | 胡萝卜素/mg | 维生素A/KIU |
|---|---|---|---|---|---|---|---|---|---|---|---|
| 40 | 0 | — | 2.20 | 1.65 | 6.91 | 41 | — | 2 | 2 | 4.0 | 1.6 |
| | 200 | — | 2.63 | 1.97 | 8.25 | 92 | — | 6 | 4 | 4.1 | 1.6 |
| | 300 | — | 2.87 | 2.15 | 9.00 | 117 | — | 8 | 5 | 4.2 | 1.7 |
| | 400 | — | 3.12 | 2.34 | 9.80 | 141 | — | 11 | 6 | 4.3 | 1.7 |
| | 500 | — | 3.39 | 2.54 | 10.63 | 164 | — | 12 | 7 | 4.4 | 1.8 |
| | 600 | — | 3.68 | 2.76 | 11.55 | 188 | — | 14 | 8 | 4.5 | 1.8 |
| | 700 | — | 3.99 | 2.99 | 12.52 | 210 | — | 16 | 10 | 4.6 | 1.8 |
| | 800 | — | 4.32 | 3.24 | 13.56 | 231 | — | 18 | 11 | 4.7 | 1.9 |
| 50 | 0 | — | 2.56 | 1.92 | 8.04 | 49 | — | 3 | 3 | 5.0 | 2.0 |
| | 300 | — | 3.24 | 2.43 | 10.07 | 124 | — | 9 | 5 | 5.3 | 2.1 |
| | 400 | — | 3.51 | 2.63 | 11.01 | 148 | — | 11 | 6 | 5.4 | 2.2 |
| | 500 | — | 3.77 | 2.83 | 11.85 | 172 | — | 13 | 8 | 5.5 | 2.2 |
| | 600 | — | 4.08 | 3.06 | 12.81 | 194 | — | 15 | 9 | 5.6 | 2.2 |
| | 700 | — | 4.40 | 3.30 | 13.81 | 216 | — | 17 | 10 | 5.7 | 2.3 |
| | 800 | — | 4.73 | 3.55 | 14.86 | 238 | — | 19 | 11 | 5.8 | 2.3 |
| 60 | 0 | — | 2.89 | 2.17 | 9.08 | 56 | — | 4 | 4 | 7.0 | 2.8 |
| | 300 | — | 3.60 | 2.70 | 11.30 | 131 | — | 10 | 6 | 7.9 | 3.2 |
| | 400 | — | 3.85 | 2.89 | 12.10 | 154 | — | 12 | 7 | 8.1 | 3.2 |
| | 500 | — | 4.15 | 3.11 | 13.02 | 178 | — | 14 | 8 | 8.3 | 3.3 |
| | 600 | — | 4.45 | 3.34 | 13.98 | 199 | — | 16 | 10 | 8.4 | 3.4 |
| | 700 | — | 4.77 | 3.58 | 14.98 | 221 | — | 18 | 11 | 8.5 | 3.4 |
| | 800 | — | 5.13 | 3.85 | 16.11 | 243 | — | 20 | 12 | 8.6 | 3.4 |
| 70 | 0 | 1.2 | 3.21 | 2.41 | 10.09 | 63 | — | 4 | 4 | 7.0 | 3.2 |
| | 300 | 1.6 | 3.93 | 2.95 | 12.35 | 142 | — | 10 | 6 | 7.9 | 3.6 |
| | 400 | 1.8 | 4.20 | 3.15 | 13.18 | 168 | — | 12 | 7 | 8.1 | 3.6 |
| | 500 | 1.9 | 4.49 | 3.37 | 14.11 | 193 | — | 14 | 8 | 8.3 | 3.7 |
| | 600 | 2.1 | 4.81 | 3.61 | 15.11 | 215 | — | 16 | 10 | 8.4 | 3.7 |
| | 700 | 2.3 | 5.15 | 3.86 | 16.16 | 239 | — | 18 | 11 | 8.5 | 3.8 |
| | 800 | 2.5 | 5.51 | 4.13 | 17.28 | 262 | — | 20 | 12 | 8.6 | 3.8 |

续表

| 体重 /kg | 日增重 /g | 日粮干物质 /kg | 奶牛能量单位 /NND | 产奶净能 /Mcal | 产奶净能 /MJ | 可消化粗蛋白质 /g | 小肠可消化粗蛋白质 /g | 钙 /g | 磷 /g | 胡萝卜素 /mg | 维生素 A /KIU |
|---|---|---|---|---|---|---|---|---|---|---|---|
| 80 | 0 | 1.4 | 3.51 | 2.63 | 11.01 | 70 | — | 5 | 4 | 8.0 | 3.2 |
| | 300 | 1.8 | 4.24 | 3.18 | 13.31 | 149 | — | 11 | 6 | 9.0 | 3.6 |
| | 400 | 1.9 | 4.52 | 3.39 | 14.19 | 174 | — | 13 | 7 | 9.1 | 3.6 |
| | 500 | 2.1 | 4.81 | 3.61 | 15.11 | 198 | — | 15 | 8 | 9.2 | 3.7 |
| | 600 | 2.3 | 5.13 | 3.85 | 16.11 | 222 | — | 17 | 9 | 9.3 | 3.7 |
| | 700 | 2.4 | 5.48 | 4.11 | 17.20 | 245 | — | 19 | 11 | 9.4 | 3.8 |
| | 800 | 2.7 | 5.85 | 4.39 | 18.37 | 268 | — | 21 | 12 | 9.5 | 3.8 |
| 90 | 0 | 1.5 | 3.80 | 2.85 | 11.93 | 76 | — | 6 | 5 | 9.0 | 3.6 |
| | 300 | 1.9 | 4.56 | 3.42 | 14.31 | 154 | — | 12 | 7 | 9.5 | 3.8 |
| | 400 | 2.1 | 4.84 | 3.63 | 15.19 | 179 | — | 14 | 8 | 9.7 | 3.9 |
| | 500 | 2.2 | 5.15 | 3.86 | 16.16 | 203 | — | 16 | 9 | 9.9 | 4.0 |
| | 600 | 2.4 | 5.47 | 4.10 | 17.16 | 226 | — | 18 | 11 | 10.1 | 4.0 |
| | 700 | 2.6 | 5.83 | 4.37 | 18.29 | 249 | — | 20 | 12 | 10.3 | 4.1 |
| | 800 | 2.8 | 6.20 | 4.65 | 19.46 | 272 | — | 22 | 13 | 10.5 | 4.2 |
| 100 | 0 | 1.6 | 4.08 | 3.06 | 12.81 | 82 | — | 6 | 5 | 10.0 | 4.0 |
| | 300 | 2.0 | 4.85 | 3.64 | 15.23 | 173 | — | 13 | 7 | 10.5 | 4.2 |
| | 400 | 2.2 | 5.15 | 3.86 | 16.16 | 202 | — | 14 | 8 | 10.7 | 4.3 |
| | 500 | 2.3 | 5.45 | 4.09 | 17.12 | 231 | — | 16 | 9 | 11.0 | 4.4 |
| | 600 | 2.5 | 5.79 | 4.34 | 18.16 | 258 | — | 18 | 11 | 11.2 | 4.4 |
| | 700 | 2.7 | 6.16 | 4.62 | 19.34 | 285 | — | 20 | 12 | 11.4 | 4.5 |
| | 800 | 2.9 | 6.55 | 4.91 | 20.55 | 311 | — | 22 | 13 | 11.6 | 4.6 |
| 125 | 0 | 1.9 | 4.73 | 3.55 | 14.86 | 97 | 82 | 8 | 6 | 12.5 | 5.0 |
| | 300 | 2.3 | 5.55 | 4.16 | 17.41 | 186 | 164 | 14 | 7 | 13.0 | 5.2 |
| | 400 | 2.5 | 5.87 | 4.40 | 18.41 | 215 | 190 | 16 | 8 | 13.2 | 5.3 |
| | 500 | 2.7 | 6.19 | 4.64 | 19.42 | 243 | 215 | 18 | 10 | 13.4 | 5.4 |
| | 600 | 2.9 | 6.55 | 4.91 | 20.55 | 268 | 239 | 20 | 11 | 13.6 | 5.4 |
| | 700 | 3.1 | 6.93 | 5.20 | 21.76 | 295 | 264 | 22 | 12 | 13.8 | 5.5 |
| | 800 | 3.3 | 7.33 | 5.50 | 23.02 | 322 | 288 | 24 | 13 | 14.0 | 5.6 |
| | 900 | 3.6 | 7.79 | 5.84 | 24.44 | 347 | 311 | 26 | 14 | 14.2 | 5.7 |
| | 1 000 | 3.8 | 8.28 | 6.21 | 25.99 | 370 | 332 | 28 | 16 | 14.4 | 5.8 |

续表

| 体重/kg | 日增重/g | 日粮干物质/kg | 奶牛能量单位/NND | 产奶净能/Mcal | 产奶净能/MJ | 可消化粗蛋白质/g | 小肠可消化粗蛋白质/g | 钙/g | 磷/g | 胡萝卜素/mg | 维生素A/KIU |
|---|---|---|---|---|---|---|---|---|---|---|---|
| 150 | 0 | 2.2 | 5.35 | 4.01 | 16.78 | 111 | 94 | 9 | 8 | 15.0 | 6.0 |
| | 300 | 2.7 | 6.21 | 4.66 | 19.50 | 202 | 175 | 15 | 8 | 15.7 | 6.3 |
| | 400 | 2.8 | 6.53 | 4.90 | 20.51 | 226 | 200 | 17 | 10 | 16.0 | 6.4 |
| | 500 | 3.0 | 6.88 | 5.16 | 21.59 | 254 | 225 | 19 | 11 | 16.3 | 6.5 |
| | 600 | 3.2 | 7.25 | 5.44 | 22.77 | 279 | 248 | 21 | 12 | 16.6 | 6.6 |
| | 700 | 3.4 | 7.67 | 5.75 | 24.06 | 305 | 272 | 23 | 13 | 17.0 | 6.8 |
| | 800 | 3.7 | 8.09 | 6.07 | 25.40 | 331 | 296 | 25 | 14 | 17.3 | 6.9 |
| | 900 | 3.9 | 8.56 | 6.42 | 26.87 | 356 | 319 | 27 | 16 | 17.6 | 7.0 |
| | 1 000 | 4.2 | 9.08 | 6.81 | 28.50 | 378 | 339 | 29 | 17 | 18.0 | 7.2 |
| 175 | 0 | 2.5 | 5.93 | 4.45 | 18.62 | 125 | 106 | 11 | 9 | 17.5 | 7.0 |
| | 300 | 2.9 | 6.95 | 5.21 | 21.80 | 210 | 184 | 17 | 10 | 18.2 | 7.3 |
| | 400 | 3.2 | 7.32 | 5.49 | 22.98 | 238 | 210 | 19 | 11 | 18.5 | 7.4 |
| | 500 | 3.6 | 7.75 | 5.81 | 24.31 | 266 | 235 | 22 | 12 | 18.8 | 7.5 |
| | 600 | 3.8 | 8.17 | 6.13 | 26.65 | 290 | 257 | 23 | 13 | 19.1 | 7.6 |
| | 700 | 3.8 | 8.65 | 6.49 | 27.16 | 316 | 281 | 25 | 14 | 19.4 | 7.7 |
| | 800 | 4.0 | 9.17 | 6.88 | 28.79 | 341 | 304 | 27 | 15 | 19.7 | 7.8 |
| | 900 | 4.3 | 9.72 | 7.29 | 30.51 | 365 | 326 | 29 | 16 | 20.0 | 7.9 |
| | 1 000 | 4.6 | 10.32 | 7.74 | 32.39 | 387 | 346 | 31 | 17 | 20.3 | 8.0 |
| 200 | 0 | 2.7 | 6.48 | 4.86 | 20.34 | 160 | 133 | 12 | 10 | 20.0 | 8.1 |
| | 300 | 3.2 | 7.53 | 5.65 | 23.64 | 244 | 210 | 18 | 11 | 21.0 | 8.4 |
| | 400 | 3.4 | 7.95 | 5.96 | 24.94 | 271 | 235 | 20 | 12 | 21.5 | 8.6 |
| | 500 | 3.6 | 8.37 | 6.28 | 26.28 | 297 | 259 | 22 | 13 | 22.0 | 8.8 |
| | 600 | 3.8 | 8.84 | 6.63 | 27.74 | 322 | 282 | 24 | 14 | 22.5 | 9.0 |
| | 700 | 4.1 | 9.35 | 7.01 | 29.33 | 347 | 305 | 26 | 15 | 23.0 | 9.2 |
| | 800 | 4.4 | 9.88 | 7.41 | 31.01 | 372 | 327 | 28 | 16 | 23.5 | 9.4 |
| | 900 | 4.6 | 10.47 | 7.85 | 32.85 | 396 | 369 | 30 | 17 | 24.0 | 9.6 |
| | 1 000 | 5.0 | 11.09 | 8.32 | 34.82 | 417 | 368 | 32 | 18 | 24.5 | 9.8 |

续表

| 体重/kg | 日增重/g | 日粮干物质/kg | 奶牛能量单位/NND | 产奶净能/Mcal | 产奶净能/MJ | 可消化粗蛋白质/g | 小肠可消化粗蛋白质/g | 钙/g | 磷/g | 胡萝卜素/mg | 维生素A/KIU |
|---|---|---|---|---|---|---|---|---|---|---|---|
| 250 | 0 | 3.2 | 7.53 | 5.65 | 23.64 | 189 | 157 | 15 | 13 | 25.0 | 10.0 |
| | 300 | 3.8 | 8.69 | 6.52 | 27.28 | 270 | 231 | 21 | 14 | 26.5 | 10.6 |
| | 400 | 4.0 | 9.13 | 6.85 | 28.67 | 296 | 255 | 23 | 15 | 27.0 | 10.8 |
| | 500 | 4.2 | 9.60 | 7.20 | 30.13 | 323 | 279 | 25 | 16 | 27.5 | 11.0 |
| | 600 | 4.5 | 10.12 | 7.59 | 31.76 | 345 | 300 | 27 | 17 | 28.0 | 11.2 |
| | 700 | 4.7 | 10.67 | 8.00 | 33.48 | 370 | 323 | 29 | 18 | 28.5 | 11.4 |
| | 800 | 5.0 | 11.24 | 8.43 | 35.28 | 394 | 345 | 31 | 19 | 29.0 | 11.6 |
| | 900 | 5.3 | 11.89 | 8.92 | 37.33 | 417 | 366 | 33 | 20 | 29.5 | 11.8 |
| | 1 000 | 5.6 | 12.57 | 9.43 | 39.46 | 437 | 385 | 35 | 21 | 30.0 | 12.0 |
| 300 | 0 | 3.7 | 8.51 | 6.38 | 26.70 | 216 | 180 | 18 | 15 | 30.0 | 12.0 |
| | 300 | 4.3 | 9.92 | 7.44 | 31.13 | 295 | 253 | 24 | 16 | 31.5 | 12.6 |
| | 400 | 4.5 | 10.47 | 7.85 | 32.85 | 321 | 276 | 26 | 17 | 32.0 | 12.8 |
| | 500 | 4.8 | 11.03 | 8.27 | 34.61 | 346 | 299 | 28 | 18 | 32.5 | 13.0 |
| | 600 | 5.0 | 11.64 | 8.73 | 36.53 | 368 | 320 | 30 | 19 | 33.0 | 13.2 |
| | 700 | 5.3 | 12.29 | 9.22 | 38.85 | 392 | 342 | 32 | 20 | 33.5 | 13.4 |
| | 800 | 5.6 | 13.01 | 9.76 | 40.84 | 415 | 362 | 34 | 21 | 34.0 | 13.6 |
| | 900 | 5.9 | 13.77 | 10.33 | 43.23 | 438 | 383 | 36 | 22 | 34.5 | 13.8 |
| | 1 000 | 6.3 | 14.61 | 10.96 | 45.86 | 458 | 402 | 38 | 23 | 35.0 | 14.0 |
| 350 | 0 | 4.1 | 9.43 | 7.07 | 29.59 | 243 | 202 | 21 | 18 | 35.0 | 14.0 |
| | 300 | 4.8 | 10.93 | 8.20 | 34.31 | 321 | 273 | 27 | 19 | 36.8 | 14.7 |
| | 400 | 5.0 | 11.53 | 8.65 | 36.20 | 345 | 296 | 29 | 20 | 37.4 | 15.0 |
| | 500 | 5.3 | 12.13 | 9.10 | 38.08 | 369 | 318 | 31 | 21 | 38.0 | 15.2 |
| | 600 | 5.6 | 12.80 | 9.60 | 40.17 | 392 | 338 | 33 | 22 | 38.6 | 15.4 |
| | 700 | 5.9 | 13.51 | 10.13 | 42.39 | 415 | 360 | 35 | 23 | 39.2 | 15.7 |
| | 800 | 6.2 | 14.29 | 10.72 | 44.86 | 442 | 381 | 37 | 24 | 39.8 | 15.9 |
| | 900 | 6.6 | 15.12 | 11.34 | 47.45 | 460 | 401 | 39 | 25 | 40.4 | 16.1 |
| | 1 000 | 7.0 | 16.01 | 12.01 | 50.25 | 480 | 419 | 41 | 26 | 41.0 | 16.4 |

续表

| 体重/kg | 日增重/g | 日粮干物质/kg | 奶牛能量单位/NND | 产奶净能/Mcal | 产奶净能/MJ | 可消化粗蛋白质/g | 小肠可消化粗蛋白质/g | 钙/g | 磷/g | 胡萝卜素/mg | 维生素A/KIU |
|---|---|---|---|---|---|---|---|---|---|---|---|
| 400 | 0 | 4.5 | 10.32 | 7.74 | 32.39 | 268 | 224 | 24 | 20 | 40.0 | 16.0 |
| | 300 | 5.3 | 12.08 | 9.05 | 37.91 | 344 | 294 | 30 | 21 | 42.0 | 16.8 |
| | 400 | 5.5 | 12.76 | 9.57 | 40.05 | 368 | 316 | 32 | 22 | 43.0 | 17.2 |
| | 500 | 5.8 | 13.47 | 10.10 | 42.26 | 393 | 338 | 34 | 23 | 44.0 | 17.6 |
| | 600 | 6.1 | 14.23 | 10.67 | 46.65 | 415 | 359 | 36 | 24 | 45.0 | 18.0 |
| | 700 | 6.4 | 15.05 | 11.29 | 47.24 | 438 | 480 | 38 | 25 | 46.0 | 18.4 |
| | 800 | 6.8 | 15.93 | 11.95 | 50.00 | 460 | 400 | 40 | 26 | 47.0 | 18.8 |
| | 900 | 7.2 | 16.91 | 12.68 | 53.06 | 482 | 420 | 42 | 27 | 48.0 | 19.2 |
| | 1 000 | 7.6 | 17.95 | 13.46 | 56.32 | 501 | 437 | 44 | 28 | 49.0 | 19.6 |
| 450 | 0 | 5.0 | 11.16 | 8.37 | 35.03 | 293 | 244 | 27 | 23 | 45.0 | 18.0 |
| | 300 | 5.7 | 13.04 | 9.78 | 40.92 | 368 | 313 | 33 | 24 | 48.0 | 19.2 |
| | 400 | 6.0 | 13.75 | 10.31 | 43.14 | 393 | 335 | 35 | 25 | 49.0 | 19.6 |
| | 500 | 6.3 | 14.51 | 10.88 | 45.53 | 417 | 355 | 37 | 26 | 50.0 | 20.0 |
| | 600 | 6.7 | 15.33 | 11.50 | 48.10 | 439 | 377 | 39 | 27 | 51.0 | 20.4 |
| | 700 | 7.0 | 16.21 | 12.16 | 50.88 | 461 | 398 | 41 | 28 | 52.0 | 20.8 |
| | 800 | 7.4 | 17.17 | 12.88 | 53.89 | 484 | 419 | 43 | 29 | 53.0 | 21.2 |
| | 900 | 7.8 | 18.20 | 13.65 | 57.12 | 505 | 439 | 45 | 30 | 54.0 | 21.6 |
| | 1 000 | 8.0 | 19.32 | 14.49 | 60.63 | 524 | 456 | 47 | 31 | 55.0 | 22.0 |
| 500 | 0 | 5.4 | 11.97 | 8.93 | 37.58 | 317 | 264 | 30 | 25 | 50.0 | 20.0 |
| | 300 | 6.2 | 14.13 | 10.60 | 44.36 | 392 | 333 | 36 | 26 | 53.0 | 21.2 |
| | 400 | 6.5 | 14.93 | 11.20 | 46.87 | 417 | 355 | 38 | 27 | 54.0 | 21.6 |
| | 500 | 6.8 | 15.81 | 11.86 | 49.63 | 441 | 377 | 40 | 28 | 55.0 | 22.0 |
| | 600 | 7.1 | 16.73 | 12.55 | 52.51 | 463 | 397 | 42 | 29 | 56.0 | 22.4 |
| | 700 | 7.6 | 17.75 | 13.31 | 55.69 | 485 | 418 | 44 | 30 | 57.0 | 22.8 |
| | 800 | 8.0 | 18.85 | 14.14 | 59.17 | 507 | 438 | 46 | 31 | 58.0 | 23.2 |
| | 900 | 8.4 | 20.01 | 15.01 | 62.81 | 529 | 458 | 48 | 32 | 59.0 | 23.6 |
| | 1 000 | 8.9 | 21.29 | 15.97 | 66.82 | 548 | 476 | 50 | 33 | 60.0 | 24.0 |

续表

| 体重/kg | 日增重/g | 日粮干物质/kg | 奶牛能量单位/NND | 产奶净能/Mcal | 产奶净能/MJ | 可消化粗蛋白质/g | 小肠可消化粗蛋白质/g | 钙/g | 磷/g | 胡萝卜素/mg | 维生素A/KIU |
|---|---|---|---|---|---|---|---|---|---|---|---|
| 550 | 0 | 5.8 | 12.77 | 9.58 | 40.09 | 341 | 284 | 33 | 28 | 55.0 | 22.0 |
| | 300 | 6.7 | 15.04 | 11.28 | 47.20 | 417 | 354 | 39 | 29 | 58.0 | 23.0 |
| | 400 | 6.9 | 15.92 | 11.94 | 49.96 | 441 | 376 | 41 | 30 | 59.0 | 23.6 |
| | 500 | 7.3 | 16.84 | 12.63 | 52.85 | 465 | 397 | 43 | 31 | 60.0 | 24.0 |
| | 600 | 7.7 | 17.84 | 13.38 | 55.99 | 487 | 418 | 45 | 32 | 61.0 | 24.4 |
| | 700 | 8.1 | 18.89 | 14.17 | 59.29 | 510 | 439 | 47 | 33 | 62.0 | 24.8 |
| | 800 | 8.5 | 20.04 | 15.03 | 62.89 | 533 | 460 | 49 | 34 | 63.0 | 25.2 |
| | 900 | 8.9 | 21.31 | 15.98 | 66.87 | 554 | 480 | 51 | 35 | 64.0 | 25.6 |
| | 1 000 | 9.5 | 22.67 | 17.00 | 71.13 | 573 | 496 | 53 | 36 | 65.0 | 26.0 |
| 600 | 0 | 6.2 | 13.53 | 10.15 | 42.47 | 364 | 303 | 36 | 30 | 60.0 | 24 |
| | 300 | 7.1 | 16.11 | 12.08 | 50.55 | 441 | 374 | 42 | 31 | 66.0 | 26.4 |
| | 400 | 7.4 | 17.08 | 12.81 | 53.60 | 465 | 396 | 44 | 32 | 67.0 | 26.8 |
| | 500 | 7.8 | 18.13 | 13.60 | 65.91 | 489 | 418 | 46 | 33 | 68.0 | 27.2 |
| | 600 | 8.2 | 19.24 | 14.43 | 60.38 | 512 | 439 | 48 | 34 | 69.0 | 27.6 |
| | 700 | 8.6 | 20.45 | 15.34 | 64.19 | 535 | 459 | 50 | 35 | 70.0 | 28.0 |
| | 800 | 9.0 | 21.76 | 16.32 | 68.29 | 557 | 480 | 52 | 36 | 71.0 | 28.4 |
| | 900 | 9.5 | 23.17 | 17.38 | 72.72 | 580 | 501 | 54 | 37 | 72.0 | 28.8 |
| | 1 000 | 10.1 | 24.69 | 18.52 | 77.49 | 599 | 518 | 56 | 38 | 73.0 | 29.2 |

**附表 26　种公牛的营养需要**

| 体重/kg | 日粮干物质/kg | 奶牛能量单位/NND | 产奶净能/Mcal | 产奶净能/MJ | 可消化粗蛋白质/g | 钙/g | 磷/g | 胡萝卜素/mg | 维生素A/KIU |
|---|---|---|---|---|---|---|---|---|---|
| 500 | 7.99 | 13.40 | 10.05 | 42.05 | 423 | 32 | 24 | 53 | 21 |
| 600 | 9.17 | 15.36 | 11.52 | 48.20 | 485 | 36 | 27 | 64 | 26 |
| 700 | 10.29 | 17.24 | 12.93 | 54.10 | 544 | 41 | 31 | 74 | 30 |
| 800 | 11.37 | 19.05 | 14.29 | 59.79 | 602 | 45 | 34 | 85 | 34 |
| 900 | 12.42 | 20.81 | 15.61 | 65.32 | 657 | 49 | 37 | 95 | 38 |
| 1 000 | 13.44 | 22.52 | 16.89 | 70.64 | 711 | 53 | 40 | 106 | 42 |

续表

| 体重/kg | 日粮干物质/kg | 奶牛能量单位/NND | 产奶净能/Mcal | 产奶净能/MJ | 可消化粗蛋白质/g | 钙/g | 磷/g | 胡萝卜素/mg | 维生素A/KIU |
|---|---|---|---|---|---|---|---|---|---|
| 1 100 | 14.44 | 24.26 | 18.15 | 75.94 | 764 | 57 | 43 | 117 | 47 |
| 1 200 | 15.42 | 25.83 | 19.37 | 81.05 | 816 | 61 | 46 | 127 | 51 |
| 1 300 | 16.37 | 27.49 | 20.57 | 86.07 | 866 | 65 | 49 | 138 | 55 |
| 1 400 | 17.31 | 28.99 | 21.74 | 90.97 | 916 | 69 | 52 | 148 | 59 |

# 附录六 肉牛饲养标准

## 中华人民共和国农业行业标准(NY/T 815—2004)肉牛饲养标准

附表 27 不同体重和日增重的肉牛综合净能需要的校正系数(F)

| 体重/kg | 日增重(kg·d$^{-1}$) | | | | | | | | | | | |
|---|---|---|---|---|---|---|---|---|---|---|---|---|
| | 0 | 0.3 | 0.4 | 0.5 | 0.6 | 0.7 | 0.8 | 0.9 | 1 | 1.1 | 1.2 | 1.3 |
| 150~200 | 0.850 | 0.960 | 0.965 | 0.970 | 0.975 | 0.978 | 0.988 | 1.000 | 1.020 | 1.040 | 0.060 | 0.080 |
| 225 | 0.864 | 0.974 | 0.979 | 0.984 | 0.989 | 0.992 | 1.002 | 1.014 | 1.034 | 1.054 | 1.074 | 1.094 |
| 250 | 0.877 | 0.987 | 0.992 | 0.997 | 1.002 | 1.005 | 1.015 | 1.027 | 1.047 | 1.067 | 1.087 | 1.107 |
| 275 | 0.891 | 1.001 | 1.006 | 1.011 | 1.016 | 1.019 | 1.029 | 1.041 | 1.061 | 1.081 | 1.101 | 1.121 |
| 300 | 0.904 | 1.014 | 1.002 | 1.024 | 10.29 | 1.032 | 1.042 | 1.054 | 1.074 | 1.094 | 1.114 | 1.134 |
| 325 | 0.910 | 1.020 | 1.025 | 1.030 | 1.035 | 1.038 | 1.048 | 1.060 | 1.080 | 1.100 | 1.120 | 1.140 |
| 350 | 0.915 | 1.025 | 1.030 | 1.035 | 1.040 | 1.043 | 1.053 | 1.065 | 1.085 | 1.105 | 1.125 | 1.145 |
| 375 | 0.921 | 1.031 | 1.036 | 1.041 | 1.046 | 1.049 | 1.059 | 1.071 | 1.091 | 1.111 | 1.131 | 1.151 |
| 400 | 0.927 | 1.037 | 1.042 | 1.047 | 1.052 | 1.055 | 1.065 | 1.077 | 1.097 | 1.117 | 1.137 | 1.157 |
| 425 | 0.930 | 1.040 | 1.045 | 1.050 | 1.055 | 1.058 | 1.680 | 1.408 | 1.100 | 1.120 | 1.140 | 1.160 |
| 450 | 0.932 | 1.042 | 1.047 | 1.052 | 1.057 | 1.060 | 1.070 | 1.082 | 1.102 | 1.122 | 1.142 | 1.162 |
| 475 | 0.935 | 1.045 | 1.050 | 1.055 | 1.060 | 1.063 | 1.073 | 1.085 | 1.105 | 1.125 | 1.145 | 1.165 |
| 500 | 0.937 | 1.047 | 1.052 | 1.057 | 1.062 | 1.065 | 1.075 | 1.087 | 1.107 | 1.127 | 1.147 | 1.167 |

NY/T 815—2004

**附表 28 小肠可消化粗蛋白质中各种必需氨基酸的理想化学分数**

| 氨基酸 | 体蛋白(g/100 g IDCP) | 理想模式(%) |
|---|---|---|
| 赖基酸 | 6.4 | 100 |
| 蛋基酸 | 2.2 | 34 |
| 精基酸 | 3.3 | 52 |
| 组基酸 | 2.5 | 39 |
| 亮基酸 | 6.7 | 105 |
| 异亮基酸 | 2.8 | 44 |
| 苯丙基酸 | 3.5 | 55 |
| 苏基酸 | 3.9 | 61 |
| 缬基酸 | 4.0 | 63 |

NY/T 815—2004

**附表 29 生长肥育牛的每日营养需要量**

| LBW /kg | ADG /(kg·d$^{-1}$) | DMI /(kg·d$^{-1}$) | NEm /(MJ·d$^{-1}$) | NEg /(MJ·d$^{-1}$) | RND | NEmf /(MJ·d$^{-1}$) | CP /(g·d$^{-1}$) | IDCPm /(g·d$^{-1}$) | IDCPg /(g·d$^{-1}$) | IDCP /(g·d$^{-1}$) | 钙 /(g·d$^{-1}$) | 磷 /(g·d$^{-1}$) |
|---|---|---|---|---|---|---|---|---|---|---|---|---|
| 150 | 0 | 2.66 | 13.80 | 0.00 | 1.46 | 11.76 | 236 | 158 | 0 | 158 | 5 | 5 |
| | 0.3 | 3.29 | 13.80 | 1.24 | 1.87 | 15.10 | 377 | 158 | 103 | 261 | 14 | 8 |
| | 0.4 | 3.49 | 13.80 | 1.71 | 1.97 | 15.90 | 421 | 158 | 136 | 294 | 17 | 9 |
| | 0.5 | 3.70 | 13.80 | 2.22 | 2.07 | 16.74 | 465 | 158 | 169 | 328 | 19 | 10 |
| | 0.6 | 3.91 | 13.80 | 2.76 | 2.19 | 17.66 | 507 | 158 | 202 | 360 | 22 | 11 |
| | 0.7 | 4.12 | 13.80 | 3.34 | 2.30 | 18.58 | 548 | 158 | 235 | 393 | 25 | 12 |
| | 0.8 | 4.33 | 13.80 | 3.97 | 2.45 | 19.75 | 589 | 158 | 267 | 425 | 28 | 13 |
| | 0.9 | 4.54 | 13.80 | 4.64 | 2.61 | 21.05 | 627 | 158 | 298 | 457 | 31 | 14 |
| | 1.0 | 4.75 | 13.80 | 5.38 | 2.80 | 22.64 | 665 | 158 | 329 | 487 | 34 | 15 |
| | 1.1 | 4.95 | 13.80 | 6.18 | 3.02 | 20.35 | 704 | 158 | 360 | 518 | 37 | 16 |
| | 1.2 | 5.16 | 13.80 | 7.06 | 3.25 | 26.28 | 739 | 158 | 389 | 547 | 40 | 16 |
| 175 | 0 | 2.98 | 15.49 | 0.00 | 1.63 | 13.18 | 265 | 178 | 0 | 178 | 6 | 6 |
| | 0.3 | 3.63 | 15.49 | 1.45 | 2.09 | 16.90 | 403 | 178 | 104 | 281 | 14 | 9 |
| | 0.4 | 3.85 | 15.49 | 2.00 | 2.20 | 17.78 | 447 | 178 | 138 | 315 | 17 | 9 |
| | 0.5 | 4.07 | 15.49 | 2.59 | 2.32 | 18.70 | 489 | 178 | 171 | 349 | 20 | 10 |
| | 0.6 | 4.29 | 15.49 | 3.22 | 2.44 | 19.71 | 530 | 178 | 204 | 382 | 23 | 11 |
| | 0.7 | 4.51 | 15.49 | 3.89 | 2.57 | 20.75 | 571 | 178 | 237 | 414 | 26 | 12 |

续表

| LBW /kg | ADG /(kg·d⁻¹) | DMI /(kg·d⁻¹) | NEm /(MJ·d⁻¹) | NEg /(MJ·d⁻¹) | RND | NEmf /(MJ·d⁻¹) | CP /(g·d⁻¹) | IDCPm /(g·d⁻¹) | IDCPg /(g·d⁻¹) | IDCP /(g·d⁻¹) | 钙 /(g·d⁻¹) | 磷 /(g·d⁻¹) |
|---|---|---|---|---|---|---|---|---|---|---|---|---|
| 175 | 0.8 | 4.72 | 15.49 | 4.63 | 2.79 | 22.05 | 609 | 178 | 269 | 446 | 28 | 13 |
| | 0.9 | 4.94 | 15.49 | 5.42 | 2.91 | 23.47 | 650 | 178 | 300 | 478 | 31 | 14 |
| | 1.0 | 5.16 | 15.49 | 6.28 | 3.12 | 25.23 | 686 | 178 | 331 | 508 | 34 | 15 |
| | 1.1 | 5.38 | 15.49 | 7.22 | 3.37 | 27.20 | 724 | 178 | 361 | 538 | 37 | 16 |
| | 1.2 | 5.59 | 15.49 | 8.24 | 3.63 | 29.29 | 759 | 178 | 390 | 567 | 40 | 17 |
| 200 | 0 | 3.30 | 17.12 | 0.00 | 1.80 | 14.56 | 293 | 196 | 0 | 196 | 7 | 7 |
| | 0.3 | 3.98 | 17.12 | 1.66 | 2.32 | 18.70 | 428 | 196 | 105 | 301 | 15 | 9 |
| | 0.4 | 4.21 | 17.12 | 2.28 | 2.43 | 19.62 | 472 | 196 | 139 | 336 | 17 | 10 |
| | 0.5 | 4.44 | 17.12 | 2.95 | 2.56 | 20.67 | 514 | 196 | 173 | 369 | 20 | 11 |
| | 0.6 | 4.66 | 17.12 | 3.67 | 2.69 | 21.76 | 555 | 196 | 206 | 403 | 23 | 12 |
| | 0.7 | 4.89 | 17.12 | 4.45 | 2.83 | 22.47 | 593 | 196 | 239 | 435 | 26 | 13 |
| | 0.8 | 5.12 | 17.12 | 5.29 | 3.01 | 24.31 | 631 | 196 | 271 | 467 | 29 | 14 |
| | 0.9 | 5.34 | 17.12 | 6.19 | 3.21 | 25.90 | 669 | 196 | 302 | 499 | 31 | 15 |
| | 1.0 | 5.57 | 17.12 | 7.17 | 3.45 | 27.82 | 708 | 196 | 333 | 529 | 34 | 16 |
| | 1.1 | 5.80 | 17.12 | 8.25 | 3.71 | 29.96 | 743 | 196 | 362 | 558 | 37 | 17 |
| | 1.2 | 6.03 | 17.12 | 9.42 | 4.00 | 32.30 | 778 | 196 | 391 | 587 | 40 | 17 |
| 225 | 0 | 3.60 | 18.71 | 0.00 | 1.87 | 15.10 | 320 | 214 | 0 | 214 | 7 | 7 |
| | 0.3 | 4.31 | 18.71 | 1.86 | 2.56 | 20.71 | 452 | 214 | 107 | 321 | 15 | 10 |
| | 0.4 | 4.55 | 18.71 | 2.57 | 2.69 | 21.76 | 494 | 214 | 141 | 356 | 18 | 11 |
| | 0.5 | 4.78 | 18.71 | 3.32 | 2.83 | 22.89 | 535 | 214 | 175 | 390 | 20 | 12 |
| | 0.6 | 5.02 | 18.71 | 4.13 | 2.98 | 24.10 | 576 | 214 | 209 | 423 | 23 | 13 |
| | 0.7 | 5.26 | 18.71 | 5.01 | 3.14 | 25.36 | 614 | 214 | 241 | 456 | 26 | 14 |
| | 0.8 | 5.49 | 18.71 | 5.95 | 3.33 | 26.90 | 652 | 214 | 273 | 488 | 29 | 14 |
| | 0.9 | 5.73 | 18.71 | 6.97 | 3.55 | 28.66 | 691 | 214 | 304 | 519 | 31 | 15 |
| | 1.0 | 5.96 | 18.71 | 8.07 | 3.81 | 30.79 | 726 | 214 | 335 | 549 | 34 | 16 |
| | 1.1 | 6.20 | 18.71 | 9.28 | 4.10 | 33.10 | 761 | 214 | 364 | 578 | 37 | 17 |
| | 1.2 | 6.44 | 18.71 | 10.59 | 4.42 | 35.69 | 796 | 214 | 391 | 606 | 39 | 18 |

续表

| LBW /kg | ADG /(kg·d$^{-1}$) | DMI /(kg·d$^{-1}$) | NEm /(MJ·d$^{-1}$) | NEg /(MJ·d$^{-1}$) | RND | NEmf /(MJ·d$^{-1}$) | CP /(g·d$^{-1}$) | IDCPm /(g·d$^{-1}$) | IDCPg /(g·d$^{-1}$) | IDCP /(g·d$^{-1}$) | 钙 /(g·d$^{-1}$) | 磷 /(g·d$^{-1}$) |
|---|---|---|---|---|---|---|---|---|---|---|---|---|
| | 0 | 3.90 | 20.24 | 0.00 | 2.20 | 17.78 | 346 | 232 | 0 | 232 | 8 | 8 |
| | 0.3 | 4.64 | 20.24 | 2.07 | 2.81 | 22.72 | 475 | 232 | 108 | 340 | 16 | 11 |
| | 0.4 | 4.88 | 20.24 | 2.85 | 2.95 | 23.85 | 517 | 232 | 143 | 375 | 18 | 12 |
| | 0.5 | 5.13 | 20.24 | 3.69 | 3.11 | 25.10 | 558 | 232 | 177 | 409 | 21 | 12 |
| | 0.6 | 5.37 | 20.24 | 4.59 | 3.27 | 26.44 | 599 | 232 | 211 | 443 | 23 | 13 |
| 250 | 0.7 | 5.62 | 20.24 | 5.56 | 3.45 | 27.82 | 637 | 232 | 244 | 475.9 | 26 | 14 |
| | 0.8 | 5.87 | 20.24 | 6.61 | 3.65 | 29.50 | 672 | 232 | 276 | 507.8 | 29 | 15 |
| | 0.9 | 6.11 | 20.24 | 7.74 | 3.89 | 31.38 | 711 | 232 | 307 | 538.8 | 31 | 16 |
| | 1.0 | 6.36 | 20.24 | 8.97 | 4.18 | 33.72 | 746 | 232 | 337 | 568.6 | 34 | 17 |
| | 1.1 | 6.60 | 20.24 | 10.31 | 4.49 | 36.28 | 781 | 232 | 365 | 597.2 | 36 | 18 |
| | 1.2 | 6.85 | 20.24 | 11.77 | 4.84 | 39.06 | 814 | 232 | 392 | 624.3 | 39 | 18 |
| | 0 | 4.19 | 21.74 | 0.00 | 2.40 | 19.37 | 372 | 249 | 0 | 249.2 | 9 | 9 |
| | 0.3 | 4.96 | 21.74 | 2.28 | 3.07 | 24.77 | 501 | 249 | 110 | 359 | 16 | 12 |
| | 0.4 | 5.21 | 21.74 | 3.14 | 3.22 | 25.98 | 543 | 249 | 145 | 394.4 | 19 | 12 |
| | 0.5 | 5.47 | 21.74 | 4.06 | 3.39 | 27.36 | 581 | 249 | 180 | 429 | 21 | 13 |
| | 0.6 | 5.72 | 21.74 | 5.05 | 3.57 | 28.79 | 619 | 249 | 214 | 462.8 | 24 | 14 |
| 275 | 0.7 | 5.98 | 21.74 | 6.12 | 3.75 | 30.29 | 657 | 249 | 247 | 495.8 | 26 | 15 |
| | 0.8 | 6.23 | 21.74 | 7.27 | 3.98 | 32.13 | 696 | 249 | 278 | 527.7 | 29 | 16 |
| | 0.9 | 6.49 | 21.74 | 8.51 | 4.23 | 34.18 | 731 | 249 | 309 | 558.5 | 31 | 16 |
| | 1.0 | 6.74 | 21.74 | 9.86 | 4.55 | 36.74 | 766 | 249 | 339 | 588 | 34 | 17 |
| | 1.1 | 7.00 | 21.74 | 11.34 | 4.89 | 39.50 | 798 | 249 | 367 | 616 | 36 | 18 |
| | 1.2 | 7.25 | 21.74 | 12.95 | 5.60 | 42.51 | 834 | 249 | 393 | 642.4 | 39 | 19 |
| | 0 | 4.46 | 23.21 | 0.00 | 2.60 | 21.00 | 397 | 266 | 0 | 266 | 10 | 10 |
| | 0.3 | 5.26 | 23.21 | 2.48 | 3.32 | 26.78 | 523 | 266 | 112 | 377.6 | 17 | 12 |
| | 0.4 | 5.53 | 23.21 | 3.42 | 3.48 | 28.21 | 565 | 266 | 147 | 413.4 | 19 | 13 |
| 300 | 0.5 | 5.79 | 23.21 | 4.43 | 3.66 | 29.58 | 603 | 266 | 182 | 448.4 | 21 | 14 |
| | 0.6 | 6.06 | 23.21 | 5.51 | 3.86 | 31.13 | 641 | 266 | 216 | 482.4 | 24 | 15 |
| | 0.7 | 6.32 | 23.21 | 6.67 | 4.06 | 32.76 | 679 | 266 | 249 | 515.5 | 26 | 15 |
| | 0.8 | 6.58 | 23.21 | 7.93 | 4.31 | 34.77 | 715 | 266 | 281 | 547.4 | 29 | 16 |

续表

| LBW /kg | ADG /(kg·$d^{-1}$) | DMI /(kg·$d^{-1}$) | NEm /(MJ·$d^{-1}$) | NEg /(MJ·$d^{-1}$) | RND | NEmf /(MJ·$d^{-1}$) | CP /(g·$d^{-1}$) | IDCPm /(g·$d^{-1}$) | IDCPg /(g·$d^{-1}$) | IDCP /(g·$d^{-1}$) | 钙 /(g·$d^{-1}$) | 磷 /(g·$d^{-1}$) |
|---|---|---|---|---|---|---|---|---|---|---|---|---|
| 300 | 0.9 | 6.85 | 23.21 | 9.29 | 4.58 | 36.99 | 750 | 266 | 312 | 578 | 31 | 17 |
| | 1.0 | 7.11 | 23.21 | 10.76 | 4.92 | 39.71 | 785 | 266 | 341 | 607.1 | 34 | 18 |
| | 1.1 | 7.38 | 23.21 | 12.37 | 5.29 | 42.68 | 818 | 266 | 369 | 634.6 | 36 | 19 |
| | 1.2 | 7.64 | 23.21 | 14.12 | 5.69 | 45.98 | 850 | 266 | 394 | 660.3 | 38 | 19 |
| 325 | 0 | 4.75 | 24.65 | 0.00 | 2.78 | 22.43 | 421 | 282 | 0 | 282.4 | 11 | 11 |
| | 0.3 | 5.57 | 24.65 | 2.69 | 3.54 | 28.58 | 547 | 282 | 114 | 396 | 17 | 13 |
| | 0.4 | 5.84 | 24.65 | 3.71 | 3.72 | 30.04 | 586 | 282 | 150 | 432.3 | 19 | 14 |
| | 0.5 | 6.12 | 24.65 | 4.80 | 3.91 | 31.59 | 624 | 282 | 185 | 467.6 | 22 | 14 |
| | 0.6 | 6.39 | 24.65 | 5.97 | 4.12 | 33.26 | 662 | 282 | 219 | 501.9 | 24 | 15 |
| | 0.7 | 6.66 | 24.65 | 7.23 | 4.36 | 35.02 | 700 | 282 | 253 | 535.1 | 26 | 16 |
| | 0.8 | 6.94 | 24.65 | 8.59 | 4.60 | 37.15 | 736 | 282 | 284 | 566.9 | 29 | 17 |
| | 0.9 | 7.21 | 24.65 | 10.06 | 4.90 | 39.54 | 771 | 282 | 315 | 597.3 | 31 | 18 |
| | 1.0 | 7.49 | 24.65 | 11.66 | 5.25 | 42.43 | 803 | 282 | 344 | 626.1 | 33 | 18 |
| | 1.1 | 7.76 | 24.65 | 13.40 | 5.65 | 45.61 | 839 | 282 | 371 | 653 | 36 | 19 |
| | 1.2 | 8.03 | 24.65 | 15.30 | 6.08 | 49.12 | 868 | 282 | 395 | 677.8 | 38 | 20 |
| 350 | 0 | 5.02 | 26.06 | 0.00 | 2.95 | 23.85 | 445 | 299 | 0 | 298.6 | 12 | 12 |
| | 0.3 | 5.58 | 26.06 | 2.90 | 3.76 | 30.38 | 569 | 299 | 122 | 420.6 | 18 | 14 |
| | 0.4 | 6.15 | 26.06 | 3.99 | 3.95 | 31.92 | 607 | 299 | 161 | 459.4 | 20 | 14 |
| | 0.5 | 6.43 | 26.06 | 5.17 | 4.16 | 33.60 | 645 | 299 | 199 | 497.1 | 22 | 15 |
| | 0.6 | 6.72 | 26.06 | 6.43 | 4.38 | 35.40 | 683 | 299 | 235 | 533.6 | 24 | 16 |
| | 0.7 | 7.00 | 26.06 | 7.79 | 4.61 | 37.24 | 719 | 299 | 270 | 568.7 | 27 | 17 |
| | 0.8 | 7.28 | 26.06 | 9.25 | 4.89 | 39.50 | 757 | 299 | 304 | 602.3 | 29 | 17 |
| | 0.9 | 7.57 | 26.06 | 10.83 | 5.21 | 42.05 | 789 | 299 | 336 | 634.1 | 31 | 18 |
| | 1.0 | 7.85 | 26.06 | 12.55 | 5.59 | 45.15 | 824 | 299 | 365 | 664 | 33 | 19 |
| | 1.1 | 8.13 | 26.06 | 14.43 | 6.01 | 48.53 | 857 | 299 | 393 | 691.7 | 36 | 20 |
| | 1.2 | 8.41 | 26.06 | 16.48 | 6.47 | 52.26 | 889 | 299 | 418 | 716.9 | 38 | 20 |
| 375 | 0 | 5.28 | 27.44 | 0.00 | 3.13 | 25.27 | 469 | 314 | 0 | 314.4 | 12 | 12 |
| | 0.3 | 6.16 | 27.44 | 3.10 | 3.99 | 32.22 | 593 | 314 | 119 | 433.5 | 18 | 14 |
| | 0.4 | 6.45 | 27.44 | 4.28 | 4.19 | 33.85 | 631 | 314 | 157 | 471.2 | 20 | 15 |

续表

| LBW /kg | ADG /(kg·d⁻¹) | DMI /(kg·d⁻¹) | NEm /(MJ·d⁻¹) | NEg /(MJ·d⁻¹) | RND | NEmf /(MJ·d⁻¹) | CP /(g·d⁻¹) | IDCPm /(g·d⁻¹) | IDCPg /(g·d⁻¹) | IDCP /(g·d⁻¹) | 钙 /(g·d⁻¹) | 磷 /(g·d⁻¹) |
|---|---|---|---|---|---|---|---|---|---|---|---|---|
| 375 | 0.5 | 6.74 | 27.44 | 5.54 | 4.41 | 35.61 | 669 | 314 | 193 | 507.7 | 22 | 16 |
| | 0.6 | 7.03 | 27.44 | 6.89 | 4.65 | 37.53 | 704 | 314 | 228 | 542.9 | 25 | 17 |
| | 0.7 | 7.32 | 27.44 | 8.34 | 4.89 | 39.50 | 743 | 314 | 262 | 576.6 | 27 | 17 |
| | 0.8 | 7.62 | 27.44 | 9.91 | 5.19 | 41.88 | 778 | 314 | 294 | 608.7 | 29 | 18 |
| | 0.9 | 7.91 | 27.44 | 11.61 | 5.52 | 44.60 | 810 | 314 | 324 | 638.9 | 31 | 19 |
| | 1.0 | 8.20 | 27.44 | 13.45 | 5.93 | 47.87 | 845 | 314 | 353 | 667.1 | 33 | 19 |
| | 1.1 | 8.49 | 27.44 | 15.46 | 6.26 | 50.54 | 878 | 314 | 378 | 692.9 | 35 | 20 |
| | 1.2 | 8.79 | 27.44 | 17.65 | 6.75 | 54.48 | 907 | 314 | 402 | 716 | 38 | 20 |
| 400 | 0 | 5.55 | 28.80 | 0.00 | 3.31 | 36.74 | 492 | 330 | 0 | 330 | 13 | 13 |
| | 0.3 | 6.45 | 28.80 | 3.31 | 4.22 | 34.06 | 613 | 330 | 116 | 446.2 | 19 | 15 |
| | 0.4 | 6.76 | 28.80 | 4.56 | 4.43 | 35.77 | 651 | 330 | 153 | 482.7 | 21 | 16 |
| | 0.5 | 7.06 | 28.80 | 5.91 | 4.06 | 37.66 | 689 | 330 | 188 | 518 | 23 | 17 |
| | 0.6 | 7.36 | 28.80 | 7.35 | 4.91 | 39.66 | 727 | 330 | 222 | 551.9 | 25 | 17 |
| | 0.7 | 7.66 | 28.80 | 8.90 | 5.17 | 44.76 | 763 | 330 | 254 | 584.3 | 27 | 18 |
| | 0.8 | 7.96 | 28.80 | 10.57 | 5.49 | 44.31 | 798 | 330 | 285 | 614.8 | 29 | 19 |
| | 0.9 | 8.26 | 28.80 | 12.38 | 5.64 | 47.15 | 830 | 330 | 313 | 643.5 | 31 | 19 |
| | 1.0 | 8.56 | 28.80 | 14.35 | 6.27 | 50.63 | 866 | 330 | 340 | 669.9 | 33 | 20 |
| | 1.1 | 8.87 | 28.80 | 16.49 | 6.74 | 54.43 | 895 | 330 | 364 | 693.8 | 35 | 21 |
| | 1.2 | 9.17 | 28.80 | 18.83 | 7.26 | 58.66 | 927 | 330 | 385 | 714.8 | 37 | 21 |
| 425 | 0 | 5.80 | 30.14 | 0.00 | 3.48 | 28.08 | 515 | 345 | 0 | 345.4 | 14 | 14 |
| | 0.3 | 6.73 | 30.14 | 3.52 | 4.43 | 35.77 | 636 | 345 | 113 | 458.6 | 19 | 16 |
| | 0.4 | 7.04 | 30.14 | 4.85 | 4.65 | 37.54 | 674 | 345 | 149 | 494 | 21 | 17 |
| | 0.5 | 7.35 | 30.14 | 6.28 | 4.90 | 39.54 | 712 | 345 | 183 | 528.1 | 23 | 17 |
| | 0.6 | 7.66 | 30.14 | 7.81 | 5.16 | 41.76 | 747 | 345 | 215 | 560.7 | 25 | 18 |
| | 0.7 | 7.97 | 30.14 | 9.45 | 5.44 | 43.89 | 783 | 345 | 246 | 591.7 | 27 | 18 |
| | 0.8 | 8.29 | 30.14 | 11.23 | 5.77 | 46.57 | 818 | 345 | 275 | 620.8 | 29 | 19 |
| | 0.9 | 8.60 | 30.14 | 13.15 | 6.14 | 49.58 | 850 | 345 | 302 | 647.8 | 31 | 20 |
| | 1.0 | 8.91 | 30.14 | 15.24 | 6.59 | 53.22 | 886 | 345 | 327 | 672.4 | 33 | 20 |
| | 1.1 | 9.22 | 30.14 | 17.52 | 7.09 | 57.24 | 918 | 345 | 349 | 694.4 | 35 | 21 |
| | 1.2 | 9.53 | 30.14 | 20.01 | 7.64 | 61.67 | 947 | 345 | 368 | 713.3 | 37 | 22 |

续表

| LBW /kg | ADG /(kg·$d^{-1}$) | DMI /(kg·$d^{-1}$) | NEm /(MJ·$d^{-1}$) | NEg /(MJ·$d^{-1}$) | RND | NEmf /(MJ·$d^{-1}$) | CP /(g·$d^{-1}$) | IDCPm /(g·$d^{-1}$) | IDCPg /(g·$d^{-1}$) | IDCP /(g·$d^{-1}$) | 钙 /(g·$d^{-1}$) | 磷 /(g·$d^{-1}$) |
|---|---|---|---|---|---|---|---|---|---|---|---|---|
| 450 | 0 | 6.06 | 31.46 | 0.00 | 3.63 | 29.33 | 538 | 361 | 0 | 360.5 | 15 | 15 |
| | 0.3 | 7.02 | 31.46 | 3.72 | 4.63 | 37.41 | 659 | 361 | 110 | 470.7 | 20 | 17 |
| | 0.4 | 7.34 | 31.46 | 5.14 | 4.87 | 39.33 | 697 | 361 | 145 | 505.1 | 21 | 17 |
| | 0.5 | 7.66 | 31.46 | 6.65 | 5.12 | 41.38 | 732 | 361 | 177 | 538 | 23 | 18 |
| | 0.6 | 7.98 | 31.46 | 8.27 | 5.40 | 43.60 | 770 | 361 | 209 | 569.3 | 25 | 19 |
| | 0.7 | 8.30 | 31.46 | 10.01 | 5.69 | 45.94 | 806 | 361 | 238 | 598.9 | 27 | 19 |
| | 0.8 | 8.62 | 31.46 | 11.89 | 6.03 | 48.74 | 841 | 361 | 266 | 626.5 | 29 | 20 |
| | 0.9 | 8.94 | 31.46 | 13.93 | 6.43 | 51.92 | 873 | 361 | 291 | 651.8 | 31 | 20 |
| | 1.0 | 9.26 | 31.46 | 16.14 | 6.90 | 55.77 | 906 | 361 | 314 | 674.7 | 33 | 21 |
| | 1.1 | 9.58 | 31.46 | 18.55 | 7.42 | 59.96 | 938 | 361 | 334 | 694.8 | 35 | 22 |
| | 1.2 | 9.90 | 31.46 | 21.18 | 8.00 | 64.60 | 967 | 361 | 351 | 717.7 | 37 | 22 |
| 475 | 0 | 6.31 | 32.76 | 0.00 | 3.79 | 30.63 | 560 | 375 | 0 | 375.4 | 16 | 16 |
| | 0.3 | 7.30 | 32.76 | 3.93 | 4.84 | 39.08 | 681 | 375 | 107 | 482.7 | 20 | 17 |
| | 0.4 | 7.63 | 32.76 | 5.42 | 5.09 | 41.09 | 719 | 375 | 140 | 515.9 | 22 | 18 |
| | 0.5 | 7.96 | 32.76 | 7.01 | 5.35 | 43.26 | 754 | 375 | 172 | 547.6 | 24 | 19 |
| | 0.6 | 8.29 | 32.76 | 8.73 | 5.64 | 45.61 | 789 | 375 | 202 | 577.7 | 25 | 19 |
| | 0.7 | 8.61 | 32.76 | 10.57 | 5.94 | 48.03 | 825 | 375 | 230 | 605.8 | 27 | 20 |
| | 0.8 | 8.94 | 32.76 | 12.55 | 6.31 | 51.00 | 860 | 375 | 257 | 631.9 | 29 | 20 |
| | 0.9 | 9.27 | 32.76 | 14.70 | 6.72 | 54.31 | 892 | 375 | 280 | 655.7 | 31 | 21 |
| | 1.0 | 9.60 | 32.76 | 17.04 | 7.22 | 58.32 | 928 | 375 | 301 | 676.9 | 33 | 21 |
| | 1.1 | 9.93 | 32.76 | 19.58 | 7.77 | 62.76 | 957 | 375 | 320 | 695 | 35 | 22 |
| | 1.2 | 10.26 | 32.76 | 22.36 | 8.37 | 67.61 | 989 | 375 | 334 | 709.8 | 36 | 23 |
| 500 | 0 | 6.56 | 34.05 | 0.00 | 3.95 | 31.92 | 582 | 390 | 0 | 390.2 | 16 | 16 |
| | 0.3 | 7.58 | 34.05 | 4.14 | 5.04 | 40.71 | 700 | 390 | 104 | 494.5 | 21 | 18 |
| | 0.4 | 7.91 | 34.05 | 5.71 | 5.30 | 42.84 | 738 | 390 | 136 | 526.6 | 22 | 19 |
| | 0.5 | 8.25 | 34.05 | 7.38 | 5.58 | 45.10 | 776 | 390 | 167 | 557.1 | 24 | 19 |
| | 0.6 | 8.59 | 34.05 | 9.18 | 5.88 | 47.53 | 811 | 390 | 196 | 585.8 | 26 | 20 |
| | 0.7 | 8.93 | 34.05 | 11.12 | 6.20 | 50.08 | 847 | 390 | 222 | 612.6 | 27 | 20 |
| | 0.8 | 9.27 | 34.05 | 13.21 | 6.58 | 53.18 | 882 | 390 | 247 | 637.2 | 29 | 21 |

续表

| LBW /kg | ADG /(kg·d⁻¹) | DMI /(kg·d⁻¹) | NEm /(MJ·d⁻¹) | NEg /(MJ·d⁻¹) | RND | NEmf /(MJ·d⁻¹) | CP /(g·d⁻¹) | IDCPm /(g·d⁻¹) | IDCPg /(g·d⁻¹) | IDCP /(g·d⁻¹) | 钙 /(g·d⁻¹) | 磷 /(g·d⁻¹) |
|---|---|---|---|---|---|---|---|---|---|---|---|---|
| 500 | 0.9 | 9.61 | 34.05 | 15.48 | 7.01 | 56.65 | 912 | 390 | 269 | 659.4 | 31 | 21 |
| | 1.0 | 9.94 | 34.05 | 17.93 | 7.53 | 60.88 | 947 | 390 | 289 | 678.8 | 33 | 22 |
| | 1.1 | 10.28 | 34.05 | 20.61 | 8.10 | 65.48 | 979 | 390 | 305 | 695 | 34 | 23 |
| | 1.2 | 10.62 | 34.05 | 23.54 | 8.73 | 70.54 | 1 011 | 390 | 318 | 707.7 | 36 | 23 |

NY/T 815—2004

**附表 30 生长母牛的每日营养需要量**

| LBW /kg | ADG /(kg·d⁻¹) | DMI /(kg·d⁻¹) | NEm /(MJ·d⁻¹) | NEg /(MJ·d⁻¹) | RND | NEmf /(MJ·d⁻¹) | CP /(g·d⁻¹) | IDCPm /(g·d⁻¹) | IDCPg /(g·d⁻¹) | IDCP /(g·d⁻¹) | 钙 /(g·d⁻¹) | 磷 /(g·d⁻¹) |
|---|---|---|---|---|---|---|---|---|---|---|---|---|
| 150 | 0 | 2.66 | 13.80 | 0.00 | 1.46 | 11.76 | 236 | 158 | 0 | 158 | 5 | 5 |
| | 0.3 | 3.29 | 13.80 | 1.37 | 1.90 | 15.31 | 377 | 158 | 101 | 259 | 13 | 8 |
| | 0.4 | 3.49 | 13.80 | 1.88 | 2.00 | 16.15 | 421 | 158 | 134 | 293 | 16 | 9 |
| | 0.5 | 3.70 | 13.80 | 2.44 | 2.11 | 17.07 | 465 | 158 | 167 | 325 | 19 | 10 |
| | 0.6 | 3.91 | 13.80 | 3.03 | 2.24 | 18.07 | 507 | 158 | 200 | 358 | 22 | 11 |
| | 0.7 | 4.12 | 13.80 | 3.67 | 2.36 | 19.08 | 548 | 158 | 231 | 390 | 25 | 11 |
| | 0.8 | 4.33 | 13.80 | 4.36 | 2.52 | 20.33 | 589 | 158 | 263 | 421 | 28 | 12 |
| | 0.9 | 4.54 | 13.80 | 5.11 | 2.69 | 21.76 | 627 | 158 | 294 | 452 | 31 | 13 |
| | 1.0 | 4.75 | 13.80 | 5.92 | 2.91 | 23.47 | 665 | 158 | 324 | 482 | 34 | 14 |
| 175 | 0 | 2.98 | 15.49 | 0.00 | 1.63 | 13.18 | 265 | 178 | 0 | 178 | 6 | 6 |
| | 0.3 | 3.63 | 15.49 | 1.59 | 2.12 | 17.15 | 403 | 178 | 102 | 280 | 14 | 8 |
| | 0.4 | 3.85 | 15.49 | 2.20 | 2.24 | 18.07 | 447 | 178 | 136 | 313 | 17 | 9 |
| | 0.5 | 4.07 | 15.49 | 2.84 | 2.37 | 19.12 | 489 | 178 | 169 | 346 | 19 | 10 |
| | 0.6 | 4.29 | 15.49 | 3.54 | 2.50 | 20.21 | 530 | 178 | 201 | 378 | 22 | 11 |
| | 0.7 | 4.51 | 15.49 | 4.28 | 2.64 | 21.34 | 571 | 178 | 233 | 410 | 25 | 12 |
| | 0.8 | 4.72 | 15.49 | 5.09 | 2.81 | 22.72 | 609 | 178 | 264 | 442 | 28 | 13 |
| | 0.9 | 4.94 | 15.49 | 5.96 | 3.01 | 24.31 | 650 | 178 | 295 | 472 | 30 | 14 |
| | 1.0 | 5.16 | 15.49 | 6.91 | 3.24 | 26.19 | 686 | 178 | 324 | 502 | 33 | 15 |

续表

| LBW /kg | ADG /(kg·$d^{-1}$) | DMI /(kg·$d^{-1}$) | NEm /(MJ·$d^{-1}$) | NEg /(MJ·$d^{-1}$) | RND | NEmf /(MJ·$d^{-1}$) | CP /(g·$d^{-1}$) | IDCPm /(g·$d^{-1}$) | IDCPg /(g·$d^{-1}$) | IDCP /(g·$d^{-1}$) | 钙 /(g·$d^{-1}$) | 磷 /(g·$d^{-1}$) |
|---|---|---|---|---|---|---|---|---|---|---|---|---|
| 200 | 0 | 3.30 | 17.12 | 0.00 | 1.80 | 14.56 | 293 | 196 | 0 | 196 | 7 | 7 |
| | 0.3 | 3.98 | 17.12 | 1.82 | 2.34 | 18.92 | 428 | 196 | 103 | 300 | 14 | 9 |
| | 0.4 | 4.21 | 17.12 | 2.51 | 2.47 | 19.46 | 472 | 196 | 137 | 333 | 17 | 10 |
| | 0.5 | 4.44 | 17.12 | 3.25 | 2.61 | 21.09 | 514 | 196 | 170 | 366 | 19 | 11 |
| | 0.6 | 4.66 | 17.12 | 4.04 | 2.76 | 22.30 | 555 | 196 | 202 | 399 | 22 | 12 |
| | 0.7 | 4.89 | 17.12 | 4.89 | 2.92 | 23.43 | 593 | 196 | 234 | 431 | 25 | 13 |
| | 0.8 | 5.12 | 17.12 | 5.82 | 3.10 | 25.06 | 631 | 196 | 265 | 462 | 28 | 14 |
| | 0.9 | 5.34 | 17.12 | 6.81 | 3.32 | 26.78 | 669 | 196 | 296 | 492 | 30 | 14 |
| | 1.0 | 5.57 | 17.12 | 7.89 | 3.58 | 28.87 | 708 | 196 | 325 | 521 | 33 | 15 |
| 225 | 0 | 3.60 | 18.71 | 0.00 | 1.87 | 15.10 | 320 | 214 | 0 | 214 | 7 | 7 |
| | 0.3 | 4.31 | 18.71 | 2.05 | 2.60 | 20.71 | 452 | 214 | 105 | 319 | 15 | 10 |
| | 0.4 | 4.55 | 18.71 | 2.82 | 2.74 | 21.76 | 494 | 214 | 138 | 353 | 17 | 11 |
| | 0.5 | 4.78 | 18.71 | 3.66 | 2.89 | 22.89 | 535 | 214 | 172 | 386 | 20 | 12 |
| | 0.6 | 5.02 | 18.71 | 4.55 | 3.06 | 24.10 | 576 | 214 | 204 | 418 | 23 | 12 |
| | 0.7 | 5.26 | 18.71 | 5.51 | 3.22 | 25.36 | 614 | 214 | 236 | 450 | 25 | 13 |
| | 0.8 | 5.49 | 18.71 | 6.54 | 3.44 | 26.90 | 652 | 214 | 267 | 481 | 28 | 14 |
| | 0.9 | 5.73 | 18.71 | 7.66 | 3.67 | 29.62 | 691 | 214 | 297 | 511 | 30 | 15 |
| | 1.0 | 5.96 | 18.71 | 8.88 | 3.95 | 31.92 | 726 | 214 | 326 | 540 | 33 | 16 |
| 250 | 0 | 3.90 | 20.24 | 0.00 | 2.20 | 17.78 | 346 | 232 | 0 | 232 | 8 | 8 |
| | 0.3 | 4.64 | 20.24 | 2.28 | 2.84 | 22.97 | 475 | 232 | 106 | 338 | 15 | 11 |
| | 0.4 | 4.88 | 20.24 | 3.14 | 3.00 | 24.23 | 517 | 232 | 140 | 372 | 18 | 11 |
| | 0.5 | 5.13 | 20.24 | 4.06 | 3.17 | 25.01 | 558 | 232 | 173 | 405 | 20 | 12 |
| | 0.6 | 5.37 | 20.24 | 5.05 | 3.35 | 27.03 | 599 | 232 | 206 | 438 | 23 | 13 |
| | 0.7 | 5.62 | 20.24 | 6.12 | 3.53 | 28.53 | 637 | 232 | 237 | 469 | 25 | 14 |
| | 0.8 | 5.87 | 20.24 | 7.27 | 3.76 | 30.38 | 672 | 232 | 268 | 500 | 28 | 15 |
| | 0.9 | 6.11 | 20.24 | 8.51 | 4.02 | 32.47 | 711 | 232 | 298 | 530 | 30 | 15 |
| | 1.0 | 6.36 | 20.24 | 9.86 | 4.33 | 34.98 | 746 | 232 | 326 | 558 | 33 | 17 |

续表

| LBW /kg | ADG /(kg·d⁻¹) | DMI /(kg·d⁻¹) | NEm /(MJ·d⁻¹) | NEg /(MJ·d⁻¹) | RND | NEmf /(MJ·d⁻¹) | CP /(g·d⁻¹) | IDCPm /(g·d⁻¹) | IDCPg /(g·d⁻¹) | IDCP /(g·d⁻¹) | 钙 /(g·d⁻¹) | 磷 /(g·d⁻¹) |
|---|---|---|---|---|---|---|---|---|---|---|---|---|
| 275 | 0 | 4.19 | 21.74 | 0.00 | 2.40 | 19.37 | 372 | 249 | 0 | 249 | 9 | 9 |
| | 0.3 | 4.96 | 21.74 | 2.50 | 3.10 | 25.06 | 501 | 249 | 107 | 356 | 16 | 11 |
| | 0.4 | 5.21 | 21.74 | 3.45 | 3.27 | 26.40 | 543 | 249 | 141 | 391 | 18 | 12 |
| | 0.5 | 5.47 | 21.74 | 4.47 | 3.45 | 27.87 | 581 | 249 | 175 | 424 | 20 | 13 |
| | 0.6 | 5.72 | 21.74 | 5.56 | 3.65 | 29.46 | 619 | 249 | 208 | 457 | 23 | 14 |
| | 0.7 | 5.98 | 21.74 | 6.73 | 3.85 | 31.09 | 657 | 249 | 239 | 488 | 25 | 14 |
| | 0.8 | 6.23 | 21.74 | 7.99 | 4.10 | 33.10 | 696 | 249 | 270 | 519 | 28 | 15 |
| | 0.9 | 6.49 | 21.74 | 9.36 | 4.38 | 35.35 | 731 | 249 | 299 | 548 | 30 | 16 |
| | 1.0 | 6.74 | 21.74 | 10.85 | 4.72 | 38.07 | 766 | 249 | 327 | 576 | 32 | 17 |
| 300 | 0 | 4.46 | 23.21 | 0.00 | 2.60 | 21.00 | 397 | 266 | 0 | 266 | 10 | 10 |
| | 0.3 | 5.26 | 23.21 | 2.73 | 3.35 | 27.07 | 523 | 266 | 109 | 375 | 16 | 12 |
| | 0.4 | 5.53 | 23.21 | 3.77 | 3.54 | 28.58 | 565 | 266 | 143 | 409 | 18 | 13 |
| | 0.5 | 5.79 | 23.21 | 4.87 | 3.74 | 30.17 | 603 | 266 | 177 | 443 | 21 | 14 |
| | 0.6 | 6.06 | 23.21 | 6.06 | 3.95 | 31.88 | 641 | 266 | 210 | 476 | 23 | 14 |
| | 0.7 | 6.32 | 23.21 | 7.34 | 4.17 | 33.64 | 679 | 266 | 241 | 507 | 25 | 15 |
| | 0.8 | 6.58 | 23.21 | 8.72 | 4.44 | 35.82 | 715 | 266 | 271 | 537 | 28 | 16 |
| | 0.9 | 6.85 | 23.21 | 10.21 | 4.74 | 38.24 | 750 | 266 | 300 | 566 | 30 | 17 |
| | 1.0 | 7.11 | 23.21 | 11.84 | 5.10 | 41.17 | 785 | 266 | 328 | 594 | 32 | 17 |
| 325 | 0 | 4.75 | 24.65 | 0.00 | 2.78 | 22.43 | 421 | 282 | 0 | 282 | 11 | 11 |
| | 0.3 | 5.57 | 24.65 | 2.96 | 3.59 | 28.95 | 547 | 282 | 110 | 393 | 17 | 13 |
| | 0.4 | 5.84 | 24.65 | 4.08 | 3.78 | 30.54 | 586 | 282 | 145 | 427 | 19 | 14 |
| | 0.5 | 6.12 | 24.65 | 5.28 | 3.99 | 32.22 | 624 | 282 | 179 | 461 | 21 | 14 |
| | 0.6 | 6.39 | 24.65 | 6.57 | 4.22 | 34.06 | 662 | 282 | 212 | 494 | 23 | 15 |
| | 0.7 | 6.66 | 24.65 | 7.95 | 4.46 | 35.98 | 700 | 282 | 243 | 526 | 25 | 16 |
| | 0.8 | 6.94 | 24.65 | 9.45 | 4.74 | 38.28 | 736 | 282 | 273 | 556 | 28 | 16 |
| | 0.9 | 7.21 | 24.65 | 11.07 | 5.06 | 40.88 | 771 | 282 | 302 | 584 | 30 | 17 |
| | 1.0 | 7.49 | 24.65 | 12.82 | 5.45 | 44.02 | 803 | 282 | 329 | 611 | 32 | 18 |
| 350 | 0 | 5.02 | 26.06 | 0.00 | 2.95 | 23.85 | 445 | 299 | 0 | 299 | 12 | 12 |
| | 0.3 | 5.87 | 26.06 | 3.19 | 3.81 | 30.75 | 569 | 299 | 118 | 416 | 17 | 14 |

续表

| LBW /kg | ADG /(kg·d⁻¹) | DMI /(kg·d⁻¹) | NEm /(MJ·d⁻¹) | NEg /(MJ·d⁻¹) | RND | NEmf /(MJ·d⁻¹) | CP /(g·d⁻¹) | IDCPm /(g·d⁻¹) | IDCPg /(g·d⁻¹) | IDCP /(g·d⁻¹) | 钙 /(g·d⁻¹) | 磷 /(g·d⁻¹) |
|---|---|---|---|---|---|---|---|---|---|---|---|---|
| 350 | 0.4 | 6.15 | 26.06 | 4.39 | 4.02 | 32.47 | 607 | 299 | 155 | 454 | 19 | 14 |
| | 0.5 | 6.43 | 26.06 | 5.69 | 4.24 | 34.27 | 645 | 299 | 191 | 490 | 21 | 15 |
| | 0.6 | 6.72 | 26.06 | 7.07 | 4.49 | 36.23 | 683 | 299 | 226 | 524 | 23 | 16 |
| | 0.7 | 7.00 | 26.06 | 8.56 | 4.74 | 38.24 | 719 | 299 | 259 | 558 | 25 | 16 |
| | 0.8 | 7.28 | 26.06 | 10.17 | 5.04 | 40.71 | 757 | 299 | 290 | 589 | 28 | 17 |
| | 0.9 | 7.57 | 26.06 | 11.92 | 5.38 | 43.47 | 789 | 299 | 320 | 619 | 30 | 18 |
| | 1.0 | 7.85 | 26.06 | 13.81 | 5.80 | 46.82 | 824 | 299 | 348 | 646 | 32 | 18 |
| 375 | 0 | 5.28 | 27.44 | 0.00 | 3.13 | 25.27 | 469 | 314 | 0 | 314 | 12 | 12 |
| | 0.3 | 6.16 | 27.44 | 3.41 | 4.04 | 32.59 | 593 | 314 | 115 | 429 | 18 | 14 |
| | 0.4 | 6.45 | 27.44 | 4.71 | 4.26 | 34.39 | 631 | 314 | 151 | 465 | 20 | 15 |
| | 0.5 | 6.74 | 27.44 | 6.09 | 4.50 | 36.32 | 669 | 314 | 185 | 500 | 22 | 16 |
| | 0.6 | 7.03 | 27.44 | 7.58 | 4.76 | 38.41 | 704 | 314 | 219 | 533 | 24 | 17 |
| | 0.7 | 7.32 | 27.44 | 9.18 | 5.03 | 40.58 | 743 | 314 | 250 | 565 | 26 | 17 |
| | 0.8 | 7.62 | 27.44 | 10.90 | 5.35 | 43.18 | 778 | 314 | 280 | 595 | 28 | 18 |
| | 0.9 | 7.91 | 27.44 | 12.77 | 5.71 | 46.11 | 810 | 314 | 308 | 622 | 30 | 19 |
| | 1.0 | 8.20 | 27.44 | 14.79 | 6.15 | 49.66 | 845 | 314 | 333 | 648 | 32 | 19 |
| 400 | 0 | 5.55 | 28.80 | 0.00 | 3.31 | 26.74 | 492 | 330 | 0 | 330 | 13 | 13 |
| | 0.3 | 6.45 | 28.80 | 3.64 | 4.26 | 34.43 | 613 | 330 | 111 | 441 | 18 | 15 |
| | 0.4 | 6.76 | 28.80 | 5.02 | 4.50 | 36.36 | 651 | 330 | 146 | 476 | 20 | 16 |
| | 0.5 | 7.06 | 28.80 | 6.50 | 4.76 | 38.41 | 689 | 330 | 180 | 510 | 22 | 16 |
| | 0.6 | 7.36 | 28.80 | 8.08 | 5.03 | 40.58 | 727 | 330 | 211 | 541 | 24 | 17 |
| | 0.7 | 7.66 | 28.80 | 9.79 | 5.31 | 42.89 | 763 | 330 | 242 | 572 | 26 | 17 |
| | 0.8 | 7.96 | 28.80 | 11.63 | 5.65 | 45.65 | 798 | 330 | 270 | 600 | 28 | 18 |
| | 0.9 | 8.26 | 28.80 | 13.62 | 6.04 | 48.74 | 830 | 330 | 296 | 626 | 29 | 19 |
| | 1.0 | 8.56 | 28.80 | 15.78 | 6.50 | 52.51 | 866 | 330 | 319 | 649 | 31 | 19 |
| 450 | 0 | 6.06 | 31.46 | 0.00 | 3.89 | 31.46 | 537 | 361 | 0 | 361 | 12 | 12 |
| | 0.3 | 7.02 | 31.46 | 4.10 | 4.40 | 35.56 | 625 | 361 | 105 | 465 | 18 | 14 |
| | 0.4 | 7.34 | 31.46 | 5.65 | 4.59 | 37.11 | 653 | 361 | 137 | 498 | 20 | 15 |
| | 0.5 | 7.65 | 31.46 | 7.31 | 4.80 | 38.77 | 681 | 361 | 168 | 528 | 22 | 16 |
| | 0.6 | 7.97 | 31.46 | 9.09 | 5.02 | 40.55 | 708 | 361 | 197 | 557 | 24 | 17 |

续表

| LBW /kg | ADG /(kg·d$^{-1}$) | DMI /(kg·d$^{-1}$) | NEm /(MJ·d$^{-1}$) | NEg /(MJ·d$^{-1}$) | RND | NEmf /(MJ·d$^{-1}$) | CP /(g·d$^{-1}$) | IDCPm /(g·d$^{-1}$) | IDCPg /(g·d$^{-1}$) | IDCP /(g·d$^{-1}$) | 钙 /(g·d$^{-1}$) | 磷 /(g·d$^{-1}$) |
|---|---|---|---|---|---|---|---|---|---|---|---|---|
| 450 | 0.7 | 8.29 | 31.46 | 11.01 | 5.26 | 42.47 | 734 | 361 | 224 | 585 | 26 | 17 |
| | 0.8 | 8.61 | 31.46 | 13.08 | 5.51 | 44.54 | 759 | 361 | 249 | 609 | 28 | 18 |
| | 0.9 | 8.93 | 31.46 | 15.32 | 5.79 | 46.78 | 784 | 361 | 271 | 632 | 30 | 19 |
| | 1.0 | 9.25 | 31.46 | 17.75 | 6.09 | 49.21 | 808 | 361 | 291 | 652 | 32 | 19 |
| 500 | 0 | 6.56 | 34.05 | 0.00 | 4.21 | 34.05 | 582 | 390 | 0 | 390 | 13 | 13 |
| | 0.3 | 7.57 | 34.05 | 4.55 | 4.78 | 38.60 | 662 | 390 | 98 | 489 | 18 | 15 |
| | 0.4 | 7.91 | 34.05 | 6.28 | 4.99 | 40.32 | 687 | 390 | 128 | 518 | 20 | 16 |
| | 0.5 | 8.25 | 34.05 | 8.12 | 5.22 | 42.17 | 712 | 390 | 156 | 547 | 22 | 16 |
| | 0.6 | 8.58 | 34.05 | 10.10 | 5.46 | 44.15 | 736 | 390 | 183 | 573 | 24 | 17 |
| | 0.7 | 8.92 | 34.05 | 12.23 | 5.73 | 46.28 | 760 | 390 | 207 | 597 | 26 | 17 |
| | 0.8 | 9.26 | 34.05 | 14.53 | 6.01 | 48.58 | 783 | 390 | 228 | 618 | 28 | 18 |
| | 0.9 | 9.60 | 34.05 | 17.02 | 6.32 | 51.07 | 805 | 390 | 247 | 637 | 29 | 19 |
| | 1.0 | 9.93 | 34.05 | 19.72 | 6.65 | 53.77 | 827 | 390 | 263 | 653 | 31 | 19 |

NY/T 815—2004

**附表31 妊娠母牛的每日营养需要量**

| 体重 /kg | 妊娠月份 | DMI /(kg·d$^{-1}$) | NEm /(MJ·d$^{-1}$) | NEc /(MJ·d$^{-1}$) | RND | NEmf /(MJ·d$^{-1}$) | CP /(g·d$^{-1}$) | IDCPm /(g·d$^{-1}$) | IDCPc /(g·d$^{-1}$) | IDCP /(g·d$^{-1}$) | 钙 /(g·d$^{-1}$) | 磷 /(g·d$^{-1}$) |
|---|---|---|---|---|---|---|---|---|---|---|---|---|
| 300 | 6 | 6.32 | 23.21 | 4.32 | 2.80 | 22.60 | 409 | 266 | 28 | 294 | 14 | 12 |
| | 7 | 6.43 | 23.21 | 7.36 | 3.11 | 25.12 | 477 | 266 | 49 | 315 | 16 | 12 |
| | 8 | 6.60 | 23.21 | 11.17 | 3.50 | 28.26 | 587 | 266 | 85 | 351 | 18 | 13 |
| | 9 | 6.77 | 23.21 | 15.77 | 3.97 | 32.05 | 735 | 266 | 141 | 407 | 20 | 13 |
| 350 | 6 | 6.86 | 26.06 | 4.63 | 3.12 | 25.19 | 449 | 299 | 30 | 328 | 16 | 13 |
| | 7 | 6.98 | 26.06 | 7.88 | 3.45 | 28.87 | 517 | 299 | 53 | 351 | 18 | 14 |
| | 8 | 7.15 | 26.06 | 11.97 | 3.87 | 31.24 | 627 | 299 | 91 | 389 | 20 | 15 |
| | 9 | 7.32 | 26.06 | 16.89 | 4.37 | 35.30 | 775 | 299 | 151 | 450 | 22 | 15 |
| 400 | 6 | 7.39 | 28.80 | 4.94 | 3.43 | 27.69 | 488 | 330 | 32 | 362 | 18 | 15 |
| | 7 | 7.51 | 28.80 | 8.40 | 3.78 | 30.56 | 556 | 330 | 56 | 386 | 20 | 16 |
| | 8 | 7.68 | 28.80 | 12.76 | 4.23 | 34.13 | 666 | 330 | 97 | 427 | 22 | 16 |

续表

| 体重/kg | 妊娠月份 | DMI/(kg·$d^{-1}$) | NEm/(MJ·$d^{-1}$) | NEc/(MJ·$d^{-1}$) | RND | NEmf/(MJ·$d^{-1}$) | CP/(g·$d^{-1}$) | IDCPm/(g·$d^{-1}$) | IDCPc/(g·$d^{-1}$) | IDCP/(g·$d^{-1}$) | 钙/(g·$d^{-1}$) | 磷/(g·$d^{-1}$) |
|---|---|---|---|---|---|---|---|---|---|---|---|---|
| 400 | 9 | 7.84 | 28.80 | 18.01 | 4.76 | 38.47 | 814 | 330 | 161 | 491 | 24 | 17 |
| 450 | 6 | 7.90 | 31.46 | 5.24 | 3.73 | 30.12 | 526 | 361 | 34 | 394 | 20 | 17 |
| | 7 | 8.02 | 31.46 | 8.92 | 4.11 | 33.15 | 594 | 361 | 60 | 420 | 22 | 18 |
| | 8 | 8.19 | 31.46 | 13.55 | 4.58 | 36.99 | 704 | 361 | 103 | 463 | 24 | 18 |
| | 9 | 8.36 | 31.46 | 19.13 | 5.15 | 41.58 | 852 | 361 | 171 | 532 | 27 | 19 |
| 500 | 6 | 8.40 | 34.05 | 5.55 | 4.03 | 32.51 | 563 | 390 | 36 | 426 | 22 | 19 |
| | 7 | 8.52 | 34.05 | 9.45 | 4.43 | 35.72 | 631 | 390 | 63 | 453 | 24 | 19 |
| | 8 | 8.69 | 34.05 | 14.35 | 4.92 | 39.76 | 741 | 390 | 109 | 499 | 26 | 20 |
| | 9 | 8.86 | 34.05 | 20.25 | 5.53 | 44.62 | 889 | 390 | 181 | 571 | 29 | 21 |
| 550 | 6 | 8.89 | 36.57 | 5.86 | 4.31 | 34.83 | 599 | 419 | 37 | 457 | 24 | 20 |
| | 7 | 9.00 | 36.57 | 9.97 | 4.73 | 38.23 | 667 | 419 | 67 | 486 | 26 | 21 |
| | 8 | 9.17 | 36.57 | 15.14 | 5.26 | 42.47 | 777 | 419 | 115 | 534 | 29 | 22 |
| | 9 | 9.34 | 36.57 | 21.37 | 5.90 | 47.62 | 925 | 419 | 191 | 610 | 31 | 23 |

NY/T 815—2004

**附表 32　哺乳母牛的每日营养需要量**

| 体重/kg | DMI/(kg·$d^{-1}$) | FCM/(kg·$d^{-1}$) | NEm/(MJ·$d^{-1}$) | NEc/(MJ·$d^{-1}$) | RND | NEmf/(MJ·$d^{-1}$) | CP/(g·$d^{-1}$) | IDCPm/(g·$d^{-1}$) | IDCPc/(g·$d^{-1}$) | IDCP/(g·$d^{-1}$) | 钙/(g·$d^{-1}$) | 磷/(g·$d^{-1}$) |
|---|---|---|---|---|---|---|---|---|---|---|---|---|
| 300 | 4.47 | 0 | 23.21 | 0.00 | 3.50 | 28.31 | 332 | 266 | 0 | 266 | 10 | 10 |
| | 5.82 | 3 | 23.21 | 9.41 | 4.92 | 39.79 | 587 | 266 | 142 | 408 | 24 | 14 |
| | 6.27 | 4 | 23.21 | 12.55 | 5.40 | 43.61 | 672 | 266 | 190 | 456 | 29 | 15 |
| | 6.72 | 5 | 23.21 | 15.69 | 5.87 | 47.44 | 757 | 266 | 237 | 503 | 34 | 17 |
| | 7.17 | 6 | 23.21 | 18.83 | 6.34 | 51.27 | 242 | 266 | 285 | 551 | 39 | 18 |
| | 7.62 | 7 | 23.21 | 21.97 | 6.82 | 55.09 | 927 | 266 | 332 | 598 | 44 | 19 |
| | 8.07 | 8 | 23.21 | 25.10 | 7.29 | 58.92 | 1 012 | 266 | 379 | 645 | 48 | 21 |
| | 8.52 | 9 | 23.21 | 28.24 | 7.77 | 62.75 | 1 097 | 266 | 427 | 693 | 53 | 22 |
| | 8.97 | 10 | 23.21 | 31.38 | 8.24 | 66.57 | 1 182 | 266 | 474 | 740 | 58 | 23 |
| 350 | 5.02 | 0 | 26.06 | 0.00 | 3.93 | 31.78 | 372 | 299 | 0 | 299 | 12 | 12 |
| | 6.37 | 3 | 26.06 | 9.41 | 5.35 | 43.26 | 627 | 299 | 142 | 441 | 27 | 16 |

续表

| 体重/kg | DMI/(kg·d⁻¹) | FCM/(kg·d⁻¹) | NEm/(MJ·d⁻¹) | NEc/(MJ·d⁻¹) | RND | NEmf/(MJ·d⁻¹) | CP/(g·d⁻¹) | IDCPm/(g·d⁻¹) | IDCPc/(g·d⁻¹) | IDCP/(g·d⁻¹) | 钙/(g·d⁻¹) | 磷/(g·d⁻¹) |
|---|---|---|---|---|---|---|---|---|---|---|---|---|
| 350 | 6.82 | 4 | 26.06 | 12.55 | 5.83 | 47.08 | 712 | 299 | 190 | 488 | 32 | 17 |
| | 7.27 | 5 | 26.06 | 15.69 | 6.30 | 50.91 | 797 | 299 | 237 | 536 | 37 | 19 |
| | 7.72 | 6 | 26.06 | 18.83 | 6.77 | 54.74 | 882 | 299 | 285 | 583 | 42 | 20 |
| | 8.17 | 7 | 26.06 | 21.97 | 7.25 | 58.56 | 967 | 299 | 332 | 631 | 46 | 21 |
| | 8.62 | 8 | 26.06 | 25.10 | 7.72 | 62.39 | 1 052 | 299 | 379 | 678 | 51 | 23 |
| | 9.07 | 9 | 26.06 | 28.24 | 8.20 | 66.22 | 1 137 | 299 | 427 | 725 | 56 | 24 |
| | 9.52 | 10 | 26.06 | 31.38 | 8.67 | 70.04 | 1 222 | 299 | 474 | 773 | 61 | 25 |
| 400 | 5.55 | 0 | 28.80 | 0.00 | 4.35 | 35.12 | 411 | 330 | 0 | 330 | 13 | 13 |
| | 6.90 | 3 | 28.80 | 9.41 | 5.77 | 46.60 | 666 | 330 | 142 | 472 | 28 | 17 |
| | 7.35 | 4 | 28.80 | 12.55 | 6.24 | 50.43 | 751 | 330 | 190 | 520 | 33 | 18 |
| | 7.80 | 5 | 28.80 | 15.69 | 6.71 | 54.26 | 836 | 330 | 237 | 567 | 38 | 20 |
| | 8.25 | 6 | 28.80 | 18.83 | 7.19 | 58.08 | 921 | 330 | 285 | 615 | 43 | 21 |
| | 8.70 | 7 | 28.80 | 21.97 | 7.66 | 61.91 | 1 006 | 330 | 332 | 662 | 47 | 22 |
| | 9.15 | 8 | 28.80 | 25.10 | 8.14 | 65.74 | 1 091 | 330 | 379 | 709 | 52 | 24 |
| | 9.60 | 9 | 28.80 | 28.24 | 8.61 | 69.56 | 1 176 | 330 | 427 | 757 | 57 | 25 |
| | 10.50 | 10 | 28.80 | 31.38 | 9.08 | 73.39 | 1 261 | 330 | 474 | 804 | 62 | 26 |
| 450 | 6.06 | 0 | 31.46 | 0.00 | 4.75 | 38.37 | 449 | 361 | 0 | 361 | 15 | 15 |
| | 7.41 | 3 | 31.46 | 9.41 | 6.17 | 49.85 | 704 | 361 | 142 | 503 | 30 | 19 |
| | 7.86 | 4 | 31.46 | 12.55 | 6.64 | 53.67 | 789 | 361 | 190 | 550 | 35 | 20 |
| | 8.31 | 5 | 31.46 | 15.69 | 7.12 | 57.50 | 874 | 361 | 237 | 598 | 40 | 22 |
| | 8.76 | 6 | 31.46 | 18.83 | 7.59 | 61.33 | 959 | 361 | 285 | 645 | 45 | 23 |
| | 9.21 | 7 | 31.46 | 21.97 | 8.06 | 65.15 | 1 044 | 361 | 332 | 693 | 49 | 24 |
| | 9.66 | 8 | 31.46 | 25.10 | 8.54 | 68.98 | 1 129 | 361 | 379 | 740 | 54 | 26 |
| | 10.11 | 9 | 31.46 | 28.24 | 9.01 | 72.81 | 1 214 | 361 | 427 | 787 | 59 | 27 |
| | 10.56 | 10 | 31.46 | 31.38 | 9.48 | 76.63 | 1 299 | 361 | 474 | 835 | 64 | 28 |
| 500 | 6.56 | 0 | 34.05 | 0.00 | 5.14 | 41.52 | 486 | 390 | 0 | 390 | 16 | 16 |
| | 7.91 | 3 | 34.05 | 9.41 | 6.56 | 53.00 | 741 | 390 | 142 | 532 | 31 | 20 |
| | 8.36 | 4 | 34.05 | 12.55 | 7.03 | 56.83 | 826 | 390 | 190 | 580 | 36 | 21 |
| | 8.81 | 5 | 34.05 | 15.69 | 7.51 | 60.66 | 911 | 390 | 237 | 627 | 41 | 23 |
| | 9.26 | 6 | 34.05 | 18.83 | 7.98 | 64.48 | 996 | 390 | 285 | 675 | 46 | 24 |

续表

| 体重/kg | DMI/(kg·d⁻¹) | FCM/(kg·d⁻¹) | NEm/(MJ·d⁻¹) | NEc/(MJ·d⁻¹) | RND | NEmf/(MJ·d⁻¹) | CP/(g·d⁻¹) | IDCPm/(g·d⁻¹) | IDCPc/(g·d⁻¹) | IDCP/(g·d⁻¹) | 钙/(g·d⁻¹) | 磷/(g·d⁻¹) |
|---|---|---|---|---|---|---|---|---|---|---|---|---|
| 500 | 9.71 | 7 | 34.05 | 21.97 | 8.45 | 68.31 | 1 081 | 390 | 332 | 722 | 50 | 25 |
| | 10.16 | 8 | 34.05 | 25.10 | 8.93 | 72.14 | 1 166 | 390 | 379 | 770 | 55 | 27 |
| | 10.61 | 9 | 34.05 | 28.24 | 9.40 | 75.96 | 1 251 | 390 | 427 | 817 | 60 | 28 |
| | 11.06 | 10 | 34.05 | 31.38 | 9.87 | 79.79 | 1 336 | 390 | 474 | 864 | 65 | 29 |
| 550 | 7.04 | 0 | 36.57 | 0.00 | 5.52 | 44.60 | 522 | 419 | 0 | 419 | 18 | 18 |
| | 8.39 | 3 | 36.57 | 9.41 | 6.94 | 56.08 | 777 | 419 | 142 | 561 | 32 | 22 |
| | 8.84 | 4 | 36.57 | 12.55 | 7.41 | 59.91 | 862 | 419 | 190 | 609 | 37 | 23 |
| | 9.29 | 5 | 36.57 | 15.69 | 7.89 | 63.73 | 947 | 419 | 237 | 656 | 42 | 25 |
| | 9.74 | 6 | 36.57 | 18.83 | 8.36 | 67.56 | 1 032 | 419 | 285 | 704 | 47 | 26 |
| | 10.19 | 7 | 36.57 | 21.97 | 8.83 | 71.39 | 1 117 | 419 | 332 | 751 | 52 | 27 |
| | 10.64 | 8 | 36.57 | 25.10 | 9.31 | 75.21 | 1 202 | 419 | 379 | 799 | 56 | 29 |
| | 11.09 | 9 | 36.57 | 28.24 | 9.78 | 79.04 | 1 287 | 419 | 427 | 846 | 61 | 30 |
| | 11.54 | 10 | 36.57 | 31.38 | 10.26 | 82.87 | 1 372 | 419 | 474 | 893 | 66 | 31 |

NY/T 815—2004

**附表 35 哺乳母牛每千克 4% 标准乳中的营养含量**

| 干物质/g | 肉牛能量单位/RND | 综合净能/MJ | 脂肪/g | 粗蛋白质/g | 钙/g | 磷/g |
|---|---|---|---|---|---|---|
| 450 | 0.32 | 2.57 | 40 | 85 | 2.46 | 1.12 |

NY/T 815—2004

**附表 36 肉牛对日粮微量矿物元素需要量**

| 微量元素 | 单位 | 需要量(以日粮干物质计) | | | 最大耐受浓度[1] |
|---|---|---|---|---|---|
| | | 生长和肥育牛 | 妊娠母牛 | 泌乳早期母牛 | |
| 钴(Co) | mg/kg | 0.10 | 0.10 | 0.10 | 10 |
| 铜(Cu) | mg/kg | 10.00 | 10.00 | 10.00 | 100 |
| 碘(I) | mg/kg | 0.50 | 0.50 | 0.50 | 50 |
| 铁(Fe) | mg/kg | 50.00 | 50.00 | 50.00 | 1 000 |
| 锰(Mn) | mg/kg | 20.00 | 40.00 | 40.00 | 1 000 |
| 硒(Se) | mg/kg | 0.10 | 0.10 | 0.10 | 2 |
| 锌(Zn) | mg/kg | 30.00 | 30.00 | 30.00 | 500 |

注:参照 NRC(1996)。

# 附录七 肉羊饲养标准

## 中华人民共和国肉羊饲养标准(NY/T 816—2004)

附表 37 生长肥育绵羊羔羊每日营养需要量表

| 体重 /kg | 日增重 /(kg·d$^{-1}$) | DMI /(kg·d$^{-1}$) | DE /(MJ·d$^{-1}$) | ME /(MJ·d$^{-1}$) | 粗蛋白质 /(g·d$^{-1}$) | 钙 /(g·d$^{-1}$) | 总磷 /(g·d$^{-1}$) | 食用盐 /(g·d$^{-1}$) |
|---|---|---|---|---|---|---|---|---|
| 4 | 0.1 | 0.12 | 1.92 | 1.88 | 35 | 0.9 | 0.5 | 0.6 |
| 4 | 0.2 | 0.12 | 2.8 | 2.72 | 62 | 0.9 | 0.5 | 0.6 |
| 4 | 0.3 | 0.12 | 3.68 | 3.56 | 90 | 0.9 | 0.5 | 0.6 |
| 6 | 0.1 | 0.13 | 2.55 | 2.47 | 36 | 1.0 | 0.5 | 0.6 |
| 6 | 0.2 | 0.13 | 3.43 | 3.36 | 62 | 1.0 | 0.5 | 0.6 |
| 6 | 0.3 | 0.13 | 4.18 | 3.77 | 88 | 1.0 | 0.5 | 0.6 |
| 8 | 0.1 | 0.16 | 3.10 | 3.01 | 36 | 1.3 | 0.7 | 0.7 |
| 8 | 0.2 | 0.16 | 4.06 | 3.93 | 62 | 1.3 | 0.7 | 0.7 |
| 8 | 0.3 | 0.16 | 5.02 | 4.60 | 88 | 1.3 | 0.7 | 0.7 |
| 10 | 0.1 | 0.24 | 3.97 | 3.60 | 54 | 1.4 | 0.75 | 1.1 |
| 10 | 0.2 | 0.24 | 5.02 | 4.60 | 87 | 1.4 | 0.75 | 1.1 |
| 10 | 0.3 | 0.24 | 8.28 | 5.86 | 121 | 1.4 | 0.75 | 1.1 |
| 12 | 0.1 | 0.32 | 4.60 | 4.14 | 56 | 1.5 | 0.8 | 1.3 |
| 12 | 0.2 | 0.32 | 5.44 | 5.02 | 90 | 1.5 | 0.8 | 1.3 |
| 12 | 0.3 | 0.32 | 7.11 | 8.28 | 122 | 1.5 | 0.8 | 1.3 |
| 14 | 0.1 | 0.4 | 5.02 | 4.60 | 59 | 1.8 | 1.2 | 1.7 |
| 14 | 0.2 | 0.4 | 8.28 | 5.86 | 91 | 1.8 | 1.2 | 1.7 |
| 14 | 0.3 | 0.4 | 7.53 | 6.69 | 123 | 1.8 | 1.2 | 1.7 |
| 16 | 0.1 | 0.48 | 5.44 | 5.02 | 60 | 2.2 | 1.5 | 2.0 |
| 16 | 0.2 | 0.48 | 7.11 | 8.28 | 92 | 2.2 | 1.5 | 2.0 |
| 16 | 0.3 | 0.48 | 8.37 | 7.53 | 124 | 2.2 | 1.5 | 2.0 |
| 18 | 0.1 | 0.56 | 8.28 | 5.86 | 63 | 2.5 | 1.7 | 2.3 |
| 18 | 0.2 | 0.56 | 7.95 | 7.11 | 95 | 2.5 | 1.7 | 2.3 |
| 18 | 0.3 | 0.56 | 8.79 | 7.95 | 127 | 2.5 | 1.7 | 2.3 |
| 20 | 0.1 | 0.64 | 7.11 | 8.28 | 65 | 2.9 | 1.9 | 2.6 |
| 20 | 0.2 | 0.64 | 8.37 | 7.53 | 96 | 2.9 | 1.9 | 2.6 |
| 20 | 0.3 | 0.64 | 9.62 | 8.79 | 128 | 2.9 | 1.9 | 2.6 |

注:①表中日粮干物质进食量(DMI)、消化能(DE)、代谢能(ME)、粗蛋白质(CP)、钙、总磷、食用盐每日需要量推荐数值参考自内蒙古自治区地方标准《细毛羊饲养标准》(DB 15/T 30—92)。

②日粮中添加的食用盐应符合 GB 5461 中的规定。

**附表 38　育成母绵羊每日营养需要量表**

| 体重 /kg | 日增重 /(kg·$d^{-1}$) | DMI /(kg·$d^{-1}$) | DE /(MJ·$d^{-1}$) | ME /(MJ·$d^{-1}$) | 粗蛋白质 /(g·$d^{-1}$) | 钙 /(g·$d^{-1}$) | 总磷 /(g·$d^{-1}$) | 食用盐 /(g·$d^{-1}$) |
|---|---|---|---|---|---|---|---|---|
| 25 | 0 | 0.8 | 5.86 | 4.60 | 47 | 3.6 | 1.8 | 3.3 |
| 25 | 0.03 | 0.8 | 6.70 | 5.44 | 69 | 3.6 | 1.8 | 3.3 |
| 25 | 0.06 | 0.8 | 7.11 | 5.86 | 90 | 3.6 | 1.8 | 3.3 |
| 25 | 0.09 | 0.8 | 8.37 | 6.69 | 112 | 3.6 | 1.8 | 3.3 |
| 30 | 0 | 1.0 | 6.70 | 35.44 | 54 | 4.0 | 2.0 | 4.1 |
| 30 | 0.03 | 1.0 | 7.95 | 6.28 | 75 | 4.0 | 2.0 | 4.1 |
| 30 | 0.06 | 1.0 | 8.79 | 7.11 | 96 | 4.0 | 2.0 | 4.1 |
| 30 | 0.09 | 1.0 | 9.20 | 7.53 | 117 | 4.0 | 2.0 | 4.1 |
| 35 | 0 | 1.2 | 7.95 | 6.28 | 61 | 4.5 | 2.3 | 5.0 |
| 35 | 0.03 | 1.2 | 8.79 | 7.11 | 82 | 4.5 | 2.3 | 5.0 |
| 35 | 0.06 | 1.2 | 9.62 | 7.95 | 103 | 4.5 | 2.3 | 5.0 |
| 35 | 0.09 | 1.2 | 10.88 | 8.79 | 123 | 4.5 | 2.3 | 5.0 |
| 40 | 0 | 1.4 | 8.37 | 6.69 | 67 | 4.5 | 2.3 | 5.8 |
| 40 | 0.03 | 1.4 | 9.62 | 7.95 | 88 | 4.5 | 2.3 | 5.8 |
| 40 | 0.06 | 1.4 | 10.88 | 8.79 | 108 | 4.5 | 2.3 | 5.8 |
| 40 | 0.09 | 1.4 | 12.55 | 10.04 | 129 | 4.5 | 2.3 | 5.8 |
| 45 | 0 | 1.5 | 9.20 | 8.79 | 94 | 5.0 | 2.5 | 6.2 |
| 45 | 0.03 | 1.5 | 10.88 | 9.62 | 114 | 5.0 | 2.5 | 6.2 |
| 45 | 0.06 | 1.5 | 11.71 | 10.88 | 135 | 5.0 | 2.5 | 6.2 |
| 45 | 0.09 | 1.5 | 13.39 | 12.10 | 80 | 5.0 | 2.5 | 6.2 |
| 50 | 0 | 1.6 | 9.62 | 7.95 | 80 | 5.0 | 2.5 | 6.6 |
| 50 | 0.03 | 1.6 | 11.30 | 9.20 | 100 | 5.0 | 2.5 | 6.6 |
| 50 | 0.06 | 1.6 | 13.39 | 10.88 | 120 | 5.0 | 2.5 | 6.6 |
| 50 | 0.09 | 1.6 | 15.06 | 12.13 | 140 | 5.0 | 2.5 | 6.6 |

注：①表中日粮干物质进食量（DMI）、消化能（DE）、代谢能（ME）、粗蛋白质（CP）、钙、总磷、食用盐每日需要量推荐数值参考自内蒙古自治区地方标准《细毛羊饲养标准》（DB 15/T 30—92）。

②日粮中添加的食用盐应符合 GB 5461 中的规定。

**附表 39　育成公绵羊营养需要量表**

| 体重 /kg | 日增重 /(kg·$d^{-1}$) | DMI /(kg·$d^{-1}$) | DE /(MJ·$d^{-1}$) | ME /(MJ·$d^{-1}$) | 粗蛋白质 /(g·$d^{-1}$) | 钙 /(g·$d^{-1}$) | 总磷 /(g·$d^{-1}$) | 食用盐 /(g·$d^{-1}$) |
|---|---|---|---|---|---|---|---|---|
| 20 | 0.05 | 0.9 | 8.17 | 6.70 | 95 | 2.4 | 1.1 | 7.6 |
| 20 | 0.10 | 0.9 | 9.76 | 8.00 | 114 | 3.3 | 1.5 | 7.6 |
| 20 | 0.15 | 1.0 | 12.20 | 10.00 | 132 | 4.3 | 2.0 | 7.6 |
| 25 | 0.05 | 1.0 | 8.78 | 7.20 | 105 | 2.8 | 1.3 | 7.6 |
| 25 | 0.10 | 1.0 | 10.98 | 9.00 | 123 | 3.7 | 1.7 | 7.6 |
| 25 | 0.15 | 1.1 | 13.54 | 11.10 | 142 | 4.6 | 2.1 | 7.6 |
| 30 | 0.05 | 1.1 | 10.37 | 8.50 | 114 | 3.2 | 1.4 | 8.6 |
| 30 | 0.10 | 1.1 | 12.20 | 10.00 | 132 | 4.1 | 1.9 | 8.6 |
| 30 | 0.15 | 1.2 | 14.76 | 12.10 | 150 | 5.0 | 2.3 | 8.6 |

续表

| 体重 /kg | 日增重 /(kg·d⁻¹) | DMI /(kg·d⁻¹) | DE /(MJ·d⁻¹) | ME /(MJ·d⁻¹) | 粗蛋白质 /(g·d⁻¹) | 钙 /(g·d⁻¹) | 总磷 /(g·d⁻¹) | 食用盐 /(g·d⁻¹) |
|---|---|---|---|---|---|---|---|---|
| 35 | 0.05 | 1.2 | 11.34 | 9.30 | 122 | 3.5 | 1.6 | 8.6 |
| 35 | 0.10 | 1.2 | 13.29 | 10.90 | 140 | 4.5 | 2.0 | 8.6 |
| 35 | 0.15 | 1.3 | 16.10 | 13.20 | 159 | 5.4 | 2.5 | 8.6 |
| 40 | 0.05 | 1.3 | 12.44 | 10.20 | 130 | 3.9 | 1.8 | 9.6 |
| 40 | 0.10 | 1.3 | 14.39 | 11.80 | 149 | 4.8 | 2.2 | 9.6 |
| 40 | 0.15 | 1.3 | 17.32 | 14.20 | 167 | 5.8 | 2.6 | 9.6 |
| 45 | 0.05 | 1.3 | 13.54 | 11.10 | 138 | 4.3 | 1.9 | 9.6 |
| 45 | 0.10 | 1.3 | 15.49 | 12.70 | 156 | 5.2 | 2.9 | 9.6 |
| 45 | 0.15 | 1.4 | 18.66 | 15.30 | 175 | 6.1 | 2.8 | 9.6 |
| 50 | 0.05 | 1.4 | 14.39 | 11.80 | 146 | 4.7 | 2.1 | 11.0 |
| 50 | 0.10 | 1.4 | 16.59 | 13.60 | 165 | 5.6 | 2.5 | 11.0 |
| 50 | 0.15 | 1.5 | 19.76 | 16.20 | 182 | 6.5 | 3.0 | 11.0 |
| 55 | 0.05 | 1.5 | 15.37 | 12.60 | 153 | 5.0 | 2.3 | 11.0 |
| 55 | 0.10 | 1.5 | 17.68 | 14.50 | 172 | 6.0 | 2.7 | 11.0 |
| 55 | 0.15 | 1.6 | 20.98 | 17.20 | 190 | 6.9 | 3.1 | 11.0 |
| 60 | 0.05 | 1.6 | 16.34 | 13.40 | 161 | 5.4 | 2.4 | 12.0 |
| 60 | 0.10 | 1.6 | 18.78 | 15.40 | 179 | 6.3 | 2.9 | 12.0 |
| 60 | 0.15 | 1.7 | 22.20 | 18.20 | 198 | 7.3 | 3.3 | 12.0 |
| 65 | 0.05 | 1.7 | 17.32 | 14.20 | 168 | 5.7 | 2.6 | 12.0 |
| 65 | 0.10 | 1.7 | 19.88 | 16.30 | 187 | 6.7 | 3.0 | 12.0 |
| 65 | 0.15 | 1.8 | 23.54 | 19.30 | 205 | 7.6 | 3.4 | 12.0 |
| 70 | 0.05 | 1.8 | 18.29 | 15.00 | 175 | 6.2 | 2.8 | 12.0 |
| 70 | 0.10 | 1.8 | 20.85 | 17.10 | 194 | 7.1 | 3.2 | 12.0 |
| 70 | 0.15 | 1.9 | 24.76 | 20.30 | 212 | 8.0 | 3.6 | 12.0 |

注:①表中日粮干物质进食量(DMI)、消化能(DE)、代谢能(ME)、粗蛋白质(CP)、钙、总磷、食用盐每日需要量推荐数值参考自内蒙古自治区地方标准《细毛羊饲养标准》(DB 15/T 30—92)。

②日粮中添加的食用盐应符合 GB 5461 中的规定。

**附表 40　育肥羊每日营养需要量表**

| 体重 /kg | 日增重 /(kg·d⁻¹) | DMI /(kg·d⁻¹) | DE /(MJ·d⁻¹) | ME /(MJ·d⁻¹) | 粗蛋白质 /(g·d⁻¹) | 钙 /(g·d⁻¹) | 总磷 /(g·d⁻¹) | 食用盐 /(g·d⁻¹) |
|---|---|---|---|---|---|---|---|---|
| 20 | 0.10 | 0.8 | 9.00 | 8.40 | 111 | 1.9 | 1.8 | 7.6 |
| 20 | 0.20 | 0.9 | 11.30 | 9.30 | 158 | 2.8 | 2.4 | 7.6 |
| 20 | 0.30 | 1.0 | 13.60 | 11.20 | 183 | 3.8 | 3.1 | 7.6 |
| 20 | 0.45 | 1.0 | 15.01 | 11.82 | 210 | 4.6 | 3.7 | 7.6 |
| 25 | 0.10 | 0.9 | 10.50 | 8.60 | 121 | 2.2 | 2 | 7.6 |
| 25 | 0.20 | 1.0 | 13.20 | 10.80 | 168 | 3.2 | 2.7 | 7.6 |
| 25 | 0.30 | 1.1 | 15.80 | 13.00 | 191 | 4.3 | 3.4 | 7.6 |
| 25 | 0.45 | 1.1 | 17.45 | 14.35 | 218 | 5.3 | 4.2 | 7.6 |

续表

| 体重 /kg | 日增重 /(kg·d⁻¹) | DMI /(kg·d⁻¹) | DE /(MJ·d⁻¹) | ME /(MJ·d⁻¹) | 粗蛋白质 /(g·d⁻¹) | 钙 /(g·d⁻¹) | 总磷 /(g·d⁻¹) | 食用盐 /(g·d⁻¹) |
|---|---|---|---|---|---|---|---|---|
| 30 | 0.10 | 1.0 | 12.00 | 9.80 | 132 | 2.5 | 2.2 | 8.6 |
| 30 | 0.20 | 1.1 | 15.00 | 12.30 | 178 | 3.6 | 3 | 8.6 |
| 30 | 0.30 | 1.2 | 18.10 | 14.80 | 200 | 4.8 | 3.8 | 8.6 |
| 30 | 0.45 | 1.2 | 19.95 | 16.34 | 351 | 6.0 | 4.6 | 8.6 |
| 35 | 0.10 | 1.2 | 13.40 | 11.10 | 141 | 2.8 | 2.5 | 8.6 |
| 35 | 0.20 | 1.3 | 16.90 | 13.80 | 187 | 4.0 | 3.3 | 8.6 |
| 35 | 0.30 | 1.3 | 18.20 | 16.60 | 207 | 5.2 | 4.1 | 8.6 |
| 35 | 0.45 | 1.3 | 20.19 | 18.26 | 233 | 6.4 | 5.0 | 8.6 |
| 40 | 0.10 | 1.3 | 14.90 | 12.20 | 143 | 3.1 | 2.7 | 9.6 |
| 40 | 0.20 | 1.3 | 18.80 | 15.30 | 183 | 4.4 | 3.6 | 9.6 |
| 40 | 0.30 | 1.4 | 22.60 | 18.40 | 204 | 5.7 | 4.5 | 9.6 |
| 40 | 0.45 | 1.4 | 24.99 | 20.30 | 227 | 7.0 | 5.4 | 9.6 |
| 45 | 0.10 | 1.4 | 16.40 | 13.40 | 152 | 3.4 | 2.9 | 9.6 |
| 45 | 0.20 | 1.4 | 20.60 | 16.80 | 192 | 4.8 | 3.9 | 9.6 |
| 45 | 0.30 | 1.5 | 24.80 | 20.30 | 210 | 6.2 | 4.9 | 9.6 |
| 45 | 0.45 | 1.5 | 27.38 | 22.39 | 233 | 7.4 | 6.0 | 9.6 |
| 50 | 0.10 | 1.5 | 17.90 | 14.60 | 159 | 3.7 | 3.2 | 11.0 |
| 50 | 0.20 | 1.6 | 22.50 | 18.30 | 198 | 5.2 | 4.2 | 11.0 |
| 50 | 0.30 | 1.6 | 27.20 | 22.10 | 215 | 6.7 | 5.2 | 11.0 |
| 50 | 0.45 | 1.6 | 30.03 | 24.38 | 237 | 8.5 | 6.5 | 11.0 |

注:①表中日粮干物质进食量(DMI)、消化能(DE)、代谢能(ME)、粗蛋白质(CP)、钙、总磷、食用盐每日需要量推荐数值参考自新疆维吾尔自治区企业标准《新疆细毛羔舍饲肥育标准》(1985)。
②日粮中添加的食用盐应符合 GB 5461 中的规定。

**附表 41　妊娠母绵羊每日营养需要量**

| 妊娠阶段 | 体重 /kg | DMI /(kg·d⁻¹) | DE /(MJ·d⁻¹) | ME /(MJ·d⁻¹) | 粗蛋白质 /(g·d⁻¹) | 钙 /(g·d⁻¹) | 总磷 /(g·d⁻¹) | 食用盐 /(g·d⁻¹) |
|---|---|---|---|---|---|---|---|---|
| 前期 a | 40 | 1.6 | 12.55 | 10.46 | 116 | 3.0 | 2.0 | 6.6 |
| | 50 | 1.8 | 15.06 | 12.55 | 124 | 3.2 | 2.5 | 7.5 |
| | 60 | 2.0 | 15.90 | 13.39 | 132 | 4.0 | 3.0 | 8.3 |
| | 70 | 2.2 | 16.74 | 14.23 | 141 | 4.5 | 3.5 | 9.1 |
| 后期 b | 40 | 1.8 | 15.06 | 12.55 | 146 | 6.0 | 3.5 | 7.5 |
| | 45 | 1.9 | 15.90 | 13.39 | 152 | 6.5 | 3.7 | 7.9 |
| | 50 | 2.0 | 16.74 | 14.23 | 159 | 7.0 | 3.9 | 8.3 |
| | 55 | 2.1 | 17.99 | 15.06 | 165 | 7.5 | 4.1 | 8.7 |
| | 60 | 2.2 | 18.83 | 15.90 | 172 | 8.0 | 4.3 | 9.1 |
| | 65 | 2.3 | 19.66 | 16.74 | 180 | 8.5 | 4.5 | 9.5 |
| | 70 | 2.4 | 20.92 | 17.57 | 187 | 9.0 | 4.7 | 9.9 |

续表

| 妊娠阶段 | 体重/kg | DMI/(kg·d⁻¹) | DE/(MJ·d⁻¹) | ME/(MJ·d⁻¹) | 粗蛋白质/(g·d⁻¹) | 钙/(g·d⁻¹) | 总磷/(g·d⁻¹) | 食用盐/(g·d⁻¹) |
|---|---|---|---|---|---|---|---|---|
| 后期c | 40 | 1.8 | 16.74 | 14.23 | 167 | 7.0 | 4.0 | 7.9 |
| | 45 | 1.9 | 17.99 | 15.06 | 176 | 7.5 | 4.3 | 8.3 |
| | 50 | 2.0 | 19.25 | 16.32 | 184 | 8.0 | 4.6 | 8.7 |
| | 55 | 2.1 | 20.50 | 17.15 | 193 | 8.5 | 5.0 | 9.1 |
| | 60 | 2.2 | 21.76 | 18.41 | 203 | 9.0 | 5.3 | 9.5 |
| | 65 | 2.3 | 22.59 | 19.25 | 214 | 9.5 | 5.4 | 9.9 |
| | 70 | 2.4 | 24.27 | 20.50 | 226 | 10.0 | 5.6 | 11.0 |

注：①表中日粮干物质进食量(DMI)、消化能(DE)、代谢能(ME)、粗蛋白质(CP)、钙、总磷、食用盐每日需要量推荐数值参考自内蒙古自治区地方标准《细毛羊饲养标准》(DB 15/T 30—92)。

②日粮中添加的食用盐应符合 GB 5461 中的规定。

a. 指妊娠期的第 1 个月至第 3 个月。

b. 指母羊怀单羔妊娠期的第 4 个月至第 5 个月。

c. 指母羊怀双羔妊娠期的第 4 个月至第 5 个月。

### 附表 42 泌乳母绵羊每日营养需要量

| 体重/kg | 日泌乳量/(kg·d⁻¹) | DMI/(kg·d⁻¹) | DE/(MJ·d⁻¹) | ME/(MJ·d⁻¹) | 粗蛋白质/(g·d⁻¹) | 钙/(g·d⁻¹) | 总磷/(g·d⁻¹) | 食用盐/(g·d⁻¹) |
|---|---|---|---|---|---|---|---|---|
| 40 | 0.2 | 2.0 | 12.97 | 10.46 | 119 | 7.0 | 4.3 | 8.3 |
| 40 | 0.4 | 2.0 | 15.48 | 12.55 | 139 | 7.0 | 4.3 | 8.3 |
| 40 | 0.6 | 2.0 | 17.99 | 14.64 | 157 | 7.0 | 4.3 | 8.3 |
| 40 | 0.8 | 2.0 | 20.5 | 16.74 | 176 | 7.0 | 4.3 | 8.3 |
| 40 | 1.0 | 2.0 | 23.01 | 18.83 | 196 | 7.0 | 4.3 | 8.3 |
| 40 | 1.2 | 2.0 | 25.94 | 20.92 | 216 | 7.0 | 4.3 | 8.3 |
| 40 | 1.4 | 2.0 | 28.45 | 23.01 | 236 | 7.0 | 4.3 | 8.3 |
| 40 | 1.6 | 2.0 | 30.96 | 25.10 | 254 | 7.0 | 4.3 | 8.3 |
| 40 | 1.8 | 2.0 | 33.47 | 27.20 | 274 | 7.0 | 4.3 | 8.3 |
| 50 | 0.2 | 2.2 | 15.06 | 12.13 | 122 | 7.5 | 4.7 | 9.1 |
| 50 | 0.4 | 2.2 | 17.57 | 14.23 | 142 | 7.5 | 4.7 | 9.1 |
| 50 | 0.6 | 2.2 | 20.08 | 16.32 | 162 | 7.5 | 4.7 | 9.1 |
| 50 | 0.8 | 2.2 | 22.59 | 18.41 | 180 | 7.5 | 4.7 | 9.1 |
| 50 | 1.0 | 2.2 | 25.10 | 20.50 | 200 | 7.5 | 4.7 | 9.1 |
| 50 | 1.2 | 2.2 | 28.03 | 22.59 | 219 | 7.5 | 4.7 | 9.1 |
| 50 | 1.4 | 2.2 | 30.54 | 24.69 | 239 | 7.5 | 4.7 | 9.1 |
| 50 | 1.6 | 2.2 | 33.05 | 26.78 | 257 | 7.5 | 4.7 | 9.1 |
| 50 | 1.8 | 2.2 | 35.56 | 28.87 | 277 | 7.5 | 4.7 | 9.1 |

续表

| 体重 /kg | 日泌乳量 /(kg·d⁻¹) | DMI /(kg·d⁻¹) | DE /(MJ·d⁻¹) | ME /(MJ·d⁻¹) | 粗蛋白质 /(g·d⁻¹) | 钙 /(g·d⁻¹) | 总磷 /(g·d⁻¹) | 食用盐 /(g·d⁻¹) |
|---|---|---|---|---|---|---|---|---|
| 60 | 0.2 | 2.4 | 16.32 | 13.39 | 125 | 8.0 | 5.1 | 9.9 |
| 60 | 0.4 | 2.4 | 19.25 | 15.48 | 145 | 8.0 | 5.1 | 9.9 |
| 60 | 0.6 | 2.4 | 21.76 | 17.57 | 165 | 8.0 | 5.1 | 9.9 |
| 60 | 0.8 | 2.4 | 24.27 | 19.66 | 183 | 8.0 | 5.1 | 9.9 |
| 60 | 1.0 | 2.4 | 26.78 | 21.76 | 203 | 8.0 | 5.1 | 9.9 |
| 60 | 1.2 | 2.4 | 29.29 | 23.85 | 223 | 8.0 | 5.1 | 9.9 |
| 60 | 1.4 | 2.4 | 31.80 | 25.94 | 241 | 8.0 | 5.1 | 9.9 |
| 60 | 1.6 | 2.4 | 34.73 | 28.03 | 261 | 8.0 | 5.1 | 9.9 |
| 60 | 1.8 | 2.4 | 37.24 | 30.12 | 275 | 8.0 | 5.1 | 9.9 |
| 70 | 0.2 | 2.6 | 17.99 | 14.64 | 129 | 8.5 | 5.6 | 11.0 |
| 70 | 0.4 | 2.6 | 20.50 | 16.70 | 148 | 8.5 | 5.6 | 11.0 |
| 70 | 0.6 | 2.6 | 23.01 | 18.83 | 166 | 8.5 | 5.6 | 11.0 |
| 70 | 0.8 | 2.6 | 25.94 | 20.92 | 186 | 8.5 | 5.6 | 11.0 |
| 70 | 1.0 | 2.6 | 28.45 | 23.01 | 206 | 8.5 | 5.6 | 11.0 |
| 70 | 1.2 | 2.6 | 30.96 | 25.10 | 226 | 8.5 | 5.6 | 11.0 |
| 70 | 1.4 | 2.6 | 33.89 | 27.61 | 244 | 8.5 | 5.6 | 11.0 |
| 70 | 1.6 | 2.6 | 36.40 | 29.71 | 264 | 8.5 | 5.6 | 11.0 |
| 70 | 1.8 | 2.6 | 39.33 | 31.80 | 284 | 8.5 | 5.6 | 11.0 |

注:①表中日粮干物质进食量(DMI)、消化能(DE)、代谢能(ME)、粗蛋白质(CP)、钙、总磷、食用盐每日需要量推荐数值参考自内蒙古自治区地方标准《细毛羊饲养标准》(DB 15/T 30—92)。

②日粮中添加的食用盐应符合 GB 5461 中的规定。

**附表 43 肉用绵羊对日粮硫、维生素、微量矿物质元素需要量(以干物质为基础)**

| 体重阶段 | 生长羔羊 4~20 kg | 育成母羊 25~50 kg | 育成公羊 20~70 kg | 育肥羊 20~50 kg | 妊娠母羊 40~70 kg | 泌乳母羊 40~70 kg | 最大耐受浓度[b] |
|---|---|---|---|---|---|---|---|
| 硫. g/d | 0.24~1.2 | 1.4~2.9 | 2.8~3.5 | 2.8~3.5 | 2.0~3.0 | 2.5~3.7 | — |
| 维生素 A. IU/d | 188~940 | 1 175~2 350 | 940~3 290 | 940~2 350 | 1 880~3 948 | 1 880~3 434 | — |
| 维生素 D. IU/d | 26~132 | 137~275 | 111~389 | 111~278 | 222~440 | 222~380 | — |
| 维生素 E. IU/d | 2.4~12.8 | 12~24 | 12~29 | 12~23 | 18~35 | 26~34 | — |
| 钴. mg/kg | 0.018~0.096 | 0.12~0.24 | 0.21~0.33 | 0.2~0.35 | 0.27~0.36 | 0.3~0.39 | 10 |
| 铜. mg/kg | 0.97~5.2 | 6.5~13 | 11~18 | 11~19 | 16~22 | 13~18 | 25 |
| 碘. mg/kg | 0.08~0.46 | 0.58~1.2 | 1.0~1.6 | 0.94~1.7 | 1.3~1.7 | 1.4~1.9 | 50 |
| 铁. mg/kg | 4.3~23 | 29~58 | 50~79 | 47~83 | 65~86 | 72~94 | 500 |
| 锰. mg/kg | 2.2~12 | 14~29 | 25~40 | 23~41 | 32~44 | 36~47 | 1 000 |

续表

| 体重阶段 | 生长羔羊 4～20 kg | 育成母羊 25～50 kg | 育成公羊 20～70 kg | 育肥羊 20～50 kg | 妊娠母羊 40～70 kg | 泌乳母羊 40～70 kg | 最大耐受浓度[b] |
|---|---|---|---|---|---|---|---|
| 硒.mg/kg | 0.016～0.086 | 0.11～0.22 | 0.19～0.30 | 0.18～0.31 | 0.24～0.31 | 0.27～0.35 | 2 |
| 锌.mg/kg | 2.7～14 | 18～36 | 50～79 | 29～52 | 53～71 | 59～77 | 750 |

注:表中维生素 A、维生素 D、维生素 E 每日需要量数据参考自 NRC(1985),维生素 A 最低需要量:47 IU/kg体重,1 mg β-胡萝卜素效价相当于681 IU 维生素 A,维生素 D 需要量早期段奶羔羊最低需要量为5.55 IU/kg 体重;其他生产阶段绵羊对维生素 D 的最低需要量为6.66 IU/kg 体重,1 IU 维生素 D 相当于0.025 μg 胆钙化醇。维生素 E 需要量:体重低于20 kg 的羔羊对维生素 E 的最低需要量为20 IU/kg 干物质进食量;体重大于20 kg 的各生产阶段的绵羊对维生素 E 的最低需要量为15 IU/ kg 干物质进食量;1 IU 维生素 E 效价相当于1 mg D. L-α 生育酚醋酸酯。

①当日粮中钼含水量大于3.0 mg/ kg 时,铜的添加量要在表中推荐值基础上增加1倍。

②参考自 NRC(1985)提供的估计数据。

**附表44　生长育肥山羊羔羊每日营养需要量**

| 体重 /kg | 日增重 /(kg·d$^{-1}$) | DMI /(kg·d$^{-1}$) | DE /(MJ·d$^{-1}$) | ME /(MJ·d$^{-1}$) | 粗蛋白质 /(g·d$^{-1}$) | 钙 /(g·d$^{-1}$) | 总磷 /(g·d$^{-1}$) | 食用盐 /(g·d$^{-1}$) |
|---|---|---|---|---|---|---|---|---|
| 1 | 0 | 0.12 | 0.55 | 0.46 | 3 | 0.1 | 0.0 | 0.6 |
| 1 | 0.02 | 0.12 | 0.71 | 0.60 | 9 | 0.8 | 0.5 | 0.6 |
| 1 | 0.04 | 0.12 | 0.89 | 0.75 | 14 | 1.5 | 1.0 | 0.6 |
| 2 | 0 | 0.13 | 0.90 | 0.76 | 5 | 0.1 | 0.1 | 0.7 |
| 2 | 0.02 | 0.13 | 1.08 | 0.91 | 11 | 0.8 | 0.6 | 0.7 |
| 2 | 0.04 | 0.13 | 1.26 | 1.06 | 16 | 1.6 | 1.0 | 0.7 |
| 2 | 0.06 | 0.13 | 1.43 | 1.20 | 22 | 2.3 | 1.5 | 0.7 |
| 4 | 0 | 0.18 | 1.64 | 1.38 | 9 | 0.3 | 0.2 | 0.9 |
| 4 | 0.02 | 0.18 | 1.93 | 1.62 | 16 | 1.0 | 0.7 | 0.9 |
| 4 | 0.04 | 0.18 | 2.20 | 1.85 | 22 | 1.7 | 1.1 | 0.9 |
| 4 | 0.06 | 0.18 | 2.48 | 2.08 | 29 | 2.4 | 1.6 | 0.9 |
| 4 | 0.08 | 0.18 | 2.76 | 2.32 | 35 | 3.1 | 2.1 | 0.9 |
| 6 | 0 | 0.27 | 2.29 | 1.88 | 11 | 0.4 | 0.3 | 1.3 |
| 6 | 0.02 | 0.27 | 2.32 | 1.90 | 22 | 1.1 | 0.7 | 1.3 |
| 6 | 0.04 | 0.27 | 3.06 | 2.51 | 33 | 1.8 | 1.2 | 1.3 |
| 6 | 0.06 | 0.27 | 3.79 | 3.11 | 44 | 2.5 | 1.7 | 1.3 |
| 6 | 0.08 | 0.27 | 4.54 | 3.72 | 55 | 3.3 | 2.2 | 1.3 |
| 6 | 0.10 | 0.27 | 5.27 | 4.32 | 67 | 4.0 | 2.6 | 1.3 |
| 8 | 0 | 0.33 | 1.96 | 1.61 | 13 | 0.5 | 0.4 | 1.7 |
| 8 | 0.02 | 0.33 | 3.05 | 2.5 | 24 | 1.2 | 0.8 | 1.7 |
| 8 | 0.04 | 0.33 | 4.11 | 3.37 | 36 | 2.0 | 1.3 | 1.7 |
| 8 | 0.06 | 0.33 | 5.18 | 4.25 | 47 | 2.7 | 1.8 | 1.7 |
| 8 | 0.08 | 0.33 | 6.26 | 5.13 | 58 | 3.4 | 2.3 | 1.7 |
| 8 | 0.10 | 0.33 | 7.33 | 6.01 | 69 | 4.1 | 2.7 | 1.7 |

续表

| 体重 /kg | 日增重 /(kg·d⁻¹) | DMI /(kg·d⁻¹) | DE /(MJ·d⁻¹) | ME /(MJ·d⁻¹) | 粗蛋白质 /(g·d⁻¹) | 钙 /(g·d⁻¹) | 总磷 /(g·d⁻¹) | 食用盐 /(g·d⁻¹) |
|---|---|---|---|---|---|---|---|---|
| 10 | 0 | 0.46 | 2.33 | 1.91 | 16 | 0.7 | 0.4 | 2.3 |
| 10 | 0.02 | 0.48 | 3.73 | 3.06 | 27 | 1.4 | 0.9 | 2.4 |
| 10 | 0.04 | 0.50 | 5.15 | 4.22 | 38 | 2.1 | 1.4 | 2.5 |
| 10 | 0.06 | 0.52 | 6.55 | 5.37 | 49 | 2.8 | 1.9 | 2.6 |
| 10 | 0.08 | 0.54 | 7.96 | 6.53 | 60 | 3.5 | 2.3 | 2.7 |
| 10 | 0.10 | 0.56 | 9.38 | 7.69 | 72 | 4.2 | 2.8 | 2.8 |
| 12 | 0 | 0.48 | 2.67 | 2.19 | 18 | 0.8 | 0.5 | 2.4 |
| 12 | 0.02 | 0.50 | 4.41 | 3.62 | 29 | 1.5 | 1.0 | 2.5 |
| 12 | 0.04 | 0.52 | 6.16 | 5.05 | 40 | 2.2 | 1.5 | 2.6 |
| 12 | 0.06 | 0.54 | 7.90 | 6.48 | 52 | 2.9 | 2.0 | 2.7 |
| 12 | 0.08 | 0.56 | 9.65 | 7.91 | 63 | 3.7 | 2.4 | 2.8 |
| 12 | 0.10 | 0.58 | 11.40 | 9.35 | 74 | 4.4 | 2.9 | 2.9 |
| 14 | 0 | 0.50 | 2.99 | 2.45 | 20 | 0.9 | 0.6 | 2.5 |
| 14 | 0.02 | 0.52 | 5.07 | 4.16 | 31 | 1.6 | 1.1 | 2.6 |
| 14 | 0.04 | 0.54 | 7.16 | 5.87 | 43 | 2.4 | 1.6 | 2.7 |
| 14 | 0.06 | 0.56 | 9.24 | 7.58 | 54 | 3.1 | 2.0 | 2.8 |
| 14 | 0.08 | 0.58 | 11.33 | 9.29 | 65 | 3.8 | 2.5 | 2.9 |
| 14 | 0.10 | 0.60 | 13.40 | 10.99 | 76 | 4.5 | 3.0 | 3.0 |
| 16 | 0 | 0.52 | 3.30 | 2.71 | 22 | 1.1 | 0.7 | 2.6 |
| 16 | 0.02 | 0.54 | 5.73 | 4.70 | 34 | 1.8 | 1.2 | 2.7 |
| 16 | 0.04 | 0.56 | 8.15 | 6.68 | 45 | 2.5 | 1.7 | 2.8 |
| 16 | 0.06 | 0.58 | 10.56 | 8.66 | 56 | 3.2 | 2.1 | 2.9 |
| 16 | 0.08 | 0.60 | 12.99 | 10.65 | 67 | 3.9 | 2.6 | 3.0 |
| 16 | 0.10 | 0.62 | 15.43 | 12.65 | 78 | 4.6 | 3.1 | 3.1 |

注:①表中0~8 kg体重阶段肉用绵羊羔羊日粮干物质进食量(DMI)按每千克代谢体重0.07 kg估算;体重大于10 kg时,按中国农业科学院畜牧研究所2003年提供的如下公式计算获得:

$$DMI = (26.45 \times W^{0.75} + 0.99 \times ADG)/1\,000$$

式中,DMI为干物质进食量,单位为千克每天(kg/d);

W为体重,单位为千克(kg);

ADG为日增重,单位为克每天(g/d)。

②表中代谢能(ME),粗蛋白质(CP)数值参考自杨在宾等(1997)对青山羊数据资料。

③表中消化能(DE)需要量数值根据ME/0.82估算。

④表中钙需要量按表14中提供参数估算得到,总磷需要量根据钙磷为1.5∶1估算获得。

⑤日粮中添加的食用盐应符合GB 5461中的规定。

附表45 育肥山羊每日营养需要量

| 体重 /kg | 日增重 /(kg·d⁻¹) | DMI /(kg·d⁻¹) | DE /(MJ·d⁻¹) | ME /(MJ·d⁻¹) | 粗蛋白质 /(g·d⁻¹) | 钙 /(g·d⁻¹) | 总磷 /(g·d⁻¹) | 食用盐 /(g·d⁻¹) |
|---|---|---|---|---|---|---|---|---|
| 15 | 0 | 0.51 | 5.36 | 4.40 | 43 | 1.0 | 0.7 | 2.6 |
| 15 | 0.05 | 0.56 | 5.83 | 4.78 | 54 | 2.8 | 1.9 | 2.8 |
| 15 | 0.10 | 0.61 | 6.29 | 5.15 | 64 | 4.6 | 3.0 | 3.1 |
| 15 | 0.15 | 0.66 | 6.75 | 5.54 | 74 | 6.4 | 4.2 | 3.3 |
| 15 | 0.20 | 0.71 | 7.21 | 5.91 | 84 | 8.1 | 5.4 | 3.6 |
| 20 | 0 | 0.56 | 6.44 | 5.28 | 47 | 1.3 | 0.9 | 2.8 |
| 20 | 0.05 | 0.61 | 6.91 | 5.66 | 57 | 3.1 | 2.1 | 3.1 |
| 20 | 0.10 | 0.66 | 7.37 | 6.04 | 67 | 4.9 | 3.3 | 3.3 |
| 20 | 0.15 | 0.71 | 7.83 | 6.42 | 77 | 6.7 | 4.5 | 3.6 |
| 20 | 0.20 | 0.76 | 8.29 | 6.80 | 87 | 8.5 | 5.6 | 3.8 |
| 25 | 0 | 0.61 | 7.46 | 6.12 | 50 | 1.7 | 1.1 | 3.0 |
| 25 | 0.05 | 0.66 | 7.92 | 6.49 | 60 | 3.5 | 2.3 | 3.3 |
| 25 | 0.10 | 0.71 | 8.38 | 6.87 | 70 | 5.2 | 3.5 | 3.5 |
| 25 | 0.15 | 0.76 | 8.84 | 7.25 | 81 | 7.0 | 4.7 | 3.8 |
| 25 | 0.20 | 0.81 | 9.31 | 7.63 | 91 | 8.8 | 5.9 | 4.0 |
| 30 | 0 | 0.65 | 8.42 | 6.90 | 53 | 2.0 | 1.3 | 3.3 |
| 30 | 0.05 | 0.70 | 8.88 | 7.28 | 63 | 3.8 | 2.5 | 3.5 |
| 30 | 0.10 | 0.75 | 9.35 | 7.66 | 74 | 5.6 | 3.7 | 3.8 |
| 30 | 0.15 | 0.80 | 9.81 | 8.04 | 84 | 7.4 | 4.9 | 4.0 |
| 30 | 0.20 | 0.85 | 10.27 | 8.42 | 94 | 9.1 | 6.1 | 4.2 |

注:①表中干物质进食量(DMI)、消化能(DE)、代谢能(ME)、粗蛋白质(CP)数值来源于中国农业科学院畜牧研究所(2003),具体的计算公式如下:

DMI,kg/d = $(26.45 \times W^{0.75} + 0.99 \times ADG)/1\,000$

DE,MJ/d = $4.184 \times (140.61 \times LBW^{0.75} + 2.21 \times ADG + 210.3)/1\,000$

ME,MJ/d = $4.184 \times (0.475 \times ADG + 95.19) \times LBW^{0.75}/1\,000$

CP,g/d = $28.86 + 1.905 \times LBW^{0.75} + 0.202\,4 \times ADG$

式中,DMI为干物质进食量,单位为千克每天(kg/d);

DE为消化能,单位为兆焦每天(MJ/d);

ME为代谢能,单位为兆焦每天(MJ/d);

CP为粗蛋白质,单位为克每天(g/d);

LBW为活体重,单位为千克(kg);

ADG为平均日增重,单位为克每天(g/d)。

②表中钙、总磷每日需要量来源见表8中注4。

③日粮中添加的食用盐应符合GB 5461中的规定。

**附表46 后备公山羊每日营养需要量**

| 体重 /kg | 日增重 /(kg·d$^{-1}$) | DMI /(kg·d$^{-1}$) | DE /(MJ·d$^{-1}$) | ME /(MJ·d$^{-1}$) | 粗蛋白质 /(g·d$^{-1}$) | 钙 /(g·d$^{-1}$) | 总磷 /(g·d$^{-1}$) | 食用盐 /(g·d$^{-1}$) |
|---|---|---|---|---|---|---|---|---|
| 12 | 0 | 0.48 | 3.78 | 3.10 | 24 | 0.8 | 0.5 | 2.4 |
| 12 | 0.02 | 0.50 | 4.10 | 3.36 | 32 | 1.5 | 1.0 | 2.5 |
| 12 | 0.04 | 0.52 | 4.43 | 3.63 | 40 | 2.2 | 1.5 | 2.6 |
| 12 | 0.06 | 0.54 | 4.74 | 3.89 | 49 | 2.9 | 2.0 | 2.7 |
| 12 | 0.08 | 0.56 | 5.06 | 4.15 | 57 | 3.7 | 2.4 | 2.8 |
| 12 | 0.10 | 0.58 | 5.38 | 4.41 | 66 | 4.4 | 2.9 | 2.9 |
| 15 | 0 | 0.51 | 4.48 | 3.67 | 28 | 1.0 | 0.7 | 2.6 |
| 15 | 0.02 | 0.53 | 5.28 | 4.33 | 36 | 1.7 | 1.1 | 2.7 |
| 15 | 0.04 | 0.55 | 6.10 | 5.00 | 45 | 2.4 | 1.6 | 2.8 |
| 15 | 0.06 | 0.57 | 5.70 | 4.67 | 53 | 3.1 | 2.1 | 2.9 |
| 15 | 0.08 | 0.59 | 7.72 | 6.33 | 61 | 3.9 | 2.6 | 3.0 |
| 15 | 0.10 | 0.61 | 8.54 | 7.00 | 70 | 4.6 | 3.0 | 3.1 |
| 18 | 0 | 0.54 | 5.12 | 4.20 | 32 | 1.2 | 0.8 | 2.7 |
| 18 | 0.02 | 0.56 | 6.44 | 5.28 | 40 | 1.9 | 1.3 | 2.8 |
| 18 | 0.04 | 0.58 | 7.74 | 6.35 | 49 | 2.6 | 1.8 | 2.9 |
| 18 | 0.06 | 0.60 | 9.05 | 7.42 | 57 | 3.3 | 2.2 | 3.0 |
| 18 | 0.08 | 0.62 | 10.35 | 8.49 | 66 | 4.1 | 2.7 | 3.1 |
| 18 | 0.10 | 0.64 | 11.66 | 9.56 | 74 | 4.8 | 3.2 | 3.2 |
| 21 | 0 | 0.57 | 5.76 | 4.72 | 36 | 1.4 | 0.9 | 2.9 |
| 21 | 0.02 | 0.59 | 7.56 | 6.20 | 44 | 2.1 | 1.4 | 3.0 |
| 21 | 0.04 | 0.61 | 9.35 | 7.67 | 53 | 2.8 | 1.9 | 3.1 |
| 21 | 0.06 | 0.63 | 11.16 | 9.15 | 61 | 3.5 | 2.4 | 3.2 |
| 21 | 0.08 | 0.65 | 12.96 | 10.63 | 70 | 4.3 | 2.8 | 3.3 |
| 21 | 0.10 | 0.67 | 14.76 | 12.10 | 78 | 5.0 | 3.3 | 3.4 |
| 24 | 0 | 0.60 | 6.37 | 5.22 | 40 | 1.6 | 1.1 | 3.0 |
| 24 | 0.02 | 0.62 | 8.66 | 7.10 | 48 | 2.3 | 1.5 | 3.1 |
| 24 | 0.04 | 0.64 | 10.95 | 8.98 | 56 | 3.0 | 2.0 | 3.2 |
| 24 | 0.06 | 0.66 | 13.27 | 10.88 | 65 | 3.7 | 2.5 | 3.3 |
| 24 | 0.08 | 0.68 | 15.54 | 12.74 | 73 | 4.5 | 3.0 | 3.4 |
| 24 | 0.10 | 0.70 | 17.83 | 14.62 | 82 | 5.2 | 3.4 | 3.5 |

注：日粮中添加的食用盐应符合 GB 5461 中的规定。

附表 47　妊娠期母山羊每日营养需要量

| 妊娠阶段 | 体重 /kg | DMI /(kg·d⁻¹) | DE /(MJ·d⁻¹) | ME /(MJ·d⁻¹) | 粗蛋白质 /(g·d⁻¹) | 钙 /(g·d⁻¹) | 总磷 /(g·d⁻¹) | 食用盐 /(g·d⁻¹) |
|---|---|---|---|---|---|---|---|---|
| 空怀期 | 10 | 0.39 | 3.37 | 2.76 | 34 | 4.5 | 3.0 | 2.0 |
| | 15 | 0.53 | 4.54 | 3.72 | 43 | 4.8 | 3.2 | 2.7 |
| | 20 | 0.66 | 5.62 | 4.61 | 52 | 5.2 | 3.4 | 3.3 |
| | 25 | 0.78 | 6.63 | 5.44 | 60 | 5.5 | 3.7 | 3.9 |
| | 30 | 0.90 | 7.59 | 6.22 | 67 | 5.8 | 3.9 | 4.5 |
| 1~90 d | 10 | 0.39 | 4.80 | 3.94 | 55 | 4.5 | 3.0 | 2.0 |
| | 15 | 0.53 | 6.82 | 5.59 | 65 | 4.8 | 3.2 | 2.7 |
| | 20 | 0.66 | 8.72 | 7.15 | 73 | 5.2 | 3.4 | 3.3 |
| | 25 | 0.78 | 10.56 | 8.66 | 81 | 5.5 | 3.7 | 3.9 |
| | 30 | 0.90 | 12.34 | 10.12 | 89 | 5.8 | 3.9 | 4.5 |
| 91~120 d | 15 | 0.53 | 7.55 | 6.19 | 97 | 4.8 | 3.2 | 2.7 |
| | 20 | 0.66 | 9.51 | 7.8 | 105 | 5.2 | 3.4 | 3.3 |
| | 25 | 0.78 | 11.39 | 9.34 | 113 | 5.5 | 3.7 | 3.9 |
| | 30 | 0.90 | 13.20 | 10.82 | 121 | 5.8 | 3.9 | 4.5 |
| 120 d以上 | 15 | 0.53 | 8.54 | 7.00 | 24 | 4.8 | 3.2 | 2.7 |
| | 20 | 0.66 | 10.54 | 8.64 | 132 | 5.2 | 3.4 | 3.3 |
| | 25 | 0.78 | 12.43 | 10.19 | 140 | 5.5 | 3.7 | 3.9 |
| | 30 | 0.90 | 14.27 | 11.7 | 148 | 5.8 | 3.9 | 4.5 |

注：日粮中添加的食用盐应符合 GB 5461 中的规定。

附表 48　泌乳前期母山羊每日营养需要量

| 体重 /kg | 泌乳量 /(kg·d⁻¹) | DMI /(kg·d⁻¹) | DE /(MJ·d⁻¹) | ME /(MJ·d⁻¹) | 粗蛋白质 /(g·d⁻¹) | 钙 /(g·d⁻¹) | 总磷 /(g·d⁻¹) | 食用盐 /(g·d⁻¹) |
|---|---|---|---|---|---|---|---|---|
| 10 | 0 | 0.39 | 3.12 | 2.56 | 24 | 0.7 | 0.4 | 2.0 |
| 10 | 0.50 | 0.39 | 5.73 | 4.70 | 73 | 2.8 | 1.8 | 2.0 |
| 10 | 0.75 | 0.39 | 7.04 | 5.77 | 97 | 3.8 | 2.5 | 2.0 |
| 10 | 1.00 | 0.39 | 8.34 | 6.84 | 122 | 4.8 | 3.2 | 2.0 |
| 10 | 1.25 | 0.39 | 9.65 | 7.91 | 146 | 5.9 | 3.9 | 2.0 |
| 10 | 1.50 | 0.39 | 10.95 | 8.98 | 170 | 6.9 | 4.6 | 2.0 |
| 15 | 0 | 0.53 | 4.24 | 3.48 | 33 | 1.0 | 0.7 | 2.7 |
| 15 | 0.50 | 0.53 | 6.84 | 5.61 | 31 | 3.1 | 2.1 | 2.7 |
| 15 | 0.75 | 0.53 | 8.15 | 6.68 | 106 | 4.1 | 2.8 | 2.7 |
| 15 | 1.00 | 0.53 | 9.45 | 7.75 | 130 | 5.2 | 3.4 | 2.7 |
| 15 | 1.25 | 0.53 | 10.76 | 8.82 | 154 | 6.2 | 4.1 | 2.7 |
| 15 | 1.50 | 0.53 | 12.06 | 9.89 | 179 | 7.3 | 4.8 | 2.7 |

续表

| 体重/kg | 泌乳量/(kg·d⁻¹) | DMI/(kg·d⁻¹) | DE/(MJ·d⁻¹) | ME/(MJ·d⁻¹) | 粗蛋白质/(g·d⁻¹) | 钙/(g·d⁻¹) | 总磷/(g·d⁻¹) | 食用盐/(g·d⁻¹) |
|---|---|---|---|---|---|---|---|---|
| 20 | 0 | 0.66 | 5.26 | 4.31 | 40 | 1.3 | 0.9 | 3.3 |
| 20 | 0.50 | 0.66 | 7.87 | 6.35 | 89 | 3.4 | 2.3 | 3.3 |
| 20 | 0.75 | 0.66 | 9.17 | 7.52 | 114 | 4.5 | 3.0 | 3.3 |
| 20 | 1.00 | 0.66 | 10.48 | 8.59 | 138 | 5.5 | 3.7 | 3.3 |
| 20 | 1.25 | 0.66 | 11.78 | 9.66 | 162 | 6.5 | 4.4 | 3.3 |
| 20 | 1.50 | 0.66 | 13.09 | 10.73 | 187 | 7.6 | 5.1 | 3.3 |
| 25 | 0 | 0.78 | 6.22 | 5.10 | 48 | 1.7 | 1.1 | 3.9 |
| 25 | 0.50 | 0.78 | 8.83 | 7.24 | 97 | 3.8 | 2.5 | 3.9 |
| 25 | 0.75 | 0.78 | 10.13 | 8.31 | 121 | 4.8 | 3.2 | 3.9 |
| 25 | 1.00 | 0.78 | 11.44 | 9.38 | 145 | 5.8 | 3.9 | 3.9 |
| 25 | 1.25 | 0.78 | 12.73 | 10.44 | 170 | 6.9 | 4.6 | 3.9 |
| 25 | 1.50 | 0.78 | 14.04 | 11.51 | 194 | 7.9 | 5.3 | 3.9 |
| 30 | 0 | 0.90 | 6.70 | 5.49 | 55 | 2.0 | 1.3 | 4.5 |
| 30 | 0.50 | 0.90 | 9.73 | 7.98 | 104 | 4.1 | 2.7 | 4.5 |
| 30 | 0.75 | 0.90 | 11.04 | 9.05 | 128 | 5.1 | 3.4 | 4.5 |
| 30 | 1.00 | 0.90 | 12.34 | 10.12 | 152 | 6.2 | 4.1 | 4.5 |
| 30 | 1.25 | 0.90 | 13.65 | 11.19 | 177 | 7.2 | 4.8 | 4.5 |
| 30 | 1.50 | 0.90 | 14.95 | 12.26 | 201 | 8.3 | 5.5 | 4.5 |

注:①泌乳前指泌乳第1天至第30天。

②日粮中添加的食用盐应符合GB 5461中的规定。

**附表49 泌乳后期母山羊每日营养需要量**

| LBW/kg | 泌乳量/(kg·d⁻¹) | DMI/(kg·d⁻¹) | DE/(MJ·d⁻¹) | ME/(MJ·d⁻¹) | 粗蛋白质/(g·d⁻¹) | 钙/(g·d⁻¹) | 总磷/(g·d⁻¹) | 食用盐/(g·d⁻¹) |
|---|---|---|---|---|---|---|---|---|
| 10 | 0 | 0.39 | 3.71 | 3.04 | 22 | 0.7 | 0.4 | 2.0 |
| 10 | 0.15 | 0.39 | 4.67 | 3.83 | 48 | 1.3 | 0.9 | 2.0 |
| 10 | 0.25 | 0.39 | 5.30 | 4.35 | 65 | 1.7 | 1.1 | 2.0 |
| 10 | 0.50 | 0.39 | 6.90 | 5.66 | 108 | 2.8 | 1.8 | 2.0 |
| 10 | 0.75 | 0.39 | 8.50 | 6.97 | 151 | 3.8 | 2.5 | 2.0 |
| 10 | 1.00 | 0.39 | 10.10 | 8.28 | 194 | 4.8 | 3.2 | 2.0 |
| 15 | 0 | 0.53 | 5.02 | 4.12 | 30 | 1.0 | 0.7 | 2.7 |
| 15 | 0.15 | 0.53 | 5.99 | 4.91 | 55 | 1.6 | 1.1 | 2.7 |
| 15 | 0.25 | 0.53 | 6.62 | 5.43 | 73 | 2.0 | 1.4 | 2.7 |
| 15 | 0.50 | 0.53 | 8.22 | 6.74 | 116 | 3.1 | 2.1 | 2.7 |
| 15 | 0.75 | 0.53 | 9.82 | 8.05 | 159 | 4.1 | 2.8 | 2.7 |
| 15 | 1.00 | 0.53 | 11.41 | 9.36 | 201 | 5.2 | 3.4 | 2.7 |

续表

| LBW /kg | 泌乳量 /(kg·d⁻¹) | DMI /(kg·d⁻¹) | DE /(MJ·d⁻¹) | ME /(MJ·d⁻¹) | 粗蛋白质 /(g·d⁻¹) | 钙 /(g·d⁻¹) | 总磷 /(g·d⁻¹) | 食用盐 /(g·d⁻¹) |
|---|---|---|---|---|---|---|---|---|
| 20 | 0 | 0.66 | 6.24 | 5.12 | 37 | 1.3 | 0.9 | 3.3 |
| 20 | 0.15 | 0.66 | 7.20 | 5.9 | 63 | 2.0 | 1.3 | 3.3 |
| 20 | 0.25 | 0.66 | 7.84 | 6.43 | 80 | 2.4 | 1.6 | 3.3 |
| 20 | 0.50 | 0.66 | 9.44 | 7.74 | 123 | 3.4 | 2.3 | 3.3 |
| 20 | 0.75 | 0.66 | 11.04 | 9.05 | 166 | 4.5 | 3.0 | 3.3 |
| 20 | 1.00 | 0.66 | 12.63 | 10.36 | 209 | 5.5 | 3.7 | 3.3 |
| 25 | 0 | 0.78 | 7.38 | 6.05 | 44 | 1.7 | 1.1 | 3.9 |
| 25 | 0.15 | 0.78 | 8.34 | 6.84 | 69 | 2.3 | 1.5 | 3.9 |
| 25 | 0.25 | 0.78 | 8.98 | 7.36 | 87 | 2.7 | 1.8 | 3.9 |
| 25 | 0.50 | 0.78 | 10.57 | 8.67 | 129 | 3.8 | 2.5 | 3.9 |
| 25 | 0.75 | 0.78 | 12.17 | 9.98 | 172 | 4.8 | 3.2 | 3.9 |
| 25 | 1.00 | 0.78 | 13.77 | 11.29 | 215 | 5.8 | 3.9 | 3.9 |
| 30 | 0 | 0.90 | 8.46 | 6.94 | 50 | 2.0 | 1.3 | 4.5 |
| 30 | 0.15 | 0.90 | 9.41 | 7.72 | 76 | 2.6 | 1.8 | 4.5 |
| 30 | 0.25 | 0.90 | 10.06 | 8.25 | 93 | 3.0 | 2.0 | 4.5 |
| 30 | 0.50 | 0.90 | 11.66 | 9.56 | 136 | 4.1 | 2.7 | 4.5 |
| 30 | 0.75 | 0.90 | 13.24 | 10.86 | 179 | 5.1 | 3.4 | 4.5 |
| 30 | 1.00 | 0.90 | 14.85 | 12.18 | 222 | 6.2 | 4.1 | 4.5 |

注:①泌乳后指泌乳第 31 天至第 70 天。

②日粮中添加的食用盐应符合 GB 5461 中的规定。

**附表 50 山羊对常量矿物质元素每日营养需要量参数**

| 常量元素 | 维持 mg/kg 体重 | 妊娠 g/kg 胎儿 | 泌乳 g/kg 产奶 | 生长 g/kg | 吸收率 /% |
|---|---|---|---|---|---|
| 钙 Ca | 20 | 11.5 | 1.25 | 10.7 | 30 |
| 总磷 P | 30 | 6.6 | 1.0 | 6.0 | 65 |
| 镁 Mg | 3.5 | 0.3 | 0.14 | 0.4 | 20 |
| 钾 K | 50 | 2.1 | 2.1 | 2.4 | 90 |
| 钠 Na | 15 | 1.7 | 0.4 | 1.6 | 80 |
| 硫 S | 0.16% ~0.32%(以进食日粮干物质为基础) | | | | — |

注:①表中参数参考自 Kessler(1991)和 I Iacnlcin(1987)资料信息。

②表中“—”表示暂无此项数据。

附表 51 山羊对微量矿物质元素需要量(以进食日粮干物质为基础)

| 微量元素 | 推荐量/($mg \cdot kg^{-1}$) |
|---|---|
| 铁 Fe | 30 ~ 40 |
| 铜 Cu | 10 ~ 20 |
| 钴 Co | 0.11 ~ 0.2 |
| 碘 I | 0.15 ~ 2.0 |
| 锰 Mn | 60 ~ 120 |
| 锌 Zn | 50 ~ 80 |
| 硒 Se | 0.05 |

注:表中推荐数值参考自 AFRC(1998),以进食日粮干物质为基础。

# 附录八 中国饲料成分及营养价值表

附表 52 饲料描述及常规成分

（2005 年第 16 版，中国饲料数据库，节录）

| 序号 | 中国饲料号 | 饲料名称 | 饲料描述 | 干物质 DM/% | 粗蛋白质 CP/% | 粗脂肪 EE/% | 粗纤维 CF/% | 无氮浸出物 NFE /% | 粗灰粉 ASH/% | 中性洗涤纤维 NDF/% | 酸性洗涤纤维 ADF/% | 钙 Ca/% | 总磷 P/% | 非植酸磷 N-Phy-p /% |
|---|---|---|---|---|---|---|---|---|---|---|---|---|---|---|
| 1 | 4-07-0278 | 玉米 | 成熟，高蛋白质，优质 | 86 | 9.4 | 3.1 | 1.2 | 71.1 | 1.2 | 9.4 | 3.5 | 0.02 | 0.27 | 0.12 |
| 2 | 4-07-0288 | 玉米 | 成熟，高赖氨酸，优质 | 86 | 8.5 | 5.3 | 2.6 | 67.3 | 1.3 | 9.4 | 3.5 | 0.16 | 0.25 | 0.09 |
| 3 | 4-07-0279 | 玉米 | 成熟，GB/T 17890—1999—，1 级 | 86 | 8.7 | 3.6 | 1.6 | 70.7 | 1.4 | 9.3 | 2.7 | 0.02 | 0.27 | 0.12 |
| 4 | 4-07-0280 | 玉米 | 成熟，GB/T 17890—1999—，2 级 | 86 | 7.8 | 3.5 | 1.6 | 71.8 | 1.3 | 7.9 | 2.6 | 0.02 | 0.27 | 0.12 |
| 5 | 4-07-0272 | 高粱 | 成熟，NY/T，1 级 | 86 | 9 | 3.4 | 1.4 | 70.4 | 1.8 | 17.4 | 8 | 0.13 | 0.36 | 0.17 |
| 6 | 4-07-0270 | 小麦 | 混合小麦，成熟 NY/T，2 级 | 87 | 13.9 | 1.7 | 1.9 | 67.6 | 1.9 | 13.3 | 3.9 | 0.17 | 0.41 | 0.13 |
| 7 | 4-07-0274 | 小麦（裸） | 裸大麦，成熟 NY/T，2 级 | 87 | 13 | 2.1 | 2 | 67.7 | 2.2 | 10 | 2.2 | 0.04 | 0.39 | 0.21 |
| 8 | 4-07-0277 | 小麦（皮） | 皮大麦，成熟 NY/T，1 级 | 87 | 11 | 1.7 | 4.8 | 67.1 | 2.4 | 18.4 | 6.8 | 0.09 | 0.33 | 0.17 |
| 9 | 4-07-0281 | 黑麦 | 籽粒，进口 | 88 | 11 | 1.5 | 2.2 | 71.5 | 1.8 | 12.3 | 4.6 | 0.05 | 0.3 | 0.11 |
| 10 | 4-07-0273 | 稻谷 | 成熟，晒干NT/T，2 级 | 86 | 7.8 | 1.6 | 8.2 | 63.8 | 4.6 | 27.4 | 28.7 | 0.03 | 0.36 | 0.2 |
| 11 | 4-07-0276 | 糙米 | 良，成熟，未去米糠 | 87 | 8.8 | 2 | 0.7 | 74.2 | 1.3 | 13.9 | — | 0.03 | 0.35 | 0.15 |
| 12 | 4-07-0275 | 碎米 | 良，加工精米后的副产品 | 88 | 10.4 | 2.2 | 1.1 | 72.7 | 1.6 | 1.6 | — | 0.06 | 0.35 | 0.15 |
| 13 | 4-07-0479 | 粟（谷子） | 合格，带壳，成熟 | 86.5 | 9.7 | 2.3 | 6.8 | 65 | 2.7 | 15.2 | 13.3 | 0.12 | 0.3 | 0.11 |

续表

| 序号 | 中国饲料号 | 饲料名称 | 饲料描述 | 干物质 DM/% | 粗蛋白质 CP/% | 粗脂肪 EE/% | 粗纤维 CF/% | 无氮浸出物 NFE /% | 粗灰粉 ASH/% | 中性洗涤纤维 NDF/% | 酸性洗涤纤维 ADF/% | 钙 Ca/% | 总磷 P/% | 非植酸磷 N-Phy-p /% |
|---|---|---|---|---|---|---|---|---|---|---|---|---|---|---|
| 14 | 4-04-0067 | 木薯干 | 木薯干片，晒干 NY/T,合格 | 87 | 2.5 | 0.7 | 2.5 | 79.4 | 1.9 | 8.4 | 6.4 | 0.27 | 0.09 | 0.07 |
| 15 | 4-04-0068 | 甘薯干 | 甘薯干片，晒干 NY/T,合格 | 87 | 4 | 0.8 | 2.8 | 76.4 | 3 | 8.1 | 4.1 | 0.19 | 0.02 | 0.02 |
| 16 | 4-08-0104 | 次粉 | 黑面,黄粉,下面 NY/T,1 级 | 88 | 15.4 | 2.2 | 1.5 | 67.1 | 1.5 | 18.7 | 4.3 | 0.08 | 0.48 | 0.14 |
| 17 | 4-08-0105 | 次粉 | 黑面,黄粉,下面 NY/T,2 级 | 87 | 13.6 | 2.1 | 2.8 | 66.7 | 1.8 | 31.9 | 10.5 | 0.08 | 0.48 | 0.14 |
| 18 | 4-08-0069 | 小麦麸 | 传统制粉工艺 NY/T,1 级 | 87 | 15.7 | 3.9 | 6.5 | 56 | 4.9 | 37 | 13 | 0.11 | 0.92 | 0.24 |
| 19 | 4-08-0070 | 小麦麸 | 传统制粉工艺 NY/T,2 级 | 87 | 14.3 | 4 | 6.8 | 57.1 | 4.8 | — | — | 0.1 | 0.93 | 0.24 |
| 20 | 4-08-0041 | 米糠 | 新鲜不脱脂 NY/T,2 级 | 87 | 12.8 | 16.5 | 5.7 | 44.5 | 7.5 | 22.9 | 13.4 | 0.07 | 1.43 | 0.1 |
| 21 | 4-10-0025 | 米糠饼 | 未脱脂，机榨 NY/T,1 级 | 88 | 14.7 | 9 | 7.4 | 48.2 | 8.7 | 27.7 | 11.6 | 0.14 | 1.69 | 0.22 |
| 22 | 4-10-0018 | 米糠粕 | 浸提或预压浸提，NY/T,1 级 | 87 | 15.1 | 2 | 7.5 | 53.6 | 8.8 | 23.3 | 10.9 | 0.15 | 1.82 | 0.24 |
| 23 | 5-09-0127 | 大豆 | 黄大豆，成熟 NY/T,2 级 | 87 | 35.5 | 17.3 | 4.3 | 25.7 | 4.2 | 7.9 | 7.3 | 0.27 | 0.48 | 0.3 |
| 24 | 5-09-0128 | 全脂大豆 | 湿法膨化,生大豆为NY/T,2 级 | 88 | 35.5 | 18.7 | 4.6 | 25.2 | 4 | 11 | 6.4 | 0.32 | 0.4 | 0.25 |
| 25 | 5-10-0241 | 大豆饼 | 机榨NY/T,2 级 | 89 | 41.8 | 5.8 | 4.8 | 30.7 | 5.9 | 18.1 | 15.5 | 0.31 | 0.5 | 0.25 |
| 26 | 5-10-0103 | 大豆粕 | 去皮,浸提或预压浸提,NY/T,1 级 | 89 | 47.9 | 1.5 | 3.3 | 29.7 | 4.9 | 8.8 | 5.3 | 0.34 | 0.65 | 0.19 |

| | | | | | | | | | | | | | | |
|---|---|---|---|---|---|---|---|---|---|---|---|---|---|---|
| 27 | 5-10-0102 | 大豆粕 | 浸提或预压浸提,NY/T,2 级 | 89 | 44.2 | 1.9 | 5.9 | 28.3 | 6.1 | 13.6 | 9.6 | 0.33 | 0.62 | 0.18 |
| 28 | 5-10-0118 | 棉籽饼 | 机榨 NY/T,2 级 | 88 | 36.3 | 7.4 | 12.5 | 26.1 | 5.7 | 32.1 | 22.9 | 0.21 | 0.83 | 0.28 |
| 29 | 5-10-0119 | 棉籽粕 | 浸提或预压浸提,NY/T,1 级 | 90 | 47 | 0.5 | 10.2 | 26.3 | 6 | 22.5 | 15.3 | 0.25 | 1.1 | 0.38 |
| 30 | 5-10-0117 | 棉籽粕 | 浸提或预压浸提,NY/T,2 级 | 90 | 43.5 | 0.5 | 10.5 | 28.9 | 6.6 | 28.4 | 19.4 | 0.28 | 1.04 | 0.36 |
| 31 | 5-10-0183 | 菜籽饼 | 机榨 NY/T,2 级 | 88 | 35.7 | 7.4 | 11.4 | 26.3 | 7.2 | 33.3 | 26 | 0.59 | 0.96 | 0.33 |
| 32 | 5-10-0121 | 菜籽粕 | 浸提或预压浸提,NY/T,2 级 | 88 | 38.6 | 1.4 | 11.8 | 28.9 | 7.3 | 20.7 | 16.8 | 0.65 | 1.02 | 0.35 |
| 33 | 5-10-0116 | 花生仁饼 | 机榨 NY/T,2 级 | 88 | 44.7 | 7.2 | 5.9 | 25.1 | 5.1 | 14 | 8.7 | 0.25 | 0.53 | 0.31 |
| 34 | 5-10-0115 | 花生仁粕 | 浸提或预压浸提,NY/T,2 级 | 88 | 47.8 | 1.4 | 6.2 | 27.2 | 5.4 | 15.5 | 11.7 | 0.27 | 0.56 | 0.33 |
| 35 | 1-10-0031 | 向日葵仁饼 | 壳仁比 35∶65 NY/T, 3 级 | 88 | 29 | 2.9 | 20.4 | 31 | 4.7 | 41.4 | 29.6 | 0.24 | 0.87 | 0.13 |
| 36 | 5-10-0242 | 向日葵仁粕 | 壳仁比 16∶84 NY/T,2 级 | 88 | 36.5 | 1 | 10.5 | 34.4 | 5.6 | 14.9 | 13.6 | 0.27 | 1.13 | 0.17 |
| 37 | 5-10-0243 | 向日葵仁粕 | 壳仁比 24∶76 NY/T,2 级 | 88 | 33.6 | 1 | 14.8 | 38.8 | 5.3 | 32.8 | 23.5 | 0.26 | 1.03 | 0.16 |
| 38 | 5-10-0119 | 亚麻仁饼 | 机榨 NY/T,2 级 | 88 | 32.2 | 7.8 | 7.8 | 34 | 6.2 | 29.7 | 27.1 | 0.39 | 0.88 | 0.38 |
| 39 | 5-10-0120 | 亚麻仁粕 | 浸提或预压浸提,NY/T,2 级 | 88 | 34.8 | 1.8 | 8.2 | 36.6 | 6.6 | 21.6 | 14.4 | 0.42 | 0.95 | 0.42 |
| 40 | 5-10-0246 | 芝麻饼 | 机榨,CP 40 % | 92 | 39.2 | 10.3 | 7.2 | 24.9 | 10.4 | 18 | 13.2 | 2.24 | 1.19 | 0.22 |
| 41 | 5-11-0001 | 玉米蛋白粉 | 玉米去胚芽,淀粉后的面筋部分,CP 60 % | 90.1 | 63.5 | 5.4 | 1 | 19.2 | 1 | 8.7 | 4.6 | 0.07 | 0.44 | 0.17 |
| 42 | 5-11-0002 | 玉米蛋白粉 | 同上,中等蛋白质产品,CP 50 % | 91.2 | 51.3 | 7.8 | 2.1 | 28 | 2 | 10.1 | 7.5 | 0.06 | 0.42 | 0.16 |

续表

| 序号 | 中国饲料号 | 饲料名称 | 饲料描述 | 干物质 DM/% | 粗蛋白质 CP/% | 粗脂肪 EE/% | 粗纤维 CF/% | 无氮浸出物 NFE /% | 粗灰粉 ASH/% | 中性洗涤纤维 NDF/% | 酸性洗涤纤维 ADF/% | 钙 Ca/% | 总磷 P/% | 非植酸磷 N-Phy-p /% |
|---|---|---|---|---|---|---|---|---|---|---|---|---|---|---|
| 43 | 5-11-0008 | 玉米蛋白粉 | 同上，中等蛋白质产品，CP 40 % | 89.9 | 44.3 | 6 | 1.6 | 37.1 | 0.9 | 29.1 | 8.2 | 0.12 | 0.5 | 0.18 |
| 44 | 5-11-0003 | 玉米蛋白饲料 | 玉米去胚芽，淀粉后的含皮残渣 | 88 | 19.3 | 7.5 | 7.8 | 48 | 5.4 | 33.6 | 10.5 | 0.15 | 0.7 | 0.25 |
| 45 | 4-10-0026 | 玉米胚芽饼 | 玉米湿磨后的胚芽，机榨 | 90 | 16.7 | 9.6 | 6.3 | 50.8 | 6.6 | 28.5 | 7.4 | 0.04 | 1.45 | 0.36 |
| 46 | 4-10-0244 | 玉米胚芽饼 | 玉米湿磨后的胚芽，浸提 | 90 | 20.8 | 2 | 6.5 | 54.8 | 5.9 | 38.2 | 10.7 | 0.06 | 1.23 | 0.31 |
| 47 | 5-11-0007 | DDGS | 玉米酒精糟及可溶物，脱水 | 90 | 28.3 | 13.7 | 7.1 | 36.8 | 4.1 | 38.7 | 15.3 | 0.2 | 0.74 | 0.42 |
| 48 | 5-11-0009 | 蚕豆粉浆蛋白粉 | 蚕豆去皮制粉丝后的浆液，脱水 | 88 | 66.3 | 4.7 | 4.1 | 10.3 | 2.6 | — | — | — | 0.59 | — |
| 49 | 5-11-0004 | 麦芽根 | 大麦芽副产品，干燥 | 89.7 | 28.3 | 1.4 | 12.5 | 41.4 | 6.1 | 40 | 15.1 | 0.22 | 0.73 | 0.17 |
| 50 | 5-13-0044 | 鱼粉（CP 64.5%） | 7 样平均值 | 90 | 64.5 | 5.6 | 0.5 | 8 | 11.4 | — | — | 3.81 | 2.83 | 2.83 |
| 51 | 5-13-0045 | 鱼粉（CP 62.5%） | 8 样平均值 | 90 | 62.5 | 4 | 0.5 | 10 | 12.3 | — | — | 3.96 | 3.05 | 3.05 |
| 52 | 5-13-0046 | 鱼粉（CP 60.5%） | 沿海产的海鱼粉，脱脂，12 样平均值 | 90 | 60.2 | 4.9 | 0.5 | 11.6 | 12.8 | 10.8 | 1.8 | 4.04 | 2.9 | 2.9 |
| 53 | 5-13-0077 | 鱼粉（CP53.5%） | 沿海产的海鱼粉，脱脂，11 样平均值 | 90 | 53.5 | 10 | 0.8 | 4.9 | 20.8 | — | — | 5.88 | 3.2 | 3.2 |
| 54 | 5-13-0036 | 血粉 | 鲜猪血，喷雾干燥 | 88 | 82.8 | 0.4 | 0 | 1.6 | 3.2 | 9.8 | 1.8 | 0.29 | 0.31 | 0.31 |
| 55 | 5-13-0037 | 羽毛粉 | 纯净羽毛，水解 | 88 | 77.9 | 2.2 | 0.7 | 1.4 | 5.8 | 40.5 | 14.7 | 0.2 | 0.68 | 0.68 |

| | | | | | | | | | | | | | | |
|---|---|---|---|---|---|---|---|---|---|---|---|---|---|---|
| 56 | 5-13-0038 | 皮革粉 | 废牛皮，水解 | 88 | 74.7 | 0.8 | 1.6 | 0 | 10.9 | — | — | 4.4 | 0.15 | 0.15 |
| 57 | 5-13-0047 | 肉骨粉 | 屠宰下脚料，带骨干燥粉碎 | 93 | 50 | 8.5 | 2.8 | 0 | 31.7 | 32.5 | 5.6 | 9.2 | 4.7 | 4.7 |
| 58 | 5-13-0048 | 肉粉 | 脱脂 | 94 | 54 | 12 | 1.4 | 4.3 | 22.3 | 31.6 | 8.3 | 7.69 | 3.88 | — |
| 59 | 1-05-0074 | 苜蓿草粉（CP19%） | 一茬盛开期烘干 NY/T，1 级 | 87 | 19.1 | 2.3 | 22.7 | 35.3 | 7.6 | 36.7 | 25 | 1.4 | 0.51 | 0.51 |
| 60 | 1-05-0075 | 苜蓿草粉（CP17%） | 一茬盛开期烘干 NY/T，2 级 | 87 | 17.2 | 2.6 | 25.6 | 33.3 | 8.3 | 39 | 28.6 | 1.52 | 0.22 | 0.22 |
| 61 | 1-05-0076 | 苜蓿草粉（CP14%~15%） | NY/T，3 级 | 87 | 14.3 | 2.1 | 29.8 | 33.8 | 10.1 | 36.8 | 2.9 | 1.34 | 0.19 | 0.19 |
| 62 | 5-11-0005 | 啤酒糟 | 大麦酿造副产品 | 88 | 52.4 | 5.3 | 13.4 | 40.8 | 4.2 | 39.4 | 24.6 | 0.32 | 0.42 | 0.14 |
| 63 | 7-15-0001 | 啤酒酵母 | 啤酒酵母菌粉，GB/T 1940—94 | 91.7 | 12 | 0.4 | 0.6 | 33.6 | 4.7 | 6.1 | 1.8 | 0.16 | 1.02 | — |
| 64 | 4-13-0075 | 乳清粉 | 乳清，脱水，低乳糖含量 | 94 | 88.7 | 0.7 | 0 | 71.6 | 9.7 | 0 | 0 | 0.87 | 0.79 | 0.79 |
| 65 | 5-01-0162 | 酪蛋白 | 脱水 | 91 | 88.6 | 0.8 | — | — | — | 0 | 0 | 0.63 | 1.01 | 0.82 |
| 66 | 5-14-0503 | 明胶 | — | 90 | 4 | 0.5 | — | — | — | 0 | 0 | 0.49 | — | — |
| 67 | 4-06-0076 | 牛奶乳糖 | 进口，含乳糖 80% 以上 | 96 | 0.3 | 0.5 | 0 | 83.5 | 8 | 0 | 0 | 0.52 | 0.62 | 0.62 |
| 68 | 4-06-0077 | 乳糖 | — | 96 | 0.3 | — | — | 95.7 | — | 0 | 0 | — | — | — |
| 69 | 4-06-0078 | 葡萄糖 | — | 90 | 0 | — | — | 89.7 | — | 0 | 0 | — | — | — |
| 70 | 4-06-0079 | 蔗糖 | — | 99 | 0.3 | 0 | — | — | — | 0 | 0 | 0.04 | 0.01 | 0.01 |
| 71 | 4-02-0889 | 玉米淀粉 | — | 99 | 0 | 0.2 | — | — | — | 0 | 0 | 0 | 0.03 | 0.01 |
| 72 | 4-17-0001 | 牛脂 | — | 99 | 0 | ≥98 | 0 | — | — | 0 | 0 | 0 | 0 | 0 |
| 73 | 4-17-0002 | 猪油 | — | 99 | 0 | ≥98 | 0 | — | — | 0 | 0 | 0 | 0 | 0 |
| 74 | 4-17-0003 | 家禽脂肪 | — | 99 | 0 | ≥98 | 0 | — | — | 0 | 0 | 0 | 0 | 0 |

续表

| 序号 | 中国饲料号 | 饲料名称 | 饲料描述 | 干物质 DM/% | 粗蛋白质 CP/% | 粗脂肪 EE/% | 粗纤维 CF/% | 无氮浸出物 NFE /% | 粗灰粉 ASH/% | 中性洗涤纤维 NDF/% | 酸性洗涤纤维 ADF/% | 钙 Ca/% | 总磷 P/% | 非植酸磷 N-Phy-p /% |
|---|---|---|---|---|---|---|---|---|---|---|---|---|---|---|
| 75 | 4-17-0004 | 鱼油 | — | 99 | 0 | ≥98 | 0 | — | — | 0 | 0 | 0 | 0 | 0 |
| 76 | 4-17-0005 | 菜籽油 | — | 99 | 0 | ≥98 | 0 | — | — | 0 | 0 | 0 | 0 | 0 |
| 77 | 4-17-0006 | 椰子油 | — | 99 | 0 | ≥98 | 0 | — | — | 0 | 0 | 0 | 0 | 0 |
| 78 | 4-07-0007 | 玉米油 | — | 99 | 0 | ≥98 | 0 | — | — | 0 | 0 | 0 | 0 | 0 |
| 79 | 4-17-0008 | 棉籽油 | — | 99 | 0 | ≥98 | 0 | — | — | 0 | 0 | 0 | 0 | 0 |
| 80 | 4-17-0009 | 棕榈油 | — | 99 | 0 | ≥98 | 0 | — | — | 0 | 0 | 0 | 0 | 0 |
| 81 | 4-17-0010 | 花生油 | — | 99 | 0 | ≥98 | 0 | — | — | 0 | 0 | 0 | 0 | 0 |
| 82 | 4-17-0011 | 芝麻油 | — | 99 | 0 | ≥98 | 0 | — | — | 0 | 0 | 0 | 0 | 0 |
| 83 | 4-17-0012 | 大豆油 | — | 99 | 0 | ≥98 | 0 | — | — | 0 | 0 | 0 | 0 | 0 |
| 84 | 4-17-0013 | 葵花油 | — | 99 | 0 | ≥98 | 0 | — | — | 0 | 0 | 0 | 0 | 0 |

附表53 有效能

| 序号 | 中国饲料号 | 饲料名称 | 干物质 DM/% | 粗蛋白质 CP/% | 猪消化能 DE | | 猪代谢能 ME | | 鸡代谢能 ME | | 肉牛维持净能 NEm | | 肉牛增重净能 NEg | | 奶牛产奶净能 NEl | | 羊消化能 DE | |
|---|---|---|---|---|---|---|---|---|---|---|---|---|---|---|---|---|---|---|
| | | | | | Mcal/kg | MJ/kg | Mcal/kg | MJ/kg | Mcal/kg | MJ/kg | Mcal/kg | MJ/kg | Mcal/kg | MJ/kg | Mcal/kg | MJ/kg | Mcal/kg | MJ/kg |
| 1 | 4-07-0278 | 玉米 | 86.0 | 9.4 | 3.44 | 14.39 | 3.24 | 13.57 | 3.18 | 13.31 | 2.20 | 9.19 | 1.68 | 7.02 | 1.83 | 7.66 | 3.40 | 14.23 |
| 2 | 4-07-0288 | 玉米 | 86.0 | 8.5 | 3.45 | 14.43 | 3.25 | 13.60 | 3.25 | 13.60 | 2.24 | 9.39 | 1.72 | 7.21 | 1.84 | 7.70 | 3.41 | 14.27 |
| 3 | 4-07-0279 | 玉米 | 86.0 | 8.7 | 3.41 | 14.27 | 3.21 | 13.43 | 3.24 | 13.56 | 2.21 | 9.25 | 1.69 | 7.09 | 1.84 | 7.70 | 3.41 | 14.27 |
| 4 | 4-07-0280 | 玉米 | 86.0 | 7.8 | 3.39 | 14.18 | 3.20 | 13.39 | 3.22 | 13.47 | 2.19 | 9.16 | 1.67 | 7.00 | 1.83 | 7.66 | 3.38 | 14.14 |
| 5 | 4-07-0272 | 高粱 | 86.0 | 9.0 | 3.15 | 13.18 | 2.97 | 12.43 | 2.94 | 12.30 | 1.86 | 7.80 | 1.30 | 5.44 | 1.59 | 6.65 | 3.12 | 13.05 |
| 6 | 4-07-0270 | 小麦 | 87.0 | 13.9 | 3.39 | 14.18 | 3.16 | 13.22 | 3.04 | 12.72 | 2.09 | 8.73 | 1.55 | 6.46 | 1.75 | 7.32 | 3.40 | 14.23 |
| 7 | 4-07-0274 | 大麦(裸) | 87.0 | 13.0 | 3.24 | 13.56 | 3.03 | 12.68 | 2.68 | 11.21 | 1.99 | 8.31 | 1.43 | 5.99 | 1.68 | 7.03 | 3.21 | 13.43 |
| 8 | 4-07-0277 | 大麦(皮) | 87.0 | 11.0 | 3.02 | 12.64 | 2.83 | 11.84 | 2.70 | 11.30 | 1.90 | 7.95 | 1.35 | 5.64 | 1.62 | 6.78 | 3.16 | 13.22 |
| 9 | 4-07-0281 | 黑麦 | 88.0 | 11.0 | 3.31 | 13.85 | 3.10 | 12.97 | 2.69 | 11.25 | 1.98 | 8.27 | 1.42 | 5.95 | 1.68 | 7.03 | 3.39 | 14.18 |
| 10 | 4-07-0273 | 稻谷 | 86.0 | 7.8 | 2.69 | 11.25 | 2.54 | 10.63 | 2.63 | 11.00 | 1.80 | 7.54 | 1.28 | 5.33 | 1.53 | 6.40 | 3.02 | 12.64 |
| 11 | 4-07-0276 | 糙米 | 87.0 | 8.8 | 3.44 | 14.39 | 3.24 | 13.57 | 3.36 | 14.06 | 2.22 | 9.28 | 1.71 | 7.16 | 1.84 | 7.70 | 3.41 | 14.27 |
| 12 | 4-07-0275 | 碎米 | 88.0 | 10.4 | 3.60 | 15.06 | 3.38 | 14.14 | 3.40 | 14.23 | 2.40 | 10.05 | 1.92 | 8.03 | 1.97 | 8.24 | 3.43 | 14.35 |
| 13 | 4-07-0479 | 粟(谷子) | 86.5 | 9.7 | 3.09 | 12.93 | 2.91 | 12.18 | 2.84 | 11.88 | 1.97 | 8.25 | 1.43 | 6.00 | 1.67 | 6.99 | 3.00 | 12.55 |
| 14 | 4-04-0067 | 木薯干 | 87.0 | 2.5 | 3.13 | 13.10 | 2.97 | 12.43 | 2.96 | 12.38 | 1.67 | 6.99 | 1.12 | 4.70 | 1.43 | 5.98 | 2.99 | 12.51 |
| 15 | 4-04-0068 | 甘薯干 | 87.0 | 4.0 | 2.82 | 11.80 | 2.68 | 11.21 | 2.34 | 9.79 | 1.85 | 7.76 | 1.33 | 5.57 | 1.57 | 6.57 | 3.27 | 13.68 |
| 16 | 4-08-0104 | 次粉 | 88.0 | 15.4 | 3.27 | 13.68 | 3.04 | 12.72 | 3.05 | 12.76 | 2.41 | 10.10 | 1.92 | 8.02 | 1.99 | 8.32 | 3.32 | 13.89 |
| 17 | 4-08-0105 | 次粉 | 87.0 | 13.6 | 3.21 | 13.43 | 2.99 | 12.51 | 2.99 | 12.51 | 2.37 | 9.92 | 1.88 | 7.87 | 1.95 | 8.16 | 3.25 | 13.60 |
| 18 | 4-08-0069 | 小麦麸 | 87.0 | 15.7 | 2.24 | 9.37 | 2.08 | 8.7 | 1.63 | 6.82 | 1.67 | 7.01 | 1.09 | 4.55 | 1.46 | 6.11 | 2.91 | 12.18 |
| 19 | 4-08-0070 | 小麦麸 | 87.0 | 14.3 | 2.23 | 9.33 | 2.07 | 8.66 | 1.62 | 6.78 | 1.66 | 6.95 | 1.07 | 4.50 | 1.45 | 6.08 | 2.89 | 12.10 |

续表

| 序号 | 中国饲料号 | 饲料名称 | 干物质 DM/% | 粗蛋白质 CP/% | 猪消化能 DE | | 猪代谢能 ME | | 鸡代谢能 ME | | 肉牛维持净能 NEm | | 肉牛增重净能 NEg | | 奶牛产奶净能 NEl | | 羊消化能 DE | |
|---|---|---|---|---|---|---|---|---|---|---|---|---|---|---|---|---|---|---|
| | | | | | Mcal/kg | MJ/kg | Mcal/kg | MJ/kg | Mcal/kg | MJ/kg | Mcal/kg | MJ/kg | Mcal/kg | MJ/kg | Mcal/kg | MJ/kg | Mcal/kg | MJ/kg |
| 20 | 4-08-0041 | 米糠 | 87.0 | 12.8 | 3.02 | 12.64 | 2.82 | 11.80 | 2.68 | 11.21 | 2.05 | 8.58 | 1.40 | 5.85 | 1.78 | 7.45 | 3.29 | 13.77 |
| 21 | 4-10-0025 | 米糠饼 | 88.0 | 14.7 | 2.99 | 12.51 | 2.78 | 11.63 | 2.43 | 10.17 | 1.72 | 7.20 | 1.11 | 4.65 | 1.50 | 6.28 | 2.85 | 11.92 |
| 22 | 4-10-0018 | 米糠粕 | 87.0 | 15.1 | 2.76 | 11.55 | 2.57 | 10.75 | 1.98 | 8.28 | 1.45 | 6.06 | 0.90 | 3.75 | 1.26 | 5.27 | 2.39 | 10.00 |
| 23 | 5-09-0127 | 大豆 | 87.0 | 35.5 | 3.97 | 16.61 | 3.53 | 14.77 | 3.24 | 13.56 | 2.16 | 9.03 | 1.42 | 5.93 | 1.90 | 7.95 | 3.91 | 16.36 |
| 24 | 5-09-0128 | 全脂大豆 | 88.0 | 35.5 | 4.24 | 17.74 | 3.77 | 15.77 | 3.75 | 15.69 | 2.20 | 9.19 | 1.44 | 6.01 | 1.94 | 8.12 | 3.99 | 16.99 |
| 25 | 5-10-0241 | 大豆饼 | 89.0 | 41.8 | 3.44 | 14.39 | 3.01 | 12.59 | 2.52 | 10.54 | 2.02 | 8.44 | 1.36 | 5.67 | 1.75 | 7.32 | 3.37 | 14.10 |
| 26 | 5-10-0103 | 大豆粕 | 89.0 | 47.9 | 3.60 | 15.06 | 3.11 | 13.01 | 2.53 | 10.58 | 2.07 | 8.68 | 1.45 | 6.06 | 1.78 | 7.45 | 3.42 | 14.31 |
| 27 | 5-10-0102 | 大豆粕 | 89.0 | 44.2 | 3.37 | 14.26 | 2.97 | 12.43 | 2.39 | 10.00 | 2.08 | 8.71 | 1.48 | 6.20 | 1.78 | 7.45 | 3.41 | 14.27 |
| 28 | 5-10-0118 | 棉籽饼 | 88.0 | 36.3 | 2.37 | 9.92 | 2.10 | 8.79 | 2.16 | 9.04 | 1.79 | 7.51 | 1.13 | 4.72 | 1.58 | 6.61 | 3.16 | 13.22 |
| 29 | 5-10-0119 | 棉籽粕 | 90.0 | 47.0 | 2.25 | 9.41 | 1.95 | 8.28 | 1.86 | 7.78 | 1.78 | 7.44 | 1.13 | 4.73 | 1.56 | 6.53 | 3.12 | 13.05 |
| 30 | 5-10-0117 | 棉籽粕 | 90.0 | 43.5 | 2.31 | 9.68 | 2.01 | 8.43 | 2.03 | 8.49 | 1.76 | 7.35 | 1.12 | 4.69 | 1.54 | 6.44 | 2.98 | 12.47 |
| 31 | 5-10-0183 | 菜籽饼 | 88.0 | 35.7 | 2.88 | 12.05 | 2.56 | 10.71 | 1.95 | 8.16 | 1.59 | 6.64 | 0.93 | 3.90 | 1.42 | 5.94 | 3.14 | 13.14 |
| 32 | 5-10-0121 | 菜籽粕 | 88.0 | 38.6 | 2.53 | 10.59 | 2.23 | 9.33 | 1.77 | 7.41 | 1.57 | 6.56 | 0.95 | 3.98 | 1.39 | 5.82 | 2.88 | 12.05 |
| 33 | 5-10-0116 | 花生仁饼 | 88.0 | 44.7 | 3.08 | 12.89 | 2.68 | 11.21 | 2.78 | 11.63 | 2.37 | 9.91 | 1.73 | 7.22 | 2.02 | 8.45 | 3.44 | 14.39 |
| 34 | 5-10-0115 | 花生仁粕 | 88.0 | 47.8 | 2.97 | 12.43 | 2.56 | 10.71 | 2.60 | 10.88 | 2.10 | 8.80 | 1.48 | 6.20 | 1.80 | 7.53 | 3.24 | 13.56 |
| 35 | 1-10-0031 | 向日葵仁饼 | 88.0 | 29.0 | 1.89 | 7.91 | 1.70 | 7.11 | 1.59 | 6.65 | 1.43 | 5.99 | 0.82 | 3.41 | 1.28 | 5.36 | 2.10 | 8.79 |
| 36 | 5-10-0242 | 向日葵仁粕 | 88.0 | 36.5 | 2.78 | 11.63 | 2.46 | 10.29 | 2.32 | 9.71 | 1.75 | 7.33 | 1.14 | 4.76 | 1.53 | 6.40 | 2.54 | 10.63 |
| 37 | 5-10-0243 | 向日葵仁粕 | 88.0 | 33.6 | 2.49 | 10.42 | 2.22 | 9.29 | 2.03 | 8.49 | 1.58 | 6.60 | 0.93 | 3.90 | 1.41 | 5.90 | 2.04 | 8.54 |
| 38 | 5-10-0119 | 亚麻仁饼 | 88.0 | 32.2 | 2.90 | 12.13 | 2.60 | 10.88 | 2.34 | 9.79 | 1.90 | 7.96 | 1.25 | 5.23 | 1.66 | 6.95 | 3.20 | 13.39 |

| | | | | | | | | | | | | | | | | | |
|---|---|---|---|---|---|---|---|---|---|---|---|---|---|---|---|---|---|
| 39 | 5-10-0120 | 亚麻仁粕 | 88.0 | 34.8 | 2.37 | 9.92 | 2.11 | 8.83 | 1.90 | 7.95 | 1.78 | 7.44 | 1.17 | 4.89 | 1.54 | 6.44 | 2.99 | 12.51 |
| 40 | 5-10-0246 | 芝麻饼 | 92.0 | 39.2 | 3.20 | 13.39 | 2.82 | 11.80 | 2.14 | 8.95 | 1.92 | 8.02 | 1.23 | 5.13 | 1.69 | 7.07 | 3.51 | 14.69 |
| 41 | 5-11-0001 | 玉米蛋白粉 | 90.1 | 63.5 | 3.60 | 15.06 | 3.00 | 12.55 | 3.88 | 16.23 | 2.32 | 9.71 | 1.58 | 6.61 | 2.02 | 8.45 | 4.39 | 18.37 |
| 42 | 5-11-0002 | 玉米蛋白粉 | 91.2 | 51.3 | 3.73 | 15.61 | 3.19 | 13.35 | 3.41 | 14.27 | 2.14 | 8.96 | 1.40 | 5.85 | 1.89 | 7.91 | — | — |
| 43 | 5-11-0008 | 玉米蛋白粉 | 89.9 | 44.3 | 3.59 | 15.02 | 3.13 | 13.10 | 3.18 | 13.31 | 0.59 | 1.97 | 1.26 | 5.26 | 8.26 | 7.28 | — | — |
| 44 | 5-11-0003 | 玉米蛋白饲料 | 88.0 | 19.3 | 2.48 | 10.38 | 2.28 | 9.54 | 2.02 | 8.45 | 0.61 | 1.97 | 1.36 | 5.69 | 8.26 | 7.11 | 3.20 | 13.39 |
| 45 | 4-10-0026 | 玉米胚芽饼 | 90.0 | 16.7 | 3.51 | 14.69 | 3.25 | 13.60 | 2.24 | 9.37 | 0.61 | 2.03 | 1.40 | 5.86 | 8.49 | 7.32 | — | — |
| 46 | 4-10-0244 | 玉米胚芽粕 | 90.0 | 20.8 | 3.28 | 13.72 | 3.01 | 12.59 | 2.07 | 8.66 | 0.60 | 1.86 | 1.27 | 5.33 | 7.79 | 6.69 | — | — |
| 47 | 5-11-0007 | DDGS | 90.0 | 28.3 | 3.43 | 14.35 | 3.10 | 12.97 | 2.20 | 9.20 | 0.59 | 1.98 | 1.26 | 5.29 | 8.30 | 7.32 | 3.50 | 14.64 |
| 48 | 5-11-0009 | 蚕豆粉浆蛋白粉 | 88.0 | 66.3 | 3.23 | 13.51 | 2.69 | 11.25 | 3.47 | 14.52 | 0.60 | 2.20 | 1.47 | 6.16 | 9.19 | 8.03 | — | — |
| 49 | 5-11-0004 | 麦芽根 | 89.7 | 28.3 | 2.31 | 9.67 | 2.09 | 8.74 | 1.41 | 5.90 | 0.59 | 1.63 | 1.02 | 4.29 | 6.84 | 5.98 | 2.73 | 11.42 |
| 50 | 5-13-0044 | 鱼粉（CP 64.5%） | 90.0 | 64.5 | 3.15 | 13.18 | 2.61 | 10.92 | 2.96 | 12.38 | 1.92 | 8.01 | 1.22 | 5.12 | 1.69 | 7.07 | — | — |
| 51 | 5-13-0045 | 鱼粉（CP 62.5%） | 90.0 | 62.5 | 3.10 | 12.97 | 2.58 | 10.79 | 2.91 | 12.18 | 1.85 | 7.75 | 1.19 | 4.97 | 1.63 | 6.82 | — | — |
| 52 | 5-13-0046 | 鱼粉（CP 60.5%） | 90.0 | 60.2 | 3.00 | 12.55 | 2.52 | 10.54 | 2.82 | 11.80 | 1.86 | 7.77 | 1.19 | 4.98 | 1.63 | 6.82 | — | — |
| 53 | 5-13-0077 | 鱼粉（CP 53.5%） | 90.0 | 53.5 | 3.09 | 12.93 | 2.63 | 11.00 | 2.90 | 12.13 | 1.85 | 7.72 | 1.21 | 5.05 | 1.61 | 6.74 | — | — |
| 54 | 5-13-0036 | 血粉 | 88.0 | 82.8 | 2.73 | 11.42 | 2.16 | 9.04 | 2.46 | 10.29 | 1.45 | 6.08 | 0.75 | 3.13 | 1.34 | 5.61 | 2.40 | 10.04 |
| 55 | 5-13-0037 | 羽毛粉 | 88.0 | 77.9 | 2.77 | 11.59 | 2.22 | 9.29 | 2.73 | 11.42 | 1.46 | 6.10 | 0.76 | 3.19 | 1.34 | 5.61 | 2.54 | 10.63 |
| 56 | 5-13-0038 | 皮革粉 | 88.0 | 74.7 | 2.75 | 11.51 | 2.23 | 9.33 | — | — | — | — | — | — | — | — | 2.64 | 11.05 |
| 57 | 5-13-0047 | 肉骨粉 | 93.0 | 50.0 | 2.83 | 11.84 | 2.43 | 10.17 | 2.38 | 9.96 | 1.65 | 6.91 | 1.08 | 4.53 | 1.43 | 5.98 | 2.77 | 11.59 |

续表

| 序号 | 中国饲料号 | 饲料名称 | 干物质 DM/% | 粗蛋白质 CP/% | 猪消化能 DE | | 猪代谢能 ME | | 鸡代谢能 ME | | 肉牛维持净能 NEm | | 肉牛增重净能 NEg | | 奶牛产奶净能 NEl | | 羊消化能 DE | |
|---|---|---|---|---|---|---|---|---|---|---|---|---|---|---|---|---|---|---|
| | | | | | Mcal/kg | MJ/kg | Mcal/kg | MJ/kg | Mcal/kg | MJ/kg | Mcal/kg | MJ/kg | Mcal/kg | MJ/kg | Mcal/kg | MJ/kg | Mcal/kg | MJ/kg |
| 58 | 5-13-0048 | 肉粉 | 94.0 | 54.0 | 2.70 | 11.30 | 2.30 | 9.62 | 2.20 | 9.20 | 1.66 | 6.95 | 1.05 | 4.39 | 1.34 | 5.61 | — | — |
| 59 | 1-05-0074 | 苜蓿草粉（CP 19%） | 87.0 | 19.1 | 1.66 | 6.95 | 1.53 | 6.40 | 0.97 | 4.06 | 1.29 | 5.40 | 0.73 | 3.04 | 1.15 | 4.81 | 2.36 | 9.87 |
| 60 | 1-05-0075 | 苜蓿草粉（CP 17%） | 87.0 | 17.2 | 1.46 | 6.11 | 1.35 | 5.65 | 0.87 | 3.64 | 1.29 | 5.38 | 0.73 | 3.05 | 1.14 | 4.77 | 2.29 | 9.58 |
| 61 | 1-05-0076 | 苜蓿草粉（CP 14%～15%） | 87.0 | 14.3 | 1.49 | 6.23 | 1.39 | 5.82 | 0.84 | 3.51 | 1.11 | 4.66 | 0.57 | 2.40 | 1.00 | 4.18 | — | — |
| 62 | 5-11-0005 | 啤酒糟 | 88.0 | 24.3 | 2.25 | 9.41 | 2.05 | 8.58 | 2.37 | 9.92 | 1.56 | 6.55 | 0.93 | 3.90 | 1.39 | 5.82 | — | — |
| 63 | 7-15-0001 | 啤酒酵母 | 91.7 | 52.4 | 3.54 | 14.81 | 3.02 | 12.64 | 2.52 | 10.54 | 1.90 | 7.93 | 1.22 | 5.10 | 1.67 | 6.99 | 3.21 | 13.43 |
| 64 | 4-13-0075 | 乳清粉 | 94.0 | 12.0 | 3.44 | 14.39 | 3.22 | 13.47 | 2.73 | 11.42 | 2.05 | 8.56 | 1.53 | 6.39 | 1.72 | 7.20 | 3.43 | 14.35 |
| 65 | 5-01-0162 | 酪蛋白 | 91.0 | 88.7 | 4.13 | 17.27 | 3.22 | 13.47 | 4.13 | 17.28 | — | — | — | — | 2.31 | 9.67 | — | — |
| 66 | 5-14-0503 | 明胶 | 90.0 | 88.6 | 2.80 | 11.72 | 2.19 | 9.16 | 2.36 | 9.87 | — | — | — | — | 1.56 | 6.53 | 3.36 | 14.06 |
| 67 | 4-06-0076 | 牛奶乳糖 | 96.0 | 4.0 | 3.37 | 14.10 | 3.21 | 13.43 | 2.69 | 11.25 | 2.32 | 9.72 | 1.85 | 7.76 | 1.91 | 7.99 | — | — |
| 68 | 4-06-0077 | 乳糖 | 96.0 | 0.3 | 3.53 | 14.77 | 3.39 | 14.18 | — | — | — | — | — | — | 2.06 | 8.62 | — | — |
| 69 | 4-06-0078 | 葡萄糖 | 90.0 | 0.3 | 3.36 | 14.06 | 3.22 | 13.47 | 3.08 | 12.89 | — | — | — | — | 1.76 | 7.36 | — | — |
| 70 | 4-06-0079 | 蔗糖 | 99.0 | 0.0 | 3.80 | 15.90 | 3.65 | 15.27 | 3.90 | 16.32 | — | — | — | — | 2.06 | 8.62 | — | — |
| 71 | 4-02-0889 | 玉米淀粉 | 99.0 | 0.3 | 4.00 | 16.74 | 3.84 | 16.07 | 3.16 | 13.22 | — | — | — | — | 1.87 | 7.82 | — | — |
| 72 | 4-17-0001 | 牛脂 | 100.0 | 0.0 | 8.00 | 33.47 | 7.68 | 32.13 | 7.78 | 32.55 | — | — | — | — | 5.20 | 21.76 | — | — |
| 73 | 4-17-0002 | 猪油 | 100.0 | 0.0 | 8.29 | 34.69 | 7.96 | 33.30 | 9.11 | 38.11 | — | — | — | — | 5.20 | 21.76 | — | — |

| | | | | | | | | | | | | | | | | | | |
|---|---|---|---|---|---|---|---|---|---|---|---|---|---|---|---|---|---|---|
| 74 | 4-17-0003 | 家禽脂肪 | 100.0 | 0.0 | 8.52 | 35.65 | 8.18 | 34.23 | 9.36 | 39.16 | — | — | — | — | 5.20 | 21.76 | — | — |
| 75 | 4-17-0004 | 鱼油 | 100.0 | 0.0 | 8.44 | 35.31 | 8.10 | 33.89 | 8.45 | 35.35 | — | — | — | — | — | — | — | — |
| 76 | 4-17-0005 | 菜籽油 | 100.0 | 0.0 | 8.76 | 36.65 | 8.41 | 35.19 | 9.21 | 38.53 | — | — | — | — | 5.16 | 21.59 | — | — |
| 77 | 4-17-0006 | 椰子油 | 100.0 | 0.0 | 8.75 | 36.61 | 8.40 | 35.15 | 9.66 | 40.42 | — | — | — | — | 5.16 | 21.59 | — | — |
| 78 | 4-17-0007 | 玉米油 | 100.0 | 0.0 | 8.40 | 35.11 | 8.06 | 33.69 | 8.81 | 36.83 | — | — | — | — | 5.16 | 21.59 | — | — |
| 79 | 4-17-0008 | 棉籽油 | 100.0 | 0.0 | 8.60 | 35.98 | 8.26 | 34.43 | — | — | — | — | — | — | 5.16 | 21.59 | — | — |
| 80 | 4-17-0009 | 棕榈油 | 100.0 | 0.0 | 8.01 | 33.51 | 7.69 | 32.17 | 5.80 | 24.27 | — | — | — | — | 5.16 | 21.59 | — | — |
| 81 | 4-17-0010 | 花生油 | 100.0 | 0.0 | 8.73 | 36.53 | 8.38 | 35.06 | 9.36 | 39.16 | — | — | — | — | 5.16 | 21.59 | — | — |
| 82 | 4-17-0011 | 芝麻油 | 100.0 | 0.0 | 8.75 | 36.61 | 8.40 | 35.15 | — | — | — | — | — | — | 5.16 | 21.59 | — | — |
| 83 | 4-17-0012 | 大豆油 | 100.0 | 0.0 | 8.75 | 36.61 | 8.40 | 35.15 | 8.37 | 35.02 | — | — | — | — | 5.16 | 21.59 | — | — |
| 84 | 4-17-0013 | 葵花油 | 100.0 | 0.0 | 8.76 | 36.65 | 8.41 | 35.19 | 9.66 | 40.42 | — | — | — | — | 5.16 | 21.59 | — | — |

附表 54　饲料中氨基酸含量

| 序号 | 中国饲料号 | 饲料名称 | 干物质/% | 粗蛋白质/% | 精氨酸/% | 组氨酸/% | 异亮氨酸/% | 亮氨酸/% | 赖氨酸/% | 蛋氨酸/% | 胱氨酸/% | 苯丙氨酸/% | 酪氨酸/% | 苏氨酸/% | 色氨酸/% | 缬氨酸/% |
|---|---|---|---|---|---|---|---|---|---|---|---|---|---|---|---|---|
| 1 | 4-07-0278 | 玉米 | 86.0 | 9.4 | 0.38 | 0.23 | 0.26 | 1.03 | 0.26 | 0.19 | 0.22 | 0.43 | 0.34 | 0.31 | 0.08 | 0.40 |
| 2 | 4-07-0288 | 玉米 | 86.0 | 8.5 | 0.50 | 0.29 | 0.27 | 0.74 | 0.36 | 0.15 | 0.18 | 0.37 | 0.28 | 0.30 | 0.08 | 0.46 |
| 3 | 4-07-0279 | 玉米 | 86.0 | 8.7 | 0.39 | 0.21 | 0.25 | 0.93 | 0.24 | 0.18 | 0.20 | 0.41 | 0.33 | 0.30 | 0.07 | 0.38 |
| 4 | 4-07-0280 | 玉米 | 86.0 | 7.8 | 0.37 | 0.20 | 0.24 | 0.93 | 0.23 | 0.15 | 0.15 | 0.38 | 0.31 | 0.29 | 0.06 | 0.35 |
| 5 | 4-07-0272 | 高粱 | 86.0 | 9.0 | 0.33 | 0.18 | 0.35 | 1.08 | 0.18 | 0.17 | 0.12 | 0.45 | 0.32 | 0.26 | 0.08 | 0.44 |
| 6 | 4-07-0270 | 小麦 | 87.0 | 13.9 | 0.58 | 0.27 | 0.44 | 0.80 | 0.30 | 0.25 | 0.24 | 0.58 | 0.37 | 0.33 | 0.15 | 0.56 |
| 7 | 4-07-0274 | 大麦(裸) | 87.0 | 13.0 | 0.64 | 0.16 | 0.43 | 0.87 | 0.44 | 0.14 | 0.25 | 0.68 | 0.40 | 0.43 | 0.16 | 0.63 |
| 8 | 4-07-0277 | 大麦(皮) | 87.0 | 11.0 | 0.65 | 0.24 | 0.52 | 0.91 | 0.42 | 0.18 | 0.18 | 0.59 | 0.35 | 0.41 | 0.12 | 0.64 |
| 9 | 4-07-0281 | 黑麦 | 88.0 | 11.0 | 0.50 | 0.25 | 0.40 | 0.64 | 0.37 | 0.16 | 0.25 | 0.49 | 0.26 | 0.34 | 0.12 | 0.52 |
| 10 | 4-07-0273 | 稻谷 | 86.0 | 7.8 | 0.57 | 0.15 | 0.32 | 0.58 | 0.29 | 0.19 | 0.16 | 0.40 | 0.37 | 0.25 | 0.10 | 0.47 |
| 11 | 4-07-0276 | 糙米 | 87.0 | 8.8 | 0.65 | 0.17 | 0.30 | 0.61 | 0.32 | 0.20 | 0.14 | 0.35 | 0.31 | 0.28 | 0.12 | 0.49 |
| 12 | 4-07-0275 | 碎米 | 88.0 | 10.4 | 0.78 | 0.27 | 0.39 | 0.74 | 0.42 | 0.22 | 0.17 | 0.49 | 0.39 | 0.38 | 0.12 | 0.57 |
| 13 | 4-07-0479 | 粟(谷子) | 86.5 | 9.7 | 0.30 | 0.20 | 0.36 | 1.15 | 0.15 | 0.25 | 0.20 | 0.49 | 0.26 | 0.35 | 0.17 | 0.42 |
| 14 | 4-04-0067 | 木薯干 | 87.0 | 2.5 | 0.40 | 0.05 | 0.11 | 0.15 | 0.13 | 0.05 | 0.04 | 0.10 | 0.04 | 0.10 | 0.03 | 0.13 |
| 15 | 4-04-0068 | 甘薯干 | 87.0 | 4.0 | 0.16 | 0.08 | 0.17 | 0.26 | 0.16 | 0.06 | 0.08 | 0.19 | 0.13 | 0.18 | 0.05 | 0.27 |
| 16 | 4-08-0104 | 次粉 | 88.0 | 15.4 | 0.86 | 0.41 | 0.55 | 1.06 | 0.59 | 0.23 | 0.37 | 0.66 | 0.46 | 0.50 | 0.21 | 0.72 |
| 17 | 4-08-0105 | 次粉 | 87.0 | 13.6 | 0.85 | 0.33 | 0.48 | 0.98 | 0.52 | 0.16 | 0.33 | 0.63 | 0.45 | 0.50 | 0.18 | 0.68 |
| 18 | 4-08-0069 | 小麦麸 | 87.0 | 15.7 | 0.97 | 0.39 | 0.46 | 0.81 | 0.58 | 0.13 | 0.26 | 0.58 | 0.28 | 0.43 | 0.20 | 0.63 |
| 19 | 4-08-0070 | 小麦麸 | 87.0 | 14.3 | 0.88 | 0.35 | 0.42 | 0.74 | 0.53 | 0.12 | 0.24 | 0.53 | 0.25 | 0.39 | 0.18 | 0.57 |
| 20 | 4-08-0041 | 米糠 | 87.0 | 12.8 | 1.06 | 0.39 | 0.63 | 1.00 | 0.74 | 0.25 | 0.19 | 0.63 | 0.50 | 0.48 | 0.14 | 0.81 |

| | | | | | | | | | | | | | | | | |
|---|---|---|---|---|---|---|---|---|---|---|---|---|---|---|---|---|
| 21 | 4-10-0025 | 米糠饼 | 88.0 | 14.7 | 1.19 | 0.43 | 0.72 | 1.06 | 0.66 | 0.26 | 0.30 | 0.76 | 0.51 | 0.53 | 0.15 | 0.99 |
| 22 | 4-10-0018 | 米糠粕 | 87.0 | 15.1 | 1.28 | 0.46 | 0.78 | 1.30 | 0.72 | 0.28 | 0.32 | 0.82 | 0.55 | 0.57 | 0.17 | 1.07 |
| 23 | 5-09-0127 | 大豆 | 87.0 | 35.5 | 2.57 | 0.59 | 1.28 | 2.72 | 2.20 | 0.56 | 0.70 | 1.42 | 0.64 | 1.41 | 0.45 | 1.50 |
| 24 | 5-09-0128 | 全脂大豆 | 88.0 | 35.5 | 2.63 | 0.63 | 1.32 | 2.68 | 2.37 | 0.55 | 0.76 | 1.39 | 0.67 | 1.42 | 0.49 | 1.53 |
| 25 | 5-10-0241 | 大豆饼 | 89.0 | 41.8 | 2.53 | 1.10 | 1.57 | 2.75 | 2.43 | 0.60 | 0.62 | 1.79 | 1.53 | 1.44 | 0.64 | 1.70 |
| 26 | 5-10-0103 | 大豆粕 | 89.0 | 47.9 | 3.43 | 1.22 | 2.10 | 3.57 | 2.99 | 0.68 | 0.73 | 2.33 | 1.57 | 1.85 | 0.65 | 2.26 |
| 27 | 5-10-0102 | 大豆粕 | 89.0 | 44.2 | 3.38 | 1.17 | 1.99 | 3.35 | 2.68 | 0.59 | 0.65 | 2.21 | 1.47 | 1.71 | 0.57 | 2.09 |
| 28 | 5-10-0118 | 棉籽饼 | 88.0 | 36.3 | 3.94 | 0.90 | 1.16 | 2.07 | 1.40 | 0.41 | 0.70 | 1.88 | 0.95 | 1.14 | 0.39 | 1.51 |
| 29 | 5-10-0119 | 棉籽粕 | 88.0 | 47.0 | 4.98 | 1.26 | 1.40 | 2.67 | 2.13 | 0.56 | 0.66 | 2.43 | 1.11 | 1.35 | 0.54 | 2.05 |
| 30 | 5-10-0117 | 棉籽粕 | 90.0 | 43.5 | 4.65 | 1.19 | 1.29 | 2.47 | 1.97 | 0.58 | 0.68 | 2.28 | 1.05 | 1.25 | 0.51 | 1.91 |
| 31 | 5-10-0183 | 菜籽饼 | 88.0 | 35.7 | 1.82 | 0.83 | 1.24 | 2.26 | 1.33 | 0.60 | 0.82 | 1.35 | 0.92 | 1.40 | 0.42 | 1.62 |
| 32 | 5-10-0121 | 菜籽粕 | 88.0 | 38.6 | 1.83 | 0.86 | 1.29 | 2.34 | 1.30 | 0.63 | 0.87 | 1.45 | 0.97 | 1.49 | 0.43 | 1.74 |
| 33 | 5-10-0116 | 花生仁饼 | 88.0 | 44.7 | 4.60 | 0.83 | 1.18 | 2.36 | 1.32 | 0.39 | 0.38 | 1.81 | 1.31 | 1.05 | 0.42 | 1.28 |
| 34 | 5-10-0115 | 花生仁粕 | 88.0 | 47.8 | 4.88 | 0.88 | 1.25 | 2.50 | 1.40 | 0.41 | 0.40 | 1.92 | 1.39 | 1.11 | 0.45 | 1.36 |
| 35 | 1-10-0031 | 向日葵仁饼 | 88.0 | 29.0 | 2.44 | 0.62 | 1.19 | 1.76 | 0.96 | 0.59 | 0.43 | 1.21 | 0.77 | 0.98 | 0.28 | 1.35 |
| 36 | 5-10-0242 | 向日葵仁粕 | 88.0 | 36.5 | 3.17 | 0.81 | 1.51 | 2.25 | 1.22 | 0.72 | 0.62 | 1.56 | 0.99 | 1.25 | 0.47 | 1.72 |
| 37 | 5-10-0243 | 向日葵仁粕 | 88.0 | 33.6 | 2.89 | 0.74 | 1.39 | 2.07 | 1.13 | 0.69 | 0.50 | 1.43 | 0.91 | 1.14 | 0.37 | 1.58 |
| 38 | 5-10-0119 | 亚麻仁饼 | 88.0 | 32.2 | 2.35 | 0.51 | 1.15 | 1.62 | 0.73 | 0.46 | 0.48 | 1.32 | 0.50 | 1.00 | 0.48 | 1.44 |
| 39 | 5-10-0120 | 亚麻仁粕 | 88.0 | 34.8 | 3.59 | 0.64 | 1.33 | 1.85 | 1.16 | 0.55 | 0.55 | 1.51 | 0.93 | 1.10 | 0.70 | 1.51 |
| 40 | 5-10-0246 | 芝麻饼 | 92.0 | 39.2 | 2.38 | 0.81 | 1.42 | 2.52 | 0.82 | 0.82 | 0.75 | 1.68 | 1.02 | 1.29 | 0.49 | 1.84 |
| 41 | 5-11-0001 | 玉米蛋白粉 | 90.1 | 63.5 | 1.90 | 1.18 | 2.85 | 11.59 | 0.97 | 1.42 | 0.96 | 4.10 | 3.19 | 2.08 | 0.36 | 2.98 |
| 42 | 5-11-0002 | 玉米蛋白粉 | 91.2 | 51.3 | 1.48 | 0.89 | 1.75 | 7.87 | 0.92 | 1.14 | 0.76 | 2.83 | 2.25 | 1.59 | 0.31 | 2.05 |
| 43 | 5-11-0008 | 玉米蛋白粉 | 89.9 | 44.3 | 1.31 | 0.78 | 1.63 | 7.08 | 0.71 | 1.04 | 0.65 | 2.61 | 2.03 | 1.38 | — | 1.84 |

续表

| 序号 | 中国饲料号 | 饲料名称 | 干物质/% | 粗蛋白质/% | 精氨酸/% | 组氨酸/% | 异亮氨酸/% | 亮氨酸/% | 赖氨酸/% | 蛋氨酸/% | 胱氨酸/% | 苯丙氨酸/% | 酪氨酸/% | 苏氨酸/% | 色氨酸/% | 缬氨酸/% |
|---|---|---|---|---|---|---|---|---|---|---|---|---|---|---|---|---|
| 44 | 5-11-0003 | 玉米蛋白饲料 | 88.0 | 19.3 | 0.77 | 0.56 | 0.62 | 1.82 | 0.63 | 0.29 | 0.33 | 0.70 | 0.50 | 0.68 | 0.14 | 0.93 |
| 45 | 4-10-0026 | 玉米胚芽饼 | 90.0 | 16.7 | 1.16 | 0.45 | 0.53 | 1.25 | 0.70 | 0.31 | 0.47 | 0.64 | 0.54 | 0.64 | 0.16 | 0.91 |
| 46 | 4-10-0244 | 玉米胚芽粕 | 90.0 | 20.8 | 1.51 | 0.62 | 0.77 | 1.54 | 0.75 | 0.21 | 0.28 | 0.93 | 0.66 | 0.68 | 0.18 | 1.66 |
| 47 | 5-11-0007 | DDGS | 90.0 | 28.3 | 0.98 | 0.59 | 0.98 | 2.63 | 0.59 | 0.59 | 0.39 | 1.93 | 1.37 | 0.92 | 0.19 | 1.30 |
| 48 | 5-11-0009 | 蚕豆粉浆蛋白粉 | 88.0 | 66.3 | 5.96 | 1.66 | 2.90 | 5.88 | 4.44 | 0.60 | 0.57 | 3.34 | 2.21 | 2.31 | — | 3.20 |
| 49 | 5-11-0004 | 麦芽根 | 89.7 | 28.3 | 1.22 | 0.54 | 1.08 | 1.58 | 1.30 | 0.37 | 0.26 | 0.85 | 0.67 | 0.96 | 0.42 | 1.44 |
| 50 | 5-13-0044 | 鱼粉（CP 64.5%） | 90.0 | 64.5 | 3.91 | 1.75 | 2.68 | 4.99 | 5.22 | 1.71 | 0.58 | 2.71 | 2.13 | 2.87 | 0.78 | 3.25 |
| 51 | 5-13-0045 | 鱼粉（CP 62.5%） | 90.0 | 62.5 | 3.86 | 1.83 | 2.79 | 5.06 | 5.12 | 1.66 | 0.55 | 2.67 | 2.01 | 2.78 | 0.75 | 3.14 |
| 52 | 5-13-0046 | 鱼粉（CP 60.5%） | 90.0 | 60.2 | 3.57 | 1.71 | 2.68 | 4.80 | 4.72 | 1.64 | 0.52 | 2.35 | 1.96 | 2.57 | 0.70 | 3.17 |
| 53 | 5-13-0077 | 鱼粉（CP 53.5%） | 90.0 | 53.5 | 3.24 | 1.29 | 2.30 | 4.30 | 3.87 | 1.39 | 0.49 | 2.22 | 1.70 | 2.51 | 0.60 | 2.77 |
| 54 | 5-13-0036 | 血粉 | 88.0 | 82.8 | 2.99 | 4.40 | 0.75 | 8.38 | 6.67 | 0.74 | 0.98 | 5.23 | 2.55 | 2.86 | 1.11 | 6.08 |
| 55 | 5-13-0037 | 羽毛粉 | 88.0 | 77.9 | 5.30 | 0.58 | 4.21 | 6.78 | 1.65 | 0.59 | 2.93 | 3.57 | 1.79 | 3.51 | 0.40 | 6.05 |
| 56 | 5-13-0038 | 皮革粉 | 88.0 | 74.7 | 4.45 | 0.40 | 1.06 | 2.53 | 2.18 | 0.80 | 0.16 | 1.56 | 0.63 | 0.71 | 0.50 | 1.91 |
| 57 | 5-13-0047 | 肉骨粉 | 93.0 | 50.0 | 3.35 | 0.96 | 1.70 | 3.20 | 2.60 | 0.67 | 0.33 | 1.70 | 1.26 | 1.63 | 0.26 | 2.25 |
| 58 | 5-13-0048 | 肉粉 | 94.0 | 54.0 | 3.60 | 1.14 | 1.60 | 3.84 | 3.07 | 0.80 | 0.60 | 2.17 | 1.40 | 1.97 | 0.35 | 2.66 |
| 59 | 1-05-0074 | 苜蓿草粉（CP 19%） | 87.0 | 19.1 | 0.78 | 0.39 | 0.68 | 1.20 | 0.82 | 0.21 | 0.22 | 0.82 | 0.58 | 0.74 | 0.43 | 0.91 |

| | | | | | | | | | | | | | | | | | |
|---|---|---|---|---|---|---|---|---|---|---|---|---|---|---|---|---|---|
| 60 | 1-05-0075 | 苜蓿草粉（CP 17%） | 87.0 | 17.2 | 0.74 | 0.32 | 0.66 | 1.10 | 0.81 | 0.20 | 0.16 | 0.81 | 0.54 | 0.69 | 0.37 | 0.85 |
| 61 | 1-05-0076 | 苜蓿草粉（CP 14% ~ 15%） | 87.0 | 14.3 | 0.61 | 0.19 | 0.58 | 1.00 | 0.60 | 0.18 | 0.15 | 0.59 | 0.38 | 0.45 | 0.24 | 0.58 |
| 62 | 5-11-0005 | 啤酒糟 | 88.0 | 24.3 | 0.98 | 0.51 | 1.18 | 1.08 | 0.72 | 0.52 | 0.35 | 2.35 | 1.17 | 0.81 | 0.28 | 1.66 |
| 63 | 7-15-0001 | 啤酒酵母 | 91.7 | 52.4 | 2.67 | 1.11 | 2.85 | 4.76 | 3.38 | 0.83 | 0.50 | 4.07 | 0.12 | 2.33 | 2.08 | 3.40 |
| 64 | 4-13-0075 | 乳清粉 | 94.0 | 12.0 | 0.40 | 0.20 | 0.90 | 1.20 | 1.10 | 0.20 | 0.30 | 0.40 | 0.21 | 0.80 | 0.20 | 0.70 |
| 65 | 5-01-0162 | 酪蛋白 | 91.0 | 88.7 | 3.26 | 2.82 | 4.66 | 8.79 | 7.35 | 2.70 | 0.41 | 4.79 | 4.77 | 3.98 | 1.14 | 6.10 |
| 66 | 5-14-0503 | 明胶 | 90.0 | 88.6 | 6.60 | 0.66 | 1.42 | 2.91 | 3.62 | 0.76 | 0.12 | 1.74 | 0.43 | 1.82 | 0.05 | 2.26 |
| 67 | 4-06-0076 | 牛奶乳糖 | 96.0 | 4.0 | 0.29 | 0.10 | 0.10 | 0.18 | 0.16 | 0.03 | 0.04 | 0.10 | 0.02 | 0.10 | 0.10 | 0.10 |

附表 55　矿物质及维生素含量

| 序号 | 中国饲料号 | 饲料名称 | 钠/% | 氯/% | 镁/% | 钾/% | 铁/($mg \cdot kg^{-1}$) | 铜/($mg \cdot kg^{-1}$) | 锰/($mg \cdot kg^{-1}$) | 锌/($mg \cdot kg^{-1}$) | 硒/($mg \cdot kg^{-1}$) | 胡萝卜素/($mg \cdot kg^{-1}$) | 维生素E/($mg \cdot kg^{-1}$) | 维生素$B_1$/($mg \cdot kg^{-1}$) | 维生素$B_2$/($mg \cdot kg^{-1}$) | 泛酸/($mg \cdot kg^{-1}$) | 烟酸/($mg \cdot kg^{-1}$) | 生物素/($mg \cdot kg^{-1}$) | 叶酸/($mg \cdot kg^{-1}$) | 胆碱/($mg \cdot kg^{-1}$) | 维生素$B_6$/($mg \cdot kg^{-1}$) | 维生素$B_{12}$/($mg \cdot kg^{-1}$) | 亚油酸/% |
|---|---|---|---|---|---|---|---|---|---|---|---|---|---|---|---|---|---|---|---|---|---|---|---|
| 1 | 4-07-0278 | 玉米 | 0.01 | 0.04 | 0.11 | 0.29 | 36 | 3.4 | 5.8 | 21.1 | 0.04 | — | 22 | 3.5 | 1.1 | 5 | 24 | 0.06 | 0.15 | 620 | 10 | — | 2.2 |
| 2 | 4-07-0288 | 玉米 | 0.01 | 0.04 | 0.11 | 0.29 | 36 | 3.4 | 5.8 | 21.1 | 0.04 | — | 22 | 3.5 | 1.1 | 5 | 24 | 0.06 | 0.15 | 620 | 10 | — | 2.2 |
| 3 | 4-07-0279 | 玉米 | 0.02 | 0.04 | 0.12 | 0.3 | 37 | 3.3 | 6.1 | 19.2 | 0.03 | 0.8 | 22 | 2.6 | 1.1 | 3.9 | 21 | 0.08 | 0.12 | 620 | 10 | 0 | 2.2 |
| 4 | 4-07-0280 | 玉米 | 0.02 | 0.04 | 0.12 | 0.3 | 37 | 3.3 | 6.1 | 19.2 | 0.03 | — | 22 | 2.6 | 1.1 | 3.9 | 21 | 0.08 | 0.12 | 620 | 10 | — | 2.2 |
| 5 | 4-07-0272 | 高粱 | 0.03 | 0.09 | 0.15 | 0.34 | 87 | 7.6 | 17.1 | 20.1 | 0.05 | — | 7 | 3 | 1.3 | 12.4 | 41 | 0.26 | 0.2 | 668 | 5.2 | 0 | 1.13 |
| 6 | 4-07-0270 | 小麦 | 0.06 | 0.07 | 0.11 | 0.5 | 88 | 7.9 | 45.9 | 29.7 | 0.05 | 0.4 | 13 | 4.6 | 1.3 | 11.9 | 51 | 0.11 | 0.36 | 1 040 | 3.7 | 0 | 0.59 |
| 7 | 4-07-0274 | 小麦(裸) | 0.04 | — | 0.11 | 0.6 | 100 | 7 | 18 | 30 | 0.16 | — | 48 | 4.1 | 1.4 | — | 87 | — | — | — | 19.3 | 0 | — |
| 8 | 4-07-0277 | 大麦(皮) | 0.02 | 0.15 | 0.14 | 0.56 | 87 | 5.6 | 17.5 | 23.6 | 0.06 | 4.1 | 20 | 4.5 | 1.8 | 8 | 55 | 0.15 | 0.07 | 990 | 4 | 0 | 0.83 |
| 9 | 4-07-0281 | 黑麦 | 0.02 | 0.04 | 0.12 | 0.42 | 117 | 7 | 53 | 35 | 0.4 | — | 15 | 3.6 | 1.5 | 8 | 16 | 0.06 | 0.6 | 440 | 2.6 | 0 | 0.76 |
| 10 | 4-07-0273 | 稻谷 | 0.04 | 0.07 | 0.07 | 0.34 | 40 | 3.5 | 20 | 8 | 0.04 | — | 16 | 3.1 | 1.2 | 3.7 | 34 | 0.08 | 0.45 | 900 | 28 | 0 | 0.28 |
| 11 | 4-07-0276 | 糙米 | 0.04 | 0.06 | 0.14 | 0.34 | 78 | 3.3 | 21 | 10 | 0.07 | — | 13.5 | 2.8 | 1.1 | 11 | 30 | 0.08 | 0.4 | 1 014 | — | — | — |
| 12 | 4-07-0275 | 碎米 | 0.07 | 0.08 | 0.11 | 0.13 | 62 | 8.8 | 47.5 | 36.4 | 0.06 | — | 14 | 1.4 | 0.7 | 8 | 30 | 0.08 | 0.2 | 800 | 28 | — | — |
| 13 | 4-07-0479 | 粟(谷子) | 0.04 | 0.14 | 0.16 | 0.43 | 270 | 24.5 | 22.5 | 15.9 | 0.08 | 1.2 | 36.3 | 6.6 | 1.6 | 7.4 | 53 | — | 15 | 790 | — | — | 0.84 |
| 14 | 4-04-0467 | 木薯干 | — | — | — | — | 150 | 4.2 | 6 | 14 | 0.04 | — | — | — | — | — | — | — | — | — | — | — | — |
| 15 | 4-04-0068 | 甘薯干 | — | — | 0.08 | — | 107 | 6.1 | 10 | 9 | 0.07 | — | — | — | — | — | — | — | — | — | — | — | — |
| 16 | 4-08-0104 | 次粉 | 0.6 | 0.04 | 0.41 | 0.6 | 140 | 11.6 | 94.2 | 73 | 0.07 | 3 | 20 | 16.5 | 1.8 | 15.6 | 72 | 0.33 | 0.76 | 1 187 | 9 | — | 1.74 |
| 17 | 4-08-0105 | 次粉 | 0.6 | 0.04 | 0.41 | 0.6 | 140 | 11.6 | 94.2 | 73 | 0.07 | 3 | 20 | 16.5 | 1.8 | 15.6 | 72 | 0.33 | 0.76 | 1 187 | 9 | — | 1.74 |
| 18 | 4-08-0069 | 小麦麸 | 0.07 | 0.07 | 0.52 | 1.19 | 170 | 13.8 | 104.3 | 96.5 | 0.07 | 1 | 14 | 8 | 4.6 | 31 | — | 0.36 | 0.63 | 980 | 7 | 0 | 1.7 |
| 19 | 4-08-0070 | 小麦麸 | 0.07 | 0.07 | 0.47 | 1.19 | 157 | 16.5 | 80.6 | 104.7 | 0.05 | 1 | 14 | 8 | 4.6 | 31 | 186 | 0.36 | 0.63 | 980 | 7 | 0 | 1.7 |
| 20 | 4-08-0041 | 米糠 | 0.07 | 0.07 | 0.9 | 1.73 | 304 | 7.1 | 175.9 | 50.3 | 0.09 | — | 60 | 22.5 | 2.5 | 23 | 293 | 0.42 | 2.2 | 1 135 | 14 | 0 | 3.57 |
| 21 | 4-10-0025 | 米糠饼 | 0.08 | — | 1.26 | 1.8 | 400 | 8.7 | 211.6 | 56.4 | 0.09 | — | 11 | 24 | 2.9 | 94.9 | 689 | 0.7 | 0.88 | 1 700 | 54 | 40 | — |

| | | | | | | | | | | | | | | | | | | | | | | | |
|---|---|---|---|---|---|---|---|---|---|---|---|---|---|---|---|---|---|---|---|---|---|---|---|
| 22 | 4-10-0018 | 米糠粕 | 0.09 | — | — | 1.8 | 432 | 9.4 | 228.4 | 60.9 | 0.1 | — | — | — | — | — | — | — | — | — | — | — | — |
| 23 | 5-09-0127 | 大豆 | 0.02 | 0.03 | 0.28 | 1.7 | 111 | 18.1 | 21.5 | 40.7 | 0.06 | — | 40 | 12.3 | 2.9 | 17.4 | 24 | 0.42 | — | 3 200 | 12 | — | 8 |
| 24 | 5-09-0128 | 全脂大豆 | 0.02 | 0.03 | 0.28 | 1.7 | 111 | 18.1 | 21.5 | 40.7 | 0.06 | — | 40 | 12.3 | 2.9 | 17.4 | 24 | 0.42 | — | 3 200 | 12 | — | 8 |
| 25 | 5-10-0241 | 大豆饼 | 0.02 | 0.02 | 0.25 | 1.77 | 187 | 19.8 | 32 | 43.4 | 0.04 | — | 6.6 | 1.7 | 4.4 | 13.8 | 37 | 0.32 | 0.45 | 2 673 | — | — | — |
| 26 | 5-10-0103 | 大豆粕 | 0.03 | 0.05 | 0.28 | 2.05 | 185 | 24 | 38.2 | 46.4 | 0.1 | 0.2 | 3.1 | 4.6 | 3 | 16.4 | 30.7 | 0.33 | 0.81 | 2 858 | 6.1 | 0 | 0.51 |
| 27 | 5-10-0102 | 大豆粕 | 0.03 | 0.05 | 0.28 | 1.72 | 185 | 24 | 28 | 46.4 | 0.06 | 0.2 | 3.1 | 4.6 | 3 | 16.4 | 30.7 | 0.33 | 0.81 | 2 858 | 6.1 | 0 | 0.51 |
| 28 | 5-10-0118 | 棉籽饼 | 0.04 | 0.14 | 0.52 | 1.2 | 266 | 11.6 | 17.8 | 44.9 | 0.11 | 0.2 | 16 | 6.4 | 5.1 | 10 | 38 | 0.53 | 1.65 | 2 753 | 5.3 | 0 | 2.47 |
| 29 | 5-10-0019 | 棉籽粕 | 0.04 | 0.04 | 0.4 | 1.16 | 263 | 14 | 18.7 | 55.5 | 0.15 | 0.2 | 15 | 7 | 5.5 | 12 | 40 | 0.3 | 2.51 | 2 933 | 5.1 | 0 | 1.51 |
| 30 | 5-10-0117 | 棉籽粕 | 0.04 | 0.04 | 0.4 | 1.16 | 263 | 14 | 18.7 | 55.5 | 0.15 | 0.2 | 15 | 7 | 5.5 | 12 | 40 | 0.3 | 2.51 | 2 933 | 5.1 | 0 | 1.51 |
| 31 | 5-10-0183 | 棉籽饼 | 0.02 | — | — | 1.34 | 687 | 7.2 | 78.1 | 59.2 | 0.29 | — | — | — | — | — | — | — | — | — | — | — | — |
| 32 | 5-10-0121 | 棉籽粕 | 0.09 | 0.11 | 0.51 | 1.4 | 653 | 7.1 | 82.2 | 67.5 | 0.16 | — | 54 | 5.2 | 3.7 | 9.5 | 160 | 0.98 | 0.95 | 6 700 | 7.2 | 0 | 0.42 |
| 33 | 5-10-0116 | 花生仁饼 | 0.04 | 0.03 | 0.33 | 1.14 | 347 | 23.7 | 36.7 | 52.5 | 0.06 | — | 3 | 7.1 | 5.2 | 47 | 166 | 0.33 | 0.4 | 1 655 | 10 | 0 | 1.43 |
| 34 | 5-10-0115 | 花生仁粕 | 0.07 | 0.03 | 0.31 | 1.23 | 368 | 25.1 | 38.9 | 55.7 | 0.06 | — | 3 | 5.7 | 11 | 53 | 173 | 0.39 | 0.39 | 1 854 | 10 | 0 | 0.24 |
| 35 | 1-10-0031 | 向日葵仁饼 | 0.02 | 0.01 | 0.75 | 1.17 | 424 | 45.6 | 41.5 | 62.1 | 0.09 | — | 0.9 | — | 18 | 4 | 86 | 1.4 | 0.4 | 800 | — | — | — |
| 36 | 5-10-0242 | 向日葵仁粕 | 0.2 | 0.01 | 0.75 | 1 | 226 | 32.8 | 34.5 | 82.7 | 0.06 | — | 0.7 | 4.6 | 2.3 | 39 | 22 | 1.7 | 1.6 | 3 260 | 17.2 | — | — |
| 37 | 5-10-0243 | 向日葵仁粕 | 0.2 | 0.1 | 0.68 | 1.23 | 310 | 35 | 35 | 80 | 0.08 | — | — | 3 | 3 | 29 | 14 | 1.4 | 1.14 | 3 100 | 11.1 | 0 | 0.98 |
| 38 | 5-10-0119 | 亚麻仁饼 | 0.09 | 0.04 | 0.58 | 1.25 | 204 | 27 | 40.3 | 36 | 0.18 | — | 7.7 | 2.6 | 4.1 | 16.5 | 37.4 | 0.36 | 2.9 | 1 672 | 6.1 | — | — |
| 39 | 5-10-0120 | 亚麻仁粕 | 0.14 | 0.05 | 0.56 | 1.38 | 219 | 25.5 | 43.3 | 38.7 | 0.18 | 0.2 | 5.8 | 7.5 | 3.2 | 14.7 | 33 | 0.41 | 0.34 | 1 512 | 6 | 200 | 0.36 |
| 40 | 5-10-0246 | 芝麻饼 | 0.04 | 0.05 | 0.5 | 1.39 | — | 50.4 | 32 | 2.4 | — | 0.2 | — | 2.8 | 3.6 | 6 | 30 | 2.4 | — | 1 536 | 12.5 | 0 | 1.9 |
| 41 | 5-11-0001 | 玉米蛋白粉 | 0.01 | 0.05 | 0.08 | 0.3 | 230 | 1.9 | 5.9 | 19.2 | 0.02 | 44 | 25.5 | 0.3 | 2.2 | 3 | 55 | 0.15 | 0.2 | 330 | 6.9 | 50 | 1.17 |
| 42 | 5-11-0002 | 玉米蛋白粉 | 0.02 | — | — | 0.35 | 332 | 10 | 78 | 49 | — | — | — | — | — | — | — | — | — | — | — | — | — |

续表

| 序号 | 中国饲料号 | 饲料名称 | 钠/% | 氯/% | 镁/% | 钾/% | 铁/(mg·kg⁻¹) | 铜/(mg·kg⁻¹) | 锰/(mg·kg⁻¹) | 锌/(mg·kg⁻¹) | 硒/(mg·kg⁻¹) | 胡萝卜素/(mg·kg⁻¹) | 维生素E/(mg·kg⁻¹) | 维生素 $B_1$/(mg·kg⁻¹) | 维生素 $B_2$/(mg·kg⁻¹) | 泛酸/(mg·kg⁻¹) | 烟酸/(mg·kg⁻¹) | 生物素/(mg·kg⁻¹) | 叶酸/(mg·kg⁻¹) | 胆碱/(mg·kg⁻¹) | 维生素 $B_6$/(mg·kg⁻¹) | 维生素 $B_{12}$/(mg·kg⁻¹) | 亚油酸/% |
|---|---|---|---|---|---|---|---|---|---|---|---|---|---|---|---|---|---|---|---|---|---|---|---|
| 43 | 5-11-0008 | 玉米蛋白粉 | 0.02 | 0.08 | 0.05 | 0.4 | 400 | 28 | 7 | 49 | 1 | 16 | 19.9 | 0.2 | 1.5 | 9.6 | 54.5 | 0.15 | 0.22 | 330 | — | — | — |
| 44 | 5-11-0003 | 玉米蛋白 | 0.12 | 0.22 | 0.42 | 1.3 | 282 | 10.7 | 77.1 | 59.2 | 0.23 | 8 | 14.8 | 2 | 2.4 | 17.8 | 75.5 | 0.22 | 0.28 | 1 700 | 13 | 250 | 1.43 |
| 45 | 5-11-0026 | 玉米胚芽饼 | 0.01 | — | 0.1 | 0.3 | 99 | 12.8 | 19 | 108.1 | — | 2 | 87 | — | 3.7 | 3.3 | 42 | — | — | 1936 | — | — | 1.47 |
| 46 | 4-10-0244 | 玉米胚芽粕 | 0.01 | — | 0.16 | 0.69 | 214 | 7.7 | 23.3 | 126.6 | 0.33 | 2 | 80.8 | 1.1 | 4 | 4.4 | 37.7 | 0.22 | 0.2 | 2 000 | — | — | 1.47 |
| 47 | 4-10-0007 | DDGS | 0.88 | 0.17 | 0.35 | 0.98 | 197 | 43.9 | 29.5 | 83.5 | 0.37 | 3.5 | 40 | 3.5 | 8.6 | 11 | 75 | 0.3 | 0.88 | 2 637 | 2.28 | 10 | 2.15 |
| 48 | 5-11-0009 | 蚕豆粉浆蛋白粉 | 0.01 | — | — | 0.06 | — | 22 | 16 | — | — | — | — | — | — | — | — | — | — | — | — | — | — |
| 49 | 5-11-0004 | 麦芽根 | 0.06 | 0.59 | 0.16 | 2.18 | 198 | 5.3 | 67.8 | 42.4 | 0.6 | — | 4.2 | 0.7 | 1.5 | 8.6 | 43.3 | — | 0.2 | 1 548 | — | — | — |
| 50 | 5-11-0044 | 鱼粉(CP 64.5%) | 0.88 | 0.6 | 0.24 | 0.9 | 226 | 9.1 | 9.2 | 98.9 | 2.7 | — | 5 | 0.3 | 7.1 | 15 | 100 | 0.23 | 0.37 | 4 408 | 4 | 352 | 0.2 |
| 51 | 5-13-0045 | 鱼粉(CP 62.5%) | 0.78 | 0.61 | 0.16 | 0.83 | 181 | 6 | 12 | 90 | 1.62 | — | 5.7 | 0.2 | 4.9 | 9 | 55 | 0.15 | 0.3 | 3 099 | 4 | 150 | 0.12 |
| 52 | 5-13-0046 | 鱼粉(CP 60.2%) | 0.97 | 0.61 | 0.16 | 1.1 | 80 | 8 | 10 | 80 | 1.5 | — | 7 | 0.5 | 4.9 | 9 | 55 | 0.2 | 0.3 | 3 056 | 4 | 104 | 0.12 |
| 53 | 5-13-0077 | 鱼粉(CP 53.5%) | 1.15 | 0.61 | 0.16 | 0.94 | 292 | 8 | 9.7 | 88 | 1.94 | — | 5.6 | 0.4 | 8.8 | 8.8 | 65 | — | — | 3 000 | — | 143 | — |
| 54 | 5-13-0036 | 血粉 | 0.31 | 0.27 | 0.16 | 0.9 | 2 100 | 8 | 2.3 | 14 | 0.7 | — | 1 | 0.4 | 1.6 | 1.2 | 23 | 0.09 | 0.11 | 800 | 4.4 | 50 | 1 |
| 55 | 5-13-0037 | 羽毛粉 | 0.31 | 0.26 | 0.2 | 0.18 | 73 | 6.8 | 8.8 | 53.8 | 0.8 | — | 7.3 | 0.1 | 2 | 10 | 27 | 0.04 | 0.2 | 880 | 3 | 71 | 0.83 |
| 56 | 5-13-0038 | 皮革粉 | — | — | — | — | 131 | 11.1 | 25.2 | 89.8 | — | — | — | — | — | — | — | — | — | — | — | — | — |
| 57 | 5-13-0047 | 肉骨粉 | 0.73 | 0.75 | 1.13 | 1.4 | 500 | 1.5 | 12.3 | 90 | 0.25 | — | 0.8 | 0.2 | 5.2 | 4.4 | 59.4 | 0.14 | 0.6 | 2 000 | 4.6 | 100 | 0.72 |
| 58 | 5-13-0048 | 肉粉 | 0.8 | 0.97 | 0.35 | 0.57 | 440 | 10 | 10 | 94 | 0.37 | — | 1.2 | 0.6 | 4.7 | 5 | 57 | 0.08 | 0.5 | 2 077 | 2.4 | 80 | 0.8 |

| | | | | | | | | | | | | | | | | | | | | | | |
|---|---|---|---|---|---|---|---|---|---|---|---|---|---|---|---|---|---|---|---|---|---|---|
| 59 | 5-13-0074 | 苜蓿草粉（CP 19%） | 0.09 | 0.38 | 0.3 | 2.08 | 372 | 9.1 | 30.7 | 17.1 | 0.46 | 94.6 | 144 | 5.8 | 15.5 | 34 | 40 | 0.35 | 4.36 | 1 419 | 8 | 0 | 0.44 |
| 60 | 1-05-0075 | 苜蓿草粉（CP 17%） | 0.17 | 0.46 | 0.36 | 2.4 | 361 | 9.7 | 30.7 | 21 | 0.46 | 94.6 | 125 | 3.4 | 13.6 | 29 | 38 | 0.3 | 4.2 | 1 401 | 6.5 | 0 | 0.35 |
| 61 | 1-05-0076 | 苜蓿草粉（CP 14%～15%） | 0.11 | 0.46 | 0.19 | 2.22 | 437 | 9.1 | 33.2 | 22.6 | 0.48 | 63 | 98 | 3 | 10.6 | 20.8 | 41.8 | 0.25 | 1.54 | 1 548 | — | — | — |
| 62 | 1-05-0005 | 啤酒糟 | 0.25 | 0.12 | 0.19 | 0.08 | 274 | 20.1 | 35.6 | 104 | 0.41 | 0.2 | 27 | 0.6 | 1.5 | 8.6 | 43 | 0.24 | 0.24 | 1 723 | 0.7 | 0 | 2.94 |
| 63 | 5-11-0001 | 啤酒酵母 | 0.1 | 0.12 | 0.23 | 1.7 | 248 | 61 | 22.3 | 86.7 | 1 | — | 2.2 | 91.8 | 37 | 109 | 448 | 0.693 | 9.9 | 3 984 | 42.8 | 999.9 | 0.04 |
| 64 | 7-15-0075 | 乳清粉 | 2.11 | 0.14 | 0.13 | 1.81 | 160 | 43.1 | 4.6 | 3 | 0.06 | — | 0.3 | 3.9 | 29.9 | 47 | 10 | 0.34 | 0.66 | 1 500 | 4 | 20 | 0.01 |
| 65 | 4-13-0162 | 酪蛋白 | 0.01 | 0.14 | 0.01 | 0.01 | 14 | 4 | 4 | 30 | 0.16 | — | — | 0.4 | 1.5 | 2.7 | 1 | 0.04 | 0.51 | 205 | 0.4 | — | — |
| 66 | 5-01-0503 | 明胶 | — | — | 0.05 | — | — | — | — | — | — | — | — | — | — | — | — | — | — | — | — | — | — |
| 67 | 5-14-0076 | 牛奶乳糖 | — | — | 0.15 | 2.4 | — | — | — | — | — | — | — | — | — | — | — | — | — | — | — | — | — |

附表 56 常用矿物质饲料中矿物元素的含量(以饲喂状态为基础)

| 序号 | 中国饲料号 | 饲料名称 | 化学分子式 | 钙 Ca /% | 磷 P /% | 磷利用率 b/% | 钠 Na /% | 氯 Cl /% | 钾 K /% | 镁 Mg /% | 硫 S /% | 铁 Fe /% | 锰 Mn /% |
|---|---|---|---|---|---|---|---|---|---|---|---|---|---|
| 1 | 6-14-0001 | 碳酸钙,饲料级轻质 | $CaCO_3$ | 38.42 | 0.02 | — | 0.08 | 0.02 | 0.08 | 1.610 | 0.08 | 0.06 | 0.02 |
| 2 | 6-14-0002 | 磷酸氢钙,无水 | $CaHPO_4$ | 29.60 | 22.77 | 95~100 | 0.18 | 0.47 | 0.15 | 0.800 | 0.80 | 0.79 | 0.14 |
| 3 | 6-14-0003 | 磷酸氢钙,2 个结晶水 | $CaHPO_4 \cdot 2H_2O$ | 23.29 | 18.00 | 95~100 | — | — | — | — | — | — | — |
| 4 | 6-14-0004 | 磷酸二氢钙 | $Ca(H_2PO_4)_2 \cdot H_2O$ | 15.90 | 24.58 | 100 | 0.20 | — | 0.16 | 0.900 | 0.80 | 0.75 | 0.01 |
| 5 | 6-14-0005 | 磷酸三钙(磷酸钙) | $Ca_3(PO_4)_2$ | 38.76 | 20.00 | — | — | — | — | — | — | — | — |
| 6 | 6-14-0006 | 石粉、石灰石、方解石等 | — | 35.84 | 0.01 | — | 0.06 | 0.02 | 0.11 | 2.060 | 0.04 | 0.35 | 0.02 |
| 7 | 6-14-0007 | 骨粉、脱脂 | — | 29.80 | 12.50 | 80-90 | 0.04 | — | 0.20 | 0.300 | 2.40 | — | 0.03 |
| 8 | 6-14-0008 | 贝壳粉 | — | 32-35 | — | — | — | — | — | — | — | — | — |
| 9 | 6-14-0009 | 蛋壳粉 | — | 30~40 | 0.1~0.4 | — | — | — | — | — | — | — | — |
| 10 | 6-14-0010 | 磷酸氢铵 | $NH_4H_2PO_4$ | 0.35 | 23.48 | 100 | 0.20 | — | 0.16 | 0.750 | 1.50 | 0.41 | — |
| 11 | 6-14-0011 | 磷酸氢二铵 | $(NH_4)_2HPO_4$ | — | 26.93 | 100 | 31.04 | — | — | — | — | — | 0.01 |
| 12 | 6-14-0012 | 磷酸氢二钠 | $Na_2HPO_4$ | 0.09 | 21.82 | 100 | 19.17 | — | — | — | — | — | — |
| 13 | 6-14-0013 | 磷酸二氢钠 | $NaH_2PO_4$ | — | 25.81 | 100 | 43.30 | 0.02 | 0.01 | 0.010 | — | — | — |
| 14 | 6-14-0014 | 碳酸钠 | $Na_2CO_3$ | — | — | — | 27.00 | — | — | — | — | — | — |
| 15 | 6-14-0015 | 碳酸氢钠 | $NaHCO_3$ | 0.01 | — | — | 39.50 | — | 0.01 | — | — | — | — |
| 16 | 6-14-0016 | 氯化钠 | NaCl | 0.30 | — | — | — | 59.00 | — | 0.005 | 0.20 | 0.01 | — |
| 17 | 6-14-0017 | 碳酸 | $MgCl_2 \cdot 6H_2O$ | — | — | — | — | — | — | 11.950 | — | — | — |
| 18 | 6-14-0018 | 碳酸镁 | $MgCO_3 \cdot Mg(OH)_2$ | 0.02 | — | — | — | — | — | 34.000 | — | — | 0.01 |
| 19 | 6-14-0019 | 氧化镁 | MgO | 1.69 | — | — | — | — | 0.02 | 55.000 | 0.10 | 1.06 | — |
| 20 | 6-14-0020 | 硫酸镁,7 个结晶水 | $MgSO_4 \cdot 7H_2O$ | 0.02 | — | — | — | 0.01 | — | 9.860 | 13.01 | — | — |

| | | | | | | | | | | | | | |
|---|---|---|---|---|---|---|---|---|---|---|---|---|---|
| 21 | 6-14-0021 | 氯化钾 | KCl | 0.05 | — | — | 1.00 | 47.56 | 52.44 | 0.230 | 0.32 | 0.06 | 0.001 |
| 22 | 6-14-0022 | 硫酸钾 | $K_2SO_4$ | 0.15 | — | — | 0.09 | 1.50 | 44.87 | 0.600 | 18.40 | 0.07 | 0.001 |

注:①数据来源:《中国饲料学》(2000,张子仪主编)及《猪营养需要》(NRC,1998)。

②饲料中使用的矿物质添加剂一般不是化学纯化合物,其组成成分的变异较大。如果能得到,一般应采用原料供给商的分析结果。例如饲料级的磷酸氢钙原料中往往含有一些磷酸二氢钙,而磷酸二氢钙中也含有一些磷酸氢钙。

A. 在大多数来源的磷酸氢钙、磷酸二氢钙、磷酸三钙、脱氟磷酸钙、碳酸钙、硫酸钙和方解石石粉中,估计钙的生物学利用率为 90% ~100%,在高镁含量的石粉或白云石粉中钙的生物学效价较低,为 50% ~80%。

B. 生物学效价估计值通常以相当于磷酸氢钙或磷酸氢钙中的磷的生物学效价表示。

C. 大多数方解石石粉中含有 38% 或高于表中所示的钙和低于表中所示的镁。

附表 57 无机来源的微量元素和估测的生物学利用率[a]

| 微量元素与来源 | 化学分子式 | 元素含量/% | 相对生物学利用率/% |
|---|---|---|---|
| 铁 | Fe | — | — |
| 一水硫酸亚铁 | $FeSO_4 \cdot H_2O$ | 30.0 | 100 |
| 七水硫酸亚铁 | $FeSO_4 \cdot 7H_2O$ | 20.0 | 100 |
| 硫酸亚铁 | $FeCO_3$ | 38.0 | 15 ~ 80 |
| 三氧化二铁 | $Fe_2O_3$ | 69.9 | 0 |
| 六水氯化铁 | $FeCl_3 \cdot 6H_2O$ | 20.7 | 40 ~ 100 |
| 氧化亚铁 | FeO | 77.8 | – c |
| 铜 | Cu | — | — |
| 五水硫酸铜 | $CuSO_4 \cdot 5H_2O$ | 25.2 | 100 |
| 碱式氯化铜 | $Cu_2(OH)_3Cl$ | 58.0 | 100 |
| 氧化铜 | CuO | 75.0 | 0 ~ 10 |
| 一水碱式碳酸铜 | $CuCO_3 \cdot Cu(OH)_2 \cdot H_2O$ | 50.0 ~ 55.0 | 60 ~ 100 |
| 无水硫酸铜 | $CuSO_4$ | 39.9 | 100 |
| 锰 | Mn | — | — |
| 一水硫酸锰 | $MnSO_4 \cdot H_2O$ | 26.5 | 100 |
| 氧化锰 | MnO | 60.0 | 70 |
| 二氧化锰 | $MnO_2$ | 63.1 | 35 ~ 95 |
| 碳酸锰 | $MnCO_3$ | 46.4 | 30 ~ 100 |
| 四水氯化锰 | $MnCl_2 \cdot 4H_2O$ | 27.5 | 100 |
| 锌 | Zn | — | — |
| 一水硫酸锌 | $ZnSO_4 \cdot H_2O$ | 35.5 | 100 |

| | | | |
|---|---|---|---|
| 氧化锌 | $ZnO$ | 72.0 | 50 ~ 80 |
| 七水硫酸锌 | $ZnSO_4 \cdot 7H_2O$ | 22.3 | 100 |
| 碳酸锌 | $ZnCO_3$ | 56.0 | 100 |
| 氯化锌 | $ZnCl_2$ | 48.0 | 100 |
| 碘 | I | — | — |
| 乙二胺双氢碘化物 | $C_2H_8N_22HI$ | 79.5 | 100 |
| 碘酸钙 | $Ca(IO_3)_2$ | 63.5 | 100 |
| 碘化钾 | KI | 68.8 | 100 |
| 碘酸钾 | $KIO_3$ | 59.3 | $-^{c}$ |
| 碘化铜 | CuI | 66.6 | 100 |
| 硒 | Se | — | — |
| 亚硒酸钠 | $Na_2SeO_3$ | 45.0 | 100 |
| 十水硒酸钠 | $Na_2SeO_4 \cdot 10H_2O$ | 21.4 | 100 |
| 钴 | Co | — | — |
| 六水氯化钴 | $CoCl_2 \cdot 6H_2O$ | 24.3 | 100 |
| 七水硫酸钴 | $CoSO_4 \cdot 7H_2O$ | 21.0 | 100 |
| 一水硫酸钴 | $CoSO_4 \cdot H_2O$ | 34.1 | 100 |
| 一水氯化钴 | $CoCl_2 \cdot H_2O$ | 39.9 | 100 |

注:表中数据来源于《中国饲料学》(2000,张子仪主编)及《猪营养需要》(NRC,1998)中相关数据。

①列于每种微量元素下的第一种元素来源通常作为标准,其他来源与其相比较估计计算相对生物学利用率。

②斜体字表示较少使用的微量元素来源。

③“—”表示无有效的数值。

# 参考文献


[1] 杨凤. 动物营养学[M]. 第二版. 北京:中国农业出版社,2005.
[2] 陈代文. 动物营养与饲料学[M]. 北京:中国农业出版社,2005.
[3] 姚军虎. 动物营养与饲料[M]. 北京:中国农业出版社,2004.
[4] 黄汉军等. 影响饲料中矿物元素吸收利用的因素. 畜牧兽医杂志[J]. 2002,21(5):16-17.
[5] 李爱杰. 水产动物营养与饲料学[M]. 北京:中国农业出版社,1996.
[6] 东北农学院. 家畜饲养学[M]. 北京:中国农业出版社,1979.
[7] 北京市农业学校. 动物生物化学[M]. 北京:中国农业出版社,1996.
[8] 王岗,李晓宇. 沸石矿物质饲料添加剂的应用研究[J]. 内蒙古畜牧科学,1999(4):26-28.
[9] 丁文瑞. 天然沸石在家畜家禽饲料中的应用技术[J]. 丽水师范专科学校学报,2000(2):49-50.
[10] 西北农学院. 饲料与营养基础[M]. 北京:中国农业出版社,1988.
[11] 邱以亮,宋健兰. 动物营养与饲料[M]. 北京:高等教育出版社,2002.
[12] 瞿明仁,邱水平,谌祖桂,饶辉. 饲料添加剂应用手册[M]. 南昌:江西科学出版社,2000.
[13] 宋宪勃. 家畜饲养[M]. 第二版. 北京:中国农业出版社,2003.
[14] 张日俊. 动物饲料配方[M]. 北京:中国农业大学出版社,1999.
[15] 王康宁. 畜禽配合饲料手册[M]. 成都:四川科学技术出版社,1997.
[16] 张子仪. 中国饲料学[M]. 北京:中国农业出版社,2000.
[17] 潘林阳,关新富. 饲料学[M]. 武汉:湖北科学技术出版社,1993.
[18] 张丽英. 饲料分析及饲料质量检测技术[M]. 第二版. 北京:中国农业大学出版社,2003.
[19] 杨胜. 饲料分析及饲料质量检测技术[M]. 北京:北京农业大学出版社,1993.
[20] 北京农业大学. 家畜饲养学实验指导[M]. 北京:中国农业出版社,1988.
[21] 宁开桂. 实用饲料分析手册[M]. 北京:中国农业科技出版社,1993.
[22] 才绍河,于洪福,范锡龙. 沸石饲料添加剂的应用与作用机理[J]. 中国饲料,2001(7):18-20.

[23] 任道泉,程军,郭宏伟. 麦饭石在动物养殖业中的应用[J]. 塔里木农垦大学学报,1998(2):65-67.
[24] 李文光. 矿物和稀土在饲料工业中的应用[J]. 化工矿产地质,1998(4):331-338.
[25] 刘大森,单安山. 稀土饲料添加剂在牧业中的应用[J]. 黑龙江畜牧兽医,2001(2):16-18.
[26] 陶新,汪以真. 稀土饲料添加剂的应用[J]. 饲料研究,2001(9):17-18.
[27] 王岗,陈志敏. 矿物质添加剂——膨润土[J]. 内蒙古畜物科学,2000(4):21-22.
[28] 梁邢文,王成章,齐胜利. 饲料原料与品质检测[M]. 北京:中国林业出版社,1999.
[29] 梁业森,刘以连,周旭英. 非常规饲料资源开发与利用[M]. 北京:中国农业出版社,1996.
[30] 姜懋武,孙秉忠. 配合饲料原料使用手册[M]. 沈阳:辽宁科学技术出版社,2000.
[31] 胡坚. 动物饲养学[M]. 长春:吉林科学技术出版社,1996.
[32] 张莉,等. 2000 版 ISO 9000 族标准质量管理体系内审员实用培训教程[M]. 北京:企业管理出版社,2003.
[33] 白元生. 饲料原料学[M]. 北京:中国农业出版社,1999.
[34] 李德发. 中国饲料大全[M]. 北京:中国农业出版社,2001.
[35] 北京地区畜牧与饲料科技情报网. 饲料手册(上册)[M]. 北京:北京科学技术出版社,1984.
[36] 刘德芳. 配合饲料学[M]. 北京:中国农业大学出版社,1993.
[37] 洪平. 饲料原料要览[M]. 北京:海洋出版社,1990.
[38] 王和民,叶浴浚. 配合饲料配制技术[M]. 北京:中国农业出版社,1990.
[39] 配合饲料讲座(上卷)[M]. 刘丙吉,等,译. 北京:中国农业出版社,1988.
[40] [日] 森本宏. 饲料学[M]. 常瀛生,译. 北京:中国农业出版社,1981.
[41] 韩友文. 饲料与饲养学[M]. 北京:中国农业出版社,1998.
[42] 冯定远. 配合饲料学[M]. 北京:中国农业出版社,2003.
[43] 宁金友. 畜禽营养与饲料[M]. 北京:中国农业出版社,2001.
[44] 杨久仙,宁金久. 动物营养与饲料加工[M]. 北京:中国农业出版社,2006.
[45] 单安山. 饲料配制大全[M]. 北京:中国农业出版社,2005.
[46] 李德发,范石军. 饲料工业手册[M]. 北京:中国农业大学出版社,2002.
[47] 中国饲料数据库情报网中心. 中国饲料数据库. 中国饲料成分及营养价值表 2005 年第 16 版.
[48] 中国猪饲养标准(NY/T 65—2004). 农业部发布,2004. 8.
[49] 中华人民共和国农业行业标准(NY/T 33—2004)鸡饲养标准. 农业部发布,2004. 8.
[50] 中华人民共和国农业行业标准(NY/T 34—2004)奶牛饲养标准. 农业部发布,2004. 8.
[51] 中华人民共和国农业行业标准(NY/T 815—2004)肉牛饲养标准. 农业部发布,2004. 8.
[52] 中华人民共和国农业行业标准(NY/T 816—2004)肉羊饲养标准. 农业部发布,2004. 8.

[53] 中国农业技术网 http://www.fa158.com,2006.8.
[54] 中华人民共和国国家标准(GB 13078—2001)饲料卫生标准.农业部发布,2001.
[55] 中华人民共和国国家专业标准(GB 3100—3102—93)量和单位.
[56] 中华人民共和国国家标准(GB/T 2001.4—2001)标准编写规则第4部分:化学分析法.
[57] 中华人民共和国国家标准(GB/T 601)化学试剂滴定分析(重量分析)用标准溶液的制备.
[58] Aberle,E. D. etal,1981, Palatability and muscle characteristics of cattle with controlled-weight gain:time on a high energy diet. J. Anim. Sci. 52(4):757-763.
[59] Cameron,N. D. and Enser M. B., 1991, Fatty acid composition of lipid in longissimus dorsi muscle of Duroc and British Landrance pigs and its relationship with eating quality. Meat Sci. 29:295-307.
[60] Chang S. S. and Peterson J. R.,1977,Symposium: the basis of quality in muscle foods: recent developments in the flavor of meat. J. Food Sci. 42(2):298-305.